U0287439

国家出版基金项目
NATIONAL PUBLICATION FOUNDATION

"十四五"时期国家重点出版物出版专项规划项目
新一代人工智能理论、技术及应用丛书

群体机器人协同方法

谭 营 著

本书获得以下项目资助：
国家自然科学基金项目(62250037, 62276008, 62076010)
国家重点研发计划项目(#2022YFF0800601)
科技创新项目 2030 重大专项(2018AAA0102301, 2018AAA0100302)

科学出版社
北 京

内 容 简 介

　　本书是系统介绍群体机器人协同概念、方法、算法及应用的综合性专业书籍。首先介绍群体机器人协同的基本概念、特点及其发展历程。其次详细介绍群体机器人协同算法，尤其是群体机器人多目标搜索问题，作者针对该问题提出多种高效的群体机器人多目标搜索策略，包含基于规则的多目标搜索策略和基于学习的多目标搜索策略。再次介绍在简单、复杂、复合环境及开放环境中的多目标搜索方法。接着通过将多体系统作为群体机器人应用延拓，利用多智能体强化学习方法，解决以游戏 AI 为代表的复杂现实问题，详细介绍复杂任务中的群体机器人协同方法和基于学习策略的群体机器人协同方法。最后介绍作者团队开发的群体机器人模拟演示平台。

　　本书可以作为高等院校智能科学、计算机科学、自动化、人工智能、通信与电子系统等专业高年级本科生和研究生的教学用书，也可以作为相关专业科技人员的参考资料。

图书在版编目（CIP）数据

群体机器人协同方法 / 谭营著. --北京 ：科学出版社，2024.
12. --（新一代人工智能理论、技术及应用丛书）. -- ISBN 978-7-03-
081079-3

Ⅰ. TP24

中国国家版本馆 CIP 数据核字第 2024WY6777 号

责任编辑：张艳芬　徐京瑶 / 责任校对：崔向琳
责任印制：师艳茹 / 封面设计：陈　敬

科　学　出　版　社 出版

北京东黄城根北街 16 号
邮政编码：100717
http://www.sciencep.com

北京中科印刷有限公司印刷
科学出版社发行　各地新华书店经销

*

2024 年 12 月第 一 版　开本：720×1000　1/16
2024 年 12 月第一次印刷　印张：21 1/4
字数：426 000

定价：180.00 元
（如有印装质量问题，我社负责调换）

"新一代人工智能理论、技术及应用丛书"编委会

主　　编：李衍达

执行主编：钟义信

副 主 编：何华灿　涂序彦

秘 书 长：魏英杰

编　　委：(按姓名拼音排列)

曹存根	柴旭东	陈　霖	郭桂蓉	韩力群
何华灿	胡昌华	胡晓峰	黄　如	黄铁军
李伯虎	李洪兴	李衍达	陆汝钤	欧阳合
潘云鹤	秦继荣	史元春	史忠植	宋士吉
孙富春	谭　营	涂序彦	汪培庄	王小捷
王蕴红	魏英杰	邬　焜	吴　澄	熊　璋
薛　澜	张　涛	张盛兵	张艳宁	赵沁平
郑南宁	钟义信			

"新一代人工智能理论、技术及应用丛书"序

科学技术发展的历史就是一部不断模拟和扩展人类能力的历史。按照人类能力复杂的程度和科技发展成熟的程度，科学技术最早聚焦于模拟和扩展人类的体质能力，这就是从古代就启动的材料科学技术。在此基础上，模拟和扩展人类的体力能力是近代才蓬勃兴起的能量科学技术。有了上述成就作为基础，科学技术便进展到模拟和扩展人类的智力能力。这便是 20 世纪中叶迅速崛起的现代信息科学技术，包括它的高端产物——智能科学技术。

人工智能，是以自然智能(特别是人类智能)为原型、以扩展人类的智能为目的、以相关的现代科学技术为手段而发展起来的一门科学技术。这是有史以来科学技术最高级、最复杂、最精彩、最有意义的篇章。人工智能对于人类进步和人类社会发展的重要性已不言而喻。

有鉴于此，世界各主要国家都高度重视人工智能的发展，纷纷把发展人工智能作为战略国策。越来越多的国家也在陆续跟进。可以预见，人工智能的发展和应用必将成为推动世界发展和改变世界面貌的世纪大潮。

我国的人工智能研究与应用，已经获得可喜的发展与长足的进步：涌现出一批具有世界水平的理论研究成果，造就了一批朝气蓬勃的龙头企业，培育了大批富有创新意识和创新能力的人才，实现了越来越多的实际应用，为公众提供了越来越好、越来越多的人工智能惠益。我国的人工智能事业正在开足马力，向世界强国的目标努力奋进。

"新一代人工智能理论、技术及应用丛书"是科学出版社在长期紧跟我国科技发展前沿、广泛征求专家意见的基础上，经过长期考察、反复论证后组织出版的。人工智能是众多学科交叉互促的结晶，因此本丛书高度重视与人工智能紧密交叉的相关学科的优秀研究成果，包括脑神经科学、认知科学、信息科学、逻辑科学、数学、人文科学、人类学、社会学和相关哲学等学科的研究成果。特别鼓励创造性的研究成果，着重出版我国的人工智能创新著作，同时介绍一些优秀的国外人工智能成果。

尤其值得注意的是，我们所处的时代是工业时代向信息时代转变的时代，也是传统科学向信息科学转变的时代，是传统科学的科学观和方法论向信息科学的科学观和方法论转变的时代。因此，本丛书将以极大的热情期待与欢迎具有开创性的跨越时代的科学研究成果。

  "新一代人工智能理论、技术及应用丛书"是一个开放的出版平台,将长期为我国人工智能的发展提供交流平台和出版服务。我们相信,这个正在朝着"两个一百年"奋斗目标奋力前进的英雄时代,必将是一个人才辈出、百业繁荣的时代。

  希望这套丛书的出版,能给我国一代又一代科技工作者不断为人工智能的发展做出引领性的积极贡献带来一些启迪和帮助。

李衍达

前　　言

　　群体智能是指通过一群个体协同工作来达到超越个体智慧的整体智慧。群体智能源于相互合作的个体，这些个体之间通过信息共享、决策协同等方式共同解决复杂问题。群体智能的表现形式多种多样，从人类的合作研究、公司管理到网络协同编辑和开源软件开发等，都是群体智能的典型实例。近年来，随着人工智能技术和大数据技术的快速发展，群体智能在众多领域的应用愈发广泛。

　　群体智能的概念可以追溯到 20 世纪早期的社会学和心理学领域，但是群体智能概念的具体起源并没有一个确切的时间和地点。在不同的学科和领域，群体智能的定义和描述也会略有不同。然而，总体来说，群体智能是指由多个个体组成的群体，在互相协作、交流和竞争的过程中，产生出来的超越个体能力的智能。群体智能在现代社会的发展中扮演着重要角色。在企业管理中，团队的合作和协调是提高企业效率和创造力的关键。在网络时代，群体智能的应用形式变得更加多样化，如网络协同编辑平台，让全世界的人共同创造知识；在线问答社区，让人们互相帮助来解决问题。

　　群体智能的概念和应用从自然界生物群体中得到了许多启发，如蚂蚁、蜜蜂、鸟群、鱼群等，表现出令人惊讶的智能和协作能力，通常它们个体的能力和智能非常有限，但是整个群体却可以产生十分复杂的智能行为，这些行为成为群体智能和群体机器人设计的重要依据。例如，蚁群算法和粒子群算法等就是受到自然界中生物群体的行为启发而发展起来的，这些算法在解决优化问题、机器学习等方面具有广泛的应用。

　　群体机器人是群体智能技术在机器人领域的重要应用之一。群体智能和群体机器人都是指由多个个体组成的群体，在协作、交流和竞争的过程中，产生出来的超越个体能力的智能。群体智能和群体机器人的关系是密不可分的，群体机器人的设计和研究需要借鉴群体智能的理论和方法，而群体智能的研究也可以通过群体机器人的应用得到进一步的验证和发展。群体智能和群体机器人的出现，将使人们能够更好地理解和利用人与机器人的智能，创造出更加智能化和高效的社会与生活。

　　群体机器人是指由多个机器人组成的群体，在互相协作、交流和竞争的过程中，通过自主学习、自适应和集体智能等方法，完成某些任务的智能机器人系统。群体机器人的设计和研究，需要从机器人自身的感知、控制和规划能力入手，同时需要考虑群体中机器人之间的相互影响、相互协作和竞争关系。

群体机器人的应用场景非常广泛，包括物流仓储、环境监测、军事作战等。例如，物流仓储中的群体机器人可以协同完成物品搬运和仓库管理等任务，提高仓库的效率和安全性。环境监测中的群体机器人可以协同完成对地球表面高分辨率图像的采集和信息处理，提高环境监测的准确性和时效性。军事作战中的群体机器人可以协同完成探测、侦察、攻击等任务，提高作战的效率和安全性。

在群体机器人领域，群体协同是群体机器人能够完成任务的关键。群体协同是指多个个体在协作、交流和竞争的过程中，通过互相协调和配合，实现某些目标或解决某些问题的过程。群体机器人的设计和研究，需要从群体协同的角度入手，考虑如何使机器人之间互相协调和配合，实现群体智能和群体行为。

结合现有的群体机器人研究，本书创造性地提出并系统介绍群体机器人多目标搜索问题。群体机器人多目标搜索是指一组机器人在一个未知环境中，以一种协同的方式搜索并到达多个目标位置的问题。该问题可以用于多种应用，如在救援行动中寻找受困的人、在农业领域中寻找并收集作物、在工业自动化领域中协作完成生产任务等。

群体机器人多目标搜索的挑战在于机器人之间需要高效协作，同时避免互相冲突和碰撞。为了解决这些问题，需要使用一些先进的算法和技术，如路径规划、多机器人协同控制、局部躲避障碍物(可以简称为避障)等。

多目标搜索问题在实际生活中具有广泛的应用。在军事领域，侦察、攻击、导弹拦截等一系列作战任务都可以抽象为在具有大量干扰条件下引入多种复杂环境限制条件的、目标数量未知的搜索问题。在民用领域，灾后救援、定位有害气体泄漏、环境质量监测等许多任务也都可以归类为多目标搜索问题。对群体机器人多目标搜索的研究可以推动机器人智能化发展，提高搜索效率和准确性，研究新的控制算法，以及推进机器人技术的交叉应用。这将有助于解决许多实际问题，并促进相关领域技术的进步和发展。

本书详细阐述多种群体机器人多目标搜索策略，包含基于规则的搜索策略和基于学习的搜索策略，同时讨论带限制条件的多目标搜索策略。

为了应对日益复杂和困难的任务需求及策略载体的多样性，本书还对群体机器人的概念进行拓展，将多体系统纳入群体机器人范畴。群体机器人和多体系统都涉及多个智能体之间的交互和协作。因此，本书将多体系统作为群体机器人处理复杂交互问题的一个重要分支。在多体系统中，多个智能体需要考虑多种因素，如智能体之间的依赖关系、目标和约束等，通过协同工作解决一个问题或完成一个任务。

本书重点关注协同型多体系统，即个体之间可以通过协同控制、信息共享等方式形成一定的协作机制，进而完成更为复杂的任务，以弥补单个个体工作能力的不足。本书研究现有的多体系统以及适用于多体系统的多智能体强化学习算法。在此基础上，本书提出并总结多种多智能体强化学习算法，利用注意力聚合、协同隐空间探索、个体策略集成、互引导探索、预测性贡献度量等技术对多智能体强化学习算法进行优化。

最后，本书设计和实现群体机器人模拟演示平台，该平台可以提供三维可视化、并行运算等功能，具有易扩展、方便算法调试和大规模测试等特性，适合于群体机器人算法的调试和测试。在模拟演示平台使用本书提出的索引 K-D 树算法，该算法较现有算法性能提升了 30%～40%。该算法在大规模数据上的计算优势更加明显，具有良好的并行性，十分符合群体机器人模拟演示平台的需要。

本书从任务定义、算法设计到模拟平台，系统介绍目前作者及其领导的研究团队对群体机器人和多体系统中协同方法的重要研究成果，多种方法都发表在本领域顶级的国际期刊和国际会议上。这里将作者及其领导团队十多年的研究成果汇集成本书的主要内容，为读者了解和掌握群体机器人协同方法提供了方便，因此本书是读者了解群体机器人协同研究及其最新进展较好的参考资料。本书在撰写过程中得到作者指导的群体机器人协同方法研究方向的博士研究生的大力支持，他们分别是郑忠阳、李洁、刘翔宇、陈人龙和孟祥瑞，在这里对他们的辛勤付出表示衷心的感谢。

由于作者水平有限，书中不妥之处在所难免，恳请广大读者批评指正。

谭　营

2024 年 2 月 29 日·北京燕园

目　　录

第1章 绪 论

1.1 群 体 协 同

群体机器人研究的兴起源于生物学，是启发自社会性昆虫等生物群体解决日常生活中遇到的问题时所体现出的群体协同，从捕食行为中的路径规划到高效的巢穴构建，以及动态任务分配等。这些生物群体种群的大小从几个到几百万个，体现了群体行为的灵活性和鲁棒性[1]。群体机器人中的群体和个体与这些生物有很多相似之处，通过引入生物群体中的协同机制，可以在群体机器人中激发出群体规模的智能行为。

在群体智能领域，很多研究都启发自生物群体中简单个体的协同行为[2]。生物群体包括昆虫、鸟类、鱼类等，群体的规模也千差万别，少的可能是几个，多的可以达到上百万个。尽管单个个体非常简单，智能有限，但是整个群体在宏观规模上可以涌现出复杂的智能行为，如觅食行为中的路径规划[3]、群体巢穴的构建[4]、多个个体的任务分配[5,6]、鱼群[7]和鸟群[8]的迁徙以及其他许多复杂的协同行为[9]。

在自然界的生物群体中，个体的能力和智能非常有限，但是整个群体可以产生十分复杂的智能行为，其中包括许多前面提到的例子。该智能行为对于单个个体而言是非常困难的，甚至是不可能完成的，有些时候人类也需要丰富的经验才可以实现类似的行为。然而生物群体却可以展现出很多神奇的能力，如长途迁徙行为体现出的准确性或者在觅食行为中展现出的高效率。生物学家发现，这些群体中的生物只通过局部的交流和信息交换就可以实现这一行为。

很难想象，如此复杂的群体智能行为是如何通过非常简单的个体间有限的感知和交流能力实现的。大自然展现出许多不可思议的生物协同能力，使得生物群体能够轻而易举地完成同种族单个个体完全无法完成的任务。这些复杂群体行为却很难与群体中简单的个体能力联系起来。虽然这些群体中没有组织者，但是可以保证在整个群体中合理地将整个复杂任务分解成单个个体可以解决的子任务，将这些子任务的结果聚合起来形成最终的群体智能行为[1]。群体智能和群体机器人系统的研究，正是要借鉴并发掘出生物群体中的协作机制。

自然界中的生物群体如图 1-1 所示。自然界中生物群体的协同能力十分多样，可以按复杂程度递增的顺序简单列举如下。

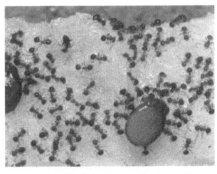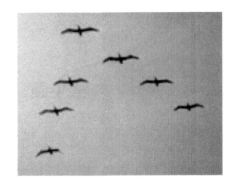

图 1-1 自然界中的生物群体

1. 菌群

大量的细菌个体通常聚集成菌落或者生物膜等结构，这些个体通过化学信号进行十分简单的信息交换[10]。这种多细胞的结构可以通过协同完成许多复杂功能，包括实现细胞之间的分工协作、形成鞭毛等结构，获取更多生存资源、抵御有害物质；还可以进化出多种类型的细胞，从而提高种群的生存能力。相较于单个细菌，形成菌落之后抵御外部侵害的能力提高了 500 倍以上[11]。

2. 鱼群

鱼群在海中游动时可以形成非常密集的方阵，并且能够迅速调整行进方向，甚至进行阵形的变换和大幅度的转向，宛如严密分工协作的组织。然而鱼类并不具备发达的大脑和神经，鱼群中的个体通过进化出的身体前方和侧面的器官追踪邻近个体的前进方向和速度[12]，这一身体结构可以保证鱼群在变换阵形时完全避免任何碰撞的发生，从而可以提高鱼群在觅食和躲避天敌时的成功率。

3. 蚁群

蚂蚁通过多种方式实现种群之内的信息交流，包括信息素、声音和身体接触[13]。在蚂蚁成功发现一个食物来源之后，它会在返回巢穴的路上留下信息素等信标。蚂蚁不断往返食物来源处和巢穴搬运食物，修正前进路线，加强较短路径上的信息素含量，直到最终发现到达食物来源的最短路径。Ravary 等[14]的实验表明，蚁群可以根据个体的表现自适应地调整它们在任务中的角色。一个更容易找到食物的个体会被委派更多的搜索任务，而其他个体可能会更多地参与搬运食物与更新路径等活动。

蚁群的协同行为体现出惊人的扩展性。新热带区的一种蚂蚁可以组织起多达20 万只的狩猎队伍，同时捕猎数千的猎物，一天的捕猎范围超过 1500m²[15]。而非洲一种大白蚁可以建造直径长达 30m、高 6m 的巨型巢穴[16]，这些巢穴由数百万只 1～2mm 长的大白蚁个体完成，然而令人惊讶的是，这些个体完全没有视觉。

4. 蝗虫

蝗虫群体具有与鱼群类似的聚群运动能力和高明的觅食机制。Buhl 等[17]对蝗虫的研究验证了一个理论物理中的假设：当生物群体的规模和密度上升时，生物个体的移动会从无序运动突变到高度协调的整体性运动。他们还发现，群体在高速变向时展现出的动态不稳定性，蕴含了可以让群体快速转向的隐性特质和能力。这说明，生物群体中的协同机制是可以建模的，这一发现对于群体协同机制的研究具有十分积极的意义。

5. 鸟群

很久以前，人类就学会利用鸟类的特殊能力来进行准确定位，有些鸟类甚至可以在超过 5000km 的距离进行准确定位。鸟类在迁徙时形成了特殊的阵形，从而可以有效利用气流，减少迁徙中的体力消耗，并且可以通过多种感知方式来定位目的地。Wallraff[18]认为，这些定位方式至少包括观察太阳位置、计算时间、感知磁场、记忆路上的标志物以及气味线索等。而 Diwold 等[19]的研究表明，鸟群甚至可以在目的地条件不完全的情况下准确找到迁徙目的地。

6. 灵长类

灵长类生物个体一般具有一定程度的智能，因此个体之间的协同比较复杂。个体可以利用一些自制工具的协助进行简单的交流、区分亲属和其他族群[20]、欺骗[21]、学习使用符号和理解人类语言。灵长类生物在交流时还可以使用声音、手势和面部表情来表达心理状态。

7. 人类

人类个体间的交流方式十分多样，也更加复杂。然而，Dyer 等[22]的研究表明，即使不用任何语言进行交流，也不进行其他任何形式的直接沟通，一小群人就可以迅速、自发地产生领导者或者达成共识。他们还发现，如果实验者提前告知这一群人中的个别人关于目的地的准确信息，则整个团体到达目的地的速度和准确性会有非常明显的提高。即使这些人得到的位置信息是相互矛盾的，团体也可以高效地达成一致，前往目标位置。

从上述介绍中可以看出，随着群体内协同能力的提高，群体规模的智能行为变得越来越复杂，与此同时种群的规模却逐渐减小。这主要是由于种群内单个个体的智能越来越高，对群体行为的贡献也越来越大，所以群体不需要达到相当的规模即可显现出智能行为。

自 Beni 等[23]在 20 世纪 90 年代初期提出群体智能的概念以来，这一新兴领域引起了很多研究者的关注。如今群体智能已经成为交叉学科的综合性学术前沿领域，引起了包括人工智能、经济学、社会学以及生物学等专业学者的广泛关注。人们很早以前就发现，在自然界中，有的生物依靠其个体的智慧得以生存，而有的生物却能依靠群体的力量获得优势。在这些生物群体中，单个个体没有很高的智能，但是个体之间可以分工合作、相互协调，完成复杂的任务，表现出较高的智能。它们具有高度的自组织、自适应性，并表现出涌现的系统特征。

群体智能是对生物群体的一种软仿生，即有别于传统人工智能研究中对生物个体结构的仿生。在群体智能中，个体可以是非常简单和单一的，也可以使它们拥有学习能力来解决某些特定的问题[24]。群体智能系统通常由一群简单个体组成，通过对生物群体协同行为的抽象模拟，形成了群体中的协同机制。这些个体利用简单的规则自主控制行为，通过简单的局部交流，整个种群可以实现复杂的群体行为。然而这些个体并非绝对的无智能或只具有简单智能，这只是相对于群体表现出来的智能而言的。当一群个体相互合作或竞争时，一些以前在单独个体中不能产生的智能行为会很快涌现出来。单个复杂个体能够完成的任务通常可以由大量简单个体组成的群体合作完成，而后者往往具有更强的鲁棒性、灵活性以及成本上的优势。群体智能利用群体优势在没有集中控制、不提供全局模型的前提下，为寻找大规模复杂问题的解决方案提供了新的思路。

1.2　群体机器人的定义和特征

有别于传统的机器人研究，群体机器人是群体智能和机器人系统研究有机结合的交叉领域。群体机器人系统一般遵循一系列的要求，这些要求保证了群体机器人在大规模复杂环境下的鲁棒性和扩展性等特征。

1.2.1　群体机器人的定义

群体机器人是一个新兴的研究领域，主要关注在包含大量个体的机器人群体中，如何通过群体间的协作来控制这些简单的机器人个体，实现群体的复杂智能行为[25]。在群体机器人中，群体中的个体通过相互之间的局部交互以及与周围环境的信息交换，可以在群体规模上涌现出期望的智能行为。这些群体协同机制，可以借鉴自然界中生物群体的日常行为，也可以借鉴一些其他自然现象或者物理理论等。

群体机器人系统是分布式、泛中心化的控制系统，具有低成本、高效、并行、可扩展和鲁棒性等众多特点。整个群体不需要或只需要很少的外部控制，个体通过局部感知和交互获得信息，按照系统模型独立控制各自的行动。最终所有个体的自主行动将涌现出整个群体规模的智能行为。群体机器人的研究，在硬件上，主要针对大量相对简单可实现的同构智能个体；在软件上，则重点关注这些智能个体之间的交互。

群体机器人中的个体一般非常简单、小巧，并且成本较低，从而可以在实际应用中从容构建出大规模的机器人种群。由于硬件比较简单，所以群体机器人系统的一个重要标准就是协同规则不会设计得非常复杂。通常，一组比较简单的协同规则就可以在一定规模的机器人个体上产生出群体规模的复杂行为。群体机器人系统的另一个重要设计标准就是要保证个体之间的交互以及个体与环境之间的交互都是局部的，这一要求保证了群体规模的可伸缩性，同时保证了当群体规模非常大时，系统依然是稳定的、鲁棒的和高效的。

群体机器人可以广泛地应用到具有多种需求的实际应用问题中。其中，一类是对于个体有小型化要求的应用问题，如医疗机器人、产品质量检测等；另一类则是需要大量低成本个体的应用问题，如采矿、农业生产；此外，群体机器人还非常适合于需要大量时间和空间或者操作环境有危险的应用，如灾后救援、目标搜索以及军事应用等。

1.2.2 生物群体的特性

大部分群体机器人的研究都是启发自生物社会群体的，在研究群体机器人的特性时，生物群体的特性具有很重要的参考价值和指导意义。生物学家在几个世纪以前就开始对生物群体进行研究，因此从生物群体的特性入手，可以更加方便和快捷地归纳群体机器人应该具备的特征和相应的优势。

最早的关于生物群体的假说是十分拟人化的。Büchner[26]认为，每个生物个体具备一个独特的身份标识，并且利用这些标识实现在群体中的通信和协作。Reeve等[27]进一步认为，群体中具备一个类似于现代因特网的中心化的网络，负责协调整个群体内部的信息交互和资源分配，而这一网络的中心一般是蚁群和蜂群中的蚁后和蜂后。然而，Jha 等[28]证明了其实生物群体的社会网络是没有中心的。Theraulaz 等[29]通过总结生物学研究发现了大量完全不同的组织结构，生物群体中并不存在独特的身份标识，也不存在全局的信息存储。任何一个个体都无法获得全局信息，因此群体中并不存在一个网络的组织者或者协调者。

一个社会性生物群体的组织结构更像是一个泛中心化的系统，每个单位分布在整个环境中。Deneubourg 等[30]认为可以通过简单的概率模型来描述个体之间的交互规则。个体基于局部信息执行这些交互规则，而不依靠全局信息进行判断。每个个体有一个行为规则集合，例如，对于蚁群，平均有 20 个行为规则[31]。Stranieri 等[32]更进一步证明了群体可以在没有中心节点的情况下，实现控制群体行进方向的方法。这种群体级别的行为通过个体之间的交互形成，这些交互保证了信息在整个群体中层次传递，并且会间接影响到群体的组织结构和个体行为。通过这种组织结构，整个群体可以在实现非常复杂的群体行为的同时保证灵活性和鲁棒性。

1.2.3 群体机器人的特征

在生物群体特点的基础上，本节定义了群体机器人应该具备的一些特征。McLurkin 等[33]指出，为了配合这些特征，群体机器人算法应当尽量简单，从而使得算法可以具备更好的适应能力。在本节中，群体机器人系统将分别与传统的单体机器人以及其他一些具有多个个体的系统进行对比。在与这些系统的对比中，本节将阐述群体机器人应当具备的特征，以及这些特征带来的优势。

1. 相较于传统的单机器人系统

从生物学的角度进行对比，两种系统的生物启发源头不同，单体机器人是模仿单个人类个体，而群体机器人则是模仿社会性生物群体。单机器人系统和群体机器人系统对比如图 1-2 所示。

图 1-2　单机器人系统(左)和群体机器人系统(右)对比

可以看出，单体机器人结构和功能十分复杂，导致体型庞大，设计困难，制造和维护成本高。单个复杂个体执行任务需要通过提高个体自身的可靠性、鲁棒性等来增强其适应能力和执行能力，并且需要应对零部件的损坏和故障，导致系统设计复杂，成本高，而且一旦出现故障，机器人缺乏有效的自修复手段，导致其行为变得很难预测。

群体机器人个体简单小巧，设计和制造成本低。虽然单个机器人个体能力较差，但是整个群体通过合作也可以实现单机器人系统能够完成的复杂功能，而且群体机器人还具备单体机器人所不具备的并行性和处理大规模问题的能力。对目前的技术而言，单体机器人很难通过模拟人类的思考来实现智能；而群体机器人的设计理念贴近生物群体，充分利用了简单协同机制的能力，理论上更容易实现真正的智能行为。

考虑到硬件水平，群体机器人相对于传统单体机器人的优势列举如下。

1) 并行性

群体机器人个体数量多，因此在执行任务时，可以动态调整群体的任务分配，形成多个子群体并行处理多个目标。这一特性是群体机器人重要的特性之一，使得群体机器人在多目标或者需要大量时间和空间的任务中效果尤为明显。

2) 可伸缩性

群体机器人系统要求所有个体的交互都是局部交互，因此当群体中的个体在执行任务过程中动态加入或者退出群体(包括由于意外情况而退出)时，不会影响到群体的性能以及其他个体的运行，整个群体可以自适应地接受群体大小的变化，不需要重新进行软硬件的设定。个体之间通过协同重新调整各自的任务目标，不需要额外的外部协调和中心控制，有助于提高系统的稳定性和效率。

3) 稳定性

与可伸缩性类似，当群体中的部分甚至大部分个体发生意外时，尽管会出现一定程度的效率下降，但整个系统依然可以继续运行直到完成任务。这一特点在危险环境下尤为突出，当成功率比效率更为重要时，群体机器人更加适合完成这一类的任务。

4) 涌现性

群体机器人算法在个体层级非常简单，但是当群体规模逐渐增大时，群体层级的智能行为会逐渐涌现。根据这一特性，在设计群体机器人算法时需要考虑到个体间协同对于群体层级行为的影响。同时，当问题规模增大时，群体机器人的性能可以继续提升，而不会像单体机器人一样受到影响。这一特性保证了群体机器人在大规模问题上的可行性和解决实际问题的能力。

5) 低成本

群体机器人中的个体在设计、验证和制造中的成本远低于单体机器人。在生产线上，大量制造的统一产品的成本远低于少量制造的单个产品，因此群体机器人非常适合实际的工业生产应用。整个群体的制造成本往往比一个复杂个体还要低，尽管群体的规模可以达到成百上千，甚至更大。

6) 低能耗

简单个体一般比较小巧，因此相对于体积庞大的复杂个体，小巧个体的能耗会明显减少。因此，尽管电池也随之缩小，但是单个个体的续航时间反而可能会有所延长。这一特性可以提高群体在恶劣环境下的系统性能，尤其是在无法随时补充能量的环境中，这一点尤为重要。而且由于有可伸缩性的保证，即使群体中的部分个体因为能量耗尽而退出，整个群体依然可以顺利完成任务。

综合以上优点，群体机器人可广泛应用于需要大量时间、空间和个体的复杂实际问题中，以及可能对人类个体造成伤害的环境中，如无人机控制、灾后救援、目标搜寻、军事侦察、巨型目标攻击、协同护卫、协同运输等。通过个体间的协同合作，群体机器人可以高效地完成这些任务，而传统的单机器人则很难解决这些问题，因此对于群体机器人的研究具有巨大的实用价值。

2. 对比其他多个体系统

研究者也提出了其他一些利用多个个体之间的合作来解决问题的方案，如多代理系统、传感器网络等类似研究。这些研究同样利用复数个体在个体数量上的优势来完成特定任务。其中，多代理系统和传感器网络研究的任务主要集中在静态复数个体在已知环境中的行为能力；而多机器人系统则主要研究多个异构机器人个体在特定任务中的性能控制，同时可能会引入大量中心控制和外部控制。

虽然有一些共同的思想基础，但是群体机器人与这些已有的系统在某些设计理念上存在巨大差异，因此与这些系统在适用条件和系统特征上具有明显区别。群体机器人与多机器人系统、传感器网络和多代理系统的对比如表 1-1 所示。

表 1-1　群体机器人与多机器人系统、传感器网络和多代理系统的对比

对比维度	群体机器人	多机器人系统	传感器网络	多代理系统
群体大小	几十到几万	数量一般固定	数量固定	几十到几百
控制方式	自主控制 无中心控制	中心控制 远程控制	中心控制 远程控制	中心控制 层级控制 网络控制
个体同构性	同构	一般异构	同构	同构或异构
个体功能扩展性	高	低	中	中
先验环境信息	未知	已知或未知	已知	已知
个体运动能力	有	有	无	一般无
涌现性	有	无	无	一般无
系统应用范围	较广	针对特定应用	针对特定应用	较广

续表

对比维度	群体机器人	多机器人系统	传感器网络	多代理系统
典型应用	目标搜索 军事侦察 灾后救援 危险环境应用	材料运输 坐标感知 机器人足球	目标监视 医疗护理 环境质量监测	网络资源管理 分布式控制

从表 1-1 中可以看出，群体机器人与其他系统的主要差别体现在群体大小、控制方式、个体同构性、个体功能扩展性及先验环境信息等方面。由于在设计之初就考虑到了个体同构性和个体功能扩展性，所以群体机器人系统在灵活性、适用性上具有明显的优势。其他系统一般针对特定的应用进行设计，因此在个体功能扩展性、复用性等方面表现不足。相对于其他三个系统，本节将群体机器人系统特有的特征和优点总结如下。

1) 自治性

组成群体机器人系统的个体机器人必须是自治的，即机器人个体是能够自主与环境进行交互并能在环境中移动的物理实体。这一要求使得引入生物群体中的协同机制成为可能。尽管由分布式感知元件组成的传感器网络不应视为群体机器人系统，但这一研究对于群体机器人依然具有一定的参考价值。另外，变形机器人系统中的单元通过彼此连接或脱开而运动，只要不存在中央规划和控制中心，这类系统即可被界定为群体机器人范畴。

2) 无中心控制

在群体协同中，通常不需要中心控制即可完成任务目标，从而降低了群体对于中心控制的依赖，提高了群体的可扩展性和灵活性。在某些应用中，算法中也可以适当引入部分中心控制来提高性能，但是应该保证群体在失去中心控制的信息时，也可通过协同完成任务。这一特性可以显著降低通信延时和通信干扰对群体造成的影响，提高个体在具有较强环境干扰时的反应速度和精度。

3) 局部感知和通信能力

通常，受到搭载硬件和所处环境的制约，群体中个体的感知能力和通信能力存在距离限制，这也使得机器人间的协调是分布式的。实际上，即使条件允许，在群体机器人中使用全局通信也会导致规模不可伸缩、系统稳定性下降等问题，甚至可能引发规模爆炸。当然，作为一种手段，下载通用控制程序到每个机器人或外部发出指令使所有机器人终止工作或返回充电等，这样的全局通信是可以接受的，只要不将其用于机器人个体之间的协调即可。

4) 同构性

群体机器人中的角色分工应该相对较少，而担当每种角色的机器人数量应该尽量多。其中，角色指的是由于具有物理学或者程序上的差异，无法在系统运行中进行相互转换的形态，所以有限状态机中的各个状态应当视为同一角色。针对角色分工过细的机器人群体进行研究，无论群体规模有多大，都不具有群体机器人特性。例如，机器人足球的研究通常属于多机器人的范畴，而非群体机器人，因为每个机器人都被一个优先于队伍控制的外部控制中心赋予了不同角色，所以这种系统是高度异构的。同构性的优势在于：具有设计和制造成本低、群体可拓展性好等特性，而多机器人系统一般不具备这类优势。

5) 可扩展性和自组织性

系统规模的可伸缩性要求群体机器人系统在群体规模发生很大变化时也能自如地加以控制，也就是说，控制群体的协调机制应保证不受群体规模变化的影响。因此，群体在实际应用中可以随着复杂度的改变自发调整组织结构，无须外部干预，保证任务的顺利执行。这也保证了群体机器人的群体规模大小可以在很大范围内发生变化，从几十到几万，甚至更多。

6) 灵活性

灵活性要求群体机器人系统能够针对不同任务产生模块化的解决方案，而且无须对软硬件进行改动或者只须对软件进行简单改动。这点可以从蚁群完成觅食、围猎、编队等不同性质任务时的表现中得到借鉴。在觅食任务中，蚂蚁在环境中独立搜索食物，其搜索行为通过排放在环境中的信息素进行协调。围猎任务要求蚁群产生比单个个体大得多的力量将猎物拖到洞中。每只蚂蚁都用颚钳牢猎物，向不同的方向拖拉，看似随机的拖拉行为通过某种协调形成合力施加在猎物上。在编队任务中，蚂蚁形成一个类似链条的物理结构，扩大个体所能触及的范围。以身体为通信媒介，实现队伍的编组。在未来的发展中，群体机器人系统也应有这样的灵活性，针对环境变化利用不同的协调策略提供解决不同任务的方法。

3. 群体机器人的应用领域

近年来，群体机器人的目标搜索逐渐成为研究热点，尤其是在危险环境中的搜索问题。群体机器人的应用领域一般可以分为三大类：第一类问题是基于模式形成的，包括聚合、网格自组织、区域覆盖、环境检测[34]等；第二类问题集中于环境中的实体，如目标搜索、定位有害气体的泄漏源[35]、排雷[36]、觅食[37]等；第三类问题涉及更为复杂的群体行为或者上述两类问题的结合，如合作搬运、灾后救援[38]、全地形导航、星球探索[39]、水下编队搜索[40]等。下面列举了若干群体机器人的潜在应用领域[41]。这些任务的特点十分符合群体机器人的特征，因此适合应用群体机器人系统。

1) 区域遍历类任务

群体机器人是分布式系统，很适合于感知或者作用于大范围空间状态的任务，如湖泊环境检测等。分布在环境中的群体机器人可以感知和监测突发事件，如有毒化学物质的偶然泄漏或者发现矿脉[42]。在解决这类问题时，群体机器人系统相较于传感器网络具有明显的优势。群体机器人的个体可以在环境中巡逻，因此所需要的个体数远少于传感器网络。此外，当遇到突发事件时，群体可以快速调整监测重心，向目标区域移动，提供更加详细的事件报告，以方便后续处理。当情况紧急时，机器人个体还可以暂时充当补丁，堵上泄漏点。

2) 危险任务

群体机器人系统的可扩展性和稳定性使得其特别适合于执行危险环境下的任务。这要求群体在损失大量个体的情况下，依然可以完成预定任务。在有些任务中，个体甚至可能无法回收。专门为此类任务设计或制造一个构造复杂、成本高的单体机器人是不划算的。群体机器人个体成本低，因此是这一类任务的首选。Murphy 等[43]总结了在矿难救援中的机器人应用，指出，尽管已经有一些系统进入了实际应用阶段，但是其表现依然不尽如人意。他们针对机器人的性能提出了 33 项要求，认为只有满足了这些要求，机器人系统才能产生令人满意的性能，并且最终应用到实际问题中。

3) 群体规模可迅速伸缩的任务

在灾后救援、处理油料泄漏等任务中，工作量会随时间推移而发生变化，因此群体也应该有能力根据任务及时伸缩群体规模，从而提高成本效率。例如，油船倾覆或沉没后，随着船上储油罐的破裂，油液泄漏的范围急剧扩大。这时群体应投入大量的个体在这一区域进行工作。随着污染区域的处理，逐渐减少投入的个体数量。类似地，Stormont[44]描述了一个在灾害发生后利用群体机器人进行救援的场景，群体在灾害后的 24 小时内投入大量的个体，然后随着生还可能性的下降，逐渐减小搜索的投入。

4) 有冗余性要求的任务

群体机器人系统的鲁棒性主要来源于群体的冗余。冗余性使得群体机器人即使损失部分个体，也不会显著影响整体性能。在某些任务中，成功率的需求要大于执行效率，这时就需要增加冗余性。例如，在军事应用中，当某些通信节点被敌方炮火破坏后，群体机器人系统能重新快速部署通信节点，创建动态的通信网络，以保障我方部队的正常通信。

4. 实际应用的群体机器人

近年来，以欧美的研究机构为代表的一些研究机构进行了许多群体机器人的相关研究，并且实际产品化了一些群体机器人系统，用于解决前面提到的许多实际应用问题。

Spears 等[45]提出了名为"Physicomimetics"的模型框架，用于分布式地控制机器人群体。在这一模型中，个体之间的交互被看作虚拟力的相互作用，个体按照物理模型计算出所受到的合力及下一代的运动方向。他们分别尝试了固体、液体和气体的力学公式，并且分析了不同力学模型的适应场景和可能应用，包括分散感知、躲避障碍物、监控和清扫等。

Correll 等[46]设计了一个用于检测喷气涡轮机质量的群体机器人系统。这一系统由许多非常微小的机器人构成，通过微型传感器和局部交互完成任务。

Rodriquez 等[47]开发出了一种名为"Seaswarm"的低成本吸油装置。它由一系列装备了吸油装置和存储设备的小型机器人组成，可以快速评估周围海域的浮油泄漏情况，并且动态分配个体进行清理工作，每个机器人最多可以吸取超过自身重量 20 倍的石油。相较于传统的石油回收船等设备，这一系统成本更低，效率更高。

Spröwitz[48]设计了一系列能够移动、自我组装、自我修复的模块化家具机器人"Roombot"。这种模块化家具机器人由许多简单的、能像积木一样组装和拆散的机器人模块构成。一个 Roombot 模块虽然简单，但是可以根据需要及环境条件，与其他机器人一起重新组合成其他形状的家具，满足动态的居家需求。

英国研究人员开发出了专门用于群体机器人科学研究的低成本量产机器人"Formica"[49]。这些机器人设计十分简单，可以非常容易地在流水线上进行量产。这种机器人可以支持自定义多种外部传感器设备，而且支持的种群大小可达几百个，非常适合于不同情境下的群体机器人研究。

除了上述用于日常生活和科研的群体机器人产品之外，还有一些专门针对军事应用的群体机器人。Pettinaro 等[50]设计出一种可以自适应任务的群体机器人系统，其可以应用于觅食、搜索、救援和侦察等任务，同时具备处理突发情况的能力。

1.3　本书的组织结构

第 1 章绪论，介绍群体机器人的起源及基本定义和特征。

第 2 章介绍群体机器人研究发展，包括基础模型与协同方法，以及模拟平台与实体项目。

第 3 章对群体机器人多目标搜索问题进行介绍，包括问题建模与分析、搜索策略性能的衡量指标以及多目标搜索策略的研究现状。

第 4 章提出多种基于规则的多目标搜索策略，并通过实验对策略性能进行分析与验证。

第 5 章提出多种基于学习的多目标搜索策略，并通过实验对策略性能进行分析与验证。

第 6 章在基本多目标搜索策略中引入多种简单的环境限制条件，提出相应的搜索策略，并在限制条件的简单组合上进行适应性验证。

第 7 章引入更加复杂的相互关联的限制条件，基于搜索框架提出新的搜索多目标方法，并验证所提算法在复杂问题上的适应能力。最后还将本书中提出的所有限制条件进行组合，对算法的性能进行测试。

第 8 章介绍复杂任务中的群体机器人协同方法，并对强化学习及多智能体强化学习的基础知识进行介绍。

第 9 章介绍基于学习策略的群体机器人协同方法，展示了作者团队在复杂任务中对群体协同行为的研究工作。

第 10 章介绍本书设计实现的群体机器人模拟平台，本书中所有群体机器人多目标搜索实验结果和搜索问题截图都来源于该模拟平台。

第 11 章总结本书的内容，并对未来的研究方向进行展望。

参 考 文 献

[1] Detrain C, Deneubourg J L. Self-Organized structures in a superorganism: Do ants "behave" like molecules?[J]. Physics of Life Reviews, 2006, 3(3): 162-187.

[2] Camazine S, Deneubourg J L, Franks N R, et al. Self-Organization in Biological Systems[M]. New Jersey: Princeton University Press, 2020.

[3] Bonabeau E, Dorigo M, Théraulaz G. From Natural to Artificial Swarm Intelligence[M]. Oxford: Oxford University Press, 1999.

[4] Vittori K, Talbot G, Gautrais J, et al. Path efficiency of ant foraging trails in an artificial network[J]. Journal of Theoretical Biology, 2006, 239(4): 507-515.

[5] Theraulaz G, Gautrais J, Camazine S, et al. The formation of spatial patterns in social insects: From simple behaviours to complex structures[J]. Philosophical Transactions of the Royal Society of London. Series A: Mathematical, Physical and Engineering Sciences, 2003, 361(1807): 1263-1282.

[6] Beshers S N, Fewell J H. Models of division of labor in social insects[J]. Annual Review of Entomology, 2001, 46: 413.

[7] Barbaro A, Einarsson B, Birnir B, et al. Modelling and simulations of the migration of pelagic fish[J]. ICES Journal of Marine Science, 2009, 66(5): 826-838.

[8] Thorup K, Alerstam T, Hake M, et al. Bird orientation: Compensation for wind drift in migrating raptors is age dependent[J]. Proceedings of the Royal Society of London. Series B: Biological Sciences, 2003, (1): S8-S11.

[9] Menzel R, Giurfa M. Cognitive architecture of a mini-brain: The honeybee[J]. Trends in Cognitive Sciences, 2001, 5(2): 62-71.

[10] Shapiro J A. Thinking about bacterial populations as multicellular organisms[J]. Annual Review of Microbiology, 1998, 52(1): 81-104.

[11] Costerton J W, Lewandowski Z, Caldwell D E, et al. Microbial biofilms[J]. Annual Review of Microbiology, 1995, 49(1): 711-745.

[12] Bone Q, Moore R. Biology of Fishes[M]. London: Taylor & Francis, 2008.

[13] Jackson D E, Ratnieks F L W. Communication in ants[J]. Current Biology, 2006, 16(15): 570-574.

[14] Ravary F, Lecoutey E, Kaminski G, et al. Individual experience alone can generate lasting division of labor in ants[J]. Current Biology, 2007, 17(15): 1308-1312.

[15] Hölldobler B, Wilson E O. The Ants[M]. Cambridge: Harvard University Press, 1990.

[16] Grassé P P. Termitologia, Tome 2: Fondation des Sociétés-Construction[M]. Washington: Elsevier Masson, 1984.

[17] Buhl J, Sumpter D J T, Couzin I D, et al. From disorder to order in marching locusts[J]. Science, 2006, 312(5778): 1402-1406.

[18] Wallraff H G. Avian Navigation: Pigeon Homing as a Paradigm[M]. Berlin: Springer Science & Business Media, 2005.

[19] Diwold K, Schaerf T M, Myerscough M R, et al. Deciding on the wing: In-flight decision making and search space sampling in the red dwarf honeybee Apis florea[J]. Swarm Intelligence, 2011, 5(2): 121-141.

[20] Parr L A, de Waal F. Visual kin recognition in chimpanzees[J]. Nature, 1999, 399(6737): 647-648.

[21] Parr L A, Winslow J T, Hopkins W D, et al. Recognizing facial cues: Individual discrimination by chimpanzees (Pan troglodytes) and rhesus monkeys (Macaca mulatta)[J]. Journal of Comparative Psychology, 2000, 114(1): 47.

[22] Dyer J R G, Ioannou C C, Morrell L J, et al. Consensus decision making in human crowds[J]. Animal Behaviour, 2008, 75(2): 461-470.

[23] Beni G, Wang J. Swarm Intelligence in Cellular Robotic Systems[M]. Berlin: Springer, 1993.

[24] Winston P H. Artificial Intelligence[M]. Washington: Addison-Wesley Longman Publishing, 1992.

[25] Şahin E. Swarm robotics: From sources of inspiration to domains of application[C]. International Workshop on Swarm Robotics, Berlin, 2004: 10-20.

[26] Büchner L. La vie Psychique des Bêtes[M]. Paris: C. Reinwald, 1881.

[27] Reeve H K, Gamboa G J. Queen regulation of worker foraging in paper wasps: A social feedback control system (Polistes fuscatus, Hymenoptera: Vespidae)[J]. Behaviour, 1987, 102(3-4): 147-167.

[28] Jha S, Casey-Ford R G, Pedersen J S, et al. The queen is not a pacemaker in the small-colony wasps Polistes instabilis and P. dominulus[J]. Animal Behaviour, 2006, 71(5): 1197-1203.

[29] Theraulaz G, Bonabeau E, Deneubourg J L. The origin of nest complexity in social insects[J]. Complexity, 1998, 3(6): 15-25.

[30] Deneubourg J L, Pasteels J M, Verhaeghe J C. Probabilistic behaviour in ants: A strategy of errors?[J]. Journal of Theoretical Biology, 1983, 105(2): 259-271.

[31] Wilson E O. The Insect Societies[M]. Cambridge: Harvard University Press, 1971.

[32] Stranieri A, Dorigo M, Birattari M. Self-Organizing flocking in behaviorally heterogeneous swarms[D]. Brussels: Universite Libre De Bruxelles, 2011

[33] McLurkin J, Smith J. Distributed algorithms for dispersion in indoor environments using a swarm of autonomous mobile robots[C]. The 7th International Symposium on Distributed Autonomous Robotic Systems, Seattle, 2004: 143-153.

[34] Pinto E, Santana P, Barata J. On collaborative aerial and surface robots for environmental monitoring of water bodies[C]. Doctoral Conference on Computing, Electrical and Industrial

Systems, Berlin, 2013: 183-191.

[35] Marques L, Nunes U, de Almeida A T. Particle swarm-based olfactory guided search[J]. Autonomous Robots, 2006, 20(3): 277-287.

[36] Zafar K, Qazi S B, Baig A R. Mine detection and route planning in military warfare using multi agent system[C]. The 30th Annual International Computer Software and Applications Conference, Chicago, 2006: 327-332.

[37] Lee J H, Ahn C W, An J. A honey bee swarm-inspired cooperation algorithm for foraging swarm robots: An empirical analysis[C]. 2013 IEEE/ASME International Conference on Advanced Intelligent Mechatronics, Wollongong, 2013: 489-493.

[38] Kantor G, Singh S, Peterson R, et al. Distributed search and rescue with robot and sensor teams[C]. Field and Service Robotics, Berlin, 2003: 529-538.

[39] Landis G A. Robots and humans: Synergy in planetary exploration[J]. Acta Astronautica, 2004, 55(12): 985-990.

[40] Amory A, Meyer B, Osterloh C, et al. Towards fault-tolerant and energy-efficient swarms of underwater robots[C]. 2013 IEEE The 27th International Symposium on Parallel & Distributed Processing Workshops and PhD Forum, Cambridge, 2013: 1550-1553.

[41] Xue S D, Zeng J C. Swarm robotics: A survey[J]. Pattern Recognition and Artificial Intelligence, 2008, 21(2): 177-185.

[42] Acar E U, Choset H, Zhang Y, et al. Path planning for robotic demining: Robust sensor-based coverage of unstructured environments and probabilistic methods[J]. The International Journal of Robotics Research, 2003, 22(7-8): 441-466.

[43] Murphy R R, Kravitz J, Stover S L, et al. Mobile robots in mine rescue and recovery[J]. IEEE Robotics & Automation Magazine, 2009, 16(2): 91-103.

[44] Stormont D P. Autonomous rescue robot swarms for first responders[C]. Proceedings of the 2005 IEEE International Conference on Computational Intelligence for Homeland Security and Personal Safety, Orlando, 2005: 151-157.

[45] Spears W M, Spears D F, Heil R, et al. An overview of physicomimetics[C]. International Workshop on Swarm Robotics, Berlin, 2004: 84-97.

[46] Correll N, Martinoli A. Towards optimal control of self-organized robotic inspection systems[J]. IFAC Proceedings Volumes, 2006, 39(15): 304-309.

[47] Rodriquez D, Franklin M, Byrne C. A study of the feasibility of autonomous surface vehicles[R]. Worcester: Worcester Polytechnic Institute, 2012.

[48] Spröwitz A. Roombots: Design and implementation of a modular robot for reconfiguration and locomotion[J]. Lausanne: École Poly Technique Fédérale de Lausanne, 2010, 11(4): 1953-1961.

[49] English S, Gough J, Johnson A, et al. Formica: A swarm robotics project[R]. Southampton: University of Southampton, 2008.

[50] Pettinaro G C, Kwee I W, Gambardella L M, et al. Swarm robotics: A different approach to service robotics[C]. Proceedings of the 33rd International Symposium on Robotics, Vanconver, 2002: 175-187.

第 2 章　群体机器人研究发展

　　群体机器人研究主要关注群体机器人的群体协同机制，通过个体间的协作实现信息在群体中的传播，从而使整个群体产生智能行为，这也是本书的主要研究内容。目前，这方面的研究尚处于起步阶段，主要基于应用问题来设计算法。大多数研究者往往针对不同的应用问题设计新的算法，很少有可以复用的算法出现。其中，主要问题在于没有一个统一的系统标准和平台，对于不同类型系统的定义也不够完善，研究者很难找到一个可以概括多种类型问题的统一定义。因此，在研究中往往进行大量重复且没有意义的工作。同时，对于不同的应用问题很难抽象出几个模块化的原始应用，导致群体机器人算法很难进行算法性能上的比较。当然，随着时间的推移，相信群体机器人的研究问题将会逐渐统一。

　　本章将总结现有群体机器人的设计和算法，介绍现有群体机器人的实现方式、协同方法，以及现有群体机器人的模拟平台与实体项目。

2.1　群体机器人基础模型

2.1.1　群体机器人系统模型

　　群体机器人系统模型是实际系统的抽象，针对模型的研究有助于理解系统内部的作用规律。因此，模型中应该能体现出群体机器人系统的特征，包括可扩展性、鲁棒性等。群体机器人系统模型的示意图如图 2-1 所示。群体机器人通过协同和局部交互来搜索目标。虚线部分的卫星或者中心控制只用于统一指令，如开始任务等，一般不参与算法的协同部分。

　　群体机器人系统模型是实际机器人个体的硬件抽象，实现了对机器人个体的操纵。该模型是群体机器人系统的重要组成部分，包括信息交互机制、基本行为控制机制和高级行为控制机制。其中，信息交互机制是模型的核心部分，是实现群体层面协同的关键所在。群体中的个体根据交互获得的信息控制自身的行为，并将信息通过层次传递向整个群体辐射。在这一过程中，没有统一的中心控制，但所有个体自发地实现了分工合作，从而实现了群体层面的智能行为，提高了整个群体解决问题的能力。

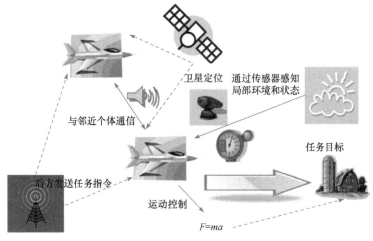

图 2-1　群体机器人系统模型的示意图

1. 设计方法

在群体机器人领域，设计在个体层次上的行为使之产生期望的群体行为，仍缺乏正式或精确的方法，人类设计者的直觉仍在群体机器人系统的开发中扮演着主要角色。有学者[1]将现有的设计方法分为两类：基于行为的设计和自动化设计。基于行为的设计方法也可以称为基于规则的设计方法，自动化设计方法也可以称为基于学习的设计方法。

1) 基于行为的设计方法

基于行为的设计方法最为常用，简单而言就是通过人工设计个体行为来实现期望的群体行为。基于行为的设计通常是一个试错的过程，对个体行为进行迭代调整与修正，直到获得相应的群体行为，因此基于行为的设计一般是自下而上的过程[2]。

(1) 概率有限状态机(probabilistic finite state machine，PFSM)。一般来说，群体机器人中的机器人个体不会规划自身的未来行动，仅依靠自身的传感输入及其内部存储进行决策[3]，这样的行为常用概率有限状态机[4]来建模。概率有限状态机包含多个状态，每个状态有一定的概率转移到其他状态或者保持原有状态。

(2) 虚拟物理学。虚拟物理学启发自物理学[5]，每个机器人视为一个虚拟粒子，能够对其他机器人个体施加虚拟力，常见的方法框架有人工势场[6]、社会势场[7]等。

(3) 群体智能算法。群体智能算法是一类元启发式算法，可求解一些经典优化算法无法处理的问题，相应的算法有粒子群优化(particle swarm optimization，PSO)算法[8]、蚁群优化(ant colony optimization，ACO)算法[9]、萤火虫群优化(glowworm swarm optimization，GSO)算法[10]等。该类算法除了可以直接优化模型的参数外，本身还可以参与模型的构建，例如，算法中的每个候选解都可视为一个机器人个体，机器人之间可通过与算法类似的机制进行协同，协同机制与算法类似，可应用的任务有目标搜索[11]、系统控制[12]、信号源定位[10]等。

2) 自动化设计

自动化设计能够在没有开发者显式干预的条件下通过学习自动地生成个体行为(利用群体行为来构建个体行为)，群体机器人系统的自动化设计方法主要分为两类：强化学习[13]与进化机器人[14]。

(1) 强化学习。在强化学习中，环境会奖励机器人的行动，机器人的行为(或策略)是机器人的状态到行动的映射，机器人的目标是自动地学习最优行为，以最大化环境的奖励。当系统由单机器人到多机器人，甚至一群机器人时，会引入一些其他的问题，如全局奖励如何分解为个体奖励[15]、如何处理机器人自身及机器人之间交互导致的巨大的状态空间[16]等。

(2) 进化机器人。进化机器人是将进化计算技术应用到单机器人系统和多机器人系统的一种自动化设计方法，群体中每个个体的行为可表示为有限状态机或虚拟力函数，进化方法(如遗传算法)通常用来优化人工神经网络的参数。适应度的计算可以是个体层次的或群体层次的，群体可以是同构的或异构的[17]。

2. 信息交互机制

群体机器人系统的信息交互机制包括有限感知能力和局部通信能力等，是群体机器人系统协同特性的基础。信息交互机制包括两部分：个体与环境的交互和个体间的交互。根据实际问题的不同，群体的交互方式可以有多种选择。

在生物群体中，个体之间有直接的交流，如触角的触碰、食物的交换等，但个体间的间接接触更为微妙：个体感知环境中的某些要素，对此做出反应，并最终反作用于环境。在这一过程中，环境就像是一张纸，而生物个体通常将信息素当作笔来传递信息[18]。这种类似于正反馈的机制最终将使绝大多数个体满足某种最优指标，从而涌现出群体层次的宏观特性[19]。

受此启发，群体机器人的信息交互机制包括三种方式：直接通信实现交互、通过环境实现交互和通过感知实现交互。在一个群体机器人模型中，可能会同时用到多种信息交互机制，如通过传感器感知周围环境以及通过通信进行个体交流等。Balch[20]设计了三种不同的虚拟社会昆虫，详细探讨了这三种通信方式的优劣，以及它们对群体在执行不同仿真任务时的效率造成的影响。尽管有些学者还讨论了在完全不进行交互的前提下进行群体协同的可能性，但是一般而言，通过通信和感知交互确实可以在很大程度上提升群体协同的效率，只要交互机制设计合理，不影响群体的扩展性和鲁棒性即可。

1) 直接通信实现交互

直接通信的方式与网络类似，包括点对点通信和广播通信，利用现有的硬件和网络技术，直接通信的网络可以很容易地部署到群体机器人系统中。Hawick 等[21]

提出了一种三轮机器人的实体设计方案。在这一方案中,机器人利用 IEEE802.11b 无线网络和蓝牙连接进行通信。尽管软硬件的设计得到了简化,但是无线设备的成本几乎占到了整个机器人系统的 50%。尽管网络通信提供了机器人通信的基本解决方案,但在群体机器人系统中,网络结构变化很快,与面向数据处理和信息共享的计算机或手机网络通信有很大差异。Dorigo 等[22]指出,群体机器人中的网络通信还应当充分发掘群体机器人系统的局部交互能力和自主行为能力等特性。满足群体机器人实时性要求的通信协议、网络拓扑结构及通信方式尚待研究,现有的网络技术不一定适用于大规模的机器人群体。另外,若机器人之间过分依赖通信获取信息,则当个体数量增加时,系统通信需求将呈指数增长。因此,在群体机器人系统的实际设计中,应当尽量避免直接通信的使用。

2) 通过环境实现交互

在通过环境实现交互的机制下,环境是个体之间交互的媒介,个体之间不进行直接交互。随着任务的执行,机器人在环境中留下信息,其他机器人可以感知到这些信息,并对此做出反应,进而实现信息的交互。通过这种方式,机器人之间不断加强有助于搜索的行为,最终在群体规模激发出智能行为。群体模拟蚁群、蜂群等自然群体,通过在环境中生成虚拟信息素,实现个体间的信息交互。在这种交互方式中,通信能力不会受到个体数量的限制,因此不会造成通信规模的指数级爆炸,但是对个体和环境具有一定的要求,个体需要按要求释放和感知信息素,而环境则需要支持信息素的修改。有很多研究使用这种方式进行交互,例如,Ranjbar-Sahraei 等[23]设计出一种区域覆盖的算法,利用环境中的标志物来传递信息,从而避免了个体间的直接通信。Payton 等[24]在群体中使用了一种虚拟的信息素进行分布式交互。这一机制类似 P2P(peer to peer)网络,这些虚拟信息素不需要存储在环境之中,而是在个体之间进行传递,降低了这一机制对于环境的要求。而 Grushin 等[25]将这一机制应用到自组装机器人中,通过信息素的交互,这些机器人可以自发地组装成预先定义好的三维结构体。

3) 通过感知实现交互

个体通过传感器感知邻近环境与其他个体的信息,这就要求机器人具有区分机器人与环境中物体的能力。感知是局部的单向交互,个体之间不存在任何直接通信。个体通过对环境的感知获得环境中的障碍物、目标等信息,实现躲避障碍物、搜索目标位置和趋向目标移动等行为。这种交互方式可以提供大量的信息,因此在本章协同方法部分介绍的算法大部分采用了这一交互机制。但是如何从这些信息中选择有用的内容,则是对群体机器人算法设计的一个挑战。同时,每个个体机器人都具有自己的传感器系统,因此如何有效地整合利用整个系统的传感器信息是群体机器人算法的协同机制面临的又一个挑战。区分通过感知实现交互与直接通信实现交互的主要因素是:判断个体是主动发出信息(直接通信)还是被动接收信息(传感器)。尽管直接通信传递的信息更为准确,但是也需要更加复杂的软硬件设计。与此同时,带宽占用、能量消耗和同步上的时间开销也会随着种群规模的增大而呈指数上涨。因此,群体协同模型应当尽量避免个体间的直接通信交流,更多通过感知或者环境实现交互。在许多问题中,完全可以利用多种传感器传递非常丰富的信息,包括颜色、亮度、相对位置等,例如,Cortes 等[26]探索了如何高效利用传感器信息协调和控制无人驾驶汽车的方法。

3. 自主行为控制机制

自主行为控制机制包括自主运动能力和局部规划能力等,是群体机器人与传统的多代理系统、多传感器网络的重要区别之一。所有个体的自主行为控制机制是同构的,为群体宏观行为的涌现提供了条件和基础。在信息交互的基础上,机器人个体根据交互获得的信息,对自身的运动行为进行控制。合理的自主行为控制机制,可以降低机器人个体对于通信信息的依赖。通过对信息的处理和预测,可以将特定的信息传递给特定的个体,而不是对所有个体进行广播,可以提高群体的协同能力,同时减少不必要信息的传输。

4. 高级行为控制机制

复杂的群体机器人系统除了要求具有信息交互机制和自主行为控制机制之外,在硬件上还可能需要其他高级能力,如任务分解和分配能力、简单学习能力和控制与决策能力等[27]。使用具备这些能力的机器人可以简化群体机器人算法的设计,提高群体机器人系统处理问题的能力和效率,从而提高群体涌现行为的可预测性和稳定性,但是对机器人物理个体的设计具有较高要求。一般情况下,群体机器人系统可以通过精心设计的群体机器人协同机制来实现类似行为。李军远等[28]指出,高级行为控制机制具体是在软件层还是在硬件层实现,需要根据机器人实际搭载的控制器和传感器而定,以便充分利用这些设备的功能。如何在协同机制中实现这些能力将在协同方法部分进行详细介绍。

这里需要额外强调一下任务分配以及机器人的自我学习能力,通常是否具备这两种能力对群体机器人算法的设计有较大影响,同时也会对算法的执行效率造成差别,特别是对于比较复杂的任务。Kalra 等[29]比较了多种任务分配机制的优缺点,以及这些机制对于现实应用中噪声等干扰的适应能力。而学习能力在很多情况下也很重要,群体机器人算法的参数条件比较复杂,一般很难找到一个适用于多种情况的通用算法参数。因此,具有自适应和自学习能力的算法策略会表现出更加优秀的环境适应能力。Li 等[30]在模拟平台上探讨了不同学习算法对于群体机器人算法性能的影响,Zhang 等[31]则将进化神经网络应用到自组装群体机器人的训练之中。

2.1.2　群体机器人协作方式

机器人的协同控制属于群体机器人系统中的高级行为控制机制。在群体机器人中，个体和群体都需要协同机制来实现群体功能。群体机器人的研究对象包括个体行为和群体行为两个层次。个体行为包括个体对环境的感知、学习、响应及自适应动作的控制，是实现个体间协同的基础，它要求个体具有较强的协作性与自治性。群体行为是在群体规模上实现的协同控制，典型的群体行为有集中、分散和编队等。本节讨论的内容主要为物理层面上的协同机制。

1. 群体机器人体系结构

群体机器人体系结构提供机器人活动和交互的框架，决定着机器人之间进行交互的拓扑结构。群体机器人体系结构是实现协作行为的基础，主要研究如何根据任务类型、机器人个体能力等因素确定群体机器人的规模及相互关系[27]，因此一般体系结构需要根据具体情况进行具体选择。

2. 机器人定位

在大多数群体机器人系统中，个体间的交互具有非常重要的作用。然而群体机器人中并不存在全局定位系统，这意味着每个个体都拥有自己的局部定位系统，并且要具备在各自的局部控制系统框架内定位相邻个体的能力。所以，如何快速准确地定位邻近个体是非常重要的[32]。

在早期的群体机器人研究中，有时会直接引入单体机器人中的绝对定位技术[33]。而随着单体机器人中绝对定位技术的不断进步，多数研究者[34,35]选择使用卡尔曼滤波或粒子滤波等复杂运算将内部传感器信息和外部传感器信息进行融合估计。这主要是因为传感器呈现的信息越来越多元化，包括超声波、红外线、可见光和声音等[36]。

严格来说，这些源自单体机器人的绝对定位技术对于在未知环境中工作的群体机器人系统并不理想，因为其复杂的计算开销严重挑战有限的机器人资源，而且群体机器人中并不需要如此准确的全局定位体系。因此，群体机器人更加倾向于使用运算简单、计算快捷、占用资源少的相对定位技术。Pugh 等[37]基于已有的红外线定位技术，提出了一种改进的相对定位技术，用于在小规模群体中定位邻近个体的方向和距离。Kelly 等[38]则提出了可以应用到较大规模群体的室内红外线定位技术。而 Roberts 等[39]提出了一个更加复杂的、在三维环境中使用的相对定位系统，在这一系统中，无人机通过交互进行空间定位，并据此实现了定向飞行的功能。

3. 直接连接

直接连接的机制主要用于机器人个体相互之间进行连接，以执行对单个机器人而言不可能完成的任务,如翻越大型障碍或者协同搬运等。在遇到这些情况时,机器人可以先通过协同组装成一个组合机器人,再开始完成任务。Mondada 等[40]介绍了多种不同类型的用于跨越障碍物和台阶的机器人连接方式,以及其中涉及的传感器和动力部件等。王建中等[41]开发了一种基于红外线的定位和连接模型。Zhang 等[42]提出了用于市内搜索救援的可重构机器人模型。这些机器人模型设计得非常简单,具有很强的扩展性。Nouyan 等[43]使用了可以相互连接的机器人实现了搜索、导航和协同搬运的算法,在这一算法中,机器人通过相互连接可以提高搬运与信息交互的效率。

4. 自组织和自组装

自组织是一种动态机制,由底层单元的交互呈现出系统的全局性结构。交互的规则仅依赖局部信息,而不依赖全局信息。自组织并不是外部的影响施加给系统体现出的性质,而是系统自身涌现的性质。系统中没有中心控制模块,也不存在一部分控制另一部分的现象。机器人个体根据已经构建好的结构实现交互,并自动调整下一步的交互结构。自然界的生物群体通过系统的自组织解决问题,如蚂蚁筑巢、觅食等。理解生物系统如何自组织,就可以模仿这种策略实现群体机器人系统的自组织过程。

在蚂蚁筑巢过程中,与环境的交互分为离散的交互和连续的交互两种。离散的交互是指由于刺激因素类别不同而产生不同的反应;连续的交互是指根据刺激因素的量不同而产生不同的反应。Nembrini 等[44]基于离散的交互和组织提出了一个模型:个体在三维空间运动,依据其周围砖块的排布决定是否在当前位置放下背负的砖块。该模型的实验结果显示,上述过程可以产生非常类似黄蜂巢穴的结构。

自组装的机器人系统也可以借鉴这个筑巢模型。群体中的个体遵循已经完成的结构和关于整体结构的先验信息指引自己的行动。Payton 等[45]利用信息素的释放来强化这一过程。尽管一开始个体的行为是随机的,但是随着时间的推移,群体逐渐呈现出系统结构。例如,欧盟联合开发的 Swarm-bots 项目[22]就是一种可以自组装和自组织的群体机器人,每个机器人具有多组接口,方便连接。

2.2　群体机器人协同方法

目前,群体机器人协同方法的研究还处于起步阶段,主要集中在一些基本问题上,如队列控制、定向移动等,对于问题和模型的定义也没有统一的结构和框架。本书认为,群体机器人协同方法应当具备群体机器人系统的相关特性,才能在群体机器人实体上体现算法的协同性能,因此本节介绍的算法都是符合或接近这些特性的。本节将首先介绍群体机器人算法的早期发展,然后介绍现有的群体机器人搜索方法的研究进展。随着群体机器人算法研究的不断深入，对于问题的定义会逐渐统一，算法也会更好地发挥群体机器人的各种特性，如拓展性、鲁棒性、复用性等。届时，群体机器人的研究将重点关注几个标准问题，从而可以大幅度促进群体机器人的发展和应用。

2.2.1　早期的群体机器人算法

早期的群体机器人算法主要是对生物群体中协同方式的模拟。研究者提出这些算法的主要目的是验证将这些机制引入群体机器人中是否可行，群体机器人是否可以模拟出生物群体的协同能力，因此这一时期的算法和问题都相对比较简单，但是体现出群体的很多特性。

在最初的尝试中，科学家试图模拟菌落中细菌个体的自组织聚类行为，Floreano 等[46]利用模拟实验实现了这一行为。群体的控制机制非常简单：一个个体离开或加入当前菌落的概率与菌落的细菌密度线性相关。在实验中，均匀分布的 1500 个细菌个体逐渐聚集成了三个子群体，在这一过程中没有任何先验信息或者外部指令，证明了群体协同机制的可行性。

之后，Chatty 等[47]模拟蚁群中的搬运任务，进行了类似但是更加复杂的模拟。他们将问题背景设计在一个有很多货物均匀分布的仓库之中，群体的任务是要将这些货物集中起来，但是实验者没有提供任何先验的聚集地点。个体的规则十分简单，与上一个实验类似：拿起或者放下一个货物的概率与周围货物的密度线性相关，同时加入了只允许从低密度区域向高密度区域搬运的限制。实验结果表明，群体无须任何交流，即可完成收集 80 个货物的任务。同时，他们还研究了修改部分规则对于聚类结果的影响。

机器人群体协作抽出木棒[48]则是早期科研人员进行的另一种关于群体协同的尝试。在这一问题中，环境中分布了很多插在洞中的木棒，而群体机器人的任务是要将所有木棒抽出。机器人个体之间同样没有任何交流，但是木棒的长度使得必须要两个机器人个体合作才能完成抽出木棒的工作。这一实验的目的是验证完全没有交互的简单控制规则也可以产生群体协作的智能效果。当机器人个体在随机移动中发现木棒时，会随机等待一定的时间，如果有其他机器人个体加入，则可以完成抽取工作；否则，放弃当前木棒继续搜索。实验结果表明，机器人群体按照如此简单的控制规则就可以完成抽取木棒的工作。

室内均匀分布问题是最早引入群体拓扑结构和个体之间交互设计的问题之一。McLurkin 等[49]利用 iRobot 机器人实现了室内均匀分布算法。该算法原理非常简单，分为两个阶段：分散阶段和边界检测阶段，两个阶段交替执行，即个体逐渐向外扩散直到接触到边界为止。同时，个体通过周围个体的密度还可以自适应地进行调整，以保证群体分布均匀。

2.2.2 群体机器人基础任务

在过去的几十年中，群体机器人不断在各个领域中发展，并且实现了一系列的应用，如有害气体检测、移动传感器网络、医学手术、灾后救援、目标搜索等。这些应用问题通常比较复杂，一般很难直接提出一个算法来解决所有问题。为了解决这些问题，研究者提出了一系列的群体机器人基本问题，包括群体移动、导航、躲避障碍物等。在这些问题中，群体移动是最基本也是最重要的问题。很显然，协同如此之多的个体是十分困难的，因此如何依靠个体间的交互激发出群体级别的智能行为，是群体机器人研究的主要内容。

群体移动在社会性生物群体甚至人类中十分常见。完成这一行为的生物群体表现出了很高的自主性和多样性，包含年龄、形态、营养状态、个性等。甚至在很多群体中只有非常有限的智能和交互能力，但是依然可以完成如此复杂的群体性行为，实在令人叹为观止。从这些生物群体中获得启发，有助于实现解决群体机器人的定向移动、障碍物躲避等问题的算法。本节首先概述典型的群体行为与任务，然后针对其中几个重点问题进行详细说明。

1. 群体行为与任务

群体智能以及群体机器人的许多研究都启发自对生物群体行为的研究与模拟，群体行为涉及相应的群体任务，如蚁群的觅食、筑巢、捕猎、搬运、墓地组织与育雏等[50]。群体机器人涉及的任务多种多样，有学者对其进行了较为详尽的综述和讨论[51]。本小节首先介绍一些常见的任务，然后介绍一种根据机器人个体间的协作方式(即行为机制)进行的分类。

常见的群体行为与任务有如下几方面。

(1) 聚集。一种将许多个体集中到一个共同区域的自组织行为。

(2) 群集(移动)。大量个体集体向同一目标移动，一般假设每个个体至少通过一个邻居与群体连通；相对于聚集，群集中的个体移动时会校准队列。

(3) 部署。在无中央协调的情况下，机器人群体在环境中部署自身，其中的分散行为是在尽量短的时间内覆盖尽量大的区域，可用于绘制地图、搜寻未知环境中的目标(如觅食)。

(4) 会合。要求散落在环境中的机器人在聚集位置的决定上达成一致，通常假定机器人形成连接图，算法的关键特征是保证机器人在移动时图的连通性。

(5) 觅食。机器人搜寻散落在环境中的物品，并将其带回巢穴，可被分解为两种类型的子任务：一是寻找环境中的物体；二是将物体带回巢穴。

(6) 气味源定位。在给定环境中找到气味的源头，气味的浓度分布可能与空气流动情况有关。

(7) 导航。拥有有限感知和定位能力的机器人在其他个体的帮助下可到达未知区域的目标位置,任务的关键是利用通信在群组间共享关于环境的知识。

(8) 路径生成。机器人能在两地间协作地构建一条路径,也可称为链生成;许多觅食算法包含路径生成技术。

(9) 协同操作。机器人群组共同操作环境中的物体,一般单个机器人无法完成(如蚂蚁将大物体搬回巢穴——协同搬运),无中心控制,仅有机器人个体之间以及它们与环境的局部交互。

(10) 自组装。自组装是机器人之间通过局部交互与邻居个体进行物理连接的过程,可提高粗糙区域导航的稳定性,提升机器人的牵引力。

(11) 任务分配。任务分配或分工是个体基于环境的局部感知而动态改变所执行的任务,根据需求,通过局部交互调整执行指定任务个体的比例,以提高效率。

在完成每个任务的过程中,机器人群体都会涌现出一种群体行为,该行为所体现的机器人个体间的协作方式也可作为任务分类的基准。根据机器人之间协作方式的不同,群体任务可分为以下四类。

(1) 简单智能类。简单智能类任务是最早被研究的一类群体任务,大多用于对群体智能思想的探索性实验中,验证机器人群体中简单个体的简单协同可以涌现出比较复杂的群体行为。相应的算法设计一般很简单,但体现出一些亮点(如机器人个体的概率性决策),对后续的研究有重要的影响,相应的任务有聚类、场地清理[52]等。

(2) 并行类。对于并行类任务,单个机器人基本上也可以完成,但群体间的协同可显著提升任务完成的效率和稳定性,群体机器人多目标搜索基本可归为此类。在并行类任务中,机器人之间的协作比较简单,甚至可以没有直接的交互,机器人主要以环境信息和其他机器人的可观测信息(如位置、信号灯颜色等)为决策信息,进而独立地做出决策。相应的算法有很强的可伸缩性和鲁棒性。相应的任务有多目标搜索、分布式制图[53]等。

(3) 协作类。协作类任务需要一定数量的机器人,一般单个机器人是无法完成的。该类任务一般涉及特定个体间的协作,因此机器人之间的通信可能比较复杂。相应的任务有协同操作(如抽取木棒[48])、协同搬运[54]、路径生成[55]、导航[56]等。

(4) 自组装类。在自组装类任务中,大量简单的机器人个体会组装成一个复杂的整体,机器人之间的协作方式具有较为明显的特征。相应的任务有构建生物组织结构[57]、组装家具[58]等。

2. 群体队形控制

Reynolds[59]于 1987 年提出的 Boids 模型是最早的群体机器人控制模型,也是十分经典的基于距离信息的群体机器人运动控制模型。该模型使用基于行为的控制机制完成任务,被广泛应用于太空船、无人机、机器人等领域。在这些领域中,群体层级的模型很难定义，因此一般使用个体层面的控制模型[60]。

在群体机器人中，Boids 模型广泛应用于基于虚拟力的个体控制模型中。Hettiarachchi 等[61]提出了一个 Physicomimetics 框架，其利用虚拟力控制个体行为。在这一框架中，个体间的所有交互都被解释为个体所受到的虚拟力，最终所有虚拟力的合力决定了个体的运动轨迹。他们从经典力学和量子力学借鉴了两种力，分别在模型中进行实现。实验结果表明，遵循这两种力的群体表现出的特性与这两种力的实际物理特性比较吻合。Moeslinger 等[62]提出了一个仅基于引力和斥力的简化模型，用于控制个体的行为，模型中设定了不同大小的引力区域和斥力区域，根据个体与邻近个体间的距离决定所受到力的大小和方向。实验证明，该模型可以实现在受限环境中的群体移动行为。

Hashimoto 等[63]提出了一个在室内环境中移动的群体机器人模型，整个群体被划分为相互重叠的子群，每个子群根据重心的位置决定移动的方向。子群之间存在部分重叠，通过引力与斥力的方式协调同步，保证了群体的稳定性。Lawton 等[64]提出了一个基于行为的移动模型，将整个群体的移动趋势按照一定的模板分解为一系列的简单移动模式，针对不同的拓扑逻辑和应用场景提出了三种阵形控制策略。

尽管大部分群体机器人模型都假设个体可以和一定距离内的所有个体进行交互，生物学家最近发现了一些其他的可能。Ballerini 等[65]针对几千只鸟的迁徙过程进行了三维建模，并对模型中的鸟类个体进行了分析。结果表明，鸟类个体之间的交互并不完全与距离有关，其交互基本上遵循一定的拓扑结构，而且每一只鸟类个体平均只与 6～7 个邻近个体保持交互。在计算机上的模拟实验也表明，相对于传统的基于距离的方式，遵循固定结构的交互机制可以显著提高群体的聚合能力和响应速度。

受到这一现象的启发，一些研究者在个体交互之前加入了选择操作，保证个体只能与限定数量的其他个体、环境单位进行交互。Lee 等[66]提出了一个启发自鱼群的控制模型，在这一模型中，分别选择两个个体用于群体信息维护和局部交互，从而实现了群体在一般模式下的群体移动和有天敌接近时的快速响应。Ercan 等[67]提出了一个基于最优正四面体的策略选择，为每个个体选择三个用于交互的邻近个体。

除了上述虚拟力模型之外，还有很多启发自其他科学领域的机器人控制模型，例如，通过引入心理学领域的 Tau 理论，Miyagawa 等[68]展示了群体如何在没有距离信息的情况下实现群体移动行为。Tau 理论假设生物群体，尤其是鸟群，根据时间和视觉信息而不是实际的距离信息来判断相对位置和关系。在实验中，每个机器人装备一个 10W 的灯泡，从而实现基于视觉与光学的群体移动。Barnes 等[60]提出了一个根据先验的人工势能图来控制无人驾驶汽车保持队形移动的模型，该势能图根据正态分布和 Sigmoid 函数生成。在模型中，可以通过修改 Sigmoid

函数的方式指定需要的队列形状。

3. 定向移动

除了群体队形控制以外，群体定向移动也是在群体移动中很重要的一个子问题，可以应用到导航、迁徙和搜索等多种问题中。已经有一系列针对队形控制和群体迁移策略的研究，主要包括如何获取目标信息以及如何将这一信息在群体中传播。

1) 上帝个体

保持群体队形一个最常见也是最简单的机制就是上帝个体，即获得了先验目标信息的个体。Couzin 等[69]通过一项开创性的针对生物群体中头领生物和团体决策制定方式的研究，率先在生物群体中发现了类似的机制，并将结果发表在了《自然》杂志上。他们在一群只有个别个体知道目标位置的群体中进行实验，最终发现，这些个体可以带领整个群体前往目标位置。随后，Correll 等[70]将这一机制应用到了牛群中，并取得了不错的研究效果。

Nasseri 等[71]证明了上帝个体机制也可以应用到群体机器人中，群体机器人可以在只有少数个体已知目标位置的情况下带领整个群体到达目标位置，在他们的模拟实验中，上帝个体不能将信息直接传递给其他个体，而是通过自身的位置移动带动整个群体的移动，他们还研究了在不同个体条件下，群体到达目标位置的效率。

上帝个体在群体机器人领域具有比较广泛的应用。McLurkin[72]提出了一个排成队列跟随上帝个体的群体机器人控制策略。在这一策略中，机器人自发地按照顺序排列成直线或者其他指定的结构，跟随上游个体，并据此引导下游个体。最前排的个体根据其他外部控制或者手动控制确定行进方向。在实验中，群体可以在没有任何外部信息和控制的情况下排好队列，并且可以实现其他附加功能，如躲避障碍物、处理通信异常等。

Turgut 等[73]提出了一个控制自组织群体迁移的模型，该模型不借助仿真传感器、行进方向的先验知识或者上帝个体来实现控制。实验结果表明，在环境噪声不超过一定阈值时，群体可以仅通过个体间的局部交互行为以及自组织模型达成一致，实现向同一方向行进。Celikkanat 等[74]在后续工作中，引入了上帝个体，实现了自组织群体在开阔环境和有障碍物环境中的定向种群迁徙行为。他们在实际环境和仿真实验中的实验结果与 Couzin 等[69]提出的上帝个体模型的结果十分吻合。

Stranieri 等[75]扩展了上帝个体模型，引入了两种类型的机器人个体：可协调型机器人个体和不可协调型机器人个体。可协调型机器人个体可以根据邻近个体的交互信息调节自身的行进方向，而不可协调型机器人个体则不具备这一机制。

他们在一个混合了这两种个体的群体中进行实验，发现只要群体的运动控制和交互机制设计合理，这种混合群体可以表现出非常好的定向移动能力。

2) 势能函数

另一个常用的群体控制模型是势能函数。Ge 等[76]提出了一个基于势能场的群体队形控制模型，该模型保证了可扩展性和稳定性。在他们的工作中，通过人工的势能低谷来实现队形的控制。每个个体向着势能的最低谷移动，并且自动根据邻域密度选择移动的方向。通过这种控制方式，可以很方便地实现群体机器人的队形分布，同时可以通过改变势能场的分布，实现队形的变换。在 Fua 等[77]的工作中，引入了在有限通信能力下进行阵形排列的操作，将信息交互分成两类：快速的和慢速的。快速的信息交互只包括实时的局部通信；而在慢速的信息交互中，对于信息的时效性要求不高，因此可以通过将信息在整个群体中传递的方式收集更大范围的信息。通过这一机制，整个群体可以更高效地实现队列的排布。

Balch 等[78]利用一部分个体作为坐标，指引其他个体在躲避障碍物的同时向目标方向移动。个体根据当前坐标中信标的密度，有选择性地转换当前状态，即在信标密集的区域转换为个体，向前移动；在没有信标的区域转换为信标，为其他个体指引方向，个体之间通过自定义的势能函数保持队形。Gazi 等[79]利用人工势能场实现了机器人聚集、觅食和队列控制目标，在模型中引入了具有完整约束的动态模型，进行了更加接近现实的仿真实验。

4. 定位

在群体移动等问题中，定位邻近的目标、其他个体或者环境中的障碍物是不可或缺的一项功能。通常，群体机器人在室外空旷环境中使用局部坐标系，这是因为在室外整个群体的全局坐标系价格高，而且需要为机器人安装更多的硬件。因此，群体的局部定位能力是群体机器人协同机制研究中的一项重要任务。

1) 导航

群体进行导航的一个经典方法是利用信标个体为其他个体定位。此外，Rothermich 等[53]在 iRobot 机器人上实现了一个分布式局部定位和地图绘制的算法。在这一算法中，群体机器人通过聚群的方式将个体的局部坐标系整合成一个虚拟的全局坐标系。当群体中的个体进入一个新的区域时，这些个体会作为信标，为其他机器人定位。当周围的信标个数超过一定阈值时，个体就会返回到绘图模式，在周围搜索并记录环境信息。通过这一策略，群体机器人可以在没有全局定位系统的条件下，自主地完成在环境中绘制较精确地图的任务。

与之类似，Correll 等[80]在利用群体机器人构建智能检测系统时，在群体中引入了带有信标的机器人。他们对比了带有信标的群体和没有信标的群体在性能上的差异，同时分析了群体中的个体在任务中的行为模式。同样，Marjovi 等[81]利用信标上发出的无线信号来实现定位邻近个体和有害气体的泄漏源。群体中要求至少有三个个体作为信标,这些信标会通过无线网络不断将自己的坐标广播出去,其他个体根据这些信息定位自己的位置,从而可以维持一个全局定位系统。然而,全局定位系统要求信标在全局坐标系进行广播,这不仅要求具有较高性能的硬件,也限制了群体的可扩展性、鲁棒性和并行性等,这一机制更适用于小范围、单一目标的搜索问题,与群体机器人的设计理念有所差异。

除了信标个体之外,还有其他简单方法也被用于群体机器人定位。Xue 等[82]在算法中利用邻近个体的信息对目标位置进行预测,提高了找到目标的效率。Spears 等[83]利用三边测量法构建了一个群体机器人,用于检测邻近个体相对位置的模块。群体中的机器人在实体上装备了三个定位点,其他机器人可以通过这些定位点来确定邻近个体的相对距离和相对方向。通过引入非常简单的三个定位点,群体的成本基本不变,但是可以在硬件和软件层面提供一个分布的、可扩展的、鲁棒的相对定位系统。该系统除了可以提供定位信息之外,还有助于群体中个体的信息交互。

除了二维定位之外,Stirling 等[84]还提出了一个针对室内复杂环境的无人机定位导航策略,该策略不需要任何全局定位能力和通信能力,也不需要任何先验的环境信息,就可以在充满走廊和房间的室内环境中准确定位目标位置,从而实现定向飞行。

2) 模拟生物群体

众所周知,蚁群在自然界中通过信息素实现群体的定位、导航、觅食等行为。受此启发,研究者将这一机制引入到群体机器人中。通过在环境中模拟信息素等手段,可以将蚁群中现有的协同机制引入到群体机器人算法中。

Sperati 等[85]进行了一项有趣的研究。在该实验中,群体需要不断探索环境,找到两个目标区域并排列成连接这两个区域的最短路径。实验的设置导致少量个体无法完成连接的任务。在他们的算法中,群体不断地在两个目标之间往返,同时与其他个体进行交互,以期可以发现更优的路径。机器人通过神经网络进行自学习和进化,最终群体可以逐渐找到最短路径。他们在后续工作中,引入了模拟蚁群信息素的机制[86]用来解决搜索最短路径问题。个体模仿蚁群中的协作机制,根据路径的时间效率,不断模拟产生虚拟信息素。结合虚拟信息素机制与之前提出的进化策略,算法最终可以更快地收敛到最短路径。

Ducatelle 等[87]利用无线通信模拟了蚁群中的信息素,在实验中测试了群体在复杂的迷宫环境中寻找两个目标间的最短路径,结果显示,群体可以很快找到最优路径,即使最优路径需要绕过许多障碍物。但是,在这一算法中,需要使用大量的大范围无线通信,因此一般只适用于室内环境。

在 Ducatelle 等[56]的后续研究中,关注了两种群体如何通过简单的局部交互完成复杂的觅食收集任务。该算法使用了 Swarmnoid 项目中的两种个体：一种可以飞行且吸附在天花板上；另一种在地面行进。他们将这两种个体进行分工，其中，地面个体负责在巢穴和食物源之间来回往返，这些个体需要躲避障碍物，同时不与其他任何地面个体进行交互。同时，飞行个体用于在环境中模拟信息素，它们分布在环境中的各个位置，并且为进入通信范围内的所有个体维护信息素，并提供路径指引。飞行个体负责更新路径的权值，并且具有移动能力，可以根据当前的个体密度和信息素值向最优路径方向聚集。模拟实验结果表明，这种分工后的群体具备发现最短路径的能力，同时可以自动调整飞行个体，实现通信和交通负载的平衡，保证了算法的可扩展性。

5. 障碍物躲避

在定位的基础上，群体可以实现障碍物躲避，这也是在群体移动中不可缺少的行为。通常，类似于势能场的机制是使用最广泛的。个体会在障碍物附近生成虚拟的势能场，并且根据其中的势能变化，改变自身的运动方向，从而实现障碍物躲避的行为。Khatib[6]早在 1986 年就引入了障碍物躲避机制。在该机制中，每个可以运动的障碍物会生成一个可以随时间变化的势能场，从而可以实现个体快速躲避障碍物的行为。障碍物躲避机制的引入，将原本复杂的高阶规划问题转化为分布式的低阶实时操作，并且可以在复杂环境中生效，极大地提升了机器人系统的实用性。

此后，障碍物躲避机制被广泛应用到群体机器人中，例如，在 Das 等[88]的工作中，机器人个体可以在不同的控制策略中转换，从而实现障碍物的躲避。Shao等[89]提出了一个动力学控制模型，并在其中使用势能场完成个体间的运动控制、协调相对位置、保持方向一致以及障碍物躲避等行为。Do[90]利用了势能函数控制群体的队列，避免了个体之间发生碰撞。势能函数可以使个体迅速调整到与邻近个体相同的前进方向，从而保持队形，避免碰撞。

除了势能场之外，还有其他机制可以用于障碍物躲避。Kurabayashi 等[91]提出了一个基于 Delaunay 三角形中几何学特性的群体机器人队形变换和障碍物躲避算法，算法中的个体根据 Delaunay 三角形来选择相应的邻近个体构成拓扑结构，整个拓扑结构内的个体按照一定规则跟随某个个体保持队列行进。这一结构可以充分发挥几何学特性，保证了群体的灵活性，但是牺牲了算法的鲁棒性。当个体动态加入或者退出时，算法需要较长时间的响应。

Min 等[92]基于二阶运动模型提出了一个在动态环境中躲避障碍物的算法。该算法基于一个利用目标位置、个体和障碍物的运动速度和方向等信息构建成的数学模型，并且利用 PSO 算法进行优化。仿真实验结果表明，该算法具有比传统势能场函数更高效的避障能力，但是每个个体需要单独运行 PSO 算法，因此其计算量也有显著提高。

2.2.3 现有的群体机器人算法

除了上述介绍的群体机器人基本任务之外，群体机器人搜索方法是群体机器人算法研究的主要热点问题。其主要原因在于大多数实际应用问题都可以抽象转换成目标搜索问题。同时，这些问题与传统的优化问题具有很多相似之处，很多现有的群体智能算法可以很方便地引入到群体机器人中，因此吸引了众多学者的广泛关注。在本节中，群体机器人搜索方法研究分为两类：一类是基于群体智能算法的搜索方法；另一类是不基于群体智能算法的搜索方法。这两类算法在思想和起源、协同机制、信息交互等方面均有一定的差异，因此本节将对这两类算法分别进行介绍。最后，还将对现有的引入限定条件的搜索问题进行概述。

搜索问题与优化问题具有很多相似之处，因此无论是否是基于群体智能算法的搜索算法，大部分算法都是使用类似于优化问题中的适应度值机制来量化目标感知的，并且据此来指导群体的搜索。在仿真和实体机器人的研究中，一般是通过传感器来完成目标感知的，这些感知都可以抽象成具有一定物理意义的、与目标和个体之间距离相关的适应度值量值，如欧氏距离[81]、嗅觉度量[93]、化学物质浓度[94]以及一些类似于势能函数的机制[95]等。通常，通过这种方式生成的适应度值函数都是近似连续的，具备与等高线相似的几何性质。

1. 基于群体智能算法的搜索方法

从抽象的观点来看，优化问题和搜索问题都可以归纳为一个模型：在未知的环境中找到最符合要求的一些位置[96]。而群体智能算法与群体机器人算法都是利用包含一定数量简单个体的群体来完成这一目标的，因此两者具有很多共同的特性。PSO 算法[97]是群体机器人中使用最广泛的群体智能算法，这主要归功于 PSO 算法中的粒子与群体机器人中的个体具有高相似度。本节介绍的算法大部分使用了 PSO 算法。除了 PSO 算法之外，还有许多其他算法成功应用到了群体机器人中，如蚁群算法[9]等。这些算法广泛应用于路径追踪[98]、导航、动态环境搜索[99]等问题中，并且十分符合群体机器人的部分特性，如可扩展性、鲁棒性等。

群体智能算法具备很强的灵活性、可扩展性和鲁棒性，并且包含很多启发自自然界的群体协同机制。然而，优化问题与搜索问题还是存在一些差异的，因此这些群体智能算法的引入也带来了一些问题，尤其是算法中一些不适合于群体机器人的机制或者算法本身的一些缺点，如大量的随机运动、存在全局交互、个体移动速度没有限制[100]以及陷入局部极值等。为了解决这些问题，一些研究者针对群体智能算法进行了一些改进，例如，Couceiro 等[101]将群体动态地划分为子群体，从而使得个体具备从局部机制跳出来的能力，但这一改进是在使用了全局通信的基础上完成的。

虽然启发自群体智能算法的群体机器人搜索方法还存在一些问题有待解决，但是有些算法表现出了比较优秀的搜索性能。本书将使用群体智能算法的群体机器人搜索方法分成三类进行概述。

1) 用于优化参数

这一类算法通常引入了一些带有比较复杂参数的机制，如神经网络或者其他启发性的策略，这些参数通过一般方法难以优化，而群体智能算法比较适合对这些参数进行优化。

Meng 等[102]提出了一个搜索多个随机目标，并将这些目标在指定地点组合起来的算法，机器人利用虚拟的信息素进行信息交换和任务分配，使用改进后的 PSO 算法来调整算法在开发和开采之间的平衡。Yang 等[103]提出了一个路径规划算法，将路径描述为 B 样条曲线，将路径规划问题转化为对 B 样条曲线的参数优化问题，从而可以使用改进的 PSO 算法实现这一目标，实验结果证明，规划出的路径可以有效躲避障碍物。

Pugh 等[104]利用 PSO 算法在有噪声的环境中训练群体机器人，通过无监督学习训练机器人克服感知和通信中的噪声干扰，成功躲避环境中的障碍物。在后续的工作中，Pugh 等[105]使用自适应的方式定位环境中的多个目标，其算法基于细菌趋向性，并且利用 PSO 算法进行了参数优化。

为了避免基于行为的规则模型中存在的缺点以及人工设计过程中的困难，Oh 等[106]利用人工神经网络训练无人机集群在有障碍物的环境中搜索目标，利用遗传算法优化神经网络参数，获得了较好的效果。美中不足的是，这一神经网络是通过全局方式进行训练的，在实际使用中无法实现不断进化。

2) 用于个体建模

在这一类算法中，群体机器人使用群体智能算法中的模型进行协同。每个机器人相当于群体智能算法中的一个粒子或者个体，根据环境中的适应度值进行搜索。这是最常见的将群体智能算法引入群体机器人中的方式，然而这些算法可能会在群体机器人中引入全局通信、大量的随机运动等机制，导致算法难以部署。

Pugh 等[107]是最早尝试将群体智能算法直接引入群体机器人中的研究者，他们尝试并比较了 PSO 算法中的多种拓扑结构和更新策略。在后续工作中，Pugh 等[108]改进了传统的 PSO 算法，使之更加适用于群体机器人多目标搜索的应用场景，他们还比较了不同搜索策略对于算法性能的影响。

Derr 等[93]利用引入权值更新的改进 PSO 算法在未知环境中寻找目标。Zhu 等[96]在搜索中引入 PSO 算法的同时避免了全局通信。他们利用几何学的方法计算个体之间的相对位置，提高了算法的鲁棒性和效率。

Hereford 等[109]利用类似 PSO 算法的算法在具有障碍物的房间内搜索发光源。

该算法要求每个个体需要在群体中进行全局通信来维护全局最优个体，而且实验中只考虑三个个体的种群大小，因此很难将其看作群体机器人算法。

除了 PSO 算法之外，Zhang 等[110]还将改进后的萤火虫算法引入多目标污染源搜索问题上，将萤火虫算法用于在有适应度值的区域进行局部细化搜索。该算法将已经搜索过的区域列为禁区，从而避免了重复搜索。

Kisdi 等[111]提出了一个在火星上进行资源探索的群体机器人算法，他们假定一个火星登陆器可以释放一些相互之间无法交互的小型探针进行资源搜索。火星登陆器本身无法移动，但是可以作为中转站为小型探针提供交互和存储的能力。小型探针根据火星登陆器的指令，搜索相应的区域，并且将搜索结果返回给火星登陆器。火星登陆器根据所有已知信息，给小型探针分配新的任务。在这一策略中，火星登陆器起到了多目标群体优化算法中档案的作用，而每个小型探针相当于群体智能算法中的粒子，每次搜索相当于一次适应度值评估。同时，在火星登陆器中还可以加入人工干预，优先搜索某些区域。

3) 优化参数和个体建模两者组合

某些群体机器人算法在引入群体智能算法搜索机制的同时，还需要利用群体智能算法进行参数优化。例如，Doctor 等[11]提出了一个两层的 PSO 算法控制策略，用于群体机器人目标追踪算法。群体中个体的搜索由内层 PSO 算法进行控制，而内层 PSO 算法的参数则由外层 PSO 算法进行优化。在外层 PSO 算法的优化中，算法使用与目标之间的距离作为适应度值。

Sahin 等[112]利用群体机器人算法解决在复杂环境下的均匀分布。在算法中，个体之间的感知受到环境的限制，因此只能选择较为简单的交互方式。每个个体还可能会受到外部的攻击、障碍物或者通信干扰等因素的影响。他们将每个个体的方向信息与邻近个体进行交互，并且利用一个基于力的遗传算法对群体的行为进行优化。当群体发现有个体减少时，会自适应地调整群体的分布，保证群体始终可以均匀分布在整个环境之中。

2. 不基于群体智能算法的搜索方法

在不基于群体智能算法的搜索方法中，有一大类是基于嗅觉的搜索机制。在生物群体中，嗅觉是非常重要的辅助能力，广泛运用于狩猎、求偶和躲避天敌等。在群体机器人中，不基于群体智能算法的搜索方法主要应用于具有类似场景的问题中，包括定位污染源或者化学泄漏源、反恐、缉毒、探矿及灾后救援等[100]。

按照 Hayes 等[113]和 Li 等[114]的定义，基于嗅觉的搜索方法通常具备 3～4 个阶段。群体首先搜索到嗅觉线索，然后通过线索找到嗅觉源头。这些阶段中使用的搜索方法是多种多样的，包括梯度下降法[115]、之字行进法[116]和逆风前进法[117]等。

Cui 等[118]利用一群简单机器人个体实现了搜索和定位未知数量的信号发射源

的过程。Jatmiko 等[119]引入了生物群体中的化学趋向性和气流趋向性机制,实现了搜索和定位污染源的混合模型。该模型可以在复杂场景中进行较为准确的搜索,可以克服包括动态污染源、随机风向和障碍物在内的环境条件。Russell 等[120]总结和比较了四种基于趋向性的搜索方法,这些算法都可以快速、简单、高效地解决有障碍物环境下基于嗅觉的搜索问题。他们详细对比了这四种算法在典型问题上的结果,并比较了算法在仿真和实体实验中的结果差异。

除了嗅觉之外,还有其他一些机制也被运用到了群体机器人中。Varela 等[121]提出了一个利用无人机进行环境监控的模型,无人机可以在环境中巡逻,并且利用传感器定位异常情况,机器人与邻近个体相互比较最近 5 代内的平均适应度值,并且选择最优个体的搜索方向进行搜索,他们在工厂等环境中利用真实的无人机集群对算法进行了验证。

Wu 等[122]为群体机器人在具有噪声的环境中定位局部机制提供了新的策略。群体机器人首先试图独自进行搜索,当单个个体无法完成搜索任务时,群体会转向合作模型,个体通过协同的方式加快搜索。实验结果表明,这一方法可以提高群体的收敛速度,同时保证了群体的鲁棒性和适应性。

除了上述算法之外,自组织型群体机器人的搜索机制也具有一定的借鉴价值。Nouyan 等[123]提出了一种链状路径生成算法,用来生成从起始点到目的地的路径链。在该算法中,机器人个体被视为仅具备三种状态(搜寻、探索、链接)的有限状态机。根据系统模型,每个个体按照当前状态下的规则行动,直到传感器接收到的数据导致机器人转移到另一个状态。尽管机器人个体只具备有限的感知能力和通信能力,但该算法在可扩展能力和容错能力上表现突出。在后续工作中,他们设计算法模拟了将猎物协同搬运回巢穴的群体行为。该算法只需在链路生成算法中加入运输模块、增加力矩传感器,即可完成协同搬运。群体顺着已经形成的路径,逐步将猎物搬运回巢穴。Nouyan 等[123]确信这一算法是当时最为复杂的自组织群体机器人的实例之一。

3. 引入限制条件的搜索问题

在上述介绍的搜索方法中,只有少部分考虑到了环境中限制条件的引入,在引入限制条件的搜索问题中,大多数都是引入简单的障碍物(如障碍物躲避部分中的算法)或者引入简单的环境噪声[29,73,104,106]等。只有少数问题[119]考虑了比较复杂的环境限制。一般的群体机器人研究者都是将已有的算法在个别限制条件下进行简单的验证,并没有针对这些限制条件提出相应的策略。

目前,只有少数研究中考虑了专门针对某些限制条件的搜索问题。Sisso 等[124]在解决空间搜索决策问题中使用了信息差距决策理论。群体机器人会被告知一些错误的先验信息,有些先验信息甚至具有很强的误导性。他们提出了一个具有非常高鲁棒性的算法，利用期望最大化算法对环境信息进行预估，降低了错误信息的干扰。

Lee 等[125,126]提出了一个提高能量利用效率的觅食算法。该算法在巢穴周围增加了临时食物存放点，并且将群体分成两部分：一部分负责在外部环境中搜索食物，并将食物放入最近的存放点；另一部分则负责搜索存放点范围内的食物，并负责将存放点的食物运回巢穴。通过这一分工，提高了搜索效率，同时减少了个体搬运食物产生的能量消耗，提高了能量和时间效率。

然而，除了少数研究之外，大部分算法均未涉及详细的关于环境限制条件的研究。然而，在实际搜索问题中，环境限制条件是十分重要的。因此，本书将对环境限制条件进行比较系统的研究。

最后，本节对群体机器人搜索方法的研究现状进行简要总结，如表 2-1 所示，后面本书将会进一步对群体机器人多目标搜索策略的研究现状进行总结与分析。

表 2-1　群体机器人搜索方法的研究现状

对比维度	群体智能优化算法	群体机器人算法	尚需改进的问题
目标数量	多个局部极值 一个全局最优	一般只有 1～3 个	增加目标数量
目标发现	适应度值	连续的适应度值	离散的、有噪声的适应度值感知
评价标准	适应度值	搜索时间	引入能量消耗、 移动距离等信息
个体数目	几十个	10 个左右	增加个体数量、 达到 100 个以上
模拟实现	—	基本都是模拟平台实现	提供高效率的、 支持大规模计算的模拟平台
环境限制	定义域限制	一般都是空旷环境中，有 些存在障碍物	引入测量误差、时间消耗、能量消耗等实际 环境限制
协同机制	有	大多参考群体智能算法	引入新的适应群体机器人的机制

2.3　群体机器人模拟平台与实体项目

群体机器人系统的研究需要大量的实体机器人，这对于许多研究机构是难以负担的。尽管最终目的是实体机器人的研究，但是预先的模拟验证也是很有用处的。另外，尽管模拟对于群体机器人的研究有很多优势，但并不能完全取代实体机器人，有很多问题，如噪声干扰、通信与运动限制在实体机器人中更能凸显出来，因此本节将分模拟平台与实体项目两个部分来介绍。

2.3.1 模拟平台

预先在模拟平台上对群体机器人算法进行测试,可以大大节约算法测试的时间成本和经济成本。本节对现有的一些模拟平台进行总结,这些平台包括一些针对单体机器人或者多机器人系统设计的模拟平台,但是通过用户自定义可以实现对于群体机器人的模拟实验。然而可以看到,大多数模拟平台是针对较少数目的机器人系统开发的,更多关注于机器人的物理仿真。群体机器人的模拟平台不需要如此高精度的物理模拟,而应该更加关注对于群体智能算法的模拟和测试,并且应当支持三维模拟、中央处理器(central processing unit,CPU)并行计算、自定义问题和机器人等功能。

1) Webots

Webots[127]是一款用于设计和模拟移动机器人的模拟平台。该平台提供了大量的传感器、控制器和机器人模型,用户可以根据这些模型快速自定义所需的机器人和测试环境。该平台还提供实体机器人的远程调试功能,已经被全球超过 1000 所大学和研究机构采用。

2) Player/Stage

Player 项目[128]是专门开发用于机器人和传感器仿真的免费软件,该平台提供了大量传感器、控制器等设备的实际物理模拟。在此基础上,Stage[129]搭建了一个最多可以容纳 1000 个机器人个体的二维模拟平台,支持动力学模型,但是不能引入包括环境噪声在内的限制条件。尽管可以为群体机器人进行模拟演示,但是 Player/Stage 平台更多关注的是物理实现上的模拟,而不是协同机制的测试。

3) Gazebo

Gazebo[130]是一款基于 Stage 的三维模拟平台,同时拓展了 Player 平台中的物理仿真模块,提供更加逼真的仿真能力。Gazebo 提供了与 Player 平台的双向接口,从而可以方便地与 Player 平台和 Stage 平台共享代码。与 Stage 平台类似,Gazebo 也更多关注的是物理层面上的仿真。

4) UberSim

UberSim[131]是卡内基梅隆大学开发的一款用于足球机器人的模拟平台。该平台的作用是在将控制程序上传到机器人之前对算法本身进行测试。UberSim 与 Gazebo 使用相同的物理仿真模型,同时支持 C 语言自定义机器人参数,并通过传输控制协议/网际协议向机器人实体传输程序。

5) USARSim

USARSim[132]是一款具有高保真度的多机器人模拟平台。该平台最早用于 Robocup 系列竞赛中,对搜索和救援任务进行仿真,是比较完整的通用机器人研究模拟平台之一。该平台基于商业游戏引擎 Unreal 2.0 实现,原生支持高精度地对物理学、几何学以及环境噪声进行模拟。测试结果表明，该平台比较适合于科研和教学使用。

6) Enki

Enki[133]是一款使用 C++语言编写的开源二维机器人模拟器，支持运动学、碰撞检测、传感器、视频等功能。该模拟器允许用户自定义机器人的设置，并且可以提供比实体机器人快几百倍的模拟速度。

7) Breve

Breve[134]是一款专门用于大规模分布式人工生命系统的三维模拟平台。该平台使用 Python 语言定义机器人之间的行为和交互，使用开源物理引擎和开放图形库等开源软件库实现物理仿真和三维绘制。该平台还支持多个模拟实验之间的信息交互和个体交互，但是用户需要通过网络接口与模拟平台进行交互操作，使用比较复杂。

8) V-REP

V-REP[135]是一款开源的三维机器人模拟平台，支持分布式的群体结构和并行的仿真测试，因此比较适合于机器人群体的仿真。该平台还支持一些预先定义的物理模块和基本算法，简化了开发者的使用。

9) ARGoS

ARGoS[136]是一个具有很强自定义特性的模拟平台。该平台中的所有实体都可以很容易地进行用户自定义，并且在模拟中动态添加或删除。测试结果表明，ARGoS 支持最多 10000 个机器人，近乎实时地并行模拟运算。该平台开发时间较晚，尚未获得大规模的应用。

10) TeamBots

TeamBots[137]是一系列基于 Java 的群体机器人模拟工具包的集合。该平台支持多机器人控制系统的模拟实验，但是兼容的实体机器人比较少，自定义机器人模型比较复杂。

11) UUV

UUV[138]是一个用于水下无人航行器(unmanned underwater vehicle, UUV)的模拟平台，该平台是 Gazebo 在水下场景的扩展，可以模拟多个水下机器人，具体实现依赖一组建模了水下静力学和流体动力学、推进器、传感器以及外部干扰的新插件。

12) Microsoft Robotics Studio

Microsoft Robotics Studio[139]是由微软公司开发的一款 Windows 平台下的模拟器，支持多机器人系统仿真。

13) MultiBots

MultiBots[140]是一个面向仓储物流中任务分配问题的群体机器人模拟平台，该平台基于一种多智能体路径发现(multi-agent path-finding，MAPF)方法和避障策略，能够较好地测试与评价任务分配策略的有效性。

2.3.2　实体项目

20 世纪 80 年代初，欧美、日本的一些研究人员开始研究移动多机器人系统，起初的项目有 Cebot、Swarms 等。国内群体机器人系统的研究尚处于起步阶段，而且主要是一些仿真研究。

1) Swarm-bot

Swarm-bot 项目由比利时布鲁塞尔自由大学实验室 Marco Dorigo 主持，由欧盟技术委员会资助，主要目标是探索一种用于设计与实现自组织和自组装人工制品的新途径，功能丰富的 S-Bot 机器人[141]就是该项目开发的机器人。S-Bot 机器人的相关参数：圆形，齿轮减速电机，相应仿真器为 SwarmBot3D。

2) Swarmanoid

Swarmanoid 项目[142]是 Swarm-bot 项目的拓展性工作，名字来源于群体 swarm 与类人 humanoid 的合成，是一个用于探索群体机器人实用性的异构群体机器人系统，包括三种机器人：一是眼机器人 eye-bot，负责广域搜索、信息收集；二是足机器人 foot-bot，负责运输、细致搜索；三是手机器人 hand-bot，具有攀爬和抓取的功能，可以与足机器人组装。一个包含三种机器人的种群可通过协作完成室内物体搜寻与移动的任务。

3) Sambot

Sambot[143](self-assembly modular swarm robot)是北京航空航天大学的研究者开发的一种自组装模块化的群体机器人，每个 Sambot 机器人有自主移动、自主对接功能，多个 Sambot 机器人可自组装为一个机器人结构，如蛇形机器人和四足爬行机器人。现在已经发展到第二代的 Sambot II[144]，集成了激光和相机模块以及相应的视觉控制算法。

4) Pheromone Robotics

Pheromone Robotics[145]项目旨在探索一种鲁棒的、可伸缩的途径，使得一大群小型机器人可实现群体行为，进而可用于监视、侦察、危害检测、路径发现等任务[45]。项目组使用信标和传感器模拟实现了一种虚拟信息素，可促进机器人之间的简单通信与协调。

5) I-Swarm

I-Swarm[146]项目由欧盟技术委员会资助，其目标是建立第一个大规模人工群(very large-scale artificial swarm，VLSAS)，通过制造上千个极微小(大小约为 2mm×2mm×1mm)的廉价机器人，使其在一个小世界中(如在生物体内)完成一些群体任务，如装配、清洁等。

6) Swarmrobot

Swarmrobot[147]是一个开源项目，其主要目标是开发一种便宜、可靠的微型机器人，能够构建大规模的群体系统(100 个或更多的机器人)以研究人工自组织、涌现现象以及大规模机器人群组的控制等，Jasmine robot 是该项目极力推荐的一款机器人，该机器人由德国斯图加特大学与卡尔斯鲁厄大学开发(2012 年 11 月 21 日斯图加特大学取消了对 Swarmrobot 开源项目的主持)，所有硬件和软件都是开源的，包括零件清单、电路板和底盘设计、软件。

7) iRobot Swarm

iRobot Swarm 是美国麻省理工学院的机器人项目，主要目标是开发可用于机器人群体(包含几百个个体)的分布式算法[49]，使其对复杂的现实环境具有鲁棒性、对机器人个体的增加和故障具有容错性。

8) Robots developed by EPFL

瑞士洛桑联邦理工学院开发了多种小型移动机器人，可供教学和研究使用，如 e-puck、Khepera、Alice 等。

(1) e-puck。e-puck[148]机器人为瑞士洛桑联邦理工学院开发的专用教育机器人，其结构简单、易于操作和维护，可用于移动机器人、群体机器人、嵌入式系统、信号处理、图像与声音特征提取等方面的教学研究。e-puck 机器人的相关参数：圆形，步进电机，八路红外近距离传感器；模型可由 Webots 仿真器获得。

(2) Khepera。Khepera[149]机器人在过去应用较广，现在很少应用了；如今瑞士洛桑联邦理工学院与 K-Team 合作，开发出了第三代机器人 Khepera-III 和第四代机器人 Khepera-IV[150]。

(3) Alice。Alice[151]是一种小型机器人，尺寸只有 2cm×2cm×2cm，能够移动、感知、接收远程命令以及局部通信。Alice 机器人的相关参数：小矩形，SWATCH 电机，四路红外近距离传感器；模型可由 Webots 仿真器获得。

9) Kobot

Kobot[152]机器人是中东技术大学开发的面向群体机器人的一款移动机器人，机器人配备了红外短距传感系统(测量到障碍物的距离)和一套用于感知邻居机器人个体相对朝向的感知系统。Kobot 机器人的相关参数：圆形，齿轮减速电机；可获得相应仿真器。

10) Kilobot

Kilobot[153]项目来自哈佛大学，旨在设计一种用于测试群体行为(涉及成百上千个机器人)的机器人系统，每个机器人由低成本的部件构成，组装完成只需 5 分钟，该系统也支持大规模群组的整体操作，如对所有机器人进行编程、启动和充电，该项目组已实现了利用 1000 多个机器人进行图形生成的群体行为[154]。

2.4　群体机器人研究现状分析

本节主要从群体机器人系统模型、协同方法、模拟平台与实体项目三个方面进行介绍，可以看出群体机器人的研究领域很广，从硬件项目到模拟平台、从群体任务到协同方法都有学者进行了相关研究，是一个很有前景的研究方向。另外，通过文献调研可以发现，群体机器人领域的许多有影响力的工作都是在早期开展的，许多问题和任务的研究都来源于多机器人系统，而在具体的某个研究方向上一般研究人员有限且集中。从工程的角度来看，主要有两个因素限制了群体机器人的快速发展：一是制造成本的问题；二是实用价值尚未有力凸显，而且第二个问题在很大程度上是由第一个问题导致的。

首先在制造成本上，一个机器人个体即使很简单，也是一个完整的系统，其运动、感知、通信等功能都涉及相应的硬件设备与软件模块，若要进一步使得机器人个体具有一些实用的功能，其相应的成本与复杂度是很可观的，需要较长时间的研发和技术积累，因此群体机器人的研究本身就有非常苛刻的成本制约。当然，可以将机器人在硬件上设计得很简单，如前面介绍的哈佛大学的 Kilobot 机器人，但大量的个体仍使得成本较高，而且个体硬件设计得极致精简，使得其能力非常受限，因此可应用的任务面也很狭窄。

另外，受制造成本限制，群体机器人系统中的机器人个体的功能简单、有限且低效，虽然在很多任务中很有应用前景(如区域监视、灾后救援等)，但要在实际中超越现有的平台还有很大的差距。为了加快实用化进程，部分学者将目光投向了异构群体机器人系统(如 Swarmanoid 项目)，以期通过功能的多样性来适配现实任务的复杂性。但是，基于目前的发展情况，要采用群体机器人系统来完成实际的任务还是相对低效的。

在具体的研究工作中，方向差异、工程项目依赖、成本限制等，可方便研究者实验的通用实体平台很少，多数研究结论采用仿真验证，即使采用实体机器人，也是用很少的个体(10 个左右)来完成一些理想化的概念验证性任务。虽然硬件制造成本限制了群体机器人的发展，但是对其起源而言，群体机器人更多关注的是个体间的协同机制而非机器人的实体系统设计，而且可以通过仿真在一定程度上模拟实际任务，随着科技的进步，机器人的设计与制造成本逐渐降低，从长远来看，探索适合群体机器人的任务及其协同机制、积极借鉴和引入相关的研究成果，以推动群体机器人的研究是很有意义的。

群体机器人学是一个相对较新的领域，近年来国内外对该领域的研究已经取得了一定的进展，然而群体机器人离实用化还有相当长路要走。今后还需要进一步研究和借鉴生物群体行为模型、抽象行为规则，通过有限感知和局部交互等群体智能机制, 获得期望的涌现性群体行为。群体机器人系统上有许多内容需要进一步研究: 如何将多个抽象层次的群体机器人系统建模方法和群体智能算法应用于群体机器人在特定背景下的实际控制问题; 如何用形式化的方法描述和预测群体的涌现性; 如何提取出群体的协作机制, 进而提高群体机器人系统的运行可靠性, 真正实现群体机器人系统的工程化建模、仿真和实际应用。

2.5　群体机器人多目标搜索的研究意义

如 2.4 节所述, 由于成本上的限制, 群体机器人系统的研究和实际应用进程相对较慢, 但这并不能遮盖其本身的优势。相对于传统的单体机器人和多机器人系统, 在一些任务中群体机器人能够提供一种更加高效、稳定、低成本的工程途径。在前面所列的应用范围中, 本书介绍了四类应用场景, 但从实用角度来看, 适合群体机器人的任务大致有两类: 一类是需要大量个体的任务; 另一类是危险性任务。对于第一类任务, 根据空间组织与移动形式又可细分为两类: 一类涉及大空间的区域覆盖, 如灾后救援、协同制图、水质监测、区域巡逻与入侵监测、大空间多目标搜索、敌方潜艇搜寻、星球探索等; 另一类涉及群体的集中组织, 如图形生成(可用于通信、表演等)、战场饱和攻击、区域封锁与防御等。第二类任务实际上是在第一类任务上附加了危险性, 由于个体的制造成本相对较低, 群体机器人系统很适合危险性的任务, 如核废料处理等。对于涉及区域覆盖的危险性任务, 群体机器人尤为适合, 如战场排雷、矿道清理、废墟救援、战场目标搜寻与摧毁、危险区域探索等。对于这两类任务(需要大量个体), 如果解决了制造成本上的问题, 那么群体机器人系统几乎具有无可替代的优势。

本书研究的主要问题之一是群体机器人多目标搜索(详见第 3 章), 是一种需要大量个体进行区域覆盖的任务, 当然搜索空间也可能是危险性的, 如战场上的多目标搜索与摧毁, 群体机器人系统在搜索效率、鲁棒性、可伸缩性以及成本上都有着无可比拟的优势, 因此非常适合该问题。现实中有很多任务如海难救援、敌潜艇搜寻、战场目标搜索与摧毁等, 都可抽象为多目标搜索问题, 在该问题中, 有多个目标散落在广阔未知的环境中, 机器人要尽快找到目标并对其进行处理。在搜索过程中, 当机器人移动到目标附近时, 会获得相应的信息, 如目标的大致方位和距离等, 进而可以在这些信息的引导下接近目标。在发现目标后, 机器人需要进一步对其进行相应处理, 如收集情报、摧毁等, 有时处理操作可能需要多个个体协作才能完成。多目标搜索任务可能涉及多种环境约束, 如障碍物、假目标和干扰源等, 针对不同的约束可设计相应的处理策略, 约束处理和目标搜索可统一为一个策略, 但是更常见的是先分别进行处理, 再进行综合决策。本书的研究侧重于提升策略的搜索效率而非处理环境约束, 即如何让一群机器人尽快地找到与处理环境中的所有目标，这在很多实际任务中是很关键的，如救援任务和军事任务。

综上所述，现实中的很多任务都可抽象为多目标搜索问题，而作为一种包含大量个体的分布式系统，群体机器人非常适合多目标搜索问题，具有广阔的应用前景和重要的现实意义。本章从问题建模与分析、搜索策略的性能衡量指标、搜索策略的设计以及环境限制的处理等方面进行了深入研究与分析，为提升群体机器人系统在多目标搜索问题中的性能做了很多原创性工作，为后续的研究和应用奠定了基础。

参 考 文 献

[1] Brambilla M, Ferrante E, Birattari M, et al. Swarm robotics: A review from the swarm engineering perspective[J]. Swarm Intelligence, 2013, 7(1): 1-41.

[2] Crespi V, Galstyan A, Lerman K. Top-down vs bottom-up methodologies in multi-agent system design[J]. Autonomous Robots, 2008, 24(3): 303-313.

[3] Brooks R. A robust layered control system for a mobile robot[J]. IEEE Journal on Robotics and Automation, 1986, 2(1): 14-23.

[4] Clarke D A. Computation: Finite and infinite machines[J]. The American Mathematical Monthly, 1968, 75(4): 428-429.

[5] Spears W M, Spears D F, Hamann J C, et al. Distributed, physics-based control of swarms of vehicles[J]. Autonomous Robots, 2004, 17(2): 137-162.

[6] Khatib O. Real-time obstacle avoidance for manipulators and mobile robots[J]. Autonomous Robot Vehicles, 1986, 15(1): 396-404.

[7] Reif J H, Wang H. Social potential fields: A distributed behavioral control for autonomous robots[J]. Robotics and Autonomous Systems, 1999, 27(3): 171-194.

[8] Poli R, Kennedy J, Blackwell T. Particle swarm optimization[J]. Swarm Intelligence, 2007, 1(1): 33-57.

[9] Dorigo M, Birattari M, Stutzle T. Ant colony optimization[J]. IEEE Computational Intelligence Magazine, 2006, 1(4): 28-39.

[10] Krishnanand K N, Ghose D. A glowworm swarm optimization based multi-robot system for signal source localization[J]. Design and Control of Intelligent Robotic Systems, 2009, 11(3): 49-68.

[11] Doctor S, Venayagamoorthy G K, Gudise V G. Optimal PSO for collective robotic search applications[C]. Proceedings of the 2004 Congress on Evolutionary Computation, Portland, 2004: 1390-1395.

[12] Meng Y, Kazeem O, Muller J C. A hybrid ACO/PSO control algorithm for distributed swarm robots[C]. 2007 IEEE Swarm Intelligence Symposium, Honolulu, 2007: 273-280.

[13] Sutton R S, Barto A G. Reinforcement Learning: An Introduction[M]. Cambridge: MIT Press, 2018.

[14] Nolfi S, Floreano D. Evolutionary Robotics: The Biology, Intelligence, and Technology of Self-Organizing Machines[M]. Cambridge: The MIT Press, 2000.

[15] Wolpert D H, Tumer K. An introduction to collective intelligence[EB/OL]. https://doi.org/10. 48550/arXiv.cs/9908014[2024-12-5].

[16] Riedmiller M, Gabel T, Hafner R, et al. Reinforcement learning for robot soccer[J]. Autonomous Robots, 2009, 27(1): 55-73.

[17] Waibel M, Keller L, Floreano D. Genetic team composition and level of selection in the evolution of cooperation[J]. IEEE Transactions on Evolutionary Computation, 2009, 13(3): 648-660.

[18] Dorigo M, Bonabeau E, Theraulaz G. Ant algorithms and stigmergy[J]. Future Generation Computer Systems, 2000, 16(8): 851-871.

[19] 李夏, 戴汝为. 突现 (emergence)——系统研究的新观念[J]. 控制与决策, 1999, 14(2): 97-102.

[20] Balch T. Communication, diversity and learning: Cornerstones of swarm behavior[C]. International Workshop on Swarm Robotics, Berlin, 2004: 21-30.

[21] Hawick K A, James H A, Story J E, et al. An architecture for swarm robots[R]. Cardiff: Computer Science Division, School of Informatics University of Wales, 2002.

[22] Dorigo M, Tuci E, Groß R, et al. The swarm-bots project[C]. International Workshop on Swarm Robotics, Berlin, 2004: 31-44.

[23] Ranjbar-Sahraei B, Weiss G, Nakisaee A. A multi-robot coverage approach based on stigmergic communication[C]. German Conference on Multiagent System Technologies, Berlin, 2012: 126-138.

[24] Payton D, Estkowski R, Howard M. Pheromone robotics and the logic of virtual pheromones[C]. International Workshop on Swarm Robotics, Berlin, 2004: 45-57.

[25] Grushin A, Reggia J A. Stigmergic self-assembly of prespecified artificial structures in a constrained and continuous environment[J]. Integrated Computer-Aided Engineering, 2006, 13(4): 289-312.

[26] Cortes J, Martinez S, Karatas T, et al. Coverage control for mobile sensing networks[J]. IEEE Transactions on Robotics and Automation, 2004, 20(2): 243-255.

[27] 谭民, 范永, 徐国华. 机器人群体协作与控制的研究[J]. 机器人, 2001, 23(2): 178-182.

[28] 李军远, 陈宏钧, 张晓华, 等. 基于信息融合的管道机器人定位控制研究[J]. 控制与决策, 2006, 21(6): 661-665.

[29] Kalra N, Martinoli A. Comparative study of market-based and threshold-based task allocation[J]. Distributed Autonomous Robotic Systems 7, 2006, 11(4): 91-101.

[30] Li L, Martinoli A, Abu-Mostafa Y S. Learning and measuring specialization in collaborative swarm systems[J]. Adaptive Behavior, 2004, 12(3-4): 199-212.

[31] Zhang Y, Antonsson E K, Martinoli A. Evolving neural controllers for collective robotic inspection[J]. Applied Soft Computing Technologies: The Challenge of Complexity, 2006, 6(5): 717-729.

[32] Borenstein J, Everett H R, Feng L, et al. Mobile robot positioning: Sensors and techniques[J]. Journal of Robotic Systems, 1997, 14(4): 231-249.

[33] Borenstein J, Everett H R, Feng L. Where am I? Sensors and methods for mobile robot positioning[D]. Ann Arbor: University of Michigan, 1996.

[34] Martinelli A, Pont F, Siegwart R. Multi-robot localization using relative observations[C]. Proceedings of the 2005 IEEE International Conference on Robotics and Automation, Barcelona, 2005: 2797-2802.

[35] 王玲, 刘云辉, 万建伟, 等. 基于相对方位的多机器人合作定位算法[J]. 传感技术学报, 2007, 20(4): 794-799.

[36] 姜健, 赵杰, 李力坤. 面向群智能机器人系统的声音协作定向[J]. 自动化学报, 2007, 33(4): 385-390.

[37] Pugh J, Martinoli A. Relative localization and communication module for small-scale multi-robot systems[C]. Proceedings 2006 IEEE International Conference on Robotics and Automation, Orlando, 2006: 188-193.

[38] Kelly I, Martinoli A. A scalable, on-board localisation and communication system for indoor multi-robot experiments[J]. Sensor Review, 2004, 24(2): 167-180.

[39] Roberts J F, Stirling T, Zufferey J C, et al. 3-D relative positioning sensor for indoor flying robots[J]. Autonomous Robots, 2012, 33(1): 5-20.

[40] Mondada F, Bonani M, Magnenat S, et al. Physical connections and cooperation in swarm robotics[C]. The 8th Conference on Intelligent Autonomous Systems, Vancouver, 2004: 53-60.

[41] 王建中, 刘晶晶. 微小型多机器人自重构的红外定位及对接方法[J]. 北京理工大学学报, 2006, 26(10): 879-882.

[42] Zhang H, Wang W, Deng Z, et al. A novel reconfigurable robot for urban search and rescue[J]. International Journal of Advanced Robotic Systems, 2006, 3(4): 48.

[43] Nouyan S, Dorigo M. Chain formation in a swarm of robots[J]. Technical Report, 2004, 13(3): 174-183.

[44] Nembrini J, Reeves N, Poncet E, et al. Mascarillons: Flying swarm intelligence for architectural research[C]. Proceedings 2005 IEEE Swarm Intelligence Symposium, Pasadena, 2005: 225-232.

[45] Payton D, Estkowski R, Howard M. Compound behaviors in pheromone robotics[J]. Robotics and Autonomous Systems, 2003, 44(3-4): 229-240.

[46] Floreano D, Mattiussi C. Bio-inspired Artificial Intelligence: Theories, Methods, and Technologies[M]. Cambridge: MIT Press, 2008.

[47] Chatty A, Kallel I, Gaussier P, et al. Emergent complex behaviors for swarm robotic systems by local rules[C]. 2011 IEEE Workshop on Robotic Intelligence in Informationally Structured Space, Paris, 2011: 69-76.

[48] Ijspeert A J, Martinoli A, Billard A, et al. Collaboration through the exploitation of local interactions in autonomous collective robotics: The stick pulling experiment[J]. Autonomous Robots, 2001, 11(2): 149-171.

[49] McLurkin J, Smith J. Distributed algorithms for dispersion in indoor environments using a swarm of autonomous mobile robots[C]. Distributed Autonomous Robotic Systems 6, Tokyo, 2007: 399-408.

[50] Fulcher J. Computational intelligence: An introduction[J]. IEEE Transactions on Neural Networks, 2008, 16(3): 780-781.

[51] Barca J C, Sekercioglu Y A. Swarm robotics reviewed[J]. Robotica, 2013, 31(3): 345-359.

[52] Franks N R, Wilby A, Silverman B W, et al. Self-organizing nest construction in ants: Sophisticated building by blind bulldozing[J]. Animal Behaviour, 1992, 44: 357-375.

[53] Rothermich J A, Ecemiş M İ, Gaudiano P. Distributed localization and mapping with a robotic swarm[C]. International Workshop on Swarm Robotics, Berlin, 2004: 58-69.

[54] Ohkura K, Yasuda T, Kotani Y, et al. A swarm robotics approach to cooperative package-pushing problems with evolving recurrent neural networks[C]. Proceedings of SICE Annual Conference, Taipei, 2010: 706-711.

[55] Nouyan S, Dorigo M. Chain based path formation in swarms of robots[C]. International Workshop on Ant Colony Optimization and Swarm Intelligence, Berlin, 2006: 120-131.

[56] Ducatelle F, di Caro G A, Pinciroli C, et al. Self-organized cooperation between robotic swarms[J]. Swarm Intelligence, 2011, 5(2): 73-96.

[57] Christensen D J, Campbell J, Stoy K. Anatomy-based organization of morphology and control in self-reconfigurable modular robots[J]. Neural Computing and Applications, 2010, 19(6): 787-805.

[58] Sproewitz A, Asadpour M, Billard A, et al. Roombots-modular robots for adaptive furniture[C]. IROS Workshop on Self-Reconfigurable Robots, Systems and Applications, Seattle, 2008: 350-361.

[59] Reynolds C W. Flocks, herds and schools: A distributed behavioral model[C]. Proceedings of the 14th Annual Conference on Computer Graphics and Interactive Techniques, Washington, 1987: 25-34.

[60] Barnes L E, Fields M A, Valavanis K P. Swarm formation control utilizing elliptical surfaces and limiting functions[J]. IEEE Transactions on Systems, Man, and Cybernetics, Part B, 2009, 39(6): 1434-1445.

[61] Hettiarachchi S, Spears W M. Distributed adaptive swarm for obstacle avoidance[J]. International Journal of Intelligent Computing and Cybernetics, 2009, 2(4): 644-671.

[62] Moeslinger C, Schmickl T, Crailsheim K. A minimalist flocking algorithm for swarm robots[C]. European Conference on Artificial Life, Berlin, 2009: 375-382.

[63] Hashimoto H, Aso S, Yokota S, et al. Stability of swarm robot based on local forces of local swarms[C]. 2008 SICE Annual Conference, Chofu, 2008: 1254-1257.

[64] Lawton J R T, Beard R W, Young B J. A decentralized approach to formation maneuvers[J]. IEEE Transactions on Robotics and Automation, 2003, 19(6): 933-941.

[65] Ballerini M, Cabibbo N, Candelier R, et al. Interaction ruling animal collective behavior depends on topological rather than metric distance: Evidence from a field study[J]. Proceedings of the National Academy of Sciences, 2008, 105(4): 1232-1237.

[66] Lee G, Chong N Y. Flocking Controls for Swarms of Mobile Robots Inspired by Fish Schools[M]. Vienna: Inte Chopen, 2008.

[67] Ercan M F, Li X, Liang X. A regular tetrahedron formation strategy for swarm robots in three-dimensional environment[C]. International Conference on Hybrid Artificial Intelligence Systems, Berlin, 2010: 24-31.

[68] Miyagawa Y, Kondo Y, Ito K. Realization of flock behavior by using Tau-margin[C]. International

Conference on Control Automation and System, Tokyo, 2010: 957-961.

[69] Couzin I D, Krause J, Franks N R, et al. Effective leadership and decision-making in animal groups on the move[J]. Nature, 2005, 433(7025): 513-516.

[70] Correll N, Schwager M, Rus D. Social control of herd animals by integration of artificially controlled congeners[C]. International Conference on Simulation of Adaptive Behavior, Berlin, 2008: 437-446.

[71] Nasseri M A, Asadpour M. Control of flocking behavior using informed agents: An experimental study[C]. 2011 IEEE Symposium on Swarm Intelligence, Paris, 2011: 1-6.

[72] McLurkin J D. Stupid robot tricks: A behavior-based distributed algorithm library for programming swarms of robots[D]. Cambridge: Massachusetts Institute of Technology, 2004.

[73] Turgut A E, Huepe C, Çelikkanat H, et al. Modeling phase transition in self-organized mobile robot flocks[C]. International Conference on Ant Colony Optimization and Swarm Intelligence, Berlin, 2008: 108-119.

[74] Celikkanat H, Şahin E. Steering self-organized robot flocks through externally guided individuals[J]. Neural Computing and Applications, 2010, 19(6): 849-865.

[75] Stranieri A, Dorigo M, Birattari M. Self-organizing flocking in behaviorally heterogeneous swarms[R]. Brussels: Universite Libre De Bruxelles, 2011: 321-330.

[76] Ge S S, Fua C H. Queues and artificial potential trenches for multirobot formations[J]. IEEE Transactions on Robotics, 2005, 21(4): 646-656.

[77] Fua C H, Ge S S, Do K D, et al. Multi-robot formations based on the queue-formation scheme with limited communications[C]. Proceedings 2007 IEEE International Conference on Robotics and Automation, Rome, 2007: 2385-2390.

[78] Balch T, Hybinette M. Social potentials for scalable multi-robot formations[C]. IEEE International Conference on Robotics and Automation, San Francisco, 2000, 1: 73-80.

[79] Gazi V, Fidan B, Hanay Y S, et al. Aggregation, foraging, and formation control of swarms with non-holonomic agents using potential functions and sliding mode techniques[J]. Turkish Journal of Electrical Engineering and Computer Sciences, 2007, 15(2): 149-168.

[80] Correll N, Martinoli A. Modeling and analysis of beaconless and beacon-based policies for a swarm-intelligent inspection system[C]. Proceedings of the 2005 IEEE International Conference on Robotics and Automation, Barcelona, 2005: 2477-2482.

[81] Marjovi A, Nunes J, Sousa P, et al. An olfactory-based robot swarm navigation method[C]. 2010 IEEE International Conference on Robotics and Automation, Anchorage, 2010: 4958-4963.

[82] Xue S D, Zan Y L, Zeng J C, et al. Group decision making aided PSO-type swarm robotic search[C]. 2012 International Symposium on Computer, Consumer and Control, Taichung, 2012: 785-788.

[83] Spears W M, Hamann J C, Maxim P M, et al. Where are you?[C]. The 2nd International Workshop on Swarm Robotics, Berlin, 2006: 129-143.

[84] Stirling T, Roberts J, Zufferey J C, et al. Indoor navigation with a swarm of flying robots[C]. 2012 IEEE International Conference on Robotics and Automation, Saint Paul, 2012: 4641-4647.

[85] Sperati V, Trianni V, Nolfi S. Evolution of self-organised path formation in a swarm of robots[C]. International Conference on Swarm Intelligence, Berlin, 2010: 155-166.

[86] Sperati V, Trianni V, Nolfi S. Self-organised path formation in a swarm of robots[J]. Swarm Intelligence, 2011, 5(2): 97-119.

[87] Ducatelle F, di Caro G A, Pinciroli C, et al. Communication assisted navigation in robotic swarms: Self-organization and cooperation[C]. 2011 IEEE/RSJ International Conference on Intelligent Robots and Systems, San Francisco, 2011: 4981-4988.

[88] Das A K, Fierro R, Kumar V, et al. A vision-based formation control framework[J]. IEEE Transactions on Robotics and Automation, 2002, 18(5): 813-825.

[89] Shao J Y, Xie G M, Yu J Z, et al. A tracking controller for motion coordination of multiple mobile robots[C]. 2005 IEEE/RSJ International Conference on Intelligent Robots and Systems, Edmonton, 2005: 783-788.

[90] Do K D. Formation tracking control of unicycle-type mobile robots with limited sensing ranges[J]. IEEE Transactions on Control Systems Technology, 2008, 16(3): 527-538.

[91] Kurabayashi D, Osagawa K. Formation transition based on geometrical features for multiple autonomous mobile robots[J]. Journal of the Robotics Society of Japan, 2005, 23(3): 376-382.

[92] Min H Q, Zhu J H, Zheng X J. Obstacle avoidance with multi-objective optimization by PSO in dynamic environment[C]. 2005 International Conference on Machine Learning and Cybernetics, Guangzhou, 2005: 2950-2956.

[93] Derr K, Manic M. Multi-robot, multi-target particle swarm optimization search in noisy wireless environments[C]. The 2nd Conference on Human System Interactions, Catania, 2009: 81-86.

[94] Cabrita G, Marques L. Divergence-based odor source declaration[C]. The 9th Asian Control Conference, Istanbul, 2013: 1-6.

[95] Espitia H E, Sofrony J I. Path planning of mobile robots using potential fields and swarms of brownian particles[C]. 2011 IEEE Congress of Evolutionary Computation, New Orleans, 2011: 123-129.

[96] Zhu Q, Liang A, Guan H. A PSO-inspired multi-robot search algorithm independent of global information[C]. 2011 IEEE Symposium on Swarm Intelligence, Paris, 2011: 1-7.

[97] Eberhart R, Kennedy J. A new optimizer using particle swarm theory[C]. Proceedings of the Sixth International Symposium on Micro Machine and Human Science, Nagoya, 1995: 39-43.

[98] Arora T, Moses M E. Ant colony optimization for power efficient routing in Manhattan and non-Manhattan VLSI architectures[C]. 2009 IEEE Swarm Intelligence Symposium, Nashville, 2009: 137-144.

[99] Blum C. Ant colony optimization: Introduction and recent trends[J]. Physics of Life Reviews, 2005, 2(4): 353-373.

[100] Li J G, Yang J, Cui S G, et al. Speed limitation of a mobile robot and methodology of tracing odor plume in airflow environments[J]. Procedia Engineering, 2011, 15: 1041-1045.

[101] Couceiro M S, Rocha R P, Ferreira N M F. A novel multi-robot exploration approach based on particle swarm optimization algorithms[C]. 2011 IEEE International Symposium on Safety, Security, and Rescue Robotics, Kyoto, 2011: 327-332.

[102] Meng Y, Gan J. A distributed swarm intelligence based algorithm for a cooperative multi-robot construction task[C]. 2008 IEEE Swarm Intelligence Symposium, St. Louis, 2008: 1-6.

[103] Yang M, Li C. Path planing and tracking for multi-robot system based on improved PSO algorithm[C]. 2011 International Conference on Mechatronic Science, Electric Engineering and Computer, Jilin, 2011: 1667-1670.

[104] Pugh J, Martinoli A, Zhang Y. Particle swarm optimization for unsupervised robotic learning[C]. Proceedings 2005 IEEE Swarm Intelligence Symposium, Pasadena, 2005: 92-99.

[105] Pugh J, Martinoli A. Distributed adaptation in multi-robot search using particle swarm optimization[C]. International Conference on Simulation of Adaptive Behavior, Berlin, 2008: 393-402.

[106] Oh S H, Suk J. Evolutionary design of the controller for the search of area with obstacles using multiple UAVs[C]. International Conference on Control Automation and Systems, Gyeonggi-do, 2010: 2541-2546.

[107] Pugh J, Martinoli A. Multi-robot learning with particle swarm optimization[C]. Proceedings of the Fifth International Joint Conference on Autonomous Agents and Multiagent Systems, Hakodate, 2006: 441-448.

[108] Pugh J, Martinoli A. Inspiring and modeling multi-robot search with particle swarm optimization[C]. 2007 IEEE Swarm Intelligence Symposium, Honolulu, 2007: 332-339.

[109] Hereford J M, Siebold M, Nichols S. Using the particle swarm optimization algorithm for robotic search applications[C]. 2007 IEEE Swarm Intelligence Symposium, Honolulu, 2007: 53-59.

[110] Zhang Y L, Ma X P, Miao Y Z. Localization of multiple odor sources using modified glowworm swarm optimization with collective robots[C]. Proceedings of the 30th Chinese Control Conference, Honolulu, 2011: 1899-1904.

[111] Kisdi A, Tatnall A R L. Future robotic exploration using honeybee search strategy: Example search for caves on Mars[J]. Acta Astronautica, 2011, 68(11-12): 1790-1799.

[112] Sahin C S, Urrea E, Uyar M U, et al. Self-deployment of mobile agents in MANETs for military applications[C]. Army Science Conference, Vancouver, 2008: 1-8.

[113] Hayes A T, Martinoli A, Goodman R M. Distributed odor source localization[J]. IEEE Sensors Journal, 2002, 2(3): 260-271.

[114] Li W, Farrell J A, Pang S, et al. Moth-inspired chemical plume tracing on an autonomous underwater vehicle[J]. IEEE Transactions on Robotics, 2006, 22(2): 292-307.

[115] Russell R A. A ground-penetrating robot for underground chemical source location[C]. 2005 IEEE/RSJ International Conference on Intelligent Robots and Systems, Edmonton, 2005: 175-180.

[116] Li W, Farrell J A, Card R T. Tracking of fluid-advected odor plumes: Strategies inspired by insect orientation to pheromone[J]. Adaptive Behavior, 2001, 9(3-4): 143-170.

[117] Hayes A T, Martinoli A, Goodman R M. Swarm robotic odor localization: Off-line optimization and validation with real robots[J]. Robotica, 2003, 21(4): 427-441.

[118] Cui X, Hardin C T, Ragade R K, et al. A swarm approach for emission sources localization[C]. The 16th IEEE International Conference on Tools with Artificial Intelligence, Boca Raton, 2004: 424-430.

[119] Jatmiko W, Sekiyama K, Fukuda T. A PSO-based mobile robot for odor source localization in

dynamic advection-diffusion with obstacles environment: Theory, simulation and measurement[J]. IEEE Computational Intelligence Magazine, 2007, 2(2): 37-51.

[120] Russell R A, Bab-Hadiashar A, Shepherd R L, et al. A comparison of reactive robot chemotaxis algorithms[J]. Robotics and Autonomous Systems, 2003, 45(2): 83-97.

[121] Varela G, Caamaño P, Orjales F, et al. Swarm intelligence based approach for real time UAV team coordination in search operations[C]. The 3rd World Congress on Nature and Biologically Inspired Computing, Salamanca, 2011: 365-370.

[122] Wu W, Zhang F. Robust cooperative exploration with a switching strategy[J]. IEEE Transactions on Robotics, 2012, 28(4): 828-839.

[123] Nouyan S, Groß R, Dorigo M, et al. Group transport along a robot chain in a self-organised robot colony[C]. Proceedings of the 9th International Conference on Intelligent Autonomous Systems, Melbourne, 2006: 433-442.

[124] Sisso I, Shima T, Ben-Haim Y. Info-gap approach to multiagent search under severe uncertainty[J]. IEEE Transactions on Robotics, 2010, 26(6): 1032-1041.

[125] Lee J H, Ahn C W. Improving energy efficiency in cooperative foraging swarm robots using behavioral model[C]. The 6th International Conference on Bio-Inspired Computing: Theories and Applications, Penang, 2011: 39-44.

[126] Lee J H, Ahn C W, An J. A honey bee swarm-inspired cooperation algorithm for foraging swarm robots: An empirical analysis[C]. 2013 IEEE/ASME International Conference on Advanced Intelligent Mechatronics, Wollongong, 2013: 489-493.

[127] Michel O. Cyberbotics Ltd. Webots™: Professional mobile robot simulation[J]. International Journal of Advanced Robotic Systems, 2004, 1(1): 5.

[128] Collett T H J, MacDonald B A, Gerkey B P. Player 2.0: Toward a practical robot programming framework[C]. Proceedings of the Australasian conference on robotics and automation, Sydney, 2005: 145.

[129] Vaughan R. Massively multi-robot simulation in stage[J]. Swarm Intelligence, 2008, 2(2): 189-208.

[130] Koenig N, Howard A. Design and use paradigms for gazebo, an open-source multi-robot simulator[C]. 2004 IEEE/RSJ International Conference on Intelligent Robots and Systems, Sendai, 2004, 3: 2149-2154.

[131] Browning B, Tryzelaar E. Übersim: A multi-robot simulator for robot soccer[C]. Proceedings of the Second International Joint Conference on Autonomous Agents and Multiagent Systems, Melbourne 2003: 948-949.

[132] Carpin S, Lewis M, Wang J, et al. USARSim: A robot simulator for research and education[C]. Proceedings 2007 IEEE International Conference on Robotics and Automation, Rome, 2007: 1400-1405.

[133] Magnenat S, Waibel M, Beyeler A. Enki: The fast 2D robot simulator[EB/OL]. https://home. gna. org/enki[2011-8-1].

[134] Klein J, Spector L. 3D multi-agent simulations in the breve simulation environment[J]. Artificial Life Models in Software, 2009, 1(5): 79-106.

[135] Rohmer E, Singh S P N, Freese M. V-REP: A versatile and scalable robot simulation

framework[C]. 2013 IEEE/RSJ International Conference on Intelligent Robots and Systems, Tokyo, 2013: 1321-1326.

[136] Pinciroli C, Trianni V, O'Grady R, et al. ARGoS: A modular, multi-engine simulator for heterogeneous swarm robotics[C]. 2011 IEEE/RSJ International Conference on Intelligent Robots and Systems, San Francisco, 2011: 5027-5034.

[137] Balch T. The TeamBots environment for multi-robot systems development[C]. Working Notes of Tutorial on Mobile Robot Programming Paradigms, Sydney, 2002: 1-16.

[138] Manhães M M M, Scherer S A, Voss M, et al. UUV simulator: A gazebo-based package for underwater intervention and multi-robot simulation[C]. OCEANS 2016 MTS/IEEE Monterey, Monterey, 2016: 1-8.

[139] Jackson J. Microsoft robotics studio: A technical introduction[J]. IEEE Robotics & Automation Magazine, 2007, 14(4): 82-87.

[140] Liu Y D, Wang L J, Huang H Y, et al. A novel swarm robot simulation platform for warehousing logistics[C]. 2017 IEEE International Conference on Robotics and Biomimetics, Macao, 2017: 2669-2674.

[141] Mondada F, Gambardella L M, Floreano D, et al. The cooperation of swarm-bots: Physical interactions in collective robotics[J]. IEEE Robotics & Automation Magazine, 2005, 12(2): 21-28.

[142] Dorigo M, Floreano D, Gambardella L M, et al. Swarmanoid: A novel concept for the study of heterogeneous robotic swarms[J]. IEEE Robotics & Automation Magazine, 2013, 20(4): 60-71.

[143] Wei H X, Cai Y P, Li H Y, et al. Sambot: A self-assembly modular robot for swarm robot[C]. 2010 IEEE International Conference on Robotics and Automation, Anchorage, 2010: 66-71.

[144] Zhang Y, Wei H, Yang B, et al. Sambot II: A self-assembly modular swarm robot[C]. AIP Conference Proceedings, Xi'an, 2018: 040156.

[145] Payton D, Daily M, Estowski R, et al. Pheromone robotics[J]. Autonomous Robots, 2001, 11(3): 319-324.

[146] Seyfried J, Szymanski M, Bender N, et al. The I-SWARM project: Intelligent small world autonomous robots for micro-manipulation[C]. International Workshop on Swarm Robotics, Berlin, 2004: 70-83.

[147] Kernbach S. Swarmrobot. org-open-hardware microrobotic project for large-scale artificial swarms[EB/OL]. https://doi.org/10.48550/arXiv.1110.5762[2024-11-23].

[148] Mondada F, Bonani M, Raemy X, et al. The e-puck, a robot designed for education in engineering[C]. Proceedings of the 9th Conference on Autonomous Robot Systems and Competitions, Montreal, 2009: 59-65.

[149] Mondada F, Franzi E, Guignard A. The development of khepera[C]. Experiments with the Mini-Robot Khepera, Proceedings of the First International Khepera Workshop, London, 1999: 7-14.

[150] Soares J M, Navarro I, Martinoli A. The Khepera IV mobile robot: performance evaluation, sensory data and software toolbox[C]. Robot 2015: Second Iberian Robotics Conference, Cham, 2016: 767-781.

[151] Caprari G, Siegwart R. Mobile micro-robots ready to use: Alice[C]. 2005 IEEE/RSJ International Conference on Intelligent Robots and Systems, Edmonton, 2005: 3295-3300.

[152] Turgut A E, Gokce F, Celikkanat H, et al. Kobot: A mobile robot designed specifically for swarm robotics research[R]. Ankara: Middle East Technical University, 2007.

[153] Rubenstein M, Ahler C, Nagpal R. Kilobot: A low cost scalable robot system for collective behaviors[C]. 2012 IEEE International Conference on Robotics and Automation, Saint Paul, 2012: 3293-3298.

[154] Rubenstein M, Cornejo A, Nagpal R. Programmable self-assembly in a thousand-robot swarm[J]. Science, 2014, 345(6198): 795-799.

第 3 章　群体机器人多目标搜索问题

群体机器人多目标搜索问题是利用一群具有简单感知、交互以及运动能力的机器人，在广阔的未知环境中，搜索大量目标的过程。由于环境未知，所以个体还需要躲避环境中出现的各种障碍物或者危险区域。危险区域是指可能会对个体产生损害，甚至导致个体停止运转的区域，如强磁场、沼泽、塌陷区域等。一般而言，目标不会存在于危险区域中，因此个体应当尽量避开这些区域。在个体发现目标后，有时还需要根据实际情况对目标采取一系列的行动，如收集情报、搬运、摧毁等，这些行动可能需要多个个体相互协同才能完成。

在搜索过程中，个体可以通过感知的方式获取比较模糊的目标信息，如目标与当前位置的近似距离，这些提示信息根据个体所在位置的不同而改变。可以将这一机制类比于优化问题中的适应度值，用于评价当前位置的优劣。搜索问题中的适应度值一般是环境感知信息的抽象，如气体浓度、光照强度、红外信号等。与优化问题不同，个体并不能在整个环境中的任意地点获取目标信息。类比于三阶段搜索框架，可以根据感知情况将环境分为三部分：无适应度值区域、有适应度值区域和感知目标区域。个体只能在有适应度值区域内感知到适应度值，而在无适应度值区域内没有任何参照信息。当个体逐渐接近目标时，适应度值的提示会变得更加清晰和明确，个体的搜索效率将逐渐提升。当个体进入感知目标区域时，甚至可以直接获取目标的方向和位置，从而迅速接近并处理目标。

多目标搜索问题是需要大量时间、空间、个体来求解的复杂问题，简单的环境遍历无法解决这一复杂问题，因此需要利用群体机器人的协同能力来提高搜索效率。当空间规模和个体数目增加时，一般带有中央控制的多机器人系统需要大量的通信和延时，很难胜任解决这一问题。而群体机器人设计简单、个体同构，而且只需要局部通信，因此可以提供高扩展性、高鲁棒性以及高搜索效率的解决方案。

多目标搜索问题在实际生活中具有广泛的应用。在军事领域，侦察、攻击、导弹拦截等一系列作战任务都可以抽象为在具有大量干扰条件下、引入多种复杂环境限制条件的、目标数量未知的多目标搜索问题。在民用领域，灾后救援、定位有害气体泄漏、环境质量监控等许多任务也都可以归类为多目标搜索问题。

3.1　多目标搜索问题的建模与分析

3.1.1　问题模型的相关工作

群体机器人多目标搜索问题，简单而言，就是一群机器人通过协作搜索散落在环境中的多个目标。现实中的很多任务都可以抽象为该类问题，如灾后救援、海难搜救、敌潜艇搜寻等，但在相关研究中该问题的模型并不统一。目前，多目标搜索策略的研究工作大致可分为两类：一类是基于群体智能算法的，另一类是基于随机搜索策略的[1,2]。前者研究的问题一般启发自高维空间的多模优化问题[3,4]，测试任务多种多样，目标的适应度信息是一个重要因素，搜索策略侧重于对适应度信息的利用；后者则源于学者对自然界中生物觅食和群体迁徙行为的研究[5-7]，这些问题相对于适应度信息更加关注目标在广阔环境中的分布情况。关于两者的区别，一个粗略而直观的理解是，相对于整个搜索空间，前者目标的适应度范围较大，而后者目标的适应度范围较小。接下来简要介绍这两种问题模型，然后提出本节对问题的相关假设，进而基于该假设建立问题的理想模型。

针对基于群体智能算法的多目标搜索策略，相应的测试任务多种多样，如室内场景[8,9]、消防训练设施[10]、气味源定位[11]、目标具有连续适应度值且适应度范围覆盖整个搜索空间[12-14]、目标具有连续适应度值且适应度范围覆盖部分搜索空间[15]，以及本节采用的具有离散适应度值且适应度范围覆盖部分搜索空间的问题[16]。由于应用场景的多样性，不同研究工作的问题模型和性能衡量指标不统一，但是有一个共同点是，目标产生的适应度范围比较广，机器人能够较容易地感知到目标的适应度信息，一般距离目标越近，机器人能够感知到的适应度信息越强。在这些问题中，关于目标是否可被收集的规定也有所差异，在目标不可被收集的情况下，好的性能一般是指在一定时间内能够找到更好的目标或者能够找到更多的目标；在目标可被收集时，好的性能则意味着能在尽量短的时间内收集完一定数量的目标。

在随机搜索策略的工作中，研究者更加侧重于算法的理论分析和数据的建模，较少采用仿真实验。问题的场景比较简单且统一(一般是一维或二维)，觅食者有一个较小的感知半径[16-18]，若目标在感知半径内，则觅食者能够直接发现目标，否则，觅食者无法获得目标的任何信息，而只能在搜索空间内进行随机游走。在这些模型中，目标可以被访问多次或者只能被访问一次，可以理解为目标可以再生或者不可再生，也可以理解为目标可被收集或者不可被收集，相应的搜索过程又称为非破坏性搜索(non-destructive search)和破坏性搜索(destructive search)。在这些问题中，研究者一般只谈论觅食者的感知范围而不提目标的适应度范围，研中关注的是目标的分布情况(以及可再生性)和觅食者移动行为的扩散性能。

类似于一般的觅食问题,多目标搜索问题中的搜索空间巨大,这强调了群体具有良好的全局探索能力(或高扩散速率)的重要性。另外,目标的适应度范围也很大,而机器人只能感知到本地的适应度信息(类似于辐射强度,但无方向性),这意味着良好的局部开采能力的必要性。在本章的问题模型中,环境中的目标是静止的,可被收集且不可再生,而且目标收集过程不会影响目标产生的适应度信息,在目标收集完成后,其产生的适应度信息会随之消失。为便于理解,本章可以考虑一个更加实际的场景,如海难救援。在该场景中,等待救援的人员散落在某片海域的不同位置,一群装备特定传感器(可感知生命体征或其他信号)的机器人(无人船或无人机)被投放且被指示搜索指定海域,以期能尽快找到等待救援的人员,人员获救后,相应的目标信号也会消失。接下来本章将具体说明群体机器人多目标搜索问题的相关假设,并基于这些假设建立问题的一个理想化模型。

3.1.2 问题假设与理想化模型

除了环境中的适应度值是离散的之外,本章的多目标搜索问题中的大部分设定与现有的一些搜索问题[19,20]相似。适应度值连续的搜索问题与优化问题比较类似,大部分可以通过梯度下降法[21]或其他局部搜索方法[22]得到解决。然而,在实际问题中,群体机器人应当设计得尽量简单,硬件性能也会相应减弱,从而带来灵敏度下降和感知误差增加等负面因素。尽管传感器本身返回的结果可能是连续的,但是其准确性较低,因此应当通过离散化等手段降低感知误差。所以,在基本的多目标搜索问题中,整个感知范围被划分成若干个离散感知区域,将不准确的连续结果四舍五入到最近的离散感知区域内,从而可以在一定程度上减小误差,提高准确性。在群体机器人搜索问题中,应当重点研究适应度值为离散的情况。

1. 问题假设

在群体机器人多目标搜索任务中,多个目标随机散落在一片广阔未知的空间中。一群机器人被投放到该空间,并且要在尽可能短的时间内搜索与收集(或摧毁)所有目标。在最简单的情况下,只需要考虑三种对象:环境、机器人和目标。此外,环境中可引入一些其他限制,如障碍物、干扰源和假目标[22]等。本章侧重于对搜索效率的研究,因此仅考虑最简单的情况。

为方便研究与分析,本节针对问题模型进行了如下一些基本假设。

(1) 环境:相对于每个机器人的尺寸和感知范围,环境的整个搜索空间非常大。

(2) 目标:静止的,尺寸较小(类似于机器人个体),具有广阔的影响范围。在影响范围内,距离目标越远,目标产生的影响越小。在目标的处理过程中,目标在环境中产生的影响保持不变,而一旦目标处理完毕,其影响会即刻消失。在多个目标影响范围的重叠区域,影响由产生最大影响的目标确定,多个目标随机且均匀地分布在整个搜索空间中。

(3) 机器人个体:可以感知到环境边界,没有关于环境和目标的先验知识,交互(感知与通信)是局部性的,最大速度与存储空间是有限的。

(4) 机器人群体:没有全局领导者和集中式控制机制,所有个体从环境中的同一区域出发,不同机器人个体的硬件和软件配置相似(差异主要源于一些随机因素)。

(5) 适应度值:在目标的影响范围内,机器人可以感知到当地位置的适应度值,考虑到传感器精度限制和噪声影响,机器人采用离散化的适应度值信息来提高系统的容错性。

(6) 迭代频率:频率要足够高,以确保机器人在相邻两次迭代中的适应度值差异足够小,从而避免错过有潜力的位置。在每次迭代中,每个机器人会收集自身的传感器信息、自身历史信息、邻居个体信息,然后独立地做出决策。所有机器人个体的迭代频率是固定的,但整个机器人群体可以异步地工作。

2. 问题的理想化模型

基于上述假设,本节建立一个简单环境下的抽象模型(环境中仅含机器人和目标),任务开始前的仿真截图如图 3-1 所示。

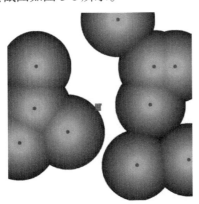

图 3-1 任务开始前的仿真截图(图中散布的圆形的圆心表示目标,目标周围的阴影圆环表示适应度值信息,截图中央的点阵表示初始的机器人群体)

(1) 环境:抽象为一个尺寸为 1000×1000 的正方形。

(2) 目标:抽象为一个半径为 r(10 个单位)的圆,在圆形区域内的机器人可直接感知到目标。目标在环境中均匀分布,目标的影响范围是一系列的同心圆环,圆环宽度为 5 个单位，每个圆环的适应度值由内而外从 40 左右(圆心)到 1(最外圆环)线性递减，相邻圆环的适应度值差异为 1。每个目标需要 10 次迭代才能被处理完毕，该过程可由单个机器人独自在 10 次迭代内完成，或者由 10 个机器人在 1 次迭代内完成。

(3) 机器人个体：抽象为一个尺寸为 1×1 的正方形，感知与通信范围是一个半径为 20 个单位的圆形区域(即机器人只能与感知到的邻居通信)。机器人可获知邻居的 4 种信息：位置、所处位置的适应度值、是否感知到目标及目标的位置。每个机器人的最大速度限制为 5(在 1 次迭代中能移动的最大距离)，可以记忆 10 代的历史信息(位置与相应的适应度值)。

(4) 机器人群体：典型的规模设置为 50。

对于该问题，策略性能的主要衡量指标就是搜索效率，即搜索与处理完所有目标所需要的迭代次数。为了更加全面地评价搜索策略的性能，以及方便对策略进行分析与改进，在 3.1.3 节提出了用于衡量策略性能的 5 项指标。

3.1.3　问题的近似数学模型与分析

在多目标搜索任务中，机器人群体需要一定的迭代次数来搜索与处理散落在环境中的所有目标。为了估计迭代次数的数学期望的下界，本节引入一些数学近似来简化该问题的分析。

1. 问题的近似模型

鉴于要估计问题的最优解，本节不妨做出三个假设：一是机器人预先已知目标的位置信息，二是机器人的数量不少于目标的数量，三是每个机器人只参与一个目标的处理。前两个假设显然利于加快任务的完成；第三个假设则用来保证每个机器人都专注于处理同一个目标，而无须耗费时间在不同目标之间进行迁移(实际上，考虑到当前问题模型中目标分布的稀疏性以及目标处理的简易性(仅需 10 步)，机器人在不同目标间的迁移时间往往大于处理时间，这就使得迁移行为失去了合理性)。基于以上三个假设，原始的搜索问题可转换为一个分配问题，即如何将机器人群体分为多个编队，以分别处理不同的目标。在该分配问题中，编队个数和目标数量相同，每个编队分配一个不同的目标，当然每个编队内至少包含一个机器人个体。

假设环境中有 N 个机器人和 T 个目标，所有目标的位置预先已知，根据其到搜索空间中心的距离从小到大，各目标依次为 $d_1, d_2, \cdots, d_T$。对应于 T 个目标，N 个机器人被分为 T 个编队，各编队包含的机器人个数依次为 $k_1, k_2, \cdots, k_T$。机器人群体的初始位置是地图中心区域，机器人个体的最大速度为 v_{max}。一般而言，机器人速度越快，搜索效率越高，因此本节令所有机器人在移动过程中采用最大速度。每个目标需要 10 次迭代完成处理,该过程可由单个机器人在 10 次迭代中完成,而 10 个机器人只需 1 次迭代即可完成。令 S 表示该分配问题可采用的策略集合(即如何把机器人分配给目标),则任务可被形式化为一个优化问题(式(3-1))。需要指出的是,本节无须实际构造出该分配问题的最优策略,而只需分析最优策略可能达到的性能。

$$\min_s \left(\max_i \left(\frac{d_i}{v_{\max}} + \frac{10}{k_i} \right) \right)$$

$$\text{s.t.} \quad \sum_{i=1}^{T} k_i = N \tag{3-1}$$

为了简化计算过程,本章采用了两处近似。一处近似是,为方便起见,正方形的搜索空间可视为一个等面积的圆形,如式(3-2)所示,其中,L 是正方形的边长,R 是圆形的半径。另一处近似是,式(3-3)中表示目标收集耗时的项 $\frac{10}{k_i}$。该收集过程可由单个机器人 10 次迭代完成或 10 个机器人 1 次迭代完成,而且实际的迭代次数应该是整数,因此该收集项的范围是[1,2,…,10],考虑到其占比很小,该项可近似表示为 5.5±4.5。

$$L^2 = \pi R^2 \tag{3-2}$$

2. 迭代次数期望的近似下界

基于以上所做的近似处理,利用目标与地图中心最远距离的期望 $E[d_T]$,本节可以得到该搜索任务所需迭代次数的期望的一个近似下界(等价于搜索效率的上界),如式(3-3)所示。

$$\min_s \left(\max_i \left(\frac{d_i}{v_{\max}} + \frac{10}{k_i} \right) \right) \approx E[d_T] + 5.5 \tag{3-3}$$

令 r 表示目标与地图中心的距离,则可计算其概率密度函数(式(3-4))和分布函数(式(3-5))。第 i 远的目标到地图中心的距离 d_i 的概率密度函数如式(3-6)所示。进一步,可得到 d_T 的概率密度函数(式(3-7))及其数学期望 $E[d_T]$(式(3-8))。

$$p(r) = \frac{2r}{R^2} \tag{3-4}$$

$$F(r) = \frac{r^2}{R^2} \tag{3-5}$$

$$p_i(r) = \frac{T!}{(i-1)!(T-i)!} F(r)^{i-1} \left(1 - F(r) \right)^{T-i} p(r) \tag{3-6}$$

$$p_T\left(r\right) = \frac{2T}{r}\left(\frac{r^2}{R^2}\right)^T \tag{3-7}$$

$$E[d_T] = \frac{2T}{2T+1}R \tag{3-8}$$

最后，在给定参数下，本节可以得到具体问题的下界。根据具体的问题设置，搜索任务所需迭代次数的期望的下界可由式(3-3)和式(3-9)来计算。给定如下参数：搜索空间边长 $L = 1000$，目标数量 $T = 10$，机器人的最大速度 $v_{max} = 5$，则可以得到近似下界的范围[108.46,117.46]，其中作为上限的 117.46 表示若距离地图中心最远的目标总是由单个机器人收集，则整个机器人群体大约需要 120 次迭代来收集完所有目标。

$$\frac{E[d_T]}{v_{max}} = \frac{2TL}{(2T+1)v\sqrt{\pi}}, \quad v_{max} = 5 \tag{3-9}$$

3. 蒙特卡罗模拟

如前所述，为了简化计算过程，正方形的搜索空间被视为一个等面积的圆形，这势必会对最终结果产生一定的影响，因此本节利用蒙特卡罗模拟直接估计正方形搜索空间下问题的下界。

给定如下参数：搜索空间边长 $L = 1000$，目标数量 $T = 10$，机器人的最大速度 $v_{max} = 5$，通过对目标的分布情况进行 10 亿次采样，可以得到所需期望迭代次数的近似下界的范围[117,126]，可知采用等面积的圆形搜索空间大约少估计了 10 次迭代。其中，126 意味着，若最远目标都由单个机器人收集，则机器人群体收集完所有目标大约需要 126 次迭代。

需要进一步说明的是，在任务开始前的机器人阵列中，每个机器人和邻居机器人间隔 5 个单位(一次迭代能移动的最大距离)，所以若机器人的个数较多，如 200 个，则最外围的机器人距离地图中心有 7～10 次迭代的距离(不妨设为 8 次迭代)，若最远的目标由最近的机器人处理，则收集完所有目标大约需要 120 次迭代。因此，虽然都是 120 次迭代左右，但从估计原理上来看，本节的蒙特卡罗模拟和考虑阵列间距的处理方式更为精确与合理。

3.2　搜索策略性能的衡量指标

前面建立了群体机器人多目标搜索问题的一个理想化模型，本节探究在该问题中不同搜索策略的性能度量。为了从不同方面考察搜索策略的性能，本章提出了 5 个衡量指标：效率、稳定性、规模敏感性、并行处理能力、协作处理能力。

在多目标搜索问题中，目标的分布位置和机器人的决策具有一定的随机性，而计算的衡量指标需要一定的稳定性，因此在实验中采用多次运行求均值的处理方式。在每次实验中，每个搜索策略都会运行 1000 次，包括 40 幅随机生成的地图，并在每幅地图上重复运行 25 次，而最终结果就是 1000 次运行的平均性能。搜索策略的效率和稳定性，分别是 1000 次运行中机器人群体收集完所有目标所需迭代次数的均值和标准差，其中均值表示为 mI(mean of the number of iterations)，体现了策略的搜索效率，标准差表示为 dI(standard deviation of the number of iterations)，反映了策略的稳定性。此外，本章还引入了规模敏感性、并行处理能力以及协作处理能力三项指标，具体说明如下。

(1) 效率：机器人群体搜索与收集完所有目标所需的迭代次数的均值，表示为 mI。显然，mI 越小，意味着策略的搜索效率越高。由于问题设置中机器人的迭代频率是固定的，所以搜索任务所耗费的时间可用迭代次数来衡量。

(2) 稳定性：机器人群体搜索与收集完所有目标所需迭代次数的标准差，表示为 dI。易知，dI 越小，意味着搜索策略的稳定性越强。稳定性体现了搜索策略应对随机因素的能力，如目标分布的随机性、机器人决策的随机性等。

(3) 规模敏感性：在一定的目标数量下(固定数量的目标)，每增加一个机器人，平均少用的迭代次数(即增加一个机器人少用的 mI)。少用的迭代次数越多，意味着搜索策略对机器人的群体规模越敏感，提升群体规模能显著改善策略的搜索效率。该指标反映了搜索策略的可伸缩性和鲁棒性，规模敏感性越高，可伸缩性和鲁棒性越差。

(4) 并行处理能力：在一定的群体规模下(固定数量的机器人)，每增加一个目标，平均额外所需的迭代次数(即增加一个目标额外所需的 mI)。额外所需的迭代次数越少，意味着搜索策略的并行处理能力越强。该指标体现了搜索策略并行处理多个目标的能力。

(5) 协作处理能力：在一定的群体规模和目标数量下(固定数量的机器人和目标)，每增加一次目标所需的收集次数，平均额外所需的迭代次数(即增加一次收集额外所需 mI)。一般情况下(如问题模型所述)，每个目标的收集次数是 10，即一个目标需要 10 次迭代完成处理。所需额外迭代次数越少，意味着搜索策略的协作处理能力越强。该指标反映了搜索策略协作处理一个目标的能力，大致反映了处理一个目标平均参与的机器人个数。

在基本问题设置(即不考虑环境限制)下不同搜索策略的对比实验中，本章采用上述 5 个衡量指标来分析各搜索策略的性能和不同搜索策略之间的性能差异。在实验部分，本章会结合具体的实验数据和算法原理来分析与评价各搜索策略的性能表现。

3.3　群体机器人多目标搜索策略的研究现状

群体机器人是受到自然界生物群体的启发，模拟简单生物个体通过协同合作实现复杂群体智能行为的系统。现有的群体机器人算法大多借鉴了群体智能算法，每一个机器人模拟算法中的一个个体，从而实现搜索行为。尽管群体智能算法也是启发自生物群体的，但是优化问题与群体机器人的实际条件不同，其中可能会引入大量的随机运动、全局交互和位置重置机制，因此简单地模拟这些算法并不能有效发挥群体机器人的特性。

如前所述，群体机器人协同机制的设计方法可分为两类：基于规则(或基于行为)的设计方法和基于学习的设计方法(或自动化设计)。前者是自下而上的，通过设计个体行为来实现群体行为；后者一般是自上而下的，可自动生成个体行为而不需要显式的人工干预，主要包括强化学习和进化机器人。在群体机器人多目标搜索问题中，目前多目标搜索策略的设计方法基本是基于行为的设计[23-26]，如基于人工势场[27,28]和改编自一些群体智能优化算法(也是目前应用最为广泛的设计方法)。

除了智能优化算法，另一类基于行为的设计的重要研究途径是使用数学物理方法对生物的觅食与迁徙行为进行建模与分析，其中莱维飞行(Levy flight)是一种典型的随机搜索策略，通常也可称为莱维游走(Levy walk)[29]。两者仅有一个细微的差异，即后者所采样的步长有时不能一次完成而需要多次移动(因为每次移动距离有限)，这种差异实际上是由问题设置导致的，算法原理本身并不受影响，因此两个名词常常通用。随机搜索策略在群体机器人中有多种应用[30]，在多目标搜索问题中，通过结合线性弹道运动和三角梯度估计技术，本节提出一种基准算法[31]。随机搜索策略，如莱维飞行，具有出色的探索能力(或高扩散速率)，这对于在大空间中进行搜索是很重要的。进一步地，若目标分布稀疏且机器人可在目标影响范围内直接感知到目标，则随机搜索策略可能是唯一合理的解决方案。在本章中，随机搜索策略只用在无适应度值区域(该区域没有目标产生的适应度信息)来帮助机器人快速移动到其他区域。

如上所述，群体机器人多目标搜索策略主要是两类基于规则的搜索策略：一类改编自群体智能优化算法；另一类启发自随机搜索策略。群体智能优化算法一般关注在具有丰富信息的环境中的搜索任务(类似于本章的问题设置)，具有强大的局部开采能力，但较高的群体连接度严重限制了其全局探索能力。与之相反，随机搜索策略主要考虑在缺乏适应度信息的环境中的搜索任务(目标的影响范围很狭窄)，具有强大的全局探索能力，但是对开采能力不够重视。

3.3.1　群体机器人的三阶段搜索框架

为了解决群体机器人多目标搜索问题，本节提出一种三阶段搜索框架用于刻画多目标搜索策略的基本流程。首先介绍群体机器人算法的特性，然后介绍三阶段搜索框架。

1. 群体机器人算法的特性

群体机器人算法必须要满足群体机器人系统的要求和特性，并保证群体机器人个体之间的协作关系。因此，群体机器人算法的很多要求与第 2 章介绍的群体机器人的特征相关。例如，Stirling 等[24]提出了一个飞行机器人在复杂室内环境下的搜索方法，并提出了一个可以大幅度提高能量效率的机制，即整个群体中同时只有一个个体移动，其他个体吸附在墙壁或者天花板上，以节省能量。同时，这一算法还要求群体遍历整个环境来完成搜索。在这两个机制的作用下，机器人群体很难发挥出群体的各种优势，包括并行性、鲁棒性和可扩展性等，而且群体中同时只有一个个体在移动，因此很难将其划分为群体算法。

结合群体机器人的系统特征，本节提出群体机器人算法需要具备的五个特性。

1) 简单

单个机器人的能力十分有限，因此要求运行在单个机器人上的控制算法也应当尽量简单。简单的算法可以简化机器人的设计，从而可以降低机器人的成本。但是从早期提出的算法中可以看到，尽管算法简单，但是依然可以激发出复杂和高效的群体规模协同行为。在大多数情况下，单个机器人往往可以被认为是只包含几个状态的有限状态机。

2) 可扩展性

群体机器人系统必须满足可扩展性的要求，同理群体机器人算法也应当适用于任意数量的机器人。同时，为了保证算法的自组织性和适应性，设计者在设计算法时，应当考虑个体动态加入和退出的情况，尤其是因为意外而退出的可能性。同时，在算法中应当避免单个个体和整个群体进行交互的情况，以及其他个体数量增加时可能会影响到性能的行为。

3) 无中心控制

群体中每个机器人的行动是自主的，不受控于任何外部命令。在算法中，虽然可以引入这些机制来提高效率，但是要保证群体在没有外部控制的情况下依然可以完成任务。尽管一些机器人个体可能受到另一些机器人个体的影响，但它们应当是自主做出行为选择的。这一要求通常可以保证算法的可扩展性和鲁棒性。

4) 局部性

局部通信和局部交互是群体机器人的重要特征之一，因此在设计群体机器人算法时尤其需要注意。一般来说，群体中的个体可以通过一些局部机制来模拟带有一定延时的全局通信和交互体系，因此应当尽量避免全局的信息传递。

5) 并行性

群体机器人一般包含大量个体，因此很自然地应当具备并行处理多个任务或者目标的能力，这一特性有时需要算法的支持。一般来说，满足了局部性和可扩展性的群体机器人算法基本上可以保证系统的并行性。

2. 三阶段搜索框架

本节提出了一个用于解决一般搜索问题的通用三阶段搜索框架，该框架具有很高的泛用性，还可以应用到觅食、污染源追踪等与搜索相关的问题上。在大部分群体机器人任务中，个体可以通过感知的方式获取关于任务目标的信息。然而，这些信息在环境中并不总是存在的，或者在某些区域不是很准确。如问题假设所述，机器人的尺寸和感知范围很小，而目标在环境中的分布很稀疏。虽然目标的影响范围很大，但会在目标收集完毕后立即消失。此外，为了获取足够细致的信息，机器人在一次迭代中的移动距离不能过长。基于上述原因，机器人会耗费大量的时间在无适应度值区域进行搜索。根据这一情况，可以根据环境中的信息条件将群体机器人的搜索分成三个阶段：广域搜索阶段、细化搜索阶段和目标处理阶段。前两个阶段与群体优化算法中的探索阶段和开采阶段类似，但是在判定条件上略有不同。个体在三个阶段中的环境条件有所差别，因此在各阶段的侧重点也不同。三阶段搜索框架中个体的状态转移图如图 3-2 所示。

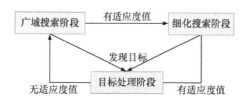

图 3-2　三阶段搜索框架中个体的状态转移图

由于每个个体可以处于不同的阶段，整个群体中可以同时存在处于所有阶段的个体。因此，需要协同机制在整个搜索过程中发挥作用，通过交互协调个体的任务分配和整个系统的运行，这是在没有中心控制的情况下进行的。在本书的后续章节中，将根据这些阶段的特点对群体搜索框架进行细化，提出新的搜索策略，使之可以满足搜索问题的需要。这三个阶段详细介绍如下：

1) 广域搜索阶段

广域搜索阶段是在适应度值信息不清晰、目标位置无法确定、目标的可能范围非常大时，机器人个体在较大范围内随机搜索寻找目标信息。一般在无适应度值区域或者适应度值很小的区域，个体会处于广域搜索阶段。在这一阶段，适应度值提供的信息较少，很难快速发现目标。因此，在这一阶段中，主要关注搜索区域内个体的分布情况，避免重复搜索，以提高搜索效率。当机器人个体与其他机器人相遇时，可以根据需要交换搜索区域信息、已发现的适应度值信息等。

2) 细化搜索阶段

细化搜索阶段是当个体获得比较明显的目标提示信息或者目标可能范围缩小到一定程度时，可以利用现有信息加速搜索，快速接近目标所在区域。个体一般处于有适应度值区域或者目标感知区域。这一阶段的重点在于目标信息感知与动态目标分配。当个体发现多个目标或者有多个个体发现同一目标时，需要动态调整群体的搜索状态，避免重复。

3) 目标处理阶段

个体到达目标所在位置之后，需要对目标进行处理。处理目标需要的个体数量不定，因此这一阶段的核心在于调节目标附近区域内的个体数量，以提高算法的搜索效率：当个体发现需要多个个体才能处理目标时，会通过交互信息要求其他个体前往目标位置协助处理；当目标附近的个体过多时，则会要求其他个体开始新的搜索。

3.3.2　启发自群体智能算法的多目标搜索策略

为了设计群体机器人在多目标搜索任务中的协同机制，一个自然的想法就是向已有的群体优化算法学习，如 PSO 算法[32,33]、GSO 算法[34,35]、头脑风暴优化(brainstorm optimization，BSO)算法[36]等。搜索任务中的机器人、机器人间的协同机制、目标搜索过程，可分别类比优化问题中的候选解、信息开采机制、优化过程。本节着重介绍两种启发自 PSO 算法的搜索策略。

1. RPSO 算法

机器人粒子群优化(robotic particle swarm optimization，RPSO)算法是粒子群优化算法的一个扩展版本，在 RPSO 算法中，速度更新式引入了一个避障分量。在 PSO 算法中，如式(3-10)所示，速度更新考虑了三个分量：惯性分量、认知分量和社会分量。

$$v_i^{t+1} = wv_i^t + c_1 r_1 \left(\text{pBest}_i^t - x_i^t \right) + c_2 r_2 \left(\text{gBest}_i^t - x_i^t \right) \tag{3-10}$$

其中，x_i^t 和 v_i^t 分别表示在第 t 次迭代中，粒子 i 的位置和速度；w、c_1 和 c_2 分别表示惯性权重、认知系数和社会系数；pBest_i^t 和 gBest_i^t 分别表示到当前次迭代为止，粒子 i 的最优位置和整个种群的最优位置；r_1 和 r_2 表示[0,1]的随机数，服从均匀分布。

在 RPSO 算法中，速度更新式引入了避障分量，如式(3-11)所示，本节为 RPSO

算法引入了一个随机分量，以使机器人避免陷入局部振荡情形。

$$v_i^{t+1} = wv_i^t + c_1r_1\left(\text{pBest}_i^t - x_i^t\right) + c_2r_2\left(\text{gBest}_i^t - x_i^t\right) + c_3r_3\left(p_i^t - x_i^t\right) + c_4m_i^t \quad (3\text{-}11)$$

其中，c_4 是随机分量的系数(可称为随机系数)；m_i^t 是一个单位方向向量且角度服从 $[0, 2\pi]$ 区间上的均匀分布；p_i^t 是一个能引导机器人远离障碍物的位置；c_3 与 r_3 分别是避障分量的系数(可称为避障系数)和随机数。

值得说明的是，近些年有一些改进的算法被提出，如 RDPSO[25](robotic darwinian PSO)算法和 RbRDPSO[37](repulsion-based RDPSO)算法。其中，RDPSO 算法允许同时存在多个动态群体，而 RbRDPSO 算法引入了一个互斥分量(基于相似离子互相排斥)，以防止机器人彼此太靠近。

2. A-RPSO 算法

适应性机器人粒子群优化(adaptive RPSO，A-RPSO[26])算法，如式(3-12)所示，其速度更新式与 RPSO 算法类似，只是 A-RPSO 算法中的惯性权重 w_i^t 是一个变量，与机器人个体和迭代次数有关。惯性权重的取值依赖进化速率和聚集度[38]。进化速率因子描述了机器人个体在当前迭代和上次迭代内最优适应度值的差异，而聚集度因子则由当前迭代中最优适应度值和平均适应度值的差异刻画。原始的 A-RPSO 算法关注的是单个目标的搜索问题，为了使其适用多个目标的搜索，本节通过限制机器人的通信范围(如问题假设中所述)将整个种群划分为多个子种群。此外，如式(3-13)所示，A-RPSO 算法中也引入了一个随机分量 m_i^t，以使机器人避免陷入局部振荡的情况。

$$v_i^{t+1} = w_i^t v_i^t + c_1r_1\left(\text{pBest}_i^t - x_i^t\right) + c_2r_2\left(\text{gBest}_i^t - x_i^t\right) + c_3r_3\left(p_i^t - x_i^t\right) \quad (3\text{-}12)$$

$$v_i^{t+1} = w_i^t v_i^t + c_1r_1\left(\text{pBest}_i^t - x_i^t\right) + c_2r_2\left(\text{gBest}_i^t - x_i^t\right) + c_3r_3\left(p_i^t - x_i^t\right) + c_4m_i^t \quad (3\text{-}13)$$

3.3.3　启发自随机搜索策略的多目标搜索策略

随机搜索策略[39]源自对觅食生物迁徙行为的研究[40,41]。由于食物源分布的稀疏性、可再生性以及分形性质，莱维飞行是解释觅食生物移动轨迹的一种常用模型，莱维飞行是一类特殊的随机搜索策略，步长服从具有重尾特性的幂律分布。另一种选择是间歇式搜索策略，该策略结合了可以检测目标的慢速移动阶段和不能检测目标的快速移动阶段；有学者研究发现间歇式搜索策略与莱维飞行结合后效果更好。莱维飞行的一种极限情形是弹道移动搜索(ballistic motion search，BMS)策略，搜索者只需随机选择一个方向后保持直线运动，直到检测到目标或感知到区域边界。对于目标分布密集的情形，步长采用幂律分布或指数分布的随机搜索策略比 BMS 策略更有效，关于稀疏目标情况的一些结论如下所述。

1) 莱维飞行(Levy flight)

在该模型中，搜索者的步长 l 服从幂律分布 $p(l)=l^{-u}$，其中 $1<u<3$。若目标在一段时间后可在同一位置再生，则觅食是非破坏性的且 $u \approx 2$ 是搜索的最优值(适用任何有限维度)。在破坏性觅食的情况下，目标是不可再生的，u 越小搜索效率越高，因此最优搜索策略退化为 BMS 策略。

2) 间歇式搜索(intermittent search)策略

该模型是面向不可再生目标的一种双阶段的搜索过程，包括慢速移动阶段(阶段 1)和快速移动阶段(阶段 2)。阶段 1 和阶段 2 的持续时间都服从指数分布(均值分别是 τ_1 和 τ_2)，鉴于快速移动通常会严重削弱机器人的感知能力，搜索者只能在阶段 1 感知目标，在合适的 τ_i 取值下，间歇式搜索策略可实现最优性能。

3.3.4　动态目标追踪问题与弹簧虚拟力算法

本节将三阶段搜索框架应用到一个动态目标追踪(mobile target tracking, MTT)问题上。动态目标追踪问题模拟生物群体的觅食行为，群体在环境中搜索并追踪在环境中随机移动的目标。个体的感知范围和通信范围有限，其移动速度相对于目标较慢，因此需要发挥群体的协同能力才能保持对目标的追踪。许多群体机器人的实际应用，如群体护卫、线索追踪等问题，都可以抽象为动态目标追踪问题。

基于群体机器人的三阶段搜索框架，MTT 问题分为三个阶段：移动阶段、搜索阶段和追踪阶段。群体在算法开始时可以获取一次目标位置，而群体的初始位置与目标有一定的距离，因此群体首先在移动阶段向获知的目标区域运动。当群体到达目标区域时，目标可能已经离开这一区域，因此群体进入搜索阶段，所有个体在环境中分散开对目标进行搜索。在群体中的某个个体发现目标后，群体即进入追踪阶段。在追踪阶段，群体需要不断跟随目标移动，保证目标在群体的感知范围内。一旦目标丢失，则群体返回搜索阶段对目标进行搜索。

本节提出弹簧虚拟力(spring virtual force, SVF)算法，用于解决 MTT 问题。SVF 算法基于虚拟力模型(Boid 模型)，算法中个体的所有交互都被模拟成力，个体根据这些力的合力调整自身的运动状态。在 MTT 问题中关注的重点是目标的追踪部分，即三阶段搜索框架中的目标处理阶段。因此，SVF 算法设计和 MTT 问题的实验也将重点关注这一部分。

1. 问题描述

在 MTT 问题中，群体包含一群具有自主运动能力的个体，这些个体执行相同的程序，不分主次，没有中央控制个体。整个群体不具备全局定位系统，每个个体维持一套局部定位系统。每个个体可以感知邻近的其他个体和障碍物的相对位置，但是个体之间不直接进行通信。每个个体不记录之前的状态，只根据当前的感知情况确定运动状态。当个体距离目标较近时，可以发现目标位置，并将其坐标分享给邻近个体，此外，个体之间没有任何直接通信。

在仿真中，时间被划分为离散的方式进行迭代，所有个体的时间是同步的。但是在实际应用中，不要求群体中的所有个体时间同步，个体可以按照自己的计算周期进行搜索。在仿真实验的每一次迭代中，首先更新每个个体的感知信息，包括环境信息和邻近个体的交互信息。然后调用实际执行的算法计算每个个体在这一次迭代中的移动方向和速度。个体在每一次迭代中的最大速度是受限的，这保证了该个体在这一次迭代中的移动可以迅速完成，不会影响下一次迭代的执行。在实际应用中，可以理解为个体每前进一段距离就要执行一次控制算法，以确定新的行进方向。群体可以通过这种方式保证机器人个体的每一次迭代间隔比较接近，不会有很大差别。

在 MTT 问题中，群体的任务目标是移动到目标区域、搜索并追踪目标。目标会在环境中随机移动，其移动轨迹是不可预测的。整个环境远大于群体可以同时覆盖的面积，因此个体必须不断移动来实现对目标的搜索和跟踪。群体在出发时可以获取一次目标的位置，但是在出发后必须有个体发现目标后才会向邻近个体更新目标的位置，并逐步传递到整个群体。当个体与目标的距离小于预设的阈值(即感知范围)时，个体即可以发现目标。

2. 动态目标追踪问题的三个阶段

在 MTT 问题的三个阶段中，追踪阶段是关注的重点。本节将分别介绍三个阶段的转换条件和各阶段群体需要完成的任务。

在移动阶段，群体根据出发时获取的位置信息向获知的目标区域移动，在这一过程中，需要规避环境中的障碍物。由于目标在随机移动过程中，所以当群体到达目标位置时，可能无法发现目标，此时就需要群体进入搜索阶段，在目标位置的附近搜索目标。当群体在移动过程中发现目标时，跳过搜索阶段，直接进入追踪阶段。

搜索阶段在 MTT 问题中不是重点，因此群体在搜索阶段只是在环境中简单散开，以进行搜索。由于目标的移动速度不会过大，只要群体在移动阶段能较快地移动到目标区域，一般目标都不会过于远离群体，所以群体不需要过于复杂的搜索机制即可搜索到目标。另一个使用简单的搜索机制的原因在于，MTT 问题更加强调提高群体在移动阶段的效率。如果群体在移动阶段速度足够快，甚至可以在目标区域附近发现尚未远离的目标，则直接进入追踪阶段。

当任何一个个体在之前的两个阶段中发现目标时，它会向所有的邻近个体广播目标的位置，整个群体会逐渐进入追踪阶段。在追踪阶段，群体的目标是跟随目标移动，并且将目标保持在群体的感知范围内。为了提高问题的难度，在 MTT 问题中，目标可以无视环境中的各种障碍物，但是群体中的个体必须绕开这些障碍物。目标可能会突然改变移动方向，因此群体最好可以分散在目标的四周，增大缓冲区域，从而保证发生意外时(如目标穿过障碍物或者突然大角度转向)不会丢失目标。如果群体丢失目标，则返回搜索阶段重新搜索目标。

3. 弹簧虚拟力算法

本节提出一个基于弹簧虚拟力的力学模型用于解决 MTT 问题。个体与邻近个体、障碍物和目标之间的所有交互都被看作虚拟力的作用。在 SVF 算法中，所有的力都被解释为弹簧力，即个体与所有感知到的邻近个体、障碍物和目标之间都有一个虚拟弹簧，根据胡克定律计算个体所受到的合力。

本节首先介绍 MTT 问题中的虚拟力模型，然后详细介绍在 SVF 算法中这些虚拟力的计算框架。这一计算框架也是在实验中所有对比算法的基础框架，只是力的计算方法不同。在虚拟力模型的基础上，SVF 算法使用弹簧中的力学模型计算个体之间的交互。在实验中，SVF 算法表现出了很好的稳定性和适应性。个体 R_1 的系统模型示意图如图 3-3 所示。图中，F_{1i} 表示其他个体 R_i 对个体 R_1 的作用力，F_{o1} 和 F_{T1} 分别表示来自障碍物和目标位置的作用力。

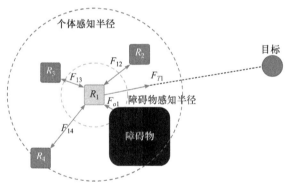

图 3-3　个体 R_1 的系统模型示意图

记群体中的 n 个机器人个体为 $R_1, R_2, \cdots, R_n$，其位置分别为 $P_1, P_2, \cdots, P_n$。个体在模拟环境中的模型为正方形(二维)或者立方体(三维)。记每个个体感知邻近个体的范围为个体感知半径 D_R，则实际的感知区域 S_i 是以 P_i 为中心、以 D_R 为半径的圆形(二维)或球体(三维)。在每一次迭代中，每个个体 R_i 所有距离在 D_R 之内的邻近个体记为 N_i，则有

$$N_i = \left\{ R_j \mid d\left(P_i, P_j\right) \leqslant D_R, \quad j = 1, 2, \cdots, n, j \neq i \right\} \tag{3-14}$$

其中，d 为距离函数，在本节的实验中使用欧氏距离。

由于群体中没有全局坐标系，所以 N_i 中所有邻近个体的坐标均为相对位置，即 R_i 感知到的 R_j 的位置为 $P_j - P_i$。N_i 主要用于计算个体间作用力，R_j 对于 R_i 产

生的作用力记为 F_{ij}，该力的方向与两个个体之间的连线平行。通过个体间作用力，个体当前的位置信息可以反映到邻近个体下一次迭代的行为中，从而逐渐向整个群体传播，实现了隐性的信息传递功能。因此，整个群体不需要个体间的直接通信即可实现协作的目标。

环境中共有 m 个障碍物 $O_1, O_2, \cdots, O_m$，其位置分别为 $Q_1, Q_2, \cdots, Q_m$。在 MTT 问题中，每个障碍物和个体的模型完全相同，只是障碍物没有移动能力。与个体感知半径类似，也存在障碍物感知半径 D_O，一般来说 D_O 小于 D_R。若将个体 R_i 感知到的所有邻近障碍物记为 M_i，则有

$$M_i = \left\{ O_j \mid d(P_i, Q_j) \leqslant D_O \wedge j = 1, 2, \cdots, m \right\} \tag{3-15}$$

与 N_i 类似，M_i 中障碍物的坐标也是相对位置。M_i 主要用于计算个体与障碍物之间的力，目的是实现个体的避障行为。O_j 对于 R_i 的作用力记作 F_{Oij}，方向从 Q_j 指向 P_i，即障碍物的作用力永远是斥力，个体需要尽量避免碰撞。

在 SVF 算法中，大型障碍物被视为多个小型障碍物的集合。每个障碍物被划分为与个体相同的一系列单元，并且将每一个单元当作小型障碍物对待。大型障碍物与一系列小型障碍物的唯一区别在于，在有环境噪声的情况下，大型障碍物的所有个体之间的相对位置不会受到噪声的影响，但是大型障碍物自身与个体之间的距离会受到噪声的影响。

在 SVF 算法中，目标对个体 R_i 的作用力 F_{Ti} 大小是固定值，从个体指向当前感知到的目标位置 P'_{Ti}。在搜索阶段，没有目标的位置，因此不需要计算目标的作用力。P'_{Ti} 有两种更新方式：当个体感知到目标时，用目标当前位置更新 P'_{Ti}，并将其位置向 N_i 中的个体传递；当 N_i 内个体 R_j 更新了 P'_{Tj} 时，P'_{Ti} 会相应更新为 P'_{Tj} 的值，否则保持不变，即对于 $i = 1, 2, \cdots, n$，有

$$P'_{Ti} = \begin{cases} P_T, & d(P_i, P_T) \leqslant D_T \\ P'_{Tj} - P_j + P_i, & \exists j, R_j \in N_i \wedge d(P_j, P_T) \leqslant D_T \\ P'_{Ti}, & \text{其他} \end{cases} \tag{3-16}$$

其中，P_T 为目标当前的准确位置，只有个体在邻近范围内发现目标时，才会获取到这一值；D_T 为目标感知半径。为了简单起见，在 MTT 问题中，D_T 与 D_R 相同。

需要注意的是，每个个体感知到的目标位置均为相对位置，因此在获取邻近个体的目标位置时，需要根据两个个体间的相对位置进行换算。在有噪声的环境中，这一换算不断引入累积误差，增大了群体追踪目标的难度。

在模拟程序中的每一次迭代时，每个机器人个体首先确定邻域内的个体和障碍物的相对位置，然后计算每个个体、障碍物和目标产生的作用力，根据合力计算运动状态，最后检测碰撞并进入下一次迭代循环。

4. 虚拟力的计算

在 SVF 算法中，所有的力根据个体的感知结果 N_i、M_i 和 P'_{Ti} 进行计算。由于不同的力性质不同，SVF 算法使用不同的公式计算这三种力：个体间作用力、障碍物作用力和目标作用力。在需要时，可以对某一种力进行调整而不改变其他力，例如，当算法在躲避障碍物中效果不好时，可以加强障碍物的作用力以增强避障效果，同时可以适当降低个体间作用力，避免群体聚集过密，影响中间个体的运动。同时，目标作用力在 MTT 问题的不同阶段的计算方法也不同。

1) 个体间作用力

对于 N_i 中的所有个体 R_j，SVF 算法计算其对于 R_i 的作用力为

$$F_{ij} = F\big(d(P_i, P_j), B_r\big), \quad \forall R_j \in N_i \tag{3-17}$$

其中，B_r 是一个预定义常量，表示两个个体间的最佳距离，一般与个体感知半径 D_R 成比例，B_r 的作用是调节群体连接度，在搜索阶段，B_r 会变大，以使得群体可以覆盖更大的范围，从而更好地搜索目标。

函数 $F(D, B)$ 用于计算两个对象(个体、障碍物或目标)间的作用力，函数 F 根据两个对象间的距离 D 和平衡常量 B 计算力的大小，F 计算出的作用力方向与两个对象之间的连线平行，并根据 D 和 B 的大小关系确定力的方向。当 $D > B$ 时，为吸引力，从而可以缩短个体之间的距离。

在 SVF 算法中，力 F 按照弹簧的物理学模型，使用胡克定律进行计算，其计算式为

$$F(D, B) = k \cdot (D - B) \tag{3-18}$$

其中，k 为弹簧的弹性系数；B 为平衡常量，弹簧的原始长度。

2) 障碍物作用力

对于 M_i 中的所有障碍物 O_j，SVF 算法计算其对于个体 R_i 的作用力为

$$F_{Oij} = W \cdot F\big(d(P_i, Q_j), B_o\big), \quad \forall O_j \in M_i \tag{3-19}$$

其中，W 为障碍物作用力的权重，用于加强障碍物作用力在合力中的作用；B_o 为对于障碍物 O 的平衡常量。

在 SVF 算法中，大型障碍物被视为一系列的小型障碍物。个体将感知到的部分划分为一个个小型障碍物，并按照式(3-19)单独计算划分后的每个小型障碍物产生的作用力。

可以看出，式(3-17)和式(3-19)的区别在于权重 W 的引入。该权重的主要目的是突出障碍物作用力。障碍物感知半径较小，因此增大 W 可以保证个体对于障碍物的及时响应，避免发生碰撞，提高算法效率。

在计算障碍物作用力时，使用的函数 F 与个体间作用力相同，但是使用一个不同的平衡常量 B_o。在 SVF 算法中，B_o 与障碍物感知半径 D_O 相同，这样可以保证所有的障碍物作用力都是斥力，使得个体远离障碍物。

3) 目标作用力

目标作用力在 MTT 问题的不同阶段计算方法不同。

在移动阶段，目标作用力是从个体位置指向预先获知的目标位置固定大小的力。在这一阶段中，目标的位置是在初始时确定的，距离个体较远，而且个体在整个移动阶段都不会更新目标位置，此时目标的作用力不宜过大，只需要指出一个移动方向即可，以避免影响到群体的队形和个体避障能力。因此，只需要采取固定大小的力即可，不需要使用函数 F 进行计算。该力的计算公式为

$$F_{Ti} = F_T \cdot \frac{P'_{Ti} - P_i}{d\left(P'_{Ti}, P_i\right)} \tag{3-20}$$

其中，F_T 是固定力的大小，在实验中设定为个体最大速度的 20%。

在搜索阶段，没有目标的位置，因此目标作用力始终保持为 0，以避免影响群体搜索目标的效率。

在跟踪阶段，计算方法与移动阶段基本相同，唯一的区别在于，为了避免整个群体向目标位置内塌缩，当目标在个体的感知范围内时，个体就已经在跟踪目标了，因此不需要额外的目标作用力。这一设定可以避免群体在发现目标后，大量个体堆积在目标范围的狭小空间内，造成大量个体碰撞。当个体数量较少时，可以取消这一设定。

4) 运动更新式

记个体 R_i 的合力为 F_i，则根据之前力的计算式，R_i 的合力计算为

$$F_i = \frac{\sum_{R_j \in N_i} F_{ij} + \sum_{O_j \in M_i} F_{Oij} + \sum_{L_i \in G_i} F_{Lil}}{N_i + M_i + G_i} + F_{Ti} \tag{3-21}$$

其中，F_{Lil} 表示个体与大型障碍物 l 之间的作用力，计算方法与 F_{Oij} 相同；G_i 表示个体 i 范围内大型障碍物的数量。

从式(3-21)中可以看出，个体间作用力和障碍物作用力在参与计算时进行了平均，该操作是十分关键的，尤其是在群体规模较大的情况下。一般而言，个体感知到的其他个体数量远大于障碍物的数量，如果不进行平均，个体其他类型的作用力在合力中的影响会被大幅度削弱。同时，减小个体作用力和障碍物作用力可以使得群体在运动中更加稳定，以减小振荡。

在式(3-21)的基础上，个体 R_i 的速度 v_i 和位置 P_i 的更新式为

$$v_{i+1} = \lambda \cdot v_i + \min\left(F_i, v_{\max}\right) \cdot \frac{F_{i+1}}{F_i} \tag{3-22}$$

$$\Delta P_i = v_i \tag{3-23}$$

其中，v_i 为个体 R_i 在上一次迭代的移动速度；v_{max} 为个体的最大速度；λ 为惯性系数，v_{max} 与 λ 均为常量。

在 SVF 算法中考虑两种运动模型：有惯性和无惯性，分别对应 $\lambda = 0.8$ 和 $\lambda = 0$。这两种情况在现实应用中均会涉及：在无人机、无人潜艇等应用中，必须考虑流体动力学等因素，惯性是不可避免的；在陆上机器人应用中，个体在计算下一次迭代运动方向时一般停留在原地。因此，这两种惯性条件在实际应用问题中均具有研究价值。

5. 实验结果和讨论

本节首先介绍 MTT 问题的评价标准、环境设置和对比算法，然后对所有算法进行检验。本节实验主要包括以下几部分：性能验证实验、所有算法的可扩展性实验以及 SVF 算法参数和环境参数对 SVF 算法性能的影响。在这些实验中，环境中始终存在小型障碍物。本节的所有实验中将同时考虑有惯性和无惯性的情况，并且将结果分别给出。

1) 评价标准

在实验中，为了验证算法在目标追踪问题上的性能，一共使用以下四种评价标准。

(1) 存活数量：在算法结束时群体中的剩余个体数。只有发生碰撞时才会有个体减少，因此存活数量主要用于衡量群体躲避障碍物和个体间分散的能力。从定义可以看出，该指标越小，算法在搜索阶段和追踪阶段的表现越差。同时，当剩余个体低于群体大小的 50% 时，算法会强制结束，该次实验被记录为失败。

(2) 丢失次数：目标不在群体感知范围内的总迭代次数，即算法在移动阶段和搜索阶段的总迭代次数，主要用于衡量群体在搜索阶段和追踪阶段是否顺利，因为移动阶段的时间基本上是固定的。这一指标较小，说明算法在追踪时十分顺利，即群体在环境中移动时可以很顺利地躲避障碍物。从实验结果可以看到，当群体增加或者障碍物密度与地图大小减小时，都会导致丢失次数值的下降。

(3) 连接度：群体的连接程度。其计算方式是将群体看作一幅无向图，每个个体是图中的一个点，两个点之间的连线表示这两个点是邻近个体(即距离小于感知半径，可以相互感知距离和广播目标位置)。这幅图中的连接度，表示信息在群体中的传播程度。一般情况下，群体是保持聚集状态的，但是当需要躲避障碍物时，群体很可能需要分为多个子部分。

(4) 平均移动距离：表示平均每个个体在每一次迭代中的移动距离，主要用于衡量群体的能量消耗，因为能量消耗一般与移动距离成正比。从移动距离中还可以看出算法用于跟踪目标的顺利程度。如果移动距离较大，则说明群体需要经常绕过很多障碍物才能跟上目标的运动，因此可以用于检验算法避障机制的具体效果。

上述四个评价标准可以分为两类：一类是丢失次数；另一类是存活数量、连接度和平均移动距离。该分类的主要依据是这些评价标准衡量的内容。丢失次数主要用于衡量算法在追踪阶段的性能；另外三个评价标准则用于衡量算法在环境中移动、躲避障碍物等的能力。出于节约能量的考虑，在算法评价中，丢失次数和平均移动距离是较为重要的评价标准。

从定义中可以看出，当群体在环境中移动变得困难(即障碍物的密度较大)时，存活数量和平均移动距离会下降，连接度会上升，即每个个体需要更加小心地移动，以躲避障碍物。而当群体密度和障碍物密度同时增加时，单个个体的移动空间会减小，导致算法的移动性能下降，用于衡量移动性能的指标都会不同程度地变差。这些结论都可以在实验结果中得到验证。

2) 环境参数设置

环境参数设置包括运行环境的设定和 MTT 问题的一些常量设置。在所有实验中，所有算法使用相同的环境设置，以方便对比。所有这些环境参量列举如下，其中，默认值是在参数优化中使用的环境设置值。

(1) 地图大小：模拟环境的大小，表示为 $SizeX \times SizeY \times SizeZ$，对于二维环境 $SizeZ = 1$。在实验中，$SizeX$ 和 $SizeY$ 的值固定为 400，而 $SizeZ$ 的变化范围为 1~200，用以观察地图大小对于算法性能的影响。

(2) 群体大小：记为 n，取值范围为 16~255，默认值为 64。

(3) 障碍物个数：小型障碍物个数记为 m，取值范围为 100~2500，默认值为 500。

(4) 感知半径：包括感知个体和目标的半径 D_R 与感知障碍物的半径 D_O。通常 D_R 要大于 D_O，即个体只有在障碍物距离很近的情况下才可以发现目标，在实验中，D_R 和 D_O 的取值分别为 10 和 3。作为对比，个体和小型障碍物的大小均为 1。

(5) 最大速度：v_{max}，用于定义个体所允许的最大速度。在实验中，这一速度设定为 1，即与个体的速度相同。

(6) 惯性系数：在计算个体速度更新中引入了惯性系数 λ。在实验中考虑两种情况：有惯性和无惯性，分别对应 λ 的值 0.8 和 0。

3) 对比算法

本章实验选择三种算法与 SVF 算法进行对比。

第 2 章提出了一个 Physicomimetics 框架，并实现了两个算法用于穿越大规模障碍物区域。这两个算法均是基于虚拟力系统的，并使用了实际的物理学模型。第一个算法基于牛顿力学定律(记为 Newton)，第二个算法则基于 Lennard-Jones 势能函数(记为 LJ)。

Ercan 等[42]提出了一个使用弹簧力的个体选择机制(regular tetrahedron formation

selection，RTFS)。他们的算法在计算个体间作用力之前，根据一定的规则选择出三个个体，只计算这三个个体对于当前个体的作用力。

所有这三种算法与 SVF 算法使用相同的躲避障碍物和目标追踪机制，但是使用各自的力计算函数。这三个函数及其与 SVF 算法的主要差别列举如下。

(1) Newton：使用牛顿力学模型，当 $D < B$ 时，作用力为斥力，反之亦然。

$$F(D,B) = \frac{G}{D^p} \tag{3-24}$$

(2) LJ：使用原子力学模型。

$$F(D,B) = d\frac{B^{12}}{D^{13}} - c\frac{B^6}{D^7} \tag{3-25}$$

(3) RTFS：使用弹簧力学模型，但是在计算个体间作用力时引入了个体筛选机制，选出最多三个个体用于计算个体间作用力。

4) 性能验证实验

第一个实验在默认环境下对四种算法进行验证，实验条件为：地图大小为 $400 \times 400 \times 1$，种群大小为 64，小型障碍物个数为 500，环境中不存在大型障碍物和噪声，模拟的停止条件为 5000 次迭代。默认环境中四种算法在有惯性和无惯性条件下性能对比如表 3-1 所示。所有实验都是在 50 幅随机生成的地图上进行的。表中的成功次数指标表示群体在这 50 次重复实验中成功完成追踪的次数(剩余个体数大于群体的 50%)。

表 3-1　默认环境中四种算法在有惯性和无惯性条件下性能对比

	算法	存活数量	丢失次数	连接度	平均移动距离	CPU 时间/ms	成功次数
	SVF	35.72	204.38	1	0.16427	3961.86	50
$\lambda = 0.8$	Newton	33.94	223.45	1	0.16812	4311.94	49
	LJ	35.04	205.32	1	0.26139	4033.38	50
	RTFS	32.26	207.7	1.12	0.62755	3971.81	50
	SVF	36	984.64	1.16	0.08822	3946.55	50
$\lambda = 0$	Newton	35.86	1014.8	1.18	0.10742	4378.78	50
	LJ	36	961.6	2.66	0.15554	4043.50	50
	RTFS	35.98	1018.38	1.12	0.49807	4229.06	50

实验结果表明，SVF 算法在平均移动距离、存活数量和成功次数上具有明显的优势，说明 SVF 算法具有最高的个体存活率和最低的能量消耗与计算复杂度。同时可以看到，SVF 算法在丢失次数上的性能也十分优秀。

综上所述，SVF 算法很好地解决了动态目标追踪问题，并且具有可以快速找到目标、躲避障碍物能力强、能耗低、计算复杂度低以及性能稳定等优势。

3.3.5　本节小结

　　作为一种分布式系统,群体机器人非常适合大空间环境下的多目标搜索任务,而单个机器人对于该类任务则会显得相对无力。在具体的问题设置上,如本章起始部分所述,相关研究中的问题模型并不统一,测试任务多种多样,缺乏一个公认的基准测试任务,这也是本章的目的之一,即参考现有的问题定义、根据一些一般性假设建立问题的理想化模型。

　　根据现有的研究工作,采用的问题模型大致分为两类:一类是信息丰富环境下的搜索问题,该类问题中目标的影响范围很广,因此机器人能够比较容易地感知到目标产生的适应度信息,不过感知到适应度信息往往并不意味着发现了目标,而是需要利用感知到的适应度信息进行合理决策,以进一步靠近目标;另一类是信息匮乏环境下的搜索问题,一般考虑的是机器人的感知范围而非目标的影响范围,机器人的感知范围很小,难以在搜索过程中发现目标,但是机器人能直接发现感知范围内的目标,因此需要关注的是如何尽可能地探索整个空间而非利用目标的适应度信息来接近目标。

　　第一类问题的解决策略以群体智能算法为代表,主要思想是通过设计某种利用适应度信息的协同机制来提升机器人的局部开采能力,常忽视巨大的搜索空间对强探索能力的需求,过高地估计了高维函数优化问题(几十维到上百维)与机器人低维搜索任务(二维或三维)的相似度,实际上,原本用于高维优化的群体智能算法确实需要良好的局部开采能力,但应用到低维空间的机器人搜索任务时,应该更加重视群体的全局探索能力,这在本节后续的实验部分中会有所体现,主要的研究手段是计算机仿真实验与机器人实体的概念性验证实验,较少进行数学建模与分析。

　　第二类问题的解决策略则以随机搜索为代表,其主要思想是通过设计良好的步长分布来提高目标的搜索效率,相对于局部开采更加重视全局探索,会根据目标的特性(分布是否稀疏、是否可再生等)来选择策略及确定参数,主要的研究手段是建立数学模型,并进行理论分析,模型可来自实际的生物数据或者理想条件下的问题定义,有时也会借助计算机仿真来佐证相关分析与结论。

　　为方便对比,群体机器人多目标搜索任务中两类搜索问题的对比如表 3-2 所示。需要说明的是,由于问题设置和研究思路上的差异,两类研究虽然偶有联系,但很大程度上是相对独立进行的,打破领域壁垒和实现两类研究工作的有机结合是本章的贡献之一,也是群体机器人多目标搜索问题的内在需求。实际上,与第一类问题不同,第二类问题很少涉及群体机器人的概念,而称搜索者为觅食者或多个觅食者,但其研究的问题以及得出的相关结论与群体机器人多目标搜索问题有很强的相关性，所设计的随机搜索策略可直接用于多目标搜索任务的广域搜索阶段或用以增强群体的全局探索能力。群体机器人的相关任务中也常常让机器人个体采取随机游走行为，但缺乏专门的研究和数学分析，第二类问题的研究则弥补了这一缺陷；更为重要的一点是，群体机器人多目标搜索任务是低维环境中的(二维或三维)，搜索策略应该更加重视群体的全局探索能力，而随机搜索策略正好可以满足这一需求。

表 3-2　群体机器人多目标搜索任务中两类搜索问题的对比

对比维度	信息丰富环境下的搜索问题	信息匮乏环境下的搜索问题
目标可在小范围内被发现	是	是
目标有较大的影响范围	是	否
目标可再生性	不可再生	可再生或不可再生
代表性搜索策略	群体智能算法 (如粒子群优化算法)	随机搜索策略 (如莱维飞行)
策略优势	开采能力较强	探索能力很强
策略劣势	探索能力不足	开采能力不足 (一定程度上与问题有关)
研究重点	机器人之间的协同机制	觅食者移动步长的概率分布
主要研究手段	计算机仿真、机器人实体验证	对生物数据或抽象问题进行数学建模与分析

　　除了基本的搜索任务，环境中还可以引入一些其他限制，如障碍物、干扰源和假目标等，对于简单障碍物的避障策略，已有学者对其进行了相关研究，而对于复杂的，尤其是结构性的障碍物(如城市高楼)的研究尚比较缺乏，综合多种环境限制的搜索任务也需要在未来进行进一步的探究。

3.4　本 章 小 结

　　群体机器人多目标搜索问题是一个融合了多学科知识的综合性课题，它不仅需要在算法设计上不断创新，还需要在硬件实现、系统集成以及实际应用等多个层面进行深入研究和探索。本章详细讨论了多种搜索策略，旨在优化搜索效率，减少冗余搜索，并确保每个目标都能被及时发现。同时，本章强调了在实际应用中可能遇到的各种挑战，并探讨了相应的解决方案。通过本章的学习，可对群体机器人多目标搜索问题的基本原理、核心挑战以及未来发展方向有更为全面和深入的理解。

参 考 文 献

[1] Doctor S, Venayagamoorthy G K, Gudise V G. Optimal PSO for collective robotic search applications[C]. Proceedings of the 2004 Congress on Evolutionary Computation, Portland, 2004: 1390-1395.

[2] Viswanathan G M, Buldyrev S V, Havlin S, et al. Optimizing the success of random searches[J]. Nature, 1999, 401(6756): 911-914.

[3] Seo J H, Im C H, Heo C G, et al. Multimodal function optimization based on particle swarm optimization[J]. IEEE Transactions on Magnetics, 2006, 42(4): 1095-1098.

[4] Yang X S. Firefly algorithms for multimodal optimization[C]. International Symposium on Stochastic Algorithms, Berlin, 2009: 169-178.

[5] Viswanathan G M, Afanasyev V, Buldyrev S V, et al. Lévy flight search patterns of wandering albatrosses[J]. Nature, 1996, 381(6581): 413-415.

[6] Shlesinger M F. Mathematical physics: Search research [J]. Nature, 2006, 443(7109), 281-282.

[7] Humphries N E, Weimerskirch H, Queiroz N, et al. Foraging success of biological Lévy flights recorded in situ[J]. Proceedings of the National Academy of Sciences, 2012, 109(19): 7169-7174.

[8] Calisi D, Farinelli A, Iocchi L, et al. Multi-objective exploration and search for autonomous rescue robots[J]. Journal of Field Robotics, 2007, 24(8-9): 763-777.

[9] Nestmeyer T, Franchi A, Bülthoff H H, et al. Decentralized multi-target exploration and connectivity maintenance with a multi-robot system[J]. Computer Science, 2015, 34(1): 105128.

[10] Kantor G, Singh S, Peterson R, et al. Distributed search and rescue with robot and sensor teams[C]. Field and Service Robotics, Berlin, 2003: 529-538.

[11] Jatmiko W, Sekiyama K, Fukuda T. A PSO-based mobile robot for odor source localization in dynamic advection-diffusion with obstacles environment: Theory, simulation and measurement[J]. IEEE Computational Intelligence Magazine, 2007, 2(2): 37-51.

[12] Pugh J, Martinoli A. Inspiring and modeling multi-robot search with particle swarm optimization[C]. 2007 IEEE Swarm Intelligence Symposium, Honolulu, 2007: 332-339.

[13] Pugh J, Martinoli A. Distributed adaptation in multi-robot search using particle swarm optimization[C]. International Conference on Simulation of Adaptive Behavior, Berlin, 2008: 393-402.

[14] Derr K, Manic M. Multi-robot, multi-target particle swarm optimization search in noisy wireless environments[C]. The 2nd Conference on Human System Interactions, Catania, 2009: 81-86.

[15] Najd Ataei H, Ziarati K, Eghtesad M. A BSO-based algorithm for multi-robot and multi-target search[C]. International Conference on Industrial, Engineering and Other Applications of Applied Intelligent Systems, Berlin, 2013: 312-321.

[16] Li J, Tan Y. The multi-target search problem with environmental restrictions in swarm robotics[C]. 2014 IEEE International Conference on Robotics and Biomimetics, Bali Island, 2014: 2685-2690.

[17] Bartumeus F, Raposo E P, Viswanathan G M, et al. Stochastic optimal foraging theory[C]. Dispersal, Individual Movement and Spatial Ecology, Berlin, 2013: 3-32.

[18] Bénichou O, Loverdo C, Moreau M, et al. Intermittent search strategies[J]. Reviews of Modern Physics, 2011, 83(1): 81-129.

[19] Tang Q R, Eberhard P. A PSO-based algorithm designed for a swarm of mobile robots[J].

Structural and Multidisciplinary Optimization, 2011, 44(4): 483-498.

[20] Xue X D, Zan Y L, Zeng J L, et al. Group decision making aided PSO-type swarm robotic search[C]. 2012 International Symposium on Computer, Consumer and Control, Taichung, 2012: 785-788.

[21] Schmickl T, Crailsheim K. Trophallaxis within a robotic swarm: Bio-inspired communication among robots in a swarm[J]. Autonomous Robots, 2008, 25(1): 171-188.

[22] Li J G, Meng Q H, Wang Y, et al. Odor source localization using a mobile robot in outdoor airflow environments with a particle filter algorithm[J]. Autonomous Robots, 2011, 30(3): 281-292.

[23] Zheng Z, Li J, Li J, et al. Avoiding decoys in multiple targets searching problems using swarm robotics[C]. 2014 IEEE Congress on Evolutionary Computation, Beijing, 2014: 784-791.

[24] Stirling T, Wischmann S, Floreano D. Energy-efficient indoor search by swarms of simulated flying robots without global information[J]. Swarm Intelligence, 2010, 4(2): 117-143.

[25] Couceiro M S, Vargas P A, Rocha R P, et al. Benchmark of swarm robotics distributed techniques in a search task[J]. Robotics and Autonomous Systems, 2014, 62(2): 200-213.

[26] Dadgar M, Jafari S, Hamzeh A. A PSO-based multi-robot cooperation method for target searching in unknown environments[J]. Neurocomputing, 2016, 177: 62-74.

[27] Gazi V, Passino K M. Stability analysis of social foraging swarms[J]. IEEE Transactions on Systems, Man, and Cybernetics, Part B, 2004, 34(1): 539-557.

[28] Xie L P, Yang G J, Zeng J C, et al. Swarm robots search based on artificial physics optimisation algorithm[J]. International Journal of Computing Science and Mathematics, 2013, 4(1): 62-71.

[29] Raichlen D A, Wood B M, Gordon A D, et al. Evidence of Lévy walk foraging patterns in human hunter-gatherers[J]. Proceedings of the National Academy of Sciences, 2014, 111(2): 728-733.

[30] Bayındır L. A review of swarm robotics tasks[J]. Neurocomputing, 2016, 172: 292-321.

[31] Li J, Tan Y. Triangle formation based multiple targets search using a swarm of robots[C]. International Conference on Swarm Intelligence, Cham, 2016: 544-552.

[32] Poli R, Kennedy J, Blackwell T. Particle swarm optimization[J]. Swarm Intelligence, 2007, 1(1): 33-57.

[33] Darvishzadeh A, Bhanu B. Distributed multi-robot search in the real-world using modified particle swarm optimization[C]. Proceedings of the Companion Publication of the 2014 Annual Conference on Genetic and Evolutionary Computation, Vancouver, 2014: 169-170.

[34] Krishnanand K N, Ghose D. Glowworm swarm based optimization algorithm for multimodal functions with collective robotics applications[J]. Multiagent and Grid Systems, 2006, 2(3): 209-222.

[35] Krishnanand K N, Ghose D. A glowworm swarm optimization based multi-robot system for signal source localization[C]. Design and Control of Intelligent Robotic Systems, Berlin, 2009: 49-68.

[36] Akbari R, Mohammadi A, Ziarati K. A novel bee swarm optimization algorithm for numerical function optimization[J]. Communications in Nonlinear Science and Numerical Simulation, 2010, 15(10): 3142-3155.

[37] Dadgar M, Couceiro M S, Hamzeh A. RDPSO diversity enhancement based on repulsion between similar ions for robotic target searching[C]. 2017 Artificial Intelligence and Signal Processing Conference, Shiraz, 2017: 275-280.

[38] Yang X M, Yuan J S, Yuan J Y, et al. A modified particle swarm optimizer with dynamic adaptation[J]. Applied Mathematics and Computation, 2007, 189(2): 1205-1213.

[39] Bartumeus F, da Luz M G E, Viswanathan G M, et al. Animal search strategies: A quantitative random-walk analysis[J]. Ecology, 2005, 86(11): 3078-3087.

[40] Viswanathan G M, da Luz M G E, Raposo E P, et al. The Physics of Foraging: An Introduction to Random Searches and Biological Encounters[M]. Cambridge: Cambridge University Press, 2011.

[41] Dhariwal A, Sukhatme G S, Requicha A A G. Bacterium-inspired robots for environmental monitoring[C]. IEEE International Conference on Robotics and Automation, New Orleans, 2004: 1436-1443.

[42] Ercan M F, Li X, Liang X M. A regular tetrahedron formation strategy for swarm robots in three-dimensional environment[C].International Conference on Hybrid Artificial Intelligence Systems, Berlin, 2010: 24-31.

第4章 基于规则的多目标搜索策略

针对群体机器人多目标搜索问题，第3章建立了一个理想化模型，本章提出多种基于规则的多目标搜索策略，其中，基于规则是指通过人工设计个体行为来实现整体的群体搜索行为。具体而言，本章在策略设计过程中比较关注群体的探索能力和开采能力，即通过增强群体的探索能力和开采能力来提升搜索策略的性能。

4.1 基准设定与问题特征

4.1.1 关于基准策略的探讨

问题的基准策略应该在保证完成任务的前提下，体现出基本的性能，其中一个自然的想法是遍历式搜索，而具体的遍历方式大致有两种：第一种是所有机器人个体以一定间隔(在通信范围内，且不会遗漏目标)排成一行后并排前进，以实现遍历(图 4-1(a))，要解决的问题是发现目标后如何处理，是所有个体向目标聚拢还是仅邻近的几个个体聚拢，目标处理完毕后如何恢复队形，还有一个问题是，若机器人排成一行后小于地图边长(图 4-1(b))，则在移动到地图边界时如何实现转向操作，以搜索未能覆盖的区域；第二种是将整个搜索空间按照机器人个数平均分为几个区域，然后每个机器人遍历一个区域，并单独处理区域内的目标(图 4-1(c))关于机器人，还有一个前提是，所有个体从环境中的同一区域出发。在图 4-1 中，正方形为搜索空间，图(b)下方圆形为机器人，上方圆形是机器人到达边界时的位置。图(a)表示第一种遍历方式，图(b)显示第一种遍历方式中一排机器

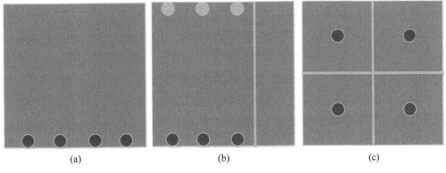

(a)   (b)   (c)

图 4-1 两种遍历方式示意图

人无法覆盖地图一边的情形(线右侧无法完全覆盖到),图(c)表示第二种遍历方式(两条正交线将地图均分为四个区域)。

为方便对上述两种遍历方式的性能进行估计,本节可以进行一些简化,首先忽略目标的处理时间,其次对两种遍历方式的场景进行简化。所有机器人从地图中心区域出发,大约需要 340 次迭代,实际上本节可以为距离出发区域(地图中心)近的机器人多分配一些区域,为远离出发区域的机器人少分配一些区域,这样不难将总迭代次数降低到 300 次左右。通过对两种遍历方式进行性能估计,可以得出,在当前的问题配置下,当群体规模为 50 时,通过遍历找到所有目标所需的迭代次数约为 300 次,当群体规模为 200 时,所需迭代次数约为 200 次,虽然忽略了目标处理时间,但是该估计对于本节考察其他搜索策略的性能仍很有参考意义,能够达到该性能的搜索策略可认为在设计上是比较合理的。两种遍历方式中机器人群体的初始化位置如图 4-2 所示。

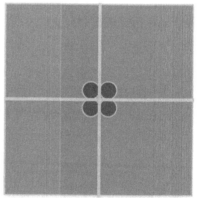

(a) 第一种遍历方式中群体的初始化位置　　　(b) 第二种遍历方式中群体的初始化位置

图 4-2　两种遍历方式中机器人群体的初始化位置(正方形为搜索空间,圆形为机器人)

需要说明的是,第 3 章中所做出的问题假设并不能保证上述两种遍历方式的可行性。机器人个体只具有局部定位能力和感知能力,对于第一种遍历方式,排成一行覆盖地图一边或许可以做到,但如何在前进的过程中保持队形,以及发现目标后如何将这一信息尽快告知整个群体,如何处理目标以及处理完目标后如何恢复队形等都是需要解决的问题。对于第二种遍历方式,机器人缺乏全局定位能力,因此如何从出发区域到达分配给自己的区域,以及如何确保机器人在搜索过程中只在自己的区域内而不会误入其他机器人的区域等都是难以解决的问题。此外,若机器人个数没有冗余,则在搜索过程中某个机器人个体发生故障可能会导致任务无法完成。

4.1.2　多目标搜索问题的特征

由对两种遍历方式的考察可知,可行的搜索策略不应违背问题假设、容易实现且具有一定的容错性,为了能够设计出这样的策略,首先需要对问题的特征进行分析,了解问题对搜索策略的需求,进而可以具体讨论可行策略的机制和具体的实现细节。通过分析第 3 章建立的理想化模型,得到以下结论,虽然部分内容前面已提及,但其来源正是对问题特征的分析。

相对于每个机器人的尺寸和感知范围,整个搜索空间非常大,因此机器人群体应该具有出色的全局探索能力,这就需要机器人在任务执行过程中避免资源的过度集中(即过多的机器人个体聚到一起),例如,可以在任务初始阶段使整个机器人群体尽可能地分散开,即引入初始扩散机制。

每个目标都具有相对广阔的影响范围,所有目标的影响范围覆盖了大部分的搜索空间,为了充分利用目标的适应度信息,机器人群体应该具有良好的局部开采能力。提升局部开采能力的一个关键要素是局部信息的整合,即不同机器人个体可以在一定程度上共享信息,这就要求每个机器人要和邻居个体保持一定的连接度,例如,可以形成局部小组。

与函数优化问题不同,在多目标搜索任务中,所有机器人个体要从地图的同一区域出发,机器人的位置不能在整个搜索空间内随机初始化(类似很多优化算法的初始化过程)。在任务开始前,相对于让机器人个体在环境中随机散布而言,将所有机器人个体投放到同一区域是更为切实可行的操作,而如何充分利用这一特征也是在设计搜索策略时需要考虑的。

通过对问题特征的分析,可以了解要设计的搜索策略应该满足的要求,如探索能力、开采能力、出发自同一区域等。基于上述要求,本节接下来将介绍搜索策略可能需要的功能组件。

首先,探索能力是面向全局的,意在尽可能地搜索未知区域。实际上,介绍随机搜索的文献中常采用扩散速率(或系数)来说明搜索者的探索能力,扩散速率直观上可以理解为,在一段时间后搜索者离开出发位置的平均距离,距离越大意味着扩散速率越高。因此,为了增强群体的探索能力,可以在搜索过程中(如三阶段搜索框架中的广域搜索阶段)引入具有高扩散速率的随机搜索策略,如 BMS 策略、小 u 值的莱维飞行等。可以发现,群体探索能力的增强主要源自对扩散的重视,而扩散除了意味着单个个体远离出发位置外,对于多个个体还意味着不同个体之间相互远离(即不要聚集在一起),以充分发挥群体的并行搜索能力,初始扩散机制实际上体现了这两种扩散。

与探索能力不同,开采能力是关注局部的,旨在充分利用目标的适应度信息来加快搜索过程,以尽快找到目标。由第 3 章的问题假设可知,目标的影响随着距离的增加而减小,因此局部开采能力本质上可视为对局部适应度值梯度的估计,一般来说,梯度方向最接近目标所在方向。在函数优化问题中,各种优化算法的局部开采能力实际上也是某种形式的局部梯度估计,即选择适应度值可能更好的方向,如粒子群优化算法中粒子的速度更新会考虑自身最优位置和群体最优位置。一般来说，对局部梯度方向的估计越精确，群体的局部开采能力越强。在高维优化问题中，方向的估计需要大量个体的信息，而低维情况下(二维/三维)的方向估计要简单得多。另外，设计的局部开采机制要在保证方向估计相对准确的同时，尽可能减少所需的机器人个体，这样就可以有更多的机器人用于探索或并行搜索不同的目标。

最后，考察的是机器人群体出发自同一区域，这一要求的好处是便于在搜索开始前广播某些全局性的指令，而且机器人能够方便地与邻居个体进行交互。第3章的问题假设指出，机器人群体中没有全局领导者和集中式的控制机制，但是这一般是面向具体任务的，而某些通用的全局性的指令，如任务开始、任务终止、下载程序、集体充电等是被允许的，因此可以在搜索正式开始前，通知机器人自行组队或进行其他的组织准备。

基于以上分析，本章提出两种搜索策略：一种是重视局部开采能力的三角编队搜索策略，该策略将群体分为多个编队，每个编队内部进行信息整合，以提高梯度估计的精确度，不考虑编队之间的协作；另一种是侧重探索能力的独立搜索策略，该策略借鉴随机搜索策略，以增强群体的探索能力，不考虑机器人个体间的协作。对于群体机器人多目标搜索问题，开采能力和探索能力相比哪个更重要难以从前面的分析中得出，具体哪一部分起核心作用还需要通过实验进行检验。本章后面将介绍三角编队搜索策略和独立搜索策略的基本原理，然后在实验部分对二者的性能进行考察。

4.2　分组爆炸策略

近年来，许多研究者尝试将自然界中的各种协同机制引入群体智能算法的研究之中。这些机制包括生物群体的协同机制，如鲨鱼的协同捕猎[1]和菌落的聚集[2]等；还包括非生物群体的协同机制，如音乐家的即兴创作[3]和烟花的爆炸[4]等。鉴于此，从这些机制中选择适合群体机器人的搜索机制引入群体机器人的协同方法中，有助于提高群体机器人的搜索能力。

本节将在群体机器人算法中引入烟花爆炸中的协同机制，提出群体机器人的分组爆炸策略(group explosion strategy，GES)[5]，用于解决基本的多目标搜索问题。在GES中，整个群体按照个体及其邻域划分为若干个相互重叠的分组。每个个体都可以感知到分组中的其他个体，从而实现个体和分组之间的间接信息交互。每个分组可以相互独立地进行搜索，保证了搜索方法的并行性，而且群体可以根据分组的大小动态调整分组。因此，在这一算法中，群体将通过组内和组间的交互与协同实现搜索行为。

烟花爆炸机制与群体机器人之间的关系对比如图4-3所示。可以看出，群体搜索过程与烟花不断爆炸的过程有一定的相似性,很多机制[4]也与提出的烟花爆炸机制有很多相通之处。在烟花爆炸中,一个烟花在某点爆炸后在附近区域近乎随机地产生许多碎片,这些碎片和爆炸点的距离不尽相同。如果将爆炸点看作一个机器人个体,那么这些碎片可以看作个体感知区域内的邻近个体,所有这些个体构成 GES 中的一个分组。在每一次迭代中,分组内部通过某种机制进行协同,实现群体的移动和变形,相当于在新的地点进行了一次新的爆炸。如此周而复始,可以使群体逐渐向目标位置靠拢,从而完成多个目标的搜索和目标收集的任务。

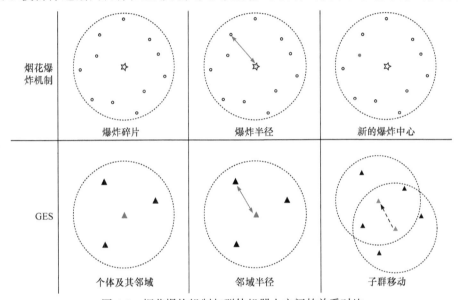

图 4-3 烟花爆炸机制与群体机器人之间的关系对比

4.2.1 分组爆炸策略概述

通过组内协同,一个小组的机器人个体可以比单个机器人个体更快地收敛到目标位置。这是由于适应度值在小组内的分布比较明显,通过邻近个体的采样可以在小组内较为容易地选择更好的搜索方向。群体中的个体越多,找到的方向就会越准确,但是同时搜索的目标数量越少,从而牺牲了群体搜索的并行性。如果小组内包含了太多个体,整个群体的搜索效率反而会下降。因此,小组内的机器人个数应该保持在一定范围之内,这样群体可以充分发挥组内协同搜索和组间并行搜索的优势。这就要求群体的搜索方法需要精心设计,使得群体在搜索和并行之间取得平衡,从而最大化地提高搜索效率。

在 GES 中,每个个体首先从环境和邻近个体处获得感知信息,并利用这些信息辅助计算分组和个体在这一次迭代中的移动方式(即移动速度),最后按照计算好的结果进行移动。在移动前,个体会将当前的状态记录在历史信息中,因此在每一次迭代计算速度时，个体可以利用过去的 10 个历史信息和当前的状态信息进行计算。

当计算机器人个体在 t 时刻的速度时，需要计算两个分量：分组协同分量和历史信息分量，并最终根据这两个分量计算出个体的速度。分组协同分量用于控制个体与分组信息相关的运动行为，因此主要基于当前邻域内共享的信息进行计算；历史信息分量主要基于个体存储的历史信息进行计算。个体的当前状态会同时参与这两个分量的计算之中。

为了保证分组内的个体数目保持在一定范围之内，分组协同分量的计算方式与分组内的机器人个数有关。分组的大小由一个预先定义好的阈值 β_G 决定。当分组大小大于 β_G 时，群体的搜索性能将会下降，因此在分组大小超过这一阈值时，算法会将这一较大分组拆分成两个小分组。如果分组大小没有超过阈值，则分组内的个体会尽量保持分组，并且根据组内的适应度值信息选择最优的搜索策略。

分组爆炸策略流程图如图 4-4 所示。在该流程图中，每个个体被视为一个具有三个状态的有限状态机：分组搜索、小组拆分和收集目标。组内协同和拆分较大分组部分介绍在不同分组大小的情况下如何计算分组协同分量；利用历史信息部分介绍历史信息分量的计算方式；速度更新式部分介绍如何根据这两个分量计算最终的速度。在收集目标时，机器人个体需要在目标位置保持不动，直到目标收集完成，然后根据当前的邻近个体数量，返回到分组搜索状态或者小组拆分状态。如前所述，多个个体同时收集一个目标可以加快这一过程。

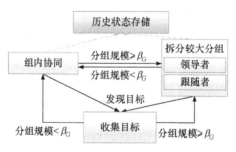

图 4-4　分组爆炸策略流程图

4.2.2　组内协同

当分组内的个体数目小于预定义的阈值 β_G 时，组内协同将重点关注如何更快地找到目标。借鉴烟花爆炸机制，下一次迭代的爆炸中心应该在当前分组中的最优个体附近。因此，小组的搜索机制就是将当前的分组中心向群体中的最优个体位置移动。在 GES 中，最优个体是指当前所在位置适应度值最高的个体。在计算时，历史信息中的最优个体不在考虑范围之内，因为群体中的个体无法共享这一信息，从而会导致群体内找到的最优个体位置不一致，使得分组变得分散，无法发挥群体的搜索优势。通过组内协同，分组会逐渐向接近目标的方向移动。

在组内协同中，分组中心即为所有个体位置的几何中心。机器人 R_i 在 t 时刻分组中心 $C_i(t)$ 的计算式为

$$C_i(t) = \frac{\sum_{j \in N_i(t)} P_i(t)}{|N_i(t)|} \tag{4-1}$$

其中，$P_i(t)$ 表示机器人 R_i 在 t 时刻的位置；$N_i(t)$ 表示以机器人 R_i 为中心的分组中的所有个体，包括 R_i 本身。

从式(4-1)可以看到，尽管个体之间不进行任何关于位置信息或者分组信息的交互，但是通过该公式，分组内的个体在不考虑环境噪声和感知误差的情况下，可以计算出相同的分组中心。即使引入一些环境噪声，这些结果的差异也不会很大，组内个体的大致移动方向还是保持一致的，因此不会影响算法的执行。

在计算出分组中心之后，机器人个体可以据此计算出相应的分组协同分量 $G_i(t)$。在计算分组协同分量之前，小组内的个体应当通过感知或者通信等交互方式交换每个个体在当前位置的适应度值信息，用于选择适应度值最优的个体。$G_i(t)$ 的计算式为

$$G_i(t) = (P_b(t) - C_i(t)) \times R_S \tag{4-2}$$

其中，R_S 表示分组内具有最优适应度值的个体；$P_b(t)$ 表示分组内具有最优适应度值的个体的当前位置。

R_S 是一个随机产生的调整系数，其作用是控制当前个体 R_i 到分组中心的距离。根据调整系数的取值，距离会相应变小、不变或者变大。调整分组内个体与分组中心的距离，可以增加分组内的多样性，为分组中的个体进行爆炸时的方向选择提供更有价值的参考。

需要强调的一点是，如式(4-2)所示，机器人个体不会显式地告知分组内的其他个体哪个个体具有最优适应度值，应当用于式中的计算。与之相反，它们将自己的适应度值共享给其他个体，并且根据获得的所有适应度值独自找出最优个体。因此，分组中的个体可能会基于误差等各种原因选择不同的个体作为新的分组中心，从而个体在移动时选择不同的方向。然后，个体的感知距离是最大移动速度的 2 倍，因此个体很可能依然留在分组内，可以在下一次迭代纠正这一误差。如果个体离开了分组，那么它会独自搜索目标，直到遇到新的分组为止。个体最有可能加入新分组的位置是距离目标较近的位置，因为无论是分组还是单独的机器人个体都是向着目标的方向移动的。

4.2.3 拆分较大分组

当分组的规模超过阈值时，分组协同分量的主要目标是将当前较大的分组拆

分为两个新的较小的分组。将较小分组内的两个最优个体分别记为 L_1 和 L_2，作为拆分后两个小分组的领导者。不失一般性，假设 L_1 的适应度值总是大于等于 L_2。为了将两个小分组分开，需要为两个新的小分组选择两个相反的方向作为它们的速度方向。两个领导者会试图相互远离，拉开距离。相互远离的速度分量计算如下：

$$\begin{cases} V_R(L_1) = \left(P_{L_1}(t) - P_{L_2}(t)\right) \times \beta_R \\ V_R(L_2) = \left(P_{L_2}(t) - P_{L_1}(t)\right) \times \beta_R \end{cases} \tag{4-3}$$

其中，β_R 是一个预定义的常数，用于控制 L_1 和 L_2 相互远离时的速度。

需要注意的是，尽管这里引入了领导者，但它们的作用只是在拆分较大分组时指引各自的小分组远离另一小分组，在拆分之后就不再发挥作用，因此不会影响群体的无中心等特性。

对于分组内的其他个体，其会各自随机选择跟随一个领导者。每个个体分别为 L_1 和 L_2 计算一个权值，权值越大，被选中的概率越大。权值与领导者的适应度值大小有关，因为适应度值越大，新的小分组越容易找到目标，因此个体有更高的概率加入这一小分组。另外，由于两个领导者向相反的方向移动，所以当 L_1 的适应度值大于 L_2 时，L_1 离开的方向很可能是接近目标的方向。两个领导者的权值计算公式为式(4-4)，而根据这一权值，个体选择两个领导者的概率的计算公式为式(4-5)。

$$w(L_1) = F(L_1) + \beta_P, \quad w(L_2) = F(L_2) + \beta_P \tag{4-4}$$

$$P(L_1) = \frac{w(L_1)}{w(L_1) + w(L_2)}, \quad P(L_2) = \frac{w(L_2)}{w(L_1) + w(L_2)} \tag{4-5}$$

其中，$F(L_1)$ 和 $F(L_2)$ 分别表示个体 L_1 和 L_2 的当前适应度值；$w(L_1)$、$w(L_2)$、$P(L_1)$ 和 $P(L_2)$ 分别表示两个领导者的权值和被选择概率；β_P 表示一个用于平衡两个权值的常数，在 GES 中取值为 1。

由于分组内个体的适应度值最大差别为 1，所以 $F(L_1) - F(L_2)$ 的取值只能为 0 和 1。这就保证了选择两个领导者的概率不会相差太大，从而使得拆分后两个小分组的规模不会有过大的差别。同时，从式(4-5)可以看到，当 L_1 和 L_2 的适应度值越大时，两者被选中的概率越接近。这是因为当两者距离目标较近时，都比较有可能会发现目标，甚至两个小分组可能会在目标附近再次相遇，因此分组时概率比较平均。

在式(4-4)和式(4-5)的基础上，这一状态下分组协同分量的计算公式为

$$G_i(t) = \begin{cases} V_R(i), & i = L_1, L_2 \\ V_R(l_i) + \left(P_{l_i}(t) - P_i(t)\right) \times R_S, & 其他 \end{cases} \tag{4-6}$$

其中，l_i 表示个体 R_i 选择的领导者。

在式(4-6)中，两个领导者只是尽量相互远离，而其他机器人使用相同的远离

分量，即保证新生成的小分组保持统一的小分组移动。同时，每个个体还会调整与领导者(即小分组的新中心)之间的距离，这一机制与式(4-2)中的完全相同，R_S 的取值也完全一样。

4.2.4 利用历史信息

在 GES 中，历史信息分量 $H_t(i)$ 与当前的分组情况完全无关，只是基于个体的当前状态和存储的历史信息进行计算。个体只能存储有限的(10 个)历史状态，其信息包括位置和对应的适应度值。当机器人个体在一个错误的方向进行搜索并远离目标时，其当前适应度值会小于历史信息中的适应度值。此时，如果可以充分利用历史信息，则个体还可以返回到正确的方向进行搜索。历史信息分量的计算公式为

$$H_i(t) = (P_i(t) - h_i) \times r \tag{4-7}$$

其中，h_i 表示个体 R_i 存储的历史信息中适应度值最优的记录在个体坐标系中的相对位置；r 表示一个随机数，服从均匀分布 $U[0.4, 0.8]$。

如果在历史信息中有多个记录适应度值相同，则在式(4-7)中使用最新的记录。需要特别指出的是，在计算 h_i 时，个体的当前坐标也计算在内，这保证了当个体当前状态优于历史信息时，不会被记录中的错误信息误导。这是因为此时的历史信息分量是 0，不会对个体这一次迭代的速度造成任何影响。

4.2.5 速度更新式

在计算出分组协同分量 $G_t(i)$ 和历史信息分量 $H_t(i)$ 之后，机器人个体 R_i 在时间 t 的速度 $V_t(i)$ 为

$$V_t(i) = \begin{cases} G_i(t) + H_i(t), & \|G_i(t)\| > 0 \\ H_i(t) + R_p, & \|G_i(t)\| = 0, \|H_i(t)\| > 0 \\ V_i(t-1), & \|G_i(t)\| = 0, \|H_i(t)\| = 0 \end{cases} \tag{4-8}$$

其中，R_p 是一个随机单位向量；$V_i(t-1)$ 是上一次迭代中个体的速度。

在式(4-8)中，速度的计算根据 $\|G_i(t)\|$ 和 $\|H_i(t)\|$ 是否为 0 而有所不同。当 $\|G_i(t)\| = 0$ 时，分组协同分量不做任何贡献，只有历史信息分量起作用。在这一情况下，个体可能会陷入某个适应度值区域无法离开，从而导致个体会在一片区域内反复。因此，需要在式(4-8)中引入一个随机单位向量 R_p 以避免这一情况的发生。相对于 R_p，$H_i(t)$ 通常会比较大，因此这一随机分量不会占据主导地位，只是用于帮助个体离开这一区域，避免了搜索时间过长。

$\|G_i(t)\|$ 和 $\|H_i(t)\|$ 取值均为 0 的情况比较罕见，通常发生的场景为个体是分组内的最优个体且最近几次迭代的适应度值一直都在提高。因此，个体只需要保持原来的搜索方向即可。

4.2.6　本节小结

本节提出了一个 GES，这一策略引入了自然界中的烟花爆炸机制。在 GES 中，群体充分利用了分组内的个体协同和分组之间的间接交互。在实验结果上，GES 要优于没有添加随机分量的 RPSO 算法，但差于添加随机分量的 RPSO 算法，4.3 节提出的改进的分组爆炸策略(improved group explosion strategy，IGES)对于 GES 存在的一些不足进行分析和改进，取得了优异的性能。鉴于 IGES 的性能显著优于 GES，在本章最后的对比实验中仅选择 IGES 进行展示，GES 不再参与对比，但是其爆炸机制的引入还是具有很大的研究价值和参考意义的。

4.3　改进的分组爆炸策略

4.2 节提出的 GES 在基本多目标搜索问题中获得了不错的效果，但是依然存在一些不足。本节首先分析 GES 在某些情况下存在的不足，然后基于这些不足，提出 IGES。IGES 与 GES 基于相同的烟花爆炸机制和组内协同特性，但是算法的计算复杂度更低，参数更少，性能更优。

4.3.1　分组爆炸策略的不足

实验中发现，在大部分情况下 GES 都有优于基准算法的性能，群体可以充分利用分组内的协同机制。然而可以看到，当算法在环境中的适应度值区域分布较广，或者群体的规模超过一定程度时，GES 的性能存在一定的不足，有时甚至会表现得不如基准算法。这表明，GES 没有充分发挥出分组内的协同机制，或者协同机制本身存在不足，这也是提出 IGES 的初衷。

GES 组内协同机制的核心思想就是：将整个分组的中心向着组内的最优个体位置移动。在这一机制中，如果存在多个个体都有最优的适应度值，那么群体将会随机选择一个个体进行移动。然而，这一机制在某些特定条件下会导致一些问题：分组可能会陷入局部区域，无法脱离；分组可能会回到适应度值较差的区域，甚至可能导致分组分散，无法聚合。图 4-5 列举了三种会导致 GES 出现问题的情况。

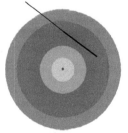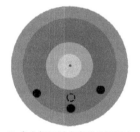

　　　(a) 单个机器人　　　　　　　(b) 多个相同适应度值的机器人

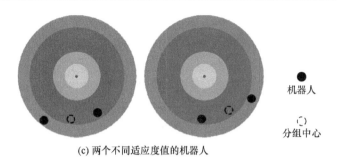

(c) 两个不同适应度值的机器人

图 4-5　三种会导致 GES 出现问题的情况

在图 4-5(a)中，当前分组中只有一个机器人个体，此时由于没有其他信息，机器人个体会沿着黑色粗线反复搜索，因为个体的最优历史信息都聚集在这一直线上。尽管式(4-8)在这一情况下引入了一个随机单位向量，但是机器人个体依然很难离开直线附近，从而会一直陷入这一适应度值区域，无法离开。很多时候，机器人个体会卡在这一区域几十次迭代，直到随机的方向变化足够大或者有其他机器人个体进入这一个体的感知范围内为止。

在图 4-5(b)中，分组内具有多个个体，并且这些个体的适应度值完全相同。在这一情况下，分组的中心位置反而比所有个体的适应度值都要好。然而，按照 GES 的搜索机制，需要将分组中心移动到某一个个体的位置上(如最下方的个体)，这会导致分组中心位置从好的地方移动到差的地方，使得分组内的个体反而远离了目标。尽管群体在几次迭代之后又可以返回这一适应度值区域，并且个体之间相对位置的变化，可能会避免这一情况的再次发生，但是这一情况依然会降低算法的性能，因此在新的改进算法中需要针对这一点进行特别调整。

最后在图 4-5(c)中，当分组内存在两个适应度值不同的个体时，两个个体可能会陷入重复循环的情况。分组中心不断在两个个体之间重复，每次分组内的个体适应度值均不相同，因此分组会不断重复图 4-5(c)中的这两种情况。如果没有新的个体加入分组中，这一情况有时甚至会重复上百次迭代，严重影响了算法的性能。

除了上述三种情况之外，还可以注意到 GES 中的协同机制比较复杂，算法的计算时间相对于对比算法较长。IGES 中不仅针对这些不足进行了改进，还对 GES 进行了简化。实验结果显示，IGES 在保证算法性能的同时，可以大幅度降低算法复杂度，提高算法的执行效率，降低对实体机器人硬件的要求。

4.3.2　改进的分组爆炸策略概述

群体在 GES 中利用了组内协同和组间协同的方式加速搜索。从模拟演示程序中可以看到，组内协同发生的情况远多于组间协同。这主要是因为个体的大小和感知范围相对于环境非常小，所以分组之间进行信息交换的机会不多，而分组协同几乎每次迭代都会发生。因此，在 IGES 中将主要针对组内协同机制进行改进。在 IGES 中，根据个体当前状态的不同，可能会执行不同的协同策略。相比于 GES，IGES 更加简单，但是针对性更强，发掘了群体协同机制的核心问题，因此可以表现出更优异的性能。实验结果显示，IGES 的改进效果非常明显，并且克服了 4.2 节提到的 GES 协同机制中的众多不足之处。

在 IGES 中，分组的概念保持不变，即包括机器人个体及其感知范围内的所有其他个体，多个分组之间可能存在重叠。机器人个体在每一次迭代时，首先根据分组的规模进行分类(多个机器人或者单个机器人)；然后按照分组内的适应度值信息进行更加细致的分类，在多个机器人的分组中考虑个体适应度值的分布情况，而在单个机器人的分组中考虑历史信息与当前状态的适应度值大小关系。在多个机器人的分组中，考虑到算法的分布性，在策略中不考虑利用机器人个体的历史信息，确保个体计算出的更新向量保持基本一致。IGES 中的个体状态及对应策略如表 4-1 所示，根据这两个条件可以将机器人的状态分为六种，分别执行四种策略。在 IGES 中，不同的状态可以执行相同的策略。

表 4-1　IGES 中的个体状态及对应策略

分组规模	适应度值信息	使用策略	随机系数 R_C
分组大小 $> \beta_G$	适应度值不同	策略 1+策略 2	
分组大小 $\in [2, \beta_G]$	适应度值不同	策略 2	1/10
分组大小 $\leqslant 2$	适应度值相同	策略 1	
分组大小= 1	历史最优	策略 3	0
	比上一次迭代差	策略 4	1
	比上一次迭代好但存在更优历史	策略 4	1/10

在表 4-1 的基础上，个体 R_i 的速度更新公式如式(4-9)和式(4-10)所示。

$$V_i(t) = S_i(t) + R_C \times R_p \tag{4-9}$$

$$P_i(t) = P_i(t-1) + \frac{V_i(t)}{\|V_i(t)\|} \times v_{\max} \tag{4-10}$$

其中，$S_i(t)$ 为个体当前状态所对应策略的更新向量；R_C 为与策略相关的随机系数；R_p 为单位随机向量。

随机系数 R_C 的引入是为了解决前面提到的 GES 的不足，具体细节将在下面内容中详细讨论。式(4-10)中的 $v_{\max}$ 是个体的最大速度限制。为了提高搜索效率，在 IGES 中个体默认按照最大速度进行搜索。

在分组内有多个机器人的情况下，适应度值信息即为当前组内所有个体的适应度值大小关系。在 IGES 中，只考虑两种情况：所有个体的适应度值相同或者不同。这主要是因为当个体的适应度值不同时，信息量已经足够，不需要再进行额外的区分。这两种情况分别对应两种策略：策略 1 和策略 2。在 GES 中，当分组大小超过一定阈值 β_G 时，算法将对分组进行拆分，以提高群体搜索的并行性。因此，在 IGES 中也保留了这一机制，并对拆分策略进行了简化。在 IGES 中，拆分策略与适应度值相同时的策略 1 保持一致，因此为了简化算法，只有在适应度值不同时才考虑拆分小组。此时，机器人个体需要同时执行策略 1(拆分小组)和策略 2(适应度值不相同)，在表 4-1 中记为策略 1+策略 2。

当分组中只有一个机器人时，机器人的策略根据其历史信息而定。比较机器人存储的 10 个历史信息及其当前状态的适应度值大小关系，一共存在三种可能性：当前适应度值是历史最优的，同时可能存在其他历史信息与当前适应度值相同；当前适应度值比上一次迭代差；当前适应度值优于上一次迭代，但是依然存在更好的历史信息。最后两种情况很可能会在如图 4-5(a)所示的情况中出现，因此单独进行考虑。这两种情况使用相同的策略(策略 4)，但是由于实际情况不同，随机系数 R_C 的取值不同，这时考虑到在引入随机性的同时应当尽量避免无意义的随机移动。

1. 策略 1

如前所述，策略 1 具有两种应用场景：拆分较大分组以及应对分组中所有个体的适应度值都相同的情况。在这一策略中，分组内的所有个体应当尽量远离分组中心，更新向量计算方式为个体当前位置减去分组中心位置，如式(4-11)所示。

$$S_i(t) = P_i(t) - \frac{\sum_{j \in N_i(t)} P_j(t)}{\|N_i(t)\|} \tag{4-11}$$

其中，分组中心的计算方式与式(4-1)相同；$P_j(t)$ 表示个体 R_j 在时间 t 的位置；$N_i(t)$ 表示机器人 R_i 所在分组内的所有个体(包括 R_i 自身)。

2. 策略 2

策略 2 针对分组内多个个体具有不同适应度值的情况。在这一策略中，群体将所有个体的中心向所有最优个体的中心移动，如式(4-12)所示。

$$S_i(t) = \frac{\sum_{j \in \hat{N}_i(t)} P_j(t)}{\|\hat{N}_i(t)\|} - \frac{\sum_{j \in N_i(t)} P_j(t)}{\|N_i(t)\|} \tag{4-12}$$

其中，$\hat{N}_i(t)$ 为 $N_i(t)$ 包含所有具有最大适应度值的个体的子集。

在策略 2 中，多个个体中心的计算方式与式(4-1)和式(4-11)相同。

3. 策略 3

执行策略 3 的条件是分组中只有一个个体，并且该个体的当前适应度值大于等于历史信息中的所有适应度值。尽管存在一些历史信息也具有相同适应度值，但是个体无法在所有具备最优适应度值的历史信息中确定哪个会指向目标方向或者目标相反方向。因此，个体只需保持当前的搜索方向即可，如式(4-13)所示。

$$S_i(t) = V_i(t-1) \tag{4-13}$$

4. 策略 4

当个体的历史信息中存在优于当前适应度值的状态时，执行策略 4。个体向所有具有最优适应度值的历史信息的中心位置移动，如式(4-14)所示。

$$S_i(t) = \frac{\sum_{j \in \hat{H}_i(t)} P_j(t)}{\| \hat{H}_i(t) \|} - P_i(t) \tag{4-14}$$

其中，$\hat{H}_i(t)$ 表示机器人 R_i 所有具有最优适应度值的历史信息的集合。

4.3.3 算法的收敛性

本节将简单论证 IGES 的收敛性，即按照上述四种策略，群体中的分组是否会逐渐接近目标。本节将针对分组规模的两种情况分别进行讨论，即分别考虑前两种策略和后两种策略。机器人个体的移动速度基本上保持最大限制速度，因此分组状态会在几次迭代内迅速发生变化。

在分组中只有一个机器人的情况下，机器人会按照策略 3 或者策略 4 移动。当机器人搜索顺利时，会按照策略 3 移动直到某一次迭代中的适应度值变差，如图 4-5(a)所示。此时的主要问题在于，机器人个体历史信息中的所有最优适应度值都在个体身后的直线中，对于机器人的搜索没有太大的帮助。如果机器人能够前往直线之外的相同适应度值区域(或更好的区域)，则可以解决这一问题。因此，机器人个体在按照式(4-9)进行速度更新时，会选择较大的随机系数 R_C，从而使得个体具有较大的概率移动到直线之外。如果个体的适应度值不变，则继续保持游走状态直到适应度值增大或者减小；如果新的位置具有更优的适应度值，则个体可以继续按照策略 3 移动，接近目标。而当适应度值减小时，个体会按照策略 4 向目标所有最优历史信息的中心位置移动，使得个体改变移动方向，有很大概率向目标移动。如果个体还不能找到目标方向，则按照策略 4 进行移动可以不断增加在这一区域内的采样点数，直到找到正确的方向位置。当适应度值变大时，个体会用更少的时间脱离这一情况。因此，单体机器人可以在有限的几次迭代内找到目标的方向，前往更优适应度值的位置，从而证明了策略是收敛的。IGES 针对图 4-5(a)中情况的解决办法如图 4-6 所示。

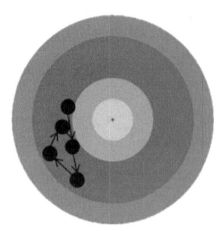

图 4-6　IGES 针对图 4-5(a)中情况的解决办法(圆点和箭头表示个体在连续几次迭代中的运动轨迹)

当分组中具有多个机器人时，分组可能会选择策略 1 或者策略 2。策略 2 将分组的中心移动到最优个体的中心，这保证了群体的中心一定向着目标的方向接近(因为适应度值提高了)，唯一的例外是如图 4-5(c)所示的情况。而借助于策略 2 中的随机系数 R_C，分组可以在较少的几次迭代内脱离这一情况，因此策略 2 是保证收敛的。而在策略 1 中，分组中的个体向外扩散，从而使得分组进入策略 2 的状态(即个体适应度值不同)或者拆分成多个独立的小分组。根据这些独立的小分组的适应度值大小关系，可能会执行策略 2 或者继续执行策略 1 直到拆分的小分组规模变成 1。分组规模一般不大，而且个体移动速度较快，因此完成这一转变只需要几次迭代的时间。因此，策略 1 的收敛问题变成了策略 2～策略 4 的收敛问题，只要其他三个策略收敛，策略 1 就会收敛。前面已经论述了其他三个策略都是收敛的，因此策略 1 也是收敛的。

4.3.4　参数优化

本节将分析 GES 和 IGES 中的相同参数 β_G 对算法性能的影响。在本节实验中，测试环境是群体大小和目标数量均为 30 的地图，其他设置与 4.2 节中的一致。

在 IGES 中，算法的唯一参数是分组拆分的阈值 β_G，该参数的意义与 GES 中完全相同，因此在实验中假设该参数在 GES 中的优化值同样适用于 IGES，并且与其最优值比较接近。因此，在本章 IGES 的所有实验中，直接使用了 GES 中优化后的参数值。本节将验证这一假设的正确性。从本节的结果中可以看到，这一默认值表现出十分优秀的性能。

在测试环境中的群体大小为 30，因此 β_G 的取值范围为[4,30]。当分组大小小于 4 时，分组之间的协同能力很难发挥出来，因此不考虑 $\beta_G < 4$ 的情况。不同参数 β_G 下的迭代次数结果如图 4-7 所示。由于迭代次数是最为重要的评价标准，并且其他评价标准(移动距离、计算时间)对于 β_G 的敏感性较弱，所以在实验中只将迭代次数作为不同参数条件下唯一的性能评价标准。

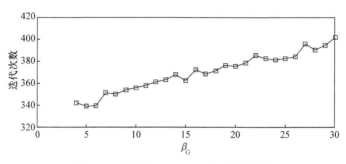

图 4-7　不同参数 β_G 下的迭代次数结果

从图 4-7 中可以看到，β_G 在 IGES 的趋势与 GES 中的趋势基本一致。这说明，两种算法中的核心机制以及参数在算法中的作用基本相同。在 GES 中最优取值是 5，而在图 4-7 中可以看到 5 和 6 时的性能基本相同，均为最优位置。这也验证了在本节之前提到的假设。

β_G 对于算法性能的影响比较明显。最优值在 5 和 6 的位置，相较于最差的取值有 15% 的性能优势。当 β_G 增加时，算法的性能逐渐下降。排除随机因素的干扰，可以认为当取值大于 5 时，算法的性能与参数的取值呈线性相关关系。从协同机制中可以很好地理解这一结果，当分组较大时，群体的并行性能明显下降，进而影响到算法的性能。而当分组较小(如取值为 4)时，组间协同受到了影响，因此会减慢算法的收敛速度。

4.3.5　本节小结

GES 在实验中也暴露出一些不足之处。因此本节在 GES 的基础上提出了 IGES。在实验中，IGES 表现出十分明显的性能优势，搜索性能提高了 30% 以上，IGES 的性能会在本章的实验部分进行展现。相对于 GES，IGES 简单、计算复杂度低，充分发挥了群体内部的协同能力，十分符合群体机器人的特性，因此在实验结果上的优势非常明显。

4.4　三角编队搜索策略

编队中的机器人相互之间有一定的位置关系，利用这种位置关系和相应的适应度信息可以更好地选择下一步的移动方向，三角编队搜索(triangle formation search，TFS)策略的基本思想就是利用三角编队的位置关系来估计适应度值的局部梯度。三角编队是一种三机编队，即包含三个机器人个体，而为什么不采用双机编队、四机编队呢？这与两点考虑有关：一是为了精确起见，仅用当代的信息进行估计而不用历史信息；二是本章建立的任务模型是二维场景下的，平面内两不共线向量可表示平面内任一向量，而确定两个不共线向量至少需要 3 个点，如果是在三维场景下，则需要四机编队。

对于多机器人或多车辆的编队问题，很多学者对其进行了相关研究，而本节三角编队所采用的是基于行为的控制[6]，在这种控制机制中每个机器人根据某参考点来决定自身的位置[7]，参考点可以是领导者、邻居或者整个小组的中心。有研究者将基于行为的控制方法集成到自主机器人和 II 型演示无人地面车辆(unmanned ground vehicle，UGV)的体系结构中，而 UGV 的行为控制类似于飞行员所采用的飞机编队技术[8]。本节提出的 TFS 策略的三角编队技术中所采用的控制方式就是一种跟随领导者的策略。

4.4.1　TFS 策略的五个阶段

在 TFS 策略中，整个机器人群体会尽可能地被划分为三机编队，每个编队形成一个三角编队，包括一个领导者和两个队员，接下来本节会具体介绍 TFS 策略的五个阶段。

(1) 初始分组。在初始分组阶段，整个群体被分为三机编队，每个编队包括一个领导者和两个队员，无法构成编队的机器人个体会独自进行搜索。

(2) 初始扩散。机器人领导者(即三机编队的领导者)会统计邻居机器人的个数，然后选择一个机器人分布稀疏的方向移动。

(3) 无适应度区域搜索。机器人领导者会进行随机搜索，移动步长属于某种概率分布(若移动步长大于一次迭代能移动的距离，则分为多次迭代完成)，如幂律分布或指数分布。

(4) 有适应度区域搜索。机器人领导者会根据编队获取的信息估计适应度值梯度的方向，并更新自身要移动的位置。

(5) 目标收集。发现目标的机器人会广播目标位置，告知编队的其他队员，另两个队员会向目标处移动。

在初始扩散阶段和搜索阶段(有适应度区域或无适应度区域)，除了对领导者有上述要求外，编队中的另两个队员会跟随领导者并协同保持队形。不难发现，TFS 策略五个阶段的设计体现了前面分析中多目标搜索问题对搜索策略的要求。另外，TFS 策略涉及编队控制，这增加了系统的复杂度；为了便于实现，本节将信息交流限制在编队内，而且队形被破坏后不再恢复，各编队队员独自进行搜索。

在整体的算法流程上，TFS 策略基本上符合第 3 章所描述的三阶段搜索框架：初始分组阶段中机器人不需要改变位置，而只需要和邻居个体进行信息交流，搜索过程开始后初始分组阶段结束，此后便不再有该阶段；在初始扩散阶段中，领导者会带领队员保持某方向移动，直到周围的队外邻居个数小于某个阈值，此后便不再有初始扩散阶段；前两个阶段相当于准备工作，剩下的三个阶段才是正式工作中的机器人可能处于的状态，而无适应度区域搜索、有适应度区域搜索和目标收集，正好对应三阶段搜索框架中的广域搜索、细化搜索和目标处理，机器人的状态转换条件也与三阶段搜索框架中描述的相同。

4.4.2　TFS 策略实现的关键技术

在说明了 TFS 策略的基本思想和算法流程后，本节会着重介绍策略的具体实现中所采用的一些技术，主要包括以下七项：统一分组、扩散控制、随机搜索、梯度估计、角色切换、队形控制和模拟同步。接下来，本节会对各项技术进行具体说明。

1. 统一分组

统一分组技术用于实现 TFS 策略的初始分组阶段。要将整个机器人种群划分为三机编队，可以使用某种统一的方式实现，一般需要某种全局信息；或者也可以采用某种自组织的途径，只需要局部通信。考虑到初始机器人群体的阵列形态和实现的简单性，本节使用一种全局标识符，但仅限于任务准备，所以与群体机器人的局部交互原则不冲突。具体的分组操作可分为两步：一是按照 "S" 形的顺序依次为每个机器人分配一个全局标识符，群体中 N 个机器人的标识符分别为 $0, 1, 2, \cdots, N-1$；二是令标识符是 3 的倍数的机器人个体担任领导者，另外两个编队队员是后面紧邻的两个个体。

2. 扩散控制

为了增强群体的探索能力，TFS 策略引进了初始扩散阶段，在该阶段中，领导者会监测周围邻居的个数，当个数小于某个扩散阈值(diffusion threshold，DT)时，领导者会停止扩散。在参数优化实验中，选取了区间[3,10]，最优值大约取为 3。

3. 随机搜索

如前所述，机器人领导者会在无适应度区域进行随机搜索，而有学者已经得出了一维和二维情况下随机搜索的一些结论，如下所述。

当目标在环境中的分布比较密集时，服从统计规律的往复运动模式会发挥作用，并且明显影响搜索任务的效率或成功率，类似莱维飞行的随机搜索策略是较优的选择。

当目标在环境中的分布比较稀疏时，若目标不可再生，则 BMS 策略最优，若目标可再生，则莱维飞行可视为最优策略。

在本节的问题模型中，目标不可再生且分布比较稀疏，但目标的影响范围较大，这使得目标的适应度信息在搜索空间中是相对密集的。TFS 策略的初始扩散阶段可视为一种 BMS 策略，适合分布稀疏的目标；另外，为了充分利用覆盖范围广泛的适应度信息，TFS 策略采用了类似莱维飞行的随机搜索策略，移动步长采用指数分布(莱维飞行是幂律分布)，分布的均值 τ 为 $2L$(L 为地图边长)。

4. 梯度估计

三角编队中的领导者机器人会整合编队的位置和适应度信息，然后基于这些信息估计局部适应度值的梯度方向。本节提出的估计技术基于这样一种假设：在局部区域，适应度值的变化几乎是线性的。估计的基本思想是，构造一个方向向量，使其垂直于局部的等值线(该线上的点具有相同的适应度值)，不同情况下的构造方式如下所述。

情况 I：编队三个队员感知到相同的适应度值，这意味着编队处于无适应度区域，因此领导者会进行随机搜索。

情况 II：编队内两个机器人感知到相同的适应度值，且优于剩下的一个，则梯度向量等于两个较优位置的中心减去较差的位置。

情况 III：编队内两个机器人感知到相同的适应度值，且差于剩下的一个，则梯度向量等于较优位置减去两个较差位置的中心。

情况 IV：编队三个成员感知到的适应度值各不相同，则梯度向量垂直于局部等值线，如图 4-8(a)所示。在图 4-8(a)中，A、B 和 C 表示三个队员的位置，各位置的适应度值满足不等式 $f(A)>f(B)>f(C)$。基于局部线性有 $f(B')=f(B)$，而位置 B' 可由式(4-15)进行计算。直线 BB' 可视为等值线，梯度向量 $B'P$ 垂直于等值线且与向量 $B'A$ 的夹角为锐角，如式(4-16)所示。其中，图 4-8(a)为当队内机器人的

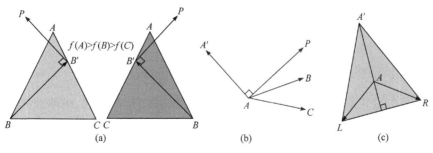

图 4-8 机器人三角编队方式

适应度值各不相同时,计算梯度方向;图 4-8(b)为在决策切换过程中,每个机器人决定自己的角色;图 4-8(c)为机器人借助内置指南针保持三角编队。

$$BB' = BA + AC \frac{f(A) - f(B)}{f(A) - f(C)} \tag{4-15}$$

$$\begin{cases} B'P \cdot BB' = 0 \\ B'P \cdot B'A > 0 \end{cases} \tag{4-16}$$

5. 角色切换

为了避免突然转向,方便队形维护和梯度估计,TFS 策略引入了角色切换机制,该机制由群体机器人个体的同构性提供保证。在每次迭代中,感知到最优适应度值的机器人担任领导者,其他两个队员会根据其相对位置决定自身角色(即左翼和右翼)。如图 4-8(b)所示,机器人 A 担任领导者,而 A' 是它的下一位置,向量 AP 是向量 AA' 的右法向量。若 $AB \cdot AP > AC \cdot AP$,则机器人 B 担任右翼,否则机器人 B 担任左翼。

6. 队形控制

要保证精确的队形控制,需要密集的校正通信,这会显著增大计算负担与能耗,考虑到群体机器人个体的简单性和低能耗的需求,TFS 策略的队形控制只要求保证基本的队形,校正频率直接设为迭代频率。每个机器人个体都内置一个指南针,使得全局坐标系内的向量适用于局部坐标系。在每次迭代中,机器人领导者都会通过队内广播告知队员自己的下一位置,队员会据此决定自身角色和下一位置。如图 4-10(c)所示,给定位置 A 和 A',可以计算左翼和右翼的位置(即 L 和 R)。为了维护队形,领导者会监测自己到队员的距离 D,如果距离超出某个阈值 T,则会减速,否则,会加速以提升效率,如式(4-17)所示。

$$V_{\text{leader}} = \begin{cases} V_{\text{leader}} \cdot \alpha, & D > T \\ V_{\text{leader}} \cdot \beta, & D \leqslant T \end{cases} \tag{4-17}$$

其中,α 和 β 是比例因子,参数 α、β 和 T 分别设为 0.75、1.33 和 $0.8L_h$,L_h 是三角形的理想边长,$L_h = 0.8 \times 2r_t$,且 $2r_t$ 是机器人通信范围的半径。

7. 模拟同步

对于 TFS 策略,无论是角色切换还是队形控制,都需要编队内的成员能够保持同步,至少要保证机器人在决策时处在同一次迭代中,这在实体机器人中可通过一些应答机制来保证,模拟平台中一般更容易实现。在 TFS 策略中,队形控制依赖领导者广播的下一位置信息,而领导者随时可能被更换(角色切换机制),所以在程序中若按照固定的顺序遍历群体中的每个机器人，则某个编队中的领导者不一定被优先访问到，被优先访问的队员的决策又依赖领导者的决策，所以需要在顺序遍历中模拟编队内机器人的同步决策。针对该问题的模拟同步主要有两种方式：一是调整编队内队员的访问顺序，首先综合编队内的队员信息来确定领导者，访问领导者后再访问其他队员；二是仍保持固定的访问顺序，当队员先于领导者被访问时，队员可以读取领导者的信息来帮助其进行决策和完成必要的信息更新。这两种方式都可以解决上述依赖问题，本节在实现中采用了第二种方式，不需要更改机器人的遍历顺序。

本小节介绍了实现 TFS 策略时所采用的 7 项关键技术，其中在三角梯度估计技术中，情况Ⅳ可以包含前三种情况，而且原理上也不限于等边三角形，实际上任意给定局部的三个点，就可以采用上述方式大致估计出梯度方向，基于这样的想法，每个机器人个体可借助当前位置、两个历史位置及相应的适应度值信息来估计局部梯度方向，而这正是 4.5 节将要介绍的独立搜索策略所采用的技术。

4.4.3 本节小结

基于三阶段搜索框架和对问题特征的分析，本节提出了 TFS 策略，侧重于群体的开采能力。TFS 策略的规模敏感性较强，非常适合机器人数量充足的任务(当规模不小于 125 时，在所有对比算法中效率最高)中，规模适中时表现也不错，但在群体规模很小(如 25)时，效率不高。受益于三角编队和初始扩散机制，TFS 策略表现出较好的协作处理能力和并行处理能力。实验发现，默认的群体规模(如 50)对 TFS 策略而言偏小，即三角编队仍使机器人过于集中，限制了群体的探索能力。另外，TFS 策略的具体实现有些复杂，在一定程度上影响了可维护性和可扩展性。关于 TFS 策略在实验中的具体性能，会在本章的实验部分进行展示。

4.5 独立搜索策略

基于三阶段搜索框架来设计搜索策略是一个很自然的想法，4.4 节提出的三角编队搜索策略的流程基本符合该框架，本节的独立搜索策略也是基于该框架的。在独立搜索策略中，每个机器人个体不与其他个体通信，只依靠自身的信息进行决策，机器人之间没有相互协作，因此搜索策略表现出的性能可作为多目标搜索问题的一个基准。相对于三角编队搜索策略，独立搜索策略侧重于增强群体的探索能力，主要通过引入随机搜索策略来实现。

本节提出的独立搜索策略结合了随机搜索策略和三角梯度估计技术，前者用于广域搜索阶段，后者用于细化搜索阶段，此外还引入了惯性机制，与此对应，本节也分三个部分来介绍独立搜索策略。

4.5.1　广域搜索阶段的随机搜索策略

第 3 章中介绍了随机搜索策略并着重说明了其中的三种：莱维飞行、BMS 策略和间歇式搜索策略，相应地，本节提出三种独立搜索策略，在其广域搜索阶段分别采用了上述三种随机搜索策略。

在本节的问题模型中，目标分布稀疏且不可再生，这意味着莱维飞行的性能会随着参数 u 趋近于 1 而提升，而且 BMS 策略也是一个很有潜力的选择，因此本节实现了这两个策略，并优化了莱维飞行的参数 u 到 1.001，相应的策略为莱维飞行搜索(Levy flight search，LFS)策略，另一个采用 BMS 策略。

在间歇式搜索策略中，处在阶段 2(快速移动阶段)的机器人无法感知到目标的适应度信息，即速度会影响感知，在本节的实现中，处在阶段 2 的机器人会直接忽略目标的适应度信息，相应的搜索策略为间歇式搜索(intermittent search，IS)策略。每个阶段的持续时间服从均值为 τ_i 的指数分布。参数优化实验显示，当 τ_2 较小且 τ_1 较大时，策略表现更优，两者分别被优化为 $0.3L$ 和 $3.0L$，其中，L 为地图边长，可以看出快速移动阶段对于搜索过程的贡献很小。

4.5.2　细化搜索阶段的三角梯度估计

在三阶段搜索框架中，处在广域搜索阶段的机器人感知到适应度信息后会进入细化搜索阶段，处在该阶段中的每个机器人个体，通过整合当前信息和历史信息来计算近似的梯度方向。估计梯度方向的基本思想类似于三角编队搜索策略，即利用三个点的位置信息和适应度信息，构造局部等值线(适应度值相等)的法向量。在独立搜索策略中(即 LFS 策略、BMS 策略和 IS 策略)，三个点分别是当前位置、历史最优位置和历史最差位置，针对三个位置适应度值的不同情况，独立搜索策略的梯度估计方式与三角编队搜索策略相同。

4.5.3　惯性机制

在优化算法中，惯性机制(式(4-18))一般用于稳定移动方向和增强个体跳出局部极值的能力，如粒子群优化算法中的惯性权重，独立搜索策略也基于同样的考虑而引入了惯性机制。鉴于感知到适应度信息的机器人会进入细化搜索阶段，引入惯性机制某种程度上有助于机器人脱离附近目标的适应度范围而进入广域搜索阶段，机器人群体因此会获得更强的探索能力。此外，在三角梯度估计的情况 Ⅱ 和情况 Ⅲ 中，若三个位置共线，则机器人可能会陷入局部振荡，引入惯性机制有助于克服该问题。

$$v_{t+1} = wv_t + (1-w)v_{s,t} \tag{4-18}$$

其中，v_t 和 $v_{s,t}$ 分别是第 t 次迭代的速度和来自搜索策略的速度分量；w 是取值在 $[0,1)$ 的惯性权重。

4.5.4　本节小结

基于三阶段搜索框架和对问题特征的分析，本节提出了三种独立搜索策略 (LFS 策略、IS 策略和 BMS 策略)，通过引入随机搜索策略增强了群体的探索能力。同时借用了 TFS 策略的三角梯度估计技术，使其在并行处理和协作处理方面表现较好，其中在默认的群体规模下，LFS 策略的效率和稳定性在所有对比策略中最优，而在稍大规模下，BMS 策略在效率和稳定性上显示出较明显的优势，IS 策略在三种独立搜索策略中表现适中。同样地，关于独立搜索策略在实验中的具体性能，会在本章的实验部分进行展示。

为了更好地理解两种搜索策略，关于三角编队搜索策略与独立搜索策略的对比分析，如表 4-2 所示，对于搜索策略在相关衡量指标上的表现具体可参考本章的实验部分。

表 4-2　三角编队搜索策略与独立搜索策略的对比分析

衡量指标	三角编队搜索策略	独立搜索策略
效率和稳定性	大规模下优异，小规模下较差	基本较优(尤其小规模)
规模敏感性	高	低(BMS 策略较高)
并行处理能力	较强	强
协作处理能力	强	弱
启发	开采能力很强 探索能力较强，但资源仍相对集中，需打破固定编队，以释放队内潜力	探索能力很强，需加强个体间协作，以增强开采

4.6　基于概率有限状态机的搜索策略

4.6.1　研究动机

本章前面提出了 TFS 策略和独立搜索策略，分别用来增强群体的开采能力和探索能力，两种策略各有优缺点。如果能够在两者的互补之处取长补短，同时保留共同的优点，并克服共同的缺点，那么应该可以得到一个性能更为优异的搜索策略。如第 3 章所述，三角编队搜索策略不考虑编队之间的协作，而独立搜索策略不考虑机器人个体之间的协作，本章提出的策略则通过个体之间的协作来更好地探索、开采以及对两者进行平衡。

1. 三角编队搜索策略与独立搜索策略

受益于三角编队在局部梯度估计上的优势, TFS 策略具有很强的开采能力, 主要表现为较强的协作处理能力, 以及较大群体规模时较高的搜索效率, 为什么搜索效率也能体现 TFS 策略的开采能力呢? 这是因为在群体规模较大时, 虽然 TFS 策略的探索能力得到了提升, 但仍然不会比独立搜索策略, 尤其是 BMS 策略的探索能力强。因为后者不必保证个体和邻居的连接度, 而且平均步长更长, 所以 TFS 策略在整体搜索效率上的优势在很大程度上来源于其开采能力。此外, 一个更为明显的证据是, 本节在可视化仿真中发现, 三角编队对梯度方向的估计很精确, 在目标适应度范围内的三机编队几乎是笔直地向目标移动, 体现了 TFS 策略很强的开采能力。另外, 受益于初始扩散机制和随机搜索策略, TFS 策略也具有较好的探索能力, 具体体现为不错的并行处理能力, 虽然该能力在群体规模较小时受到比较严重的限制(三机编队使得可并行的单位数量显著减少), 因此 TFS 策略也表现出很强的规模敏感性和不稳定性。

虽然 TFS 策略在群体规模较大时效率较高, 但是在默认规模下, 即群体规模为 50 时, 独立搜索策略中的 LFS 策略才是效率最高的, 而且在更大的群体规模下 BMS 策略的效率最高或接近最高, 这主要得益于引入的随机搜索策略和惯性机制对群体探索能力的增强, 主要表现为较强的并行处理能力以及出色的搜索效率(开采能力不如 TFS 策略, 但效率高, 说明探索能力发挥了很大作用), 同样在可视化仿真中也可以看出, 独立搜索策略对未知区域具有很强的探索能力。此外, 受益于良好的探索能力, 独立搜索策略能较好地应对随机因素, 显示出良好的稳定性(只有 BMS 策略在群体规模很小时不太稳定)。另外, 独立搜索策略也引入了 TFS 策略的三角梯度估计技术, 但是只能依靠自身的当前信息和历史信息进行计算, 所以估计的方向不太准确, 这在一定程度上限制了群体的开采能力, 而且由于不考虑机器人之间的交互而缺乏协作, 具体表现为协作处理问题能力较弱。

由上述分析可知, TFS 策略和独立搜索策略有比较明显的优缺点, 前者开采能力很强, 而后者探索能力很强, 因此将两者结合起来或许能设计出效率更高的策略, 但是对两者的结合并不是本章设计新策略的初始动机。实际上, 独立搜索策略在刚提出时并没有引入惯性机制(惯性机制显著增强了机器人跳出局部极值的能力, 从而增强了探索能力), 这使得它的效率远不如 TFS 策略出色, 而且 TFS 策略本身也引入了随机搜索策略和初始扩散机制, 体现出较强的探索能力, 因此本节的初始动机是在 TFS 策略的基础上进行改进, 在保证其良好开采能力的同时缓解了其存在的问题。而 TFS 策略的一个主要问题是, 其实现起来比较复杂, 增大了算法维护与功能扩展的难度, 因此没有考虑编队的解散与重组问题。此外, 三角编队还在一定程度上导致资源的过度集中, 限制了群体的探索能力。因此,本节起初想要设计一种自组织编队策略，在任务过程中机器人编队可以自由地解散与重组，但是后来发现显式地维持一个编队并不是必需的，而且编队本身也会增加计算与通信负载。在本章新提出的策略中，没有分组操作，也没有严格的三角编队，只是保留了三角梯度估计技术。

2. 探索能力与开采能力的平衡

对 TFS 策略和独立搜索策略的分析可知，增强群体的探索能力可以使用随机搜索策略、惯性机制和初始扩散机制，增强群体的开采能力可以采用比较准确的三角梯度估计技术，而为了更合理地选择与使用相关技术，本节会对群体机器人多目标搜索任务中的探索能力和开采能力进行分析。

在进化算法中，探索与开采[9,10]一般可以这样理解：探索是访问搜索空间中一个全新的区域，开采是访问搜索空间中已访问位置的邻域[11]。从该一般性的定义可以看出，探索与开采都是访问搜索空间中未曾访问过的位置，因此关于两者的区别，本节可以从访问或未曾访问过的位置去寻找。首先，在访问本身的方式上，探索比较粗略，而开采比较精细；然后，在访问的目的上，探索是试图发现新的潜力区域，而开采是试图找到潜力区域的最优位置，需要补充说明的一点是，虽然定义中没有提到潜力区域，但考虑到评估次数的有限性，从贪心的角度侧重于对较好位置邻域的开采应该是可以理解的；最后，在未曾访问过的位置上，探索是选择距离上较远的区域，开采是选择距离上邻近的区域。因此，概括来说，探索是以比较粗略的方式对距离较远的未知区域进行访问，以期发现新的潜力区域；开采是在潜力区域内以比较精细的方式对距离较近的未知区域进行访问，以期找到潜力区域的最优位置。值得说明的一点是，关于距离的度量，理想意义上应该是针对适应度值空间的，例如，对于求极大值的连续优化问题，某局部极大值单调不增区域内的点都可以算作邻域的点，但实际上本节很难对复杂的适应度空间进行比较精确的估计，因此常用解空间的距离来代替，而访问方式的粗略与精细一般也取决于这个距离度量。从信息获取与利用的角度来看，探索利用的少而获取的多，开采利用的多而获取的少[12]。

在本章的群体机器人多目标搜索问题中，潜力区域就是有适应度信息的区域，潜力区域的最优位置就是目标所在位置，开采就是在有适应度信息的区域估计局部适应度值梯度并访问梯度方向的点，探索就是访问距离较远的未知区域，具体来说，可以从无适应度区域到有适应度区域、从有适应度区域到无适应度区域、从一个目标的适应度区域到另一个目标的适应度区域(当两个目标的适应度区域重叠时，适应度值取两者中较大的值)。可以看出，开采相对来说是容易识别的，即前提是在有适应度区域，要做的是估计局部梯度方向并朝该方向移动，在开采过程中的机器人处在一种可持续状态(直到发现目标或者目标消失导致适应度信息消失),处在该状态的机器人表现出比较明显的搜索行为,因此不妨称该状态为搜索状态。当机器人发现目标时,会进行目标处理,称机器人处于目标处理状态。当一个机器人不在搜索状态或目标处理状态时,它就是在进行探索,而探索对应什么状态呢?显然直接命名为探索状态不太合适,因为探索类似于搜索,但又与开采的目的不同,一个可选的方式是用具体的实现机制来命名探索所对应的状态,而机器人的探索行为如何实现呢?

从前面对探索在多目标搜索问题中的定义可知[13],在探索中的机器人只需保持直线运动并记录自己感知到的适应度值变化,当适应度值由 0 变为正值(无适应度区域到有适应度区域)、由正值变为 0(有适应度区域到无适应度区域)、先变小后变大时(由一个目标的适应度区域到另一个目标的适应度区域),都可以视为完成了一次探索,但适应度值变为 0 后无法转入搜索状态(开采),因此只能继续探索直到感知到适应度值或者任务结束。从结果上来看,这种探索是从无适应度区域到有适应度区域或者从一个有适应度区域到另一个有适应度区域,这样的实现似乎是可行的,但是仔细分析后发现一个问题,即这种探索没有考虑群体性,如果多个个体往同一个方向探索,那么它们会在同一个区域结束探索,这显然限制了群体的并行探索能力。为了增强并行探索能力,本节希望有一部分个体留下,而另一部分个体继续保持原方向探索,这样在结果上实际上就是有些个体忽略了适应度值的变化离开了原来的群体而一直保持直线运动状态,表现为一种扩散行为。第 3 章介绍了随机搜索策略的扩散速率,可表示为一段时间后搜索者离开出发位置的平均距离,而在探索时选择直线运动也是因其扩散速率较高,但此处的扩散行为则表现为不同个体之间的相互远离。因此,对群体搜索而言,扩散能力实际上有两层含义:一层含义描述的是一个机器人个体的位置分布,体现为个体的平均移动步长;另一层含义描述的是不同机器人个体的位置分布,体现为群体的并行探索能力。无论是个体探索还是并行探索都是群体探索能力的体现,因此探索对应的状态可以称为扩散状态。

由上述分析可知,在群体机器人多目标搜索问题中,机器人个体可能处于三种状态:搜索状态、扩散状态和目标处理状态。其中,搜索状态体现了开采能力,而扩散状态体现了探索能力,平衡探索能力与开采能力在一定程度上就是平衡搜索状态与扩散状态,而描述状态转换的一个有效工具就是概率有限状态机,引入概率性是为了在群体层次上更好地平衡不同状态(允许处境相似的不同个体做出不同决策)。扩散状态规定的是一种显式的探索,实际上还有一种隐式的探索[14],即本来处在搜索状态的机器人个体可能在惯性机制的作用下脱离了有适应度区域,表现为一种探索行为,而无论是扩散状态还是惯性机制,所体现出的探索能力都是对三阶段搜索框架的一种突破,即在有适应度区域的机器人不一定会进行细化搜索(即开采),还可能是在探索。实际上,有了扩散状态,惯性机制带来的探索能力一般就没有必要了，但其他的作用依然是可取的，如稳定移动方向和增强个体跳出局部极值的能力[15]，这会在 4.6.2 节的新策略中有所体现，而关于包含以上三个状态的概率有限状态机也会在后面进行介绍。

4.6.2　基于概率有限状态机的搜索策略概述

遵循三阶段搜索框架来设计策略是一条很自然的途径，如 4.4 节、4.5 节提出的三角编队搜索策略和独立搜索策略就是基于该框架的，但是对探索(广域搜索阶段)与开采(细化搜索阶段)的确定性划分限制了搜索策略的性能，而独立搜索策略中引入的惯性机制在一定程度上突破了框架约束，从而增强了探索能力。一般来说，群体机器人系统中的机器人个体并不需要对要采取的动作进行长期规划，具体决策只依赖传感器输入和内部存储，而概率有限状态机就是用于描述、分析与设计这种行为(或策略)的常用方法[9,10]。

1. 完全的三状态概率有限状态机

在群体机器人中，概率有限状态机可被用于建模多种任务中机器人个体的行为(或策略)，而第一步工作就是分析任务过程和提取典型状态。根据 4.6.1 节的分析，在群体机器人多目标搜索任务中，机器人个体可能处于三种状态：扩散状态、搜索状态和目标处理状态。用于多目标搜索的三状态概率有限状态机如图 4-9 所示，三个不同的状态可表示为 s_i (i=1,2,3)，每个状态都会按照一定的概率转移到其他状态或保持当前状态。

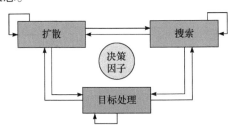

图 4-9　用于多目标搜索的三状态概率有限状态机

状态转移或保持的概率值取决于每个机器人自身的信息及其邻居的信息，机器人自身的信息包括历史位置与适应度值、当前适应度值、当前状态、是否发现目标，邻居的信息包括当前的位置与适应度值、是否发现目标，从这些信息中可以导出许多决策因子，如机器人自身是否发现目标、邻居是否发现目标、邻居机器人个数、当前位置的适应度值、当前的迭代次数、当前状态已持续的迭代次数等。

2. 简化的三状态概率有限状态机

令 D_d 表示决策因子的集合，d 表示决策因子的一组取值，则对于每个 d，需

要指定9个概率值$P(s_i|s_j,d)$(对应于图4-9中的箭头),以得到完全的三状态概率有限状态机中的概率表,而这会显著增加系统的复杂度,从而使得参数难以优化。基于任务本身的特征和如下考虑,本节通过引入一些确定性决策和选择一些关键的决策因子来简化决策过程。

机器人一旦发现目标,应该尽快对目标进行处理,因此关键目标的决策应该是确定性的,描述目标的决策因子应该被选择,包括机器人自身是否发现目标、邻居是否发现目标。

为了更好地平衡探索和开采,可引入扩散和搜索的平滑转移机制,因此选择决策因子当前状态已持续的迭代次数来计算继续保持当前状态(扩散或搜索)的概率。

若没有发现目标且不满足保持当前状态的条件,则如何在扩散和搜索中选择呢?本节可以只考虑扩散的概率(剩下的就是搜索),选择体现邻域拥挤程度的决策因子——邻居机器人的个数。

基于以上分析,本节提出一种新的基于概率有限状态机的搜索(PFSM-based search,PFSMS)策略。用于多目标搜索的简化的三状态概率有限状态机如图4-10所示,简化的三状态概率有限状态机也包含同样的三种状态,而且引入了一个名为开始扩散或搜索的虚拟状态,以帮助理解内部的过程,但是该状态不是一个真实的状态,而仅是一个临时步骤。图中的实线箭头表示概率性决策,虚线箭头表示确定性决策。

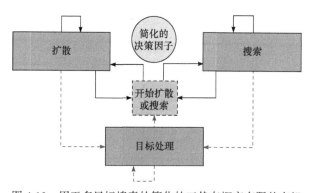

图4-10 用于多目标搜索的简化的三状态概率有限状态机

在搜索状态时,PFSMS策略采用了三角梯度估计技术和惯性机制。为了能够比较精确地估计梯度方向,PFSMS策略在计算时优先使用邻居信息(适应度值最优的邻居和最差的邻居),没有邻居或只有一个邻居时再使用历史信息;为了稳定移动方向和避免陷入局部振荡,邻居个数多于1时引入惯性机制(惯性权重$w=0.55$),即此处惯性机制的目的不是增强探索能力。在扩散状态时,机器人会选择一个邻居分布比较稀疏的方向,然后沿着该方向保持直线运动直到状态结束。

若一个机器人个体或它的邻居发现了目标，则布尔型变量"是否发现目标"取值为"是"，机器人会执行确定性决策(处理目标或向目标移动)。"邻居个数"表示为变量 N_b，用于计算式(4-19)所示的扩散概率，其中 T_b 是一个扩散阈值(在本章中 $T_b = 2.3$)。当前状态已持续的迭代次数表示为变量 N_h，用于计算式(4-20)所示的保持当前状态的概率，其中，P_{ini} 是一个初始概率值(在本章中 $P_{ini} = 0.9997$)。

$$P_d = \begin{cases} 1 - \dfrac{T_b}{N_b}, & N_b > T_b \\ 0, & N_b \leqslant T_b \end{cases} \tag{4-19}$$

$$P_h = P_{ini}^{N_h} \tag{4-20}$$

3. 基于概率有限状态机的搜索策略

图 4-11 展现了基于简化的 PFSM 策略的决策流程。图中，菱形框表示条件判断，若条件满足，则选择下方的分支，否则，选择右方分支。R_1 和 R_2 是在[0,1]上服从均匀分布的随机数，而 P_h 和 P_d 分别表示保持当前状态的概率和扩散概率，一个小技巧是，收集目标的机器人会将 P_h 置 0，这样完成收集后机器人会重启扩散过程或搜索过程。

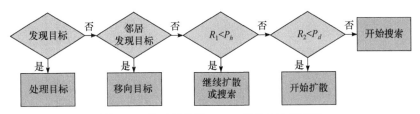

图 4-11　基于简化的 PFSM 策略的决策流程

在每次迭代中，每个机器人只基于获得的信息进行单一决策(即选择图 4-11 中的某个矩形框)，然后执行相应的动作。例如，移向目标是指在下次迭代前保持向目标移动，处理目标是指在下次迭代前处理完目标的一个单位(每个目标有 10 个单位)。多个机器人可能参与同一个目标的处理，因此在下次迭代前目标可能已被处理完毕，这意味着下次迭代不再感知到适应度信息，机器人会根据它的决策转入其他状态。

4.6.3　参数优化

受益于对三状态概率有限状态机的简化，PFSMS 策略的参数减少到 3 个，包括状态保持的初始概率 P_{ini}、惯性权重 w 和扩散阈值 T_b，在实验中的优化方式是依次固定两个参数，优化第三个参数。首先，固定 $w = 0$(不考虑惯性机制)和 $T_b = $

2(至少两个邻居)，优化参数 P_{ini}，优化结果为 $P_{ini}=0.9997$；然后，固定 $P_{ini}=0.9997$ 和 $T_b=2$，优化参数 w，优化结果为 $w=0.55$；最后，固定 $P_{ini}=0.9997$ 和 $w=0.55$，优化参数 T_b，优化结果为 $T_b=2.3$。值得说明的一点是，参数优化实验中所使用的地图，不同于在对比实验中所使用的地图，这在一定程度上保证了对比实验结果的泛化性能。

本章首先在条件 $w=0$ 和 $T_b=2$ 下，考察对参数 P_{ini} 的优化，具体过程采用先粗后精的方法，第一个优化区间是 $[0.01, 0.99]$，步长为 0.01，第二个优化区间是 $[0.99, 0.9999]$，步长为 0.0001，相应的实验结果分别如图 4-12 和图 4-13 所示。两图中最优迭代次数对应的参数值分别为 $0.99(mI=185.36)$ 和 $0.9997(mI=153.79)$，尽管曲线有一些波动，但是整体的趋势是很明显的。上述最优值具有一定的合理性：概率 P_h 随着当前状态的持续迭代次数呈指数递减，因此参数 P_{ini} 应该足够大，以确保有足够的时间保持当前状态，同时，留出一定机会给状态转移以平衡群体的探索和开采也是很重要的。此外，关于最优值有一个有趣的等式：$(0.5^{\frac{1}{50}})^{\frac{1}{50}} \approx$

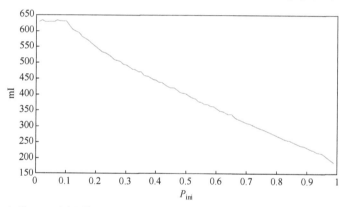

图 4-12　参数 P_{ini} 不同取值下 PFSMS 策略的 mI(取值区间为 $[0.01, 0.99]$，步长为 0.01)

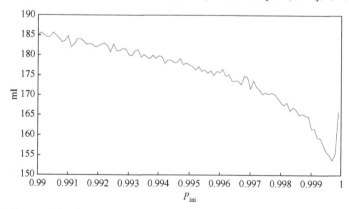

图 4-13　参数 P_{ini} 不同取值下 PFSMS 策略的 mI(取值区间为 $[0.99, 0.9999]$，步长为 0.0001)

0.9997，这意味着整个机器人群体(包含 50 个机器人)可以 50%的概率在连续 50 次迭代中保持当前状态，因此在该过程中某些个体比较可能发生状态转移。

　　然后在条件 P_{ini} = 0.9997 和 T_b = 2 下，本节考察了对参数 w 的优化，优化区间是[0, 1]，步长为 0.01，实验结果如图 4-14 所示。曲线尽管有一定波动，但总体趋势是明显的，最优值在 0.5 和 0.6 之间。因此，参数 w 被设置为 0.55(mI = 146.26)，这意味着原始方向的权重与新方向的权重大致相同。

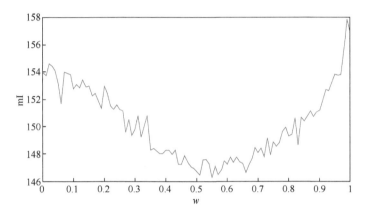

图 4-14　参数 w 不同取值下 PFSMS 策略的 mI(取值区间为[0, 1]，步长为 0.01)

　　最后本章在条件 P_{ini} = 0.9997 和 w = 0.55 下考察了参数 T_b 的优化，选择的优化区间是[0.1, 10]，步长为 0.1，实验结果如图 4-15 所示。根据曲线的走势，参数 T_b 的最优值在 2 附近，本章在接下来的实验中将其取值为 2.3(mI = 145.67)。在 T_b = 2.3 条件下，若邻居个数不超过 2，机器人不会进入扩散状态，若邻居个数超过 2，则扩散概率(进入扩散状态的概率)会随着邻居个数的增加而增大。

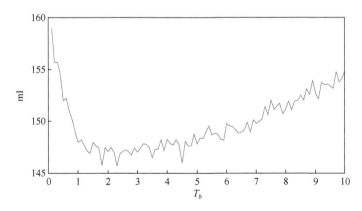

图 4-15　参数 T_b 不同取值下 PFSMS 策略的 mI(取值区间为[0.1, 10]，步长为 0.1)

4.6.4 本节小结

本节提出了一种基于概率有限状态机的多目标搜索策略，该策略是所有对比策略中效率最高的，而且是稳定性最好的。综合来说，在效率、稳定性、规模敏感性、并行处理能力以及协作处理能力等各项指标上，PFSMS 策略几乎都显示出压倒性的优势，这充分说明了 PFSMS 策略的合理性与有效性，具体的实验结果与性能分析会在 4.7 节进行展示。

4.7 实验结果与讨论

本章采用多次运行求均值的方式来保证衡量指标具有一定的稳定性。具体来说，每次实验会随机生成 40 幅地图，每个搜索策略会在每幅地图上重复运行 25 次，最后的实验结果是 1000 次运行的均值。在每次运行中，机器人群体搜索与收集完所有目标需要一定的迭代次数，而搜索策略的效率和稳定性分别用 1000 次运行中所需迭代次数的均值 mI 和标准差 dI 来表示。本章的实验平台是基于 C#语言和微软的 XNA 框架开发的，具有并行测试和可视化仿真两项功能，前者主要用于对搜索策略进行参数优化和大规模的性能测试，后者则用于对搜索策略的原理、效果和可能存在的问题进行可视化展示。

4.7.1 对比算法及其配置

本节所有的对比算法都在相同的问题配置下进行了参数优化，所用的问题配置为：地图尺寸为 1000×1000，机器人数量为 50，目标数量为 10，目标的收集次数为 10。参数优化的目标是最小化收集完目标平均所需的迭代次数(mI)，参与实验的 8 个搜索策略及其相应的参数配置如下所示。

(1) RPSO 算法。机器人粒子群优化(robotic particle swarm optimization，RPSO)算法，惯性权重 $w = 3$，认知系数 $c_1 = 1$，社会系数 $c_2 = 2$，避障系数 $c_3 = 0$(无障碍环境)，随机系数 $c_4 = 0.1$。

(2) A-RPSO 算法。适应性机器人粒子群优化(adaptive robotic particle swarm optimization，A-RPSO)算法，初始惯性权重 $w_{ini} = 1.0$，认知系数 $c_1 = 0.6$，社会系数 $c_2 = 0.4$，避障系数 $c_3 = 0$(无障碍环境)，随机系数 $c_4 = 0.1$，比例因子 $\alpha = 0.3$，比例因子 $\beta = 0.7$。

(3) IGES。小组尺寸阈值 $\beta_G = 5$。

(4) LFS 策略。指数因子 $u = 1.001$，惯性权重 $w = 0.6$。

(5) BMS 策略。惯性权重 $w = 0.7$。

(6) IS 策略。阶段 1 的指数因子 $\tau_1 = 3L$，阶段 2 的指数因子 $\tau_2 = 0.3L$，L 为地图边长，惯性权重 $w = 0.6$。

(7) TFS 策略。扩散阈值 $D_T=3$，随机搜索的指数因子 $\tau=2L$ (L 为地图边长)，比例因子 $\alpha=0.75$，比例因子 $\beta=1.33$，领导者与队员的理想距离 $T=0.8L_h$($L_h=0.8\times2r_t$，机器人间的通信半径为 $2r_t$)。

(8) PFSMS 策略。状态保持的初始概率 $P_{ini}=0.9997$，惯性权重 $w=0.55$，扩散阈值 $T_b=2.3$，关于参数优化的具体实验会在接下来的 4.7.2 节进行介绍。

4.7.2　不同群体规模下的对比实验

本节通过实验对不同群体规模下(即不同的机器人数量)各对比策略的性能进行了考察和分析。在地图尺寸为 1000×1000 和目标数量为 10 的默认配置下，各搜索策略参与了群体规模分别为 25、50、75、100、125、150、175 和 200 的 8 组实验，实验结果如表 4-3、图 4-16 和图 4-17 所示，其中 mI 和 dI 分别表示迭代次数的均值和标准差。

表 4-3　不同群体规模下各对比策略搜索 10 个目标所需 mI 和 dI

群体规模	RPSO 算法		A-RPSO 算法		IGES		LFS 策略		BMS 策略		IS 策略		TFS 策略		PFSMS 策略	
	mI	dI	mI	dI	mI	dI	mI	dI	mI	dI	mI	dI	mI	dI	mI	dI
25	349.79	87.96	340.54	81.45	281.07	57.80	238.98	51.76	287.30	77.37	261.02	60.55	317.45	119.2	186.43	38.20
50	287.98	75.76	283.05	72.70	229.53	38.83	195.71	33.58	200.26	45.97	204.78	36.82	209.79	55.14	147.40	20.05
75	262.56	70.64	256.27	64.28	212.38	33.35	180.04	25.96	172.85	34.26	188.59	31.53	179.90	42.30	138.24	17.78
100	246.49	65.87	237.73	59.70	201.60	29.53	172.51	25.48	160.21	24.70	176.87	27.06	162.75	27.92	132.53	15.95
125	229.18	55.78	225.28	53.17	194.04	27.79	166.19	22.96	153.96	22.21	169.20	24.54	154.09	24.09	129.34	15.00
150	220.07	54.74	214.11	49.15	190.21	27.02	162.40	22.24	149.84	20.83	164.99	23.37	147.99	21.22	126.91	14.79
175	213.43	52.58	208.26	47.14	185.87	25.41	158.77	21.64	146.09	18.99	161.17	21.43	144.92	20.15	125.27	14.70
200	207.94	51.24	202.96	46.58	182.63	24.89	155.68	20.38	142.55	17.58	157.40	20.87	141.01	18.57	123.45	14.39

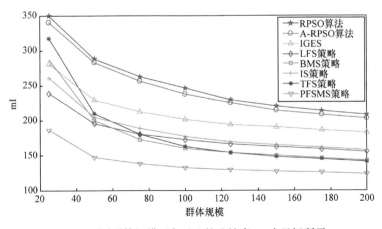

图 4-16　不同群体规模下各对比策略搜索 10 个目标所需 mI

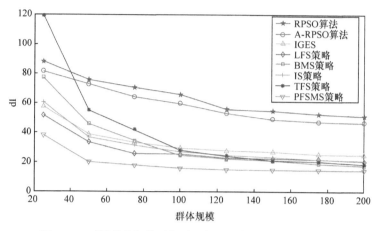

图 4-17 不同群体规模下各对比策略搜索 10 个目标所需 dI

参与对比实验的 8 个搜索策略大致可分为三组:群体优化算法(RPSO 算法、A-RPSO 算法和 IGES)、独立搜索策略(LFS 策略、BMS 策略和 IS 策略)、编队策略(TFS 策略和 PFSMS 策略)。在群体规模为 50 时,各对比策略的 mI 都优于 300 次迭代(本章起始部分讨论的两种遍历策略的估计性能)。由图 4-16、图 4-17 及表 4-3 结果可知,尽管本章已经通过引入随机分量(避免局部振荡)改善了 RPSO 算法的原始性能,但其搜索效率(mI 表示)仍是所有对比策略中最低的。此外,虽然本章也为 A-RPSO 算法引入了随机分量和简单的小生境技术(限制机器人的通信范围),但可以看出其表现也很差,仅稍优于 RPSO 算法。由此可以推断,用于高维优化的传统的启发式算法可能不适合于群体机器人的多目标搜索任务,因为后者关注的是二维或三维的问题场景。在高维优化问题中,要提升局部梯度估计的精确度需要大量机器人个体的协同,而在低维情况下计算梯度方向很简单,只需少量机器人个体即可完成,因此应该更加关注群体的探索能力而非开采能力。相对于 RPSO 算法与 A-RPSO 算法,IGES 明显表现更好,这主要源于它对扩散机制的重视,因为扩散机制能够提升群体的探索能力。但需要说明的是,IGES 的扩散行为是一种反应式决策,仅取决于当代的感知信息,即邻居的数量是否超过某一阈值(小组尺寸超过某阈值)或者邻居的适应度值是否和自己相同(小组共享同一适应度值),若下次迭代的感知信息发生变化,则扩散行为即刻停止并由新的决策取代,这样的扩散行为仅能保证机器人之间间隔一定的距离(如感知半径)而非进一步在环境中散开,因此群体的探索能力仍然是受限的。参考本章前面关于基准策略的探讨,一个搜索策略在群体规模为 50 时能达到 300 次迭代,群体规模为 100 时能达到 200 次迭代,则该策略在设计上可视为比较合理的,可以发现本章提出的策略都满足上述要求。

一个有趣的结果是,独立搜索策略的表现要优于 RPSO 算法、A-RPSO 算法和 IGES,这意味着本章建立的理想化问题模型的复杂度不高,随机搜索策略结合梯度估计技术就足以较好地解决。在可以感知到适应度信息的区域，群体优化算法的协同机制通常会使得群体具有较高的连接度，因为 RPSO 算法和 A-RPSO 算法倾向于将机器人聚集到一个小区域，而 IGES 倾向于让机器人之间大致维持固定的相对位置，这都限制了群体的扩散，从而限制了群体的探索能力。另外，在独立搜索策略中，机器人之间没有协同，即每个机器人仅根据自身的感知和历史信息进行决策，因此没有显式机制将不同的机器人个体聚集到一起。此外，惯性机制的引入在某种程度上提升了群体的扩散能力。因此，不难看出，独立搜索策略相对较高的搜索效率正源自它对于群体探索能力的重视。

在独立搜索策略中，与 LFS 策略相比，BMS 策略的平均步长较大，而 IS 策略的平均步长较小(由于阶段 2 的存在)，实际上在本章的问题模型中，IS 策略的阶段 2 是低效的，甚至是一种拖累，去掉阶段 2 的 IS 策略可以表现出类似于 LFS 策略的性能。当群体规模较小时(如 25)，小移动步长会显著限制群体的探索能力，而过大的移动步长又可能导致遗漏附近的适应度信息，因此 IS 策略与 BMS 策略的表现不如 LFS 策略，如图 4-16 所示。另外，随着群体规模的增大，BMS 策略的效率逐渐超过了 IS 策略和 LFS 策略，成为表现最优的独立搜索策略，这是因为大群体规模下机器人遗漏附近目标的概率较低，因此采用大步长的策略(如 BMS 策略)会表现得更好。

如图 4-16 所示，群体规模是 TFS 策略的一个重要影响因素，而大致维持等边三角形的三机编队使得梯度方向的估计比较精确,确保了群体出色的开采能力，因此搜索性能的主要限制因素是群体的探索能力。当群体规模较小时，三机编队的编队数量较少，群体的探索能力受到限制，因此 TFS 策略的表现较差；实际上在小群体规模下，维持群体连接度的机制(如相互吸引或队形控制)一般会限制群体的探索范围。另外，可以看出随着群体规模的增大(如 50 或更大)，TFS 策略的潜力逐渐显现，在群体规模为 125 时，TFS 策略的性能与表现最优的 BMS 策略相似，在更大的群体规模下，TFS 策略超越 BMS 策略成为效率最高的策略。

通过增强群体的开采能力或探索能力，本章提出的 TFS 策略和独立搜索策略，在搜索效率上相对于 RPSO 算法或 IGES 有了较大提升。虽然在群体规模较小时，TFS 策略和 BMS 策略要稍差于 IGES，其中 TFS 策略主要由于探索能力受限，而 BMS 策略是由于开采能力不足；但是在典型的群体规模(50)或更大的群体规模下，本章提出的策略要优于三种群体优化算法，在群体规模为 50 时，本章提出的策略对 RPSO 算法有 27%～32%的提升，而对 IGES 有 9%～15%的提升；在群体规模为 200 时，本章提出的策略对 RPSO 算法有 24%～32%的提升，而对 IGES 有 14%～23%的提升。因此，本章对群体开采能力或探索能力的增强是有效的，相对于已有的对比策略有了较为显著的性能提升。

从图 4-16、图 4-17 和表 4-3 可以看出，PFSMS 策略在效率和稳定性上明显优于其他对比策略, 尤其是群体规模为 200 时的平均迭代次数 mI 达到了 123.45, 这个值很接近第 2 章中由近似数学模型得到的下界 117.46 和蒙特卡罗模拟得的下界 119, 这说明在大群体规模下, PFSMS 策略的效率逼近理论最优。受益于概率性的扩散机制(概率有限状态机中的扩散状态), PFSMS 策略具有优异的探索能力, 群体规模很小时依然如此, 而且在群体规模超过 100 后, 继续增大群体规模, PFSMS 策略的效率提升不明显, 这意味着 PFSMS 策略已经充分发挥出群体的探索能力, 不需要再借助机器人数量的增加来进一步增强探索能力。不同于 IGES 的反应式扩散机制, PFSMS 策略中的扩散状态可以持续很多次迭代, 可以充分发挥群体的探索能力。另外, 借助于邻居信息, PFSMS 策略的三角梯度估计能够获得比独立搜索策略更为精确的方向(更强的开采能力), 群体规模的增大会进一步加强该效应。此外, 惯性机制的引入有助于稳定移动方向和避免局部振荡, 可以改善群体的开采能力。在默认群体规模(50)下, 相比于其他 7 个策略(RPSO、A-RPSO、IGES、LFS、BMS、IS 和 TFS), PFSMS 策略在效率上分别提升了 48.82%、47.92%、35.78%、24.68%、26.39%、28.02%和29.74%, 凸显了 PFSMS 策略性能的优异性。

PFSMS 策略的统计显著性实验结果如下。在不同的群体规模下, PFSMS 策略的效率(mI 表示)和稳定性(dI 表示)都显著优于其他对比策略。对于每一种群体规模, 本章在 PFSMS 策略和其他每一种对比策略之间, 进行了双边 Wilcoxon 秩和检验(置信度为 99%), 使用了 1000 次运行的迭代次数。统计检验显示, 在每一种群体规模下, PFSMS 策略在效率上都显著优于其他对比策略。

如第 3 章性能衡量指标部分所述, 规模敏感性是策略性能的一项衡量指标, 意味着每增加一个机器人平均少用的迭代次数, 该指标可在本节实验(不同群体规模)中考察, 具体可由图 4-16 中曲线的斜率表示, 斜率越大意味着规模敏感性越强。如图 4-18 所示, 各对比策略对应的曲线斜率依次为 0.81、0.79、0.56、0.48、

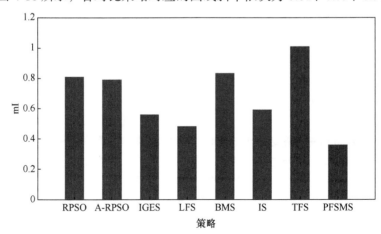

图 4-18　每增加一个机器人, 各对比策略搜索 10 个目标少用的 mI(迭代次数的均值)

0.83、0.59、1.01、0.36，即按照规模敏感性由大到小，各策略依次为 TFS > BMS ≈ RPSO ≈ A-RPSO > IS ≈ IGES > LFS > PFSMS。PFSMS 策略是对群体规模最不敏感的策略，这意味着相比于其他策略，其具有更强的容错性和可伸缩性，能够更好地适应机器人数量会发生较大变动的任务。

搜索策略的稳定性，体现了机器人群体应对任务中随机因素的能力(主要是目标分布的随机性)，机器人群体越能平衡地处理随机因素，则表现的搜索行为越稳定。各对比策略的稳定性(dI 表示)如图 4-17 所示，可以看出 RPSO 算法和 A-RPSO 算法的稳定性较差。若某种搜索策略倾向于将群体中的个体聚集到一起，或者让机器人之间保持较高的连接度，则随机因素的影响会比较容易地传递到整个群体，而很难将其分散掉，这正是 RPSO 算法和 A-RPSO 算法表现不稳定的原因。假设在某一区域有两个目标，而且两个目标之间有一定的距离，则比较合理的处理方式应该是将种群划分为两部分(但机器人并不知道周围目标的个数)，并行处理两个目标以提高效率；但是如果机器人倾向于聚在一起，那么整个群体很可能被吸引到一个目标，从而降低了搜索效率。从该例子可以看出，搜索策略的稳定性在一定程度上反映了群体的探索能力。值得说明的是，稳定性并不等价于探索能力，前者关注的是在移动过程中不要遗漏附近的目标，后者则侧重于对多个目标进行并行搜索，虽然局部的并行搜索可在一定程度上缓解遗漏目标的问题。如图 4-17 所示，当群体规模较小时，探索能力较强的 BMS 策略表现得不太稳定，而探索能力受限的 IGES 却显示出优异的稳定性，前者因为移动步长过大容易遗漏附近目标，后者则因其反应式扩散机制而不易漏掉目标。另两个独立搜索策略(LFS 策略和 IS 策略)表现比较稳定，因为它们的移动步长相对较小，不易遗漏周围的目标。随着群体规模的增大，遗漏目标的概率降低，BMS 策略的稳定性也逐渐超越了其他策略(群体规模为 100 时)，成为了最稳定的策略。TFS 策略的稳定性类似于 BMS 策略，只是它在群体规模较小时更不稳定，在群体规模为 25 时，TFS 策略的稳定性在所有对比策略中是最差的，这是因为群体规模较小时三机编队的编队数量很少，在移动时很容易遗漏附近的目标，而随着群体规模的增大，编队数量增多，遗漏目标的概率降低，稳定性得到提升，在群体规模为 200 时，TFS 策略的稳定性非常接近最优的 BMS 策略。

PFSMS 策略也是所有对比策略中稳定性最好的。PFSMS 策略的扩散状态能够增强群体的探索能力，避免因为某个目标的诱导而遗漏其他目标，而概率性转入搜索状态的个体会搜索与处理附近的目标，不易遗漏目标，从而表现出较强的稳定性。当群体规模增大到一定尺寸(如 100)时，搜索策略的 dI 趋于收敛，这意味着增加机器人的数量所带来的稳定性的增强有一定的限制。在默认群体规模(50)下，按照稳定性由高到低，各搜索策略依次为 PFSMS > LFS > IS ≈ IGES > BMS > TFS > A-RPSO ≈ RPSO。

4.7.3　不同目标数量下的对比实验

本节通过实验对不同目标数量下各对比策略的性能进行了考察和分析。在地图尺寸为 1000×1000、群体规模为 50 的默认配置下，各搜索策略参与了目标数量分别为 1、5、10、15、20、30、40 和 50 的 8 组实验，实验结果如表 4-4、图 4-19 和图 4-20 所示。需要说明的是，虽然本节实验中的目标数量不超过机器人数量，但目标数量超过 50 的情况和图中相应曲线的趋势一致。

表 4-4　群体规模为 50 时各对比策略搜索不同数量目标所需 mI 和 dI

目标数量	RPSO 算法		A-RPSO 算法		IGES		LFS 策略		BMS 策略		IS 策略		TFS 策略		PFSMS 策略	
	mI	dI	mI	dI	mI	dI	mI	dI	mI	dI	mI	dI	mI	dI	mI	dI
1	96.03	36.06	98.20	39.44	105.35	42.69	89.04	31.72	92.12	37.64	94.48	35.64	94.66	46.28	85.12	29.02
5	187.12	45.79	187.97	47.15	179.70	34.61	150.77	30.72	156.19	42.51	161.16	33.52	167.54	56.61	126.25	21.09
10	292.92	76.46	281.70	71.66	228.38	38.24	196.20	32.86	200.68	46.73	205.32	36.17	212.29	56.64	148.34	20.56
15	380.26	95.80	364.65	89.08	272.52	43.66	227.43	34.00	227.65	43.32	235.46	37.81	241.80	58.71	164.02	21.92
20	437.02	94.88	414.89	85.19	301.63	50.29	245.69	36.41	249.48	44.73	254.42	40.11	261.79	62.05	175.79	20.78
30	544.09	104.16	506.65	92.64	355.33	65.66	282.03	41.43	283.73	42.50	289.45	46.31	306.15	67.58	200.63	25.26
40	627.32	109.12	560.62	93.80	408.77	63.98	309.42	40.24	313.54	45.85	316.92	46.80	348.19	76.09	222.64	29.49
50	712.58	122.77	606.38	107.38	436.35	67.35	329.20	41.70	338.02	45.91	334.33	48.41	367.50	71.15	235.35	28.44

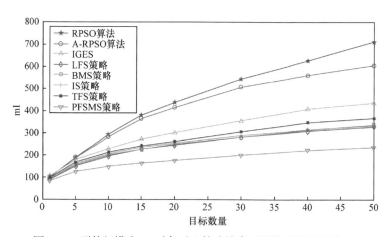

图 4-19　群体规模为 50 时各对比策略搜索不同数量目标所需 mI

如图 4-19 和表 4-4 所示，当只有一个目标时，所有对比策略的搜索效率类似。需要考虑的一点是，可能会有多个机器人同时参与某个目标的处理，因此为了减小估计误差，目标处理所需的平均迭代次数可设为 5，可得平均迭代次数的近似下界为 75，若目标处理平均需要 5 次迭代，那么总共需要约 80 次迭代。根据

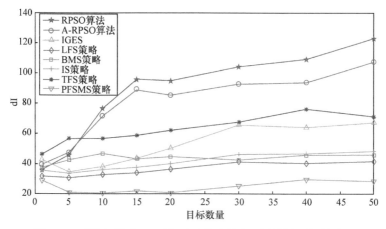

图 4-20 群体规模为 50 时各对比策略搜索不同数量目标所需 dI

表 4-4 中的数据，IGES、RPSO 算法(A-RPSO 算法/IS 策略/TFS 策略)、LFS 策略(BMS 策略)和 PFSMS 策略所需的平均迭代次数分别为 105、95、90、85，其中PFSMS 策略最优的 85 次迭代很接近下界 80 次迭代，显示出较高的效率。在搜索与收集单个目标的任务中，好的探索能力有助于发现有适应度信息的区域，而好的开采能力有助于尽快发现目标，表现较好的 LFS 策略与 BMS 策略就具有较强的探索能力。与 RPSO 算法和 A-RPSO 算法相比，IGES 的初始扩散速率受其扩散机制的限制，因此其初始探索能力不好，这使得它需要更长的时间来寻找目标。三种独立搜索策略(LFS 策略、BMS 策略和 IS 策略)采用相同的三角梯度估计技术，因此搜索效率的差异主要来自探索能力的不同，与 LFS 策略相比，BMS 策略和 IS 策略的表现稍差，其中 BMS 策略因为平均移动步长较大，容易遗漏附近目标(群体规模增大后会有所改善)，而 IS 策略的平均移动步长较小，探索能力稍差。尽管 TFS 策略具有最好的局部开采能力(梯度估计)，但其搜索效率受其探索能力所限，群体规模增大后会有所提升。

PFSMS 策略的统计显著性实验结果如下。在不同的目标收集次数下，PFSMS策略的效率(mI 表示)和稳定性(dI 表示)都显著优于其他对比策略。对于每一种目标收集次数，本章对 PFSMS 策略和其他每一种对比策略进行了双边 Wilcoxon 秩和检验(置信度为 99%)，使用了 1000 次运行的迭代次数。统计检验显示，在每一种目标收集次数下，PFSMS 策略在效率上都显著优于其他对比策略。

并行处理能力是策略性能的一项衡量指标，意味着每增加一个目标平均额外所需的迭代次数，该指标可在本部分实验(不同目标数量)中考察，具体可由图 4-19中曲线的斜率表示，斜率越小意味着并行处理能力越强。如图 4-21 所示，各搜索策略对应的曲线斜率依次为 12.7、10.2、6.6、4.9、5.0、4.9、5.3 和 3.0，即按照协作处理能力由强到弱，各策略依次为 RPSO > A-RPSO > IGES > TFS > BMS ≈ LFS

≈ IS > PFSMS。A-RPSO 算法具有比 RPSO 算法更好的并行处理能力，随着目标
数量的增大，A-RPSO 算法的优势逐渐显现出来。三种独立搜索策略具有相似的
并行处理能力，群体规模较小，使得目标较容易被遗漏，因此平均移动步长较小
的策略的并行处理能力反而稍好(平均移动步长关系为 BMS > LFS > IS，而并行
处理能力关系为 IS > LFS > BMS)。TFS 策略的并行处理能力稍差于独立搜索策
略，而优于其他三种算法，可以预见群体规模增大也会显著提升 TFS 策略的并行
处理能力(规模敏感性较强)。

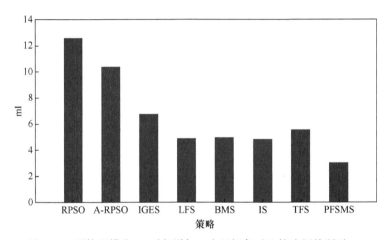

图 4-21　群体规模为 50 时每增加一个目标各对比策略额外所需 mI

　　当群体规模为 50 时，各对比策略搜索不同数量目标的稳定性如图 4-20 所示。
随着目标数量的增加，IGES 的曲线先降后升，这意味着增加少量目标有助于减小
问题的随机性，但目标进一步增多稳定性会变差，这说明 IGES 的反应式扩散机
制难以应对过多的目标。在所有对比算法中，独立搜索策略(尤其是 LFS 策略)的
稳定性最佳，TFS 策略和 IGES 表现次之，RPSO 算法与 A-RPSO 算法的稳定性
最差。TFS 策略的规模敏感性较强，因此机器人数量增多后 TFS 策略的稳定性会
有所提升。从曲线的趋势可以看出，TFS 策略和独立搜索策略的稳定性对目标数
量不太敏感，而 RPSO 算法与 A-RPSO 算法尤其不擅长处理多个目标，随着目标
数量的增多，它们的稳定性急剧恶化。

　　总体上各搜索策略的稳定性对目标的收集次数的变化不太敏感，稳定性排名
基本保持不变，但是 LFS 策略、IS 策略和 IGES 的稳定性随着目标收集次数的增
多而缓慢变差，而这三者也是协作处理能力最差的三个策略，原因可能在于这三
个搜索策略常常依赖少量(如单个)机器人收集多个目标，当目标收集次数变多时，
收集不同数量的目标所需迭代次数的差异就会变大，从而导致稳定性变差。另外，
虽然不太明显，但仔细观察可以发现，PFSMS 策略的稳定性也随着目标收集次数

的增加而缓慢变差(变化很小,对其他策略而言可视为正常扰动),这说明 PFSMS 策略可能也有相似的问题,即多个目标有共同的机器人参与收集,不同的是 PFSMS 策略的协作处理能力更强(即同时处理一个目标的平均机器人数量更多),因此目标收集次数增多带来的影响更小。当然,从绝对值上来说,PFSMS 策略的稳定性是远优于其他策略的,这在实际应用中很有优势。

4.7.4 不同目标收集次数下的对比实验

在问题模型中指出,每个目标需要 10 步才能被处理完毕,该过程可由单个机器人独自在 10 次迭代内完成,或者由 10 个机器人在 1 次迭代内完成,目标的收集次数是一个机器人收集一个目标所需的迭代次数。本节通过实验对不同目标收集次数下各对比策略的性能进行考察和分析。在地图尺寸为 1000×1000、群体规模为 50 和目标数量为 10 的默认配置下,各搜索策略参与了目标收集次数分别为 1、5、10、15、20、30、40 和 50 的 8 组实验,实验结果如表 4-5、图 4-22 和图 4-23 所示。

表 4-5 在不同的目标收集次数下,群体规模为 50 时各对比策略搜索 10 个目标所需 mI 和 dI

目标收集次数	RPSP 算法		A-RPSO 算法		IGES		LFS 策略		BMS 策略		IS 策略		TFS 策略		PFSMS 策略	
	mI	dI	mI	dI	mI	dI	mI	dI	mI	dI	mI	dI	mI	dI	mI	dI
1	278.26	73.79	264.94	67.55	210.64	36.68	178.35	29.75	187.05	46.06	186.57	31.78	196.83	55.73	136.70	18.85
5	286.28	78.65	275.86	71.66	220.97	37.49	186.81	31.74	193.84	45.38	197.16	35.35	206.82	55.58	142.46	20.41
10	289.05	76.14	283.17	69.65	230.61	37.84	194.82	33.69	199.97	46.53	205.24	36.71	210.67	59.39	147.80	21.17
15	294.24	76.35	287.63	70.85	236.11	40.73	203.22	35.39	208.66	47.04	212.06	37.48	215.33	54.90	153.44	22.32
20	299.69	77.26	291.80	69.82	244.18	43.32	210.55	37.59	215.39	46.42	221.17	41.32	220.66	57.12	157.58	22.26
30	306.46	75.91	304.07	72.66	256.42	43.66	223.62	39.77	224.53	45.21	231.56	41.47	227.49	57.14	164.82	24.22
40	312.79	75.37	313.91	74.53	268.03	47.28	234.03	42.43	236.79	48.40	244.35	47.19	235.67	58.00	171.87	23.43
50	321.18	78.63	321.42	74.21	277.77	47.89	243.62	42.55	247.31	49.99	254.01	43.96	244.89	56.09	178.65	24.41

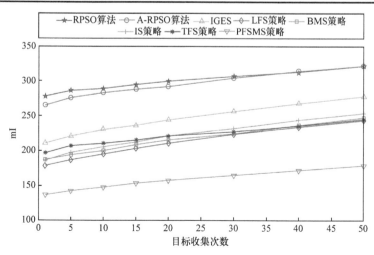

图 4-22 在不同的目标收集次数下,群体规模为 50 时各对比策略搜索 10 个目标所需 mI

如图 4-22 所示，各对比策略的 mI 随着收集次数的增加，大致符合线性增长。各策略的效率排名基本保持不变，但是 RPSO 算法缓慢超越了 A-RPSO 算法，而 TFS 策略逐渐超越了 IS 策略和 BMS 策略而接近 LFS 策略。可以看出，PFSMS 策略的效率是非常突出的，若不考虑 PFSMS 策略，则其他策略大致可分为三个梯队(TFS 策略和独立搜索策略、IGES、RPSO 算法和 A-RPSO 算法)，而考虑 PFSMS 策略后，所有策略依然可视为三个梯队，不同的是，PFSMS 策略优势明显，使得原来前两个梯队的差异不再明显而合为一个，即新的三梯队为：PFSMS 策略、TFS 策略/独立搜索策略/IGES、RPSO 算法/A-RPSO 算法。

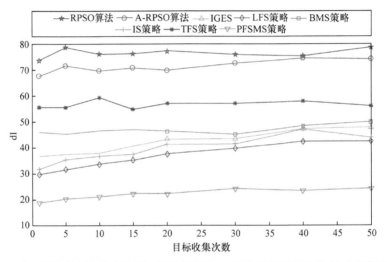

图 4-23　　在不同的目标收集次数下，群体规模为 50 时各对比策略搜索 10 个目标所需 dI

图 4-23 中曲线的斜率显示了群体的协作处理能力，斜率越小意味着协作处理能力越强。如图 4-24 所示，各搜索策略对应的曲线斜率依次为 0.88、1.15、1.37、1.33、1.23、1.38、0.98 和 0.86，即按照协作处理能力由强到弱，各策略依次为 PFSMS ≈ RPSO > TFS > A-RPSO > BMS > LFS ≈ IGES ≈ IS。协作处理能力在一定程度上体现了群体的局部开采能力，而机器人保持一定的聚集度能够加强协作，因此 RPSO 算法、TFS 策略和 A-RPSO 算法的协作处理能力较强。另外，IGES 的扩散机制削弱了机器人之间的协作，表现出的协作处理能力类似于独立搜索策略，它们的局部开采能力相似，因此 IGES 的搜索效率主要受限于其较差的探索能力。可以看出，在协作处理能力上，PFSMS 策略依然很优秀，只是相对于其他策略不再有压倒性的优势，与 RPSO 算法及 TFS 策略的差异不大，而这也是可以理解的，因为协作处理能力大致体现了处理一个目标平均参与的机器人数量，RPSO 算法的协作处理能力来自多个个体的聚集，TFS 策略的协作处理能力来自三机编队，而 PFSMS 策略的扩散状态更加侧重于并行而非协作(另一个采用扩散机制的

IGES 是协作处理能力最差的策略之一)，因此仅借助处于搜索状态的个体和不太精确的三角梯度估计(和 TFS 策略相比)就能获得如此的协作处理能力，这说明了 PFSMS 策略中的概率性决策抓住了多目标搜索任务的本质需求，很好地平衡了群体的探索和开采。另外，由于本章在问题设置上侧重于搜索策略的效率而非目标处理的协作性(目标收集次数仅为 10 且多个个体收集只有线性加速)，所以好的协作处理能力带来的性能提升并不明显。

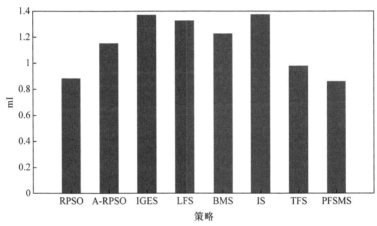

图 4-24　每增加一次目标收集次数，群体规模为 50 时各对比策略搜索 10 个目标额外所需 mI

　　并行处理能力和协作处理能力可以看作探索能力与开采能力的一种具体表现。与 4.7.3 节实验(不同目标数量)一起考虑可以发现，启发自群体优化算法的策略(包括 RPSO 算法、A-RPSO 算法和 IGES)中并行处理能力越强的算法协作处理能力越弱，三种独立搜索策略似乎也有类似的关系(不明显)，因此更好地平衡探索与开采或许能进一步提升搜索效率。对于 TFS 策略，其三机编队机制保证了较强的协作处理能力，而其初始扩散机制在一定程度上增强了并行处理能力。

　　如图 4-23 所示，总体上各搜索策略的稳定性对目标收集次数的变化不太敏感，稳定性排名基本保持不变，但是 LFS 策略、IS 策略和 IGES 的稳定性随着目标收集次数的增多而缓慢变差，而这三者也是协作处理能力最差的三个策略，原因可能在于这三个搜索策略常常依赖少量(如单个)机器人收集多个目标，当目标收集次数变多时，收集不同数量的目标所需迭代次数的差异就会变大，从而导致稳定性变差。从整体上来说，独立搜索策略(尤其是 LFS 策略)和 IGES 的稳定性较优，TFS 策略的稳定性较差，RPSO 算法与 A-RPSO 算法的稳定性最差。另外，虽然不太明显，但仔细观察可以发现，PFSMS 策略的稳定性也随着目标收集次数的增加而缓慢变差(变化很小，对其他策略而言可视为正常扰动)，这说明 PFSMS 策略可能也有相似的问题，即多个目标有共同的机器人参与收集，不同的是 PFSMS 策略的协作处理能力更强(即同时处理一个目标的平均机器人数量更多)，因此目标收集次数增多带来的影响更小。当然，从绝对值上来说，PFSMS 策略的稳定性是远优于其他策略的，这在实际应用中是很有优势的。

4.7.5　各种对比策略搜索效率的排名

前面的对比实验在三种不同的问题配置下具体考察了不同搜索策略的性能(不同群体规模、不同目标数量和不同目标收集次数)，并给出了相应的分析与解释。基于表 4-3、表 4-4 和表 4-5 的数据，本节旨在从一个比较宏观的视角审视不同搜索策略的整体效率，并给出在不同问题配置下各对比策略搜索效率排名，如表 4-6 所示。

表 4-6　在不同问题配置下各对比策略搜索效率排名

参数	RPSO 算法	A-RPSO 算法	IGES	LFS 策略	BMS 策略	IS 策略	TFS 策略	PFSMS 策略
群体规模	8.0	7.0	5.8	3.5	2.9	4.6	3.3	1.0
目标数量	7.6	7.1	6.3	2.0	3.0	4.0	5.0	1.0
目标收集次数	8.0	7.0	6.0	2.0	3.4	4.4	4.3	1.0
总体	7.9	7.0	6.0	2.5	3.1	4.3	4.2	1.0

在表 4-6 中，第一行、第二行和第三行分别是在不同群体规模、不同目标数量和不同目标收集次数下的平均效率排名，第四行是综合考虑了前三种问题配置后的一个总体排名。在所有行中，排名第一、第六、第七和第八的策略是固定的，分别为 PFSMS 策略、IGES、A-RPSO 算法、RPSO 算法，凸显了 PFSMS 策略的优势和启发自群体优化算法的搜索策略的不足。对于其余的四种策略(LFS 策略、BMS 策略、IS 策略、TFS 策略)，在默认群体规模(50)下，LFS 策略一直是最优的，不过在群体规模较大时，BMS 策略和 TFS 策略是更好的选择(如第二行所示)。应该指出的是，表 4-6 中所示的效率排名只是在上述问题配置下一个粗略的效率度量，对于具体问题还要具体分析，尤其是在群体规模影响较大时。

4.8　本　章　小　结

本章提出了 5 种基于规则的多目标搜索策略，包括 GES、IGES、TFS 策略、LFS 策略/IS 策略/BMS 策略、PFSMS 策略。

在 GES 中，由于每个机器人的感知范围有限，整个机器人群体自动划分为一些分组(不同分组间可能存在重叠)。策略的核心思想是将分组中心移向组内某个最优个体。为了提高搜索的并行性，当分组尺寸超过一定阈值时，会分裂为两个较小的小分组。在分组分裂过程中，算法会选择两个临时领导者，组内队员会随机选择某个领导者并跟随其移动。

在 GES 的仿真实验中发现, 若分组内的所有个体的适应度相同, 则选择其中某个个体的位置作为引导, 可能会使得机器人陷入局部振荡或回退到更差的区域。在 IGES 中, 四种子策略得以提出来改进 GES 在不同情况下显露出的问题, 总体而言, IGES 主要进行了两点改进: 第一, 机器人的移动参考点是组内所有最优个体位置的均值, 而非像 GES 一样选择组内某个最优个体; 第二, 除了分组尺寸过大外(超过某一阈值), 若组内所有个体的适应度相同, 则分组也会进行分裂, 分裂的方式是所有个体朝远离小组中心的方向移动(不需要再选择临时领导者)。

基于三阶段搜索框架和对问题特征的分析, 本章提出了 TFS 策略和三种独立搜索策略(LFS 策略、IS 策略和 BMS 策略), 前者侧重于群体的开采能力, 而后者旨在增强群体的探索能力。实验结果显示, 本章提出的策略在搜索效率上较优(优于 RPSO 算法、A-RPSO 算法和 IGES), 在稳定性上也有一定优势(尤其是在群体规模较大时)。TFS 策略的规模敏感性较强, 适合机器人数量充足的任务(群体规模不小于 125 时在所有对比策略中效率最高), 群体规模适中时表现也不错, 但在群体规模很小时(如 25)效率不高。受益于三角编队和初始扩散机制, TFS 策略表现出较好的协作处理能力和并行处理能力。实验发现, 默认的群体规模(50)对 TFS 策略而言偏小, 即三角编队仍使机器人过于集中, 限制了群体的探索能力。另外, TFS 策略的具体实现有些复杂, 在一定程度上影响了可维护性和可扩展性。三种独立搜索策略引入了随机搜索策略, 同时借用了 TFS 策略的三角梯度估计技术, 使其在并行处理和协作处理方面表现较好, 其中在默认群体规模(50)下, LFS 策略的效率和稳定性在所有对比策略中最优, 而在稍大群体规模(不小于 75)下 BMS 策略在效率和稳定性上显示出较明显的优势, IS 策略在三种独立搜索策略中表现适中。

最后一种是 PFSMS 策略, 是所有对比策略中效率最高的, 也是稳定性最好的策略。在不同群体规模的对比实验中发现, 群体规模较大时(如 200), PFSMS 策略的效率已接近理论最优值; 而且 PFSMS 策略的规模敏感性最低, 即在可伸缩性和鲁棒性上具有显著优势。在不同目标数量的对比实验中, PFSMS 策略表现出最强的并行处理能力, 这主要得益于它的扩散状态对群体并行性的发挥。在不同目标收集次数的对比实验中, PFSMS 策略也是协作处理能力最优的策略。综合来说, 在效率、稳定性、规模敏感性、并行处理能力以及协作处理能力等各项指标上, PFSMS 策略几乎都显示出压倒性的优势(仅在协作处理能力上与 RPSO 算法及 TFS 策略比较接近), 这充分说明了 PFSMS 策略在策略设计上的合理性与有效性。

参 考 文 献

[1] Camazine S, Deneubourg J L, Franks N R, et al. Self-organization in Biological Systems[M]. Princeton:Princeton University Press, 2020.

[2] Gasparri A, Prosperi M. A bacterial colony growth algorithm for mobile robot localization[J].

Autonomous Robots, 2008, 24(4): 349-364.

[3] Jati A, Singh G, Rakshit P, et al. A hybridisation of improved harmony search and bacterial foraging for multi-robot motion planning[C]. 2012 IEEE Congress on Evolutionary Computation, Brisbane, 2012: 1-8.

[4] Tan Y, Zhu Y. Fireworks algorithm for optimization[C]. International Conference in Swarm Intelligence, Berlin, 2010: 355-364.

[5] Zheng Z Y, Tan Y. Group explosion strategy for searching multiple targets using swarm robotic[C]. 2013 IEEE Congress on Evolutionary Computation, Cancun, 2013: 821-828.

[6] Balch T, Arkin R C. Behavior-based formation control for multirobot teams[J]. IEEE Transactions on robotics and automation, 1998, 14(6): 926-939.

[7] Balch T R, Arkin R C. Motor Schema-based formation control for multiagent robot teams[C]. International Conference on Mechanical and Aerospace Systems, London, 1995: 10-24.

[8] Force U A. Air Combat command manual 3-3[P]. Washington, D.C.: Department of the Air Force, 1992.

[9] Črepinšek M, Liu S H, Mernik M. Exploration and exploitation in evolutionary algorithms: A survey[J]. ACM Computing Surveys, 2013, 45(3): 1-33.

[10] Soysal O, Sahin E. Probabilistic aggregation strategies in swarm robotic systems[C]. Proceedings 2005 IEEE Swarm Intelligence Symposium, Pasadena, 2005: 325-332.

[11] Zheng Z, Li J, Li J, et al. Improved group explosion strategy for searching multiple targets using swarm robotics[C]. 2014 IEEE International Conference on Systems, Man, and Cybernetics, San Diego, 2014: 246-251.

[12] Celikkanat H, Şahin E. Steering self-organized robot flocks through externally guided individuals[J]. Neural Computing and Applications, 2010, 19(6): 849-865.

[13] Stranieri A, Dorigo M, Birattari M. Self-organizing flocking in behaviorally heterogeneous swarms[R]. Bruxelles: Universite Libre De Bruxelles, 2011.

[14] Fua C H, Ge S S, Do K D, et al. Multi-robot formations based on the queue-formation scheme with limited communications[C]. Proceedings 2007 IEEE International Conference on Robotics and Automation, Rome, 2007: 2385-2390.

[15] Correll N, Martinoli A. Modeling and analysis of beaconless and beacon-based policies for a swarm-intelligent inspection system[C]. Proceedings of the 2005 IEEE International Conference on Robotics and Automation, Barcelona, 2005: 2477-2482.

第 5 章　基于学习的多目标搜索策略

5.1　基于深度学习和进化计算的策略设计

5.1.1　研究动机

关于群体机器人多目标搜索问题，现有搜索策略的设计方法一般是基于规则的，本章关注的是基于学习的搜索策略设计。

1. 相关工作

群体机器人搜索策略大致有两种：一种是基于规则的搜索策略，一般通过迭代地实现、研究与改进个体行为来实现期望的集体行为；另一种是基于学习的搜索策略，一般基于某些全局性的指标自上而下地调整与改进个体的行为，具体方法主要有强化学习和进化机器人。现有多目标搜索策略的设计一般是基于行为的，基于学习的搜索策略大多采用进化机器人，如用于觅食任务[1]、聚集行为[2]、区域监测行为[3]等。由于信用分配和动作空间巨大，强化学习在多机器人系统中面临很多挑战，要应用在群体机器人中更加困难。近年来，随着深度学习[4]技术的快速发展，一些多智能体强化学习的方法被相继提出[5,6]，深度网络也开始应用于群体机器人领域[7]。

本章首次将深度学习的有关技术(包括线性修正单元(rectified linear unit，ReLU)[8]、自归一化网络(self-normalizing networks，SNN)[9]、栈式自动编码器(stacked auto-encoder，SAE)[10]、Dropout[11]等)用于群体机器人多目标搜索问题，并采用一种最近提出的进化算法——导向烟花算法[12](guided fireworks algorithm，GFWA)来优化策略。接下来，本章会对用到的深度学习和进化计算的关键技术与算法进行简要介绍。

(1) ReLU[8]。相对于最常用的 sigmoid 函数和双曲正切函数，整流器激活函数 ReLU(rectifier(x) = max(0, x))能够得到更加稀疏的表示，有利于深度网络的训练。深度网络一般难以训练，需要无监督的预训练，采用 ReLU 作为网络激活函数可以不用预训练。

(2) SNN[9]。自归一化网络可用于高层抽象表示。在 SNN 中，神经元的激活函数输出可自动收敛到零均值和单位方差，所用的激活函数称为比例指数线性单元(scaled exponential linear unit, SeLU), 如式(5-1)所示。该单元具有自归一化属性, 使得 SNN 可以训练很深的网络, 在一定条件下会避免梯度消失和梯度爆炸问题。本章对采用 ReLU 和采用 SeLU 的神经网络进行了对比。

$$SeLU(x) = \lambda \begin{cases} x, & x > 0 \\ \alpha e^x - \alpha, & x \leqslant 0 \end{cases} \tag{5-1}$$

(3) SAE[10]。随着深度增加, 神经网络的表示能力也增强, 通过逐层贪婪的无监督预训练有助于优化网络。栈式自动编码器在训练深度网络中很有用[13], 尤其适合网络的无监督预训练。本章对采用和不采用 SAE 预训练的神经网络进行对比。

(4) Dropout[11]。Dropout 是避免神经网络训练过拟合的一种有效途径。拥有大量参数的神经网络是强大的机器学习工具, 但网络的过拟合是一个严重的问题。相对于其他正则化方法, Dropout 通过重复采样和训练网络的子模型, 能更有效地避免网络的过拟合。

(5) GFWA[12]。烟花算法是一种群体智能优化算法, 启发自烟花爆炸产生火花的过程, 可用于求解优化问题。烟花算法自提出以来进行了多次改进, GFWA 就是最近提出的一种简单且有效的改进版本。在本章中, GFWA 用于神经网络的进化优化。

2. 群体行为的学习

在自然界中, 可以观测到很多生物群体的自组织行为, 如蚂蚁觅食、蜜蜂筑巢和鸟类迁徙等。但并不知道生物个体所遵循的具体策略, 类似于 AlphaGo 的设计者不知道人类专家的策略[14], 不妨称该具体策略为目标策略。

利用一些设备和技术, 本节可以收集与提取生物群体的行为数据(如个体在某种信息状态下做出某个动作), 进而可以利用相关工具建模生物的行为模式。模仿生物的自组织行为对于本节设计的高效群体策略, 乃至揭示背后的机理都有重要意义。进一步地, 若已知行为或任务的衡量指标, 本节可以利用进化计算的手段进一步优化模型, 以期接近甚至超越目标策略的性能。例如, 在多目标搜索问题中, 衡量指标就是收集与处理完所有目标所需的迭代次数, 通过进化优化算法可以得到更加高效的模型, 这对于模型的实际应用是很有帮助的。

基于以上想法, 本章提出一种两阶段学习框架, 如图 5-1 所示。第一阶段是基于监督学习的离线策略学习; 第二阶段是基于网络进化的在线策略学习。该框架不仅可以用于群体机器人多目标搜索, 也可以用于其他群体任务。

3. 目标策略

目标策略在本章中用于生成深度学习所需的行为数据。需要指出的是, 目标策略本身可视为一种黑盒策略, 即无法得知策略的具体实现细节, 但可以观测

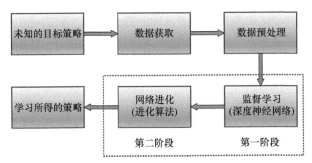

图 5-1 基于深度学习和进化计算的两阶段学习框架

采用该策略的机器人个体的行为,从而获得大量的行为数据,通常表示为输入信息-输出动作对。为了便于直观理解,本节对目标策略的基本原理进行简要介绍,但这并不是必要的,具体的输入和输出才是需要关心的。

目标策略是本书前面提出的一种基于概率有限状态机的搜索策略,包含三个状态:扩散状态、搜索状态和目标处理状态。在该状态机中,处在每个状态的机器人都有一定的概率转移到其他状态或者保持当前状态,概率的大小由决策因子决定。决策因子依赖具体的信息,包括机器人自身的信息和从邻居处获得的信息。机器人自身的信息,包括历史位置和适应度值、当前位置适应度值、是否发现目标以及目标的位置。机器人可从邻居处获得的信息,包括当前位置和适应度值、是否发现目标以及目标的位置。基于这些信息,本节构建了一个 30 维的特征作为网络输入(表 5-1)和一个二维的动作作为网络的输出(表 5-2)。

表 5-1　30 维输入特征的各维度描述

索引	描述
0	当前状态的三种取值:−1 表示搜索状态,1 表示扩散状态,0 表示目标处理状态
1	当前状态已持续迭代次数
2~3	当前速度
4~6	邻居是否发现目标,目标的位置
7~11	邻居总个数,上、下、左、右四个方向的邻居个数
12	历史信息个数
13~15	历史上的最优位置及其适应度值
16~18	历史上的最差位置及其适应度值
19	当前适应度值
20~22	最优邻居的位置及其适应度值
23~25	最差邻居的位置及其适应度值
26~29	四维随机数信息,用于概率性决策,可在行为观测时同步产生

一个通用的学习框架应该适合于不同的搜索策略,而本章仅考虑一种目标策略,这样处理主要基于三个原因。第一,提出本框架的一个初始动机是让其能够模仿性能优异的策略,而 PFSMS 策略正因为其性能优于其他策略而被选为目标策略;第二,人工神经网络结构本身具有一定的通用性,如果一个网络能够模仿在某任务中表现优异的策略,那么该网络的表达能力就在一定程度上得到了保证,因此本章所使用的神经网络结构也为模仿其他搜索策略提供了一个直接参考;第三,目标策略的输入设计一般需要专门化的特征工程,所选择的网络输入与目标策略越一致,越可能成功地学习到相应的行为,数据预处理和特征选择一般需要专门研究,不适用于一次性模仿多个不同的策略。

如表 5-1 所示,网络输入中仅选择了两个邻居和两项历史纪录,为了避免特征工程工作,一个有潜力的研究方向是使用所有可用的输入信息进行端对端的网络训练,包括所有邻居信息和所有历史信息。显然,考虑所有可用信息会使网络输入过宽,影响网络的简洁性,而本章中网络简洁性的代价就是需要手动选择与设计输入特征,这需要一定的领域知识。一般而言,选择的输入特征与目标策略所需的信息越相近,模仿得到的性能越相似。

表 5-2 二维输出的各维度描述

索引	描述
0	新的移动方向(角度值),取值范围是 $(-\pi, \pi]$
1	新的状态

5.1.2 基于深度学习的搜索策略学习

深度学习一般需要大量的数据,并尽可能保证数据的质量。为了保证一个好的学习效果,通常还会对数据进行预处理,如零中心化、归一化、批归一化[15]等。接下来需要对网络结构进行设计,包括网络类型(前馈、循环、卷积等)、层数、激活函数(sigmoid、ReLU 等)、学习算法、学习率、正则化、权值初始化等。

1. 数据采集和预处理

本节中的数据来源是目标策略的执行过程,为了保证数据服从独立同分布,生成每个样本的地图种子、机器人个体编号、迭代次数都服从均匀分布。其中,地图种子的取值范围是[0,1),机器人个体编号的取值范围为{0,1,2,…,49},迭代次数的取值范围是{1,2,3,…,199}。

起初本节直接利用采集的原始数据进行训练,但可视化仿真显示,神经网络无法较好地学习到机器人的搜索行为,即当个体在目标影响范围内时(感知到的适应度值大于0)如何接近目标。通过分析采集的数据,发现处于搜索状态(inputs[0]

等于−1)且适应度值大于 0(inputs[19]大于 0)的样本所占比例仅为 20%左右。该类样本对提升机器人的搜索能力比较重要，本节对数据进行了均衡，使其所占比例从 20%提升到 50%左右。从仿真结果来看，数据均衡有利于神经网络学习到机器人的搜索行为。

平衡后的数据集包括 150 万个样本，本节按照 3∶1∶1 划分为训练集(90 万)、验证集(30 万)和测试集(30 万)。另外，考虑到输入特征在不同维度上的尺度不一致，本节对每一维的特征进行了归一化(式(5-2))，使各维度的取值范围近似相等。

$$x^i = \frac{x^i - \mu^i}{s^i} \qquad (5\text{-}2)$$

其中，x^i 表示特征输入；μ^i 表示特征均值；s^i 表示特征标准差。

2. 神经网络结构

深度学习中的网络结构基本可分为三类：前馈神经网络(feed-forward neural networks，FNN)、卷积神经网络(convolutional neural networks，CNN)和循环神经网络(recurrent neural networks，RNN)。卷积神经网络适合于图像处理，循环神经网络适合于序列处理，考虑到数据集的特征和结构，本节选用 FNN 作为深度学习的网络结构。本节接下来会介绍具体的网络配置，如网络层数、隐含层单元数、激活函数、初始化技术、正则化技术、学习算法和学习率等。

对于网络层数和隐含层单元数，本节进行了一系列的简单测试，综合性能和模型复杂度最终选择了 30-128-256-256-128-2 的网络结构(图 5-2)，即网络含有 4 个隐含层，各隐含层单元数分别为 128、256、256、128。

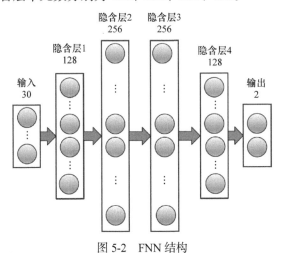

图 5-2　FNN 结构

本节选用了两种神经网络的激活函数：ReLU 和 SeLU。前者有利于网络的稀疏性, 后者则增强了数据流的规范性(零均值、单位方差)。鉴于两者都有利于深度网络的训练, 作为一个对比组件, 两者都参与了网络的构建。需要说明的是, 相对于 SeLU, ReLU 的计算更加简单, 便于并行, 若两者性能类似, 则 ReLU 应该是更合适的选择。对于 SeLU 的设置, 本节采用文献[9]的配置: $\lambda \approx 1.0507$ 和 $\alpha \approx 1.6733$, 将输入归一化到零均值单位方差(数据预处理中已完成)。除了常规的初始化手段, 本节还考察了 SAE 用于网络的无监督预训练, 采用和不采用 SAE 的网络也在实验中进行了对比。

为了防止网络训练的过拟合, 本节一方面会及时保存验证误差小的网络, 另一方面采用了 Dropout 技术。需要说明的是, 本节并未采用为 SeLU 设计的 "alpha-Dropout" 技术, 因为实验中发现该技术会导致验证误差显著增大。学习算法采用了 Adam 算法[16], 采用动态学习率, 更新式如式(5-3)所示。

$$\text{lr} = \text{lr}_{\min} + \left(\text{lr}_{\max} - \text{lr}_{\min}\right) \times e^{-\text{count/decay\_factor}} \tag{5-3}$$

其中, $\text{lr}_{\max} = 3 \times 10^{-3}$; $\text{lr}_{\min} = 1 \times 10^{-6}$; count 是迭代次数; decay_factor 是衰减因子。

3. 不同网络结构的实验结果

神经网络的基本结构如图 5-2 所示, 根据激活函数是 ReLU 还是 SeLU、是否采用 SAE, 本节选择了四种网络(SeLU_SAE、SeLU_NoSAE、ReLU_SAE、ReLU_NoSAE)参与训练和仿真测试。对于训练过程中的参数设置, batch_size 设为 500, 最大迭代次数为 1×10^6(每个 batch 对应一次迭代)。四种网络都采用了 Dropout 技术, SeLU_SAE 和 SeLU_NoSAE 的保持概率 pkeep = 0.97, ReLU_SAE、ReLU_NoSAE 的保持概率 pkeep = 0.98。

首先对每种网络进行 10 次训练, 得到了 10 个网络, 10 次训练的训练误差均值、验证误差均值、测试误差均值分别表示为 train_error、vali_error 和 test_error。在仿真阶段, 训练所得的网络被用于多目标搜索实验, 性能的衡量指标是处理完所有目标所需的迭代次数。在多目标搜索实验中, 机器人有 50 个, 目标有 10 个。对于每种网络, 每个训练所得的网络进行 3000 次多目标搜索实验, 10 个网络共计 30000 次实验的迭代次数的均值和标准差分别表示为 mI 和 dI。最终得到关于四种网络的实验结果, 如表 5-3 所示。

表 5-3　四种网络的实验结果

名称	train_error	vali_error	test_error	mI	dI
SeLU_SAE	0.23	0.37	0.37	166.51	29.44
SeLU_NoSAE	0.23	0.38	0.37	163.24	27.36
ReLU_SAE	0.25	0.39	0.39	182.70	46.30
ReLU_NoSAE	0.21	0.42	0.42	164.22	28.78

如表 5-3 所示,每种网络的验证误差均值 vali_error 和测试误差均值 test_error 近似,说明训练所得的网络性能具有一定的泛化性。对比 SeLU_SAE 和 SeLU_NoSAE,以及 ReLU_SAE 和 ReLU_NoSAE,采用 SAE 会降低验证误差均值 vali_error,但仿真性能反而变差(mI 变大),这一方面说明采用 SAE 有利于深度网络的训练,另一方面说明用于网络训练的行为数据和产生数据的目标策略有一定的偏差,偏差产生的原因可能是原始数据和预处理数据的不一致,后者进行了数据均衡,以提升机器人的搜索能力。

从表 5-3 可以看出,与 ReLU_NoSAE 相比,ReLU_SAE 的验证误差均值 vali_error 较小,而训练误差均值 train_error 较大,这说明不采用 SAE 预训练网络的过拟合问题更严重,因为小的验证误差意味着网络有更优的泛化性能。ReLU_SAE 采用 SAE 进行网络预训练,因此网络的初始权值可能学到了数据集的某种全局结构,这会在一定程度上减小局部极值带来的过拟合效应,尽管这个现象对于网络 SeLU_SAE 和 SeLU_NoSAE 来说并不明显。

本节要从四种网络中选择第二阶段的网络,需要考虑的主要有两点:一是网络的仿真性能要好,所以不采用 SAE;二是计算要简单,便于并行。鉴于 SeLU_NoSAE 与 ReLU_NoSAE 的仿真性能类似,而且 ReLU 计算更简单,因此本节最终选择 ReLU_NoSAE 类型的网络,即从该类型的 10 个网络中选择一个仿真性能较优的网络(mI ≈ 159)用于第二阶段的进化优化。

5.1.3　基于进化计算的搜索策略学习

通过第一阶段的深度学习得到了一个策略(一个 ReLU_NoSAE 类型的网络),为了进一步对该策略进行微调优化,第二阶段采用进化算法来提升网络性能。第二阶段结合了深度网络与进化算法,因此需要分析与解决这两部分本身属性所带来的问题。

1. 降低需要优化的维度

深度网络的表示能力强,随着网络深度的增加,网络的参数也会显著增加,如本章采用的 4 隐含层 FNN 权重的维度就大于 1×10^5。将所得网络作为初始解,可以用进化算法在其局部进行优化。另外,现有进化算法的应用维度很有限,否则效率会降低,即使是大规模全局优化问题也仅是 1000 维左右[16],而且一般优化的维度不大于 100 维[17,18]。有些算法(如协方差矩阵自适应进化策略[19])涉及矩阵分解等非线性操作,也不适合太高的维度。

因此,首先要解决的问题是如何降低要优化的维度。为了降低维度,本节可以选择一部分维度进行优化,如只优化网络的偏置或者只优化网络的某一层。对 FNN 而言,前面的层会影响后面的层,一般很难进行局部优化。考虑到最后一层对输出有直接且关键的影响，类似于极限学习机的机制[20]，因此本节只对网络的最后一层进行进化优化。因此，要优化的维度(连接权值+偏置)为 128×2+2＝258，约占原始维度的 0.2%，大大减少了需要优化的维数。

2. 进化算法的设置

进化算法的工作首先需要一个良好的评价指标，该指标除了要适合任务，还要相对稳定。对于群体机器人多目标搜索任务，评价指标就是机器人群体处理完所有目标所需要的迭代次数。但需要注意的是，该任务的完成中涉及许多随机性因素，地图上的目标是随机产生的，机器人的搜索策略也具有一定的随机性，为了减小随机性，本节采用多次运行的均值作为评价指标。对第一阶段得到的深度网络进行多次测试，发现机器人处理完所有目标所需的迭代次数的标准差 $\sigma < 30$，根据中心极限定理，若选取 1000 次实验的均值作为评价指标，则相应的标准差 $\sigma' = \dfrac{\sigma}{\sqrt{1000}} < 1$。在具体的实验中，随机选择 40 幅地图，每幅地图运行 25 次，最终选择 1000 次实验的均值作为评价指标。

另外，进化算法的进化速度有限，要达到好的结果需要较多的评估次数，因此评估耗时对算法的影响很大[21]。进化算法中每一次评估需要进行 1000 次实验，因此该任务的评估耗时比较严重。为了提高算法效率，增强并行性是一条可行途径，具体可采用多个线程对候选解(候选网络)进行评估。本章采用了 4 个线程进行评估，显著提高了算法效率。

最后，由于进化算法用于对第一阶段的网络进行微调优化，而且评估次数不能太多(评估耗时严重)，所以算法的学习率要小一些。在 GFWA 中，学习率对应烟花的爆炸半径，在本章中的初始值设为 3×10^{-3}。

3. 神经网络的进化优化

在上述设置下，本节使用进化算法 GFWA 对第一阶段选择的 ReLU_NoSAE 网络进行优化。GFWA 采用了一个烟花，爆炸火花数为 11，优化神经网络的收敛曲线如图 5-3 所示。横坐标表示 GFWA 的评估次数，纵坐标 mI 表示网络收集完所有目标所需迭代次数的均值。从图 5-3 中可以看出，通过 GFWA 的优化，ReLU_NoSAE 的性能从 159 改进到 152，但该评价具有一定的随机性，实际仿真性能在 155 左右，这在 5.1.4 节的实验中可以体现出来。为了方便区分，本节将进化前的 ReLU_NoSAE 简记为 RNS，将进化后的 ReLU_NoSAE 简记为 RNSE，其中 E 表示进化(evolutionary)。

相比于第一阶段的深度学习，第二阶段的进化优化带来的性能提升很有限，仅有 2.5%(从 159 到 155)。优化的目的是对经过第一阶段得到的网络进行微调，

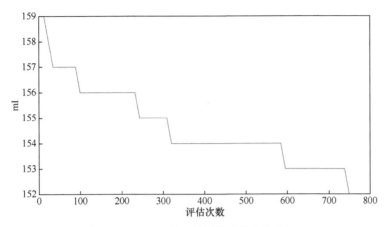

图 5-3　GFWA 优化神经网络的收敛曲线

而且其所使用的资源很有限，如图 5-3 所示，本章仅使用了 800 次评估，进一步增加评估次数可使得性能提升 1～2 次迭代。在很多情况下，有限的性能提升也很有用，例如，若机器人群体的总耗能很高，则性能提升 2.5%依然能节约很多能量。此外，这种有限的性能提升在统计上是显著的，下面实验进行的双边 Wilcoxon 秩和检验(置信度为 95%)支持了该结论。

5.1.4　实验结果与讨论

本节在不同的问题设置下进行了一系列的对比实验。在每次实验中，每个策略要在 40 幅随机地图上执行 1000 次(每幅地图运行 25 次)，最终结果采用 1000 次运行的均值。搜索策略性能的衡量指标是 1000 次运行中机器人群体收集完所有目标所需迭代次数的均值和标准差，分别表示为 mI 和 dI，指标 mI 反映策略的搜索效率，指标 dI 反映策略的稳定性。

1. 对比算法及其配置

所有对比算法的参数优化都是在相同的实验设置下进行的，地图大小为 1000×1000，群体大小为 50，目标数量为 10。所有算法及其参数如下所示。

(1) RPSO 算法。惯性权重 $w = 3$，认知系数 $c_1 = 1$，社会系数 $c_2 = 2$，避障系数 $c_3 = 0$(无障碍环境)，随机系数 $c_4 = 0.1$。

(2) A-RPSO 算法。初始惯性权重 $w_{ini} = 1$，认知系数 $c_1 = 0.6$，社会系数 $c_2 = 0.4$，避障系数 $c_3 = 0$(无障碍环境)，随机系数 $c_4 = 0.1$，比例因子 $\alpha = 0.3$，比例因子 $\beta = 0.7$。

(3) IGES。小组尺寸阈值 $\beta_G = 5$。由于 IGES 的性能远优于 GES，所以在对比实验中未选择 GES。

(4) TFS 策略。扩散阈值 $D_T = 3$，随机搜索的指数因子 $\tau = 2L$（L 为地图边长），比例因子 $\alpha = 0.75$，比例因子 $\beta = 1.33$，领导者与队员的理想距离 $T = 0.8L_h$（其中 $L_h = 0.8 \times 2r_t$，机器人间的通信半径为 $2r_t$）。

(5) PFSMS 策略。该策略是本章要模仿的目标策略，虽然本节不关心策略的细节，但是不妨也给出策略的参数，状态保持初始概率值 $P_{ini} = 0.9997$，惯性权重 $w = 0.55$，扩散阈值 $T_b = 2.3$。

(6) RNS 策略。RNS 是对目标策略 PFSMS 策略进行第一阶段的深度学习得到的策略，除了神经网络的权值和偏置外，没有其他需要优化的参数。

(7) RNSE 策略。RNSE 是 RNS 策略经过第二阶段进化得到的策略，除了神经网络的权值和偏置外，没有其他需要优化的参数。

2. 不同群体规模下的对比实验

本节研究了不同群体规模下各对比策略的搜索效率。每个搜索策略依次在群体规模为 25、50、75、100、125、150、175、200 时进行实验，地图尺寸为 1000×1000，包括 10 个目标，实验结果如表 5-4、图 5-4 和图 5-5 所示。

RNS 策略和 RNSE 策略的统计显著性实验结果如下。如表 5-4 和图 5-4 所示，在平均所需迭代次数 mI 上，RNS 策略和 RNSE 策略与 PFSMS 策略比较接近，而 RNSE 策略性能更优一些。此外，在不同的群体规模下，本节基于 1000 次运行的数据，分别对 RNS 策略和其他策略，以及 RNSE 策略和其他策略进行了双边 Wilcoxon 秩和检验（置信度为 95%）。统计检验显示，RNS 策略显著优于除 RNSE 策略和 PFSMS 策略以外的其他策略，而 RNSE 策略则显著优于除 PFSMS 策略以外的其他策略。

表 5-4 基于学习算法中不同群体规模下各对比策略搜索 10 个目标所需 mI 和 dI

群体规模	RPSO 算法		A-RPSO 算法		IGES		TFS 策略		PFSMS 策略		RNS 策略		RNSE 策略	
	mI	dI	mI	dI	mI	dI	mI	dI	mI	dI	mI	dI	mI	dI
25	347.4	88.0	338.6	79.3	286.7	61.2	316.7	121.0	188.4	40.2	204.4	52.6	197.5	45.2
50	295.4	76.6	280.5	69.7	229.7	39.0	212.3	59.0	148.4	20.5	157.3	25.0	154.6	22.3
75	260.0	68.9	254.5	62.7	212.6	33.6	180.9	39.4	137.9	18.2	148.0	20.4	143.3	18.8
100	245.0	63.6	238.2	60.1	203.3	31.4	164.4	28.5	132.6	16.0	141.8	19.1	138.7	17.2
125	229.1	57.1	222.1	50.7	194.5	28.2	154.3	22.8	129.0	15.0	137.0	17.3	133.8	15.5
150	219.5	53.3	215.3	48.6	190.3	272.2	149.4	22.0	127.1	15.0	134.9	16.5	131.7	15.4
175	214.7	52.8	209.6	47.3	186.4	26.1	143.7	19.9	125.2	14.5	132.3	15.0	129.6	14.5
200	207.1	50.5	202.2	43.3	182.5	24.7	141.0	18.4	123.6	14.7	131.4	15.0	128.1	13.8

从图 5-4 可以看出，除了 RNS 策略与 RNSE 策略，目标策略 PFSMS 策略的性能显著优于其他策略，具有最高的搜索效率。在群体规模为 50 时，与其他六个

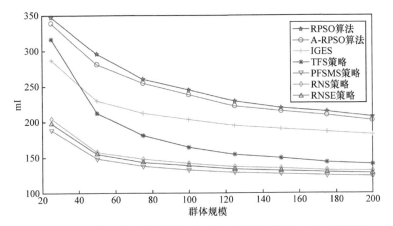

图 5-4　基于学习算法中不同群体规模下各对比策略搜索 10 个目标所需 mI

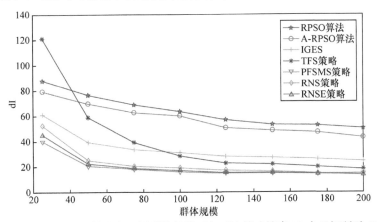

图 5-5　基于学习算法中不同群体规模下各对比策略搜索 10 个目标所需 dI

策略(RPSO 算法、A-RPSO 算法、IGES、TFS 策略、RNS 策略和 RNSE 策略)相比，PFSMS 策略的效率分别提升了 50%、47%、35%、30%、6%和 4%。可以看出，经过第一阶段的深度学习 RNS 策略搜索效率已经很接近目标策略 PFSMS 策略，经过第二阶段的进化，RNSE 策略在效率上更加接近 PFSMS 策略。除了目标策略 PFSMS 策略，RNS 策略与 RNSE 策略的性能要显著优于其他对比策略，这验证了本章提出的两阶段学习框架的有效性。

　　对比图 5-4 和图 5-5，曲线的走势大致相同，即效率更高的策略一般也更稳定，但大致有三点比较异常。一是在群体规模较小(如 25 左右)时，TFS 策略的稳定性甚至不如 RPSO 算法和 A-RPSO 算法，这再次说明了三机编队限制了群体的探索能力，搜索过程容易受到随机因素的影响(如目标的分布)，随着群体规模的增大，TFS 策略的稳定性显著提升。二是 IGES 虽然在稳定性上更接近第一梯队(PFSMS 策略、RNS 策略和 RNSE 策略)，但在搜索效率上更接近第二梯队(RPSO

算法和 A-RPSO 算法)，这是因为稳定性并不等价于探索能力强，IGES 虽然比较稳定但探索能力弱。三是经过两个阶段的学习，RNSE 策略的稳定性非常接近目标策略 PFSMS 策略，在大群体规模下(如 200)甚至超越了目标策略。RNSE 策略的稳定性源自对目标策略扩散机制的模仿，因此两者在效率上的些许差异主要在于局部开采能力的区别，通过调整数据集以进一步提升相关样本比例。在群体规模为 50 时，按稳定性高低排序，各搜索策略为 PFSMS ≈ RNSE ≈ RNS > IGES > TFS > A-RPSO > RPSO。

如实验结果所示，在不同的群体规模下，RNS 策略与 RNSE 策略在效率与稳定性方面都很接近目标策略 PFSMS 策略，经过进化阶段的 RNSE 策略则表现更加出色。每增加一个机器人各对比策略搜索 10 个目标所少需 mI 如图 5-6 所示，RNS 策略与 RNSE 策略在群体规模敏感性上也类似于 PFSMS 策略，优于其他对比策略，这使得它们能够较好地适应不同数量的机器人群体。

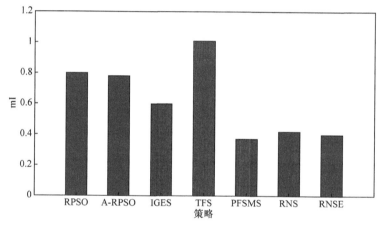

图 5-6　每增加一个机器人各对比策略搜索 10 个目标所少需 mI

3. 不同目标数量下的对比实验

本节研究不同目标数量下各对比策略的搜索效率。每个搜索策略依次在目标数量为 1、5、10、15、20、30、40、50 时进行实验，地图尺寸为 1000×1000，群体规模为 50，实验结果如表 5-5、图 5-7 和图 5-8 所示。

表 5-5　基于学习算法中群体规模为 50 时各对比策略搜索不同数量目标所需 mI 和 dI

目标数量	RPSO 算法		A-RPSO 算法		IGES		TFS 策略		PFSMS 策略		RNS 策略		RNSE 策略	
	mI	dI	mI	dI	mI	dI	mI	dI	mI	dI	mI	dI	mI	dI
1	96.0	36.7	98.2	39.0	105.3	43.3	93.8	45.5	84.8	29.3	87.6	32.9	87.3	32.7
5	187.4	46.2	188.5	46.3	180.4	33.8	164.7	52.4	125.4	20.0	133.7	25.2	132.9	24.0

续表

目标	RPSO 算法		A-RPSO 算法		IGES		TFS 策略		PFSMS 策略		RNS 策略		RNSE 策略	
数量	mI	dI	mI	dI	mI	dI	mI	dI	mI	dI	mI	dI	mI	dI
10	289.2	74.7	283.3	71.6	229.1	40.2	211.0	56.0	147.6	20.8	157.6	24.2	155.4	23.2
15	380.0	98.6	366.2	87.6	271.9	41.2	244.3	63.2	163.5	20.0	177.6	27.3	174.1	28.1
20	434.9	97.9	414.1	86.7	302.5	49.2	263.4	63.9	175.7	20.4	195.2	34.5	187.1	26.5
30	548.6	108.7	505.3	93.8	354.0	65.7	306.3	66.2	202.1	25.7	226.9	41.8	215.2	32.8
40	629.0	104.5	563.0	95.0	409.4	60.9	344.3	70.8	223.3	28.3	255.6	45.6	241.3	34.1
50	704.1	121.4	609.2	112.5	436.7	68.3	367.2	67.2	236.5	29.2	284.2	51.2	263.8	38.8

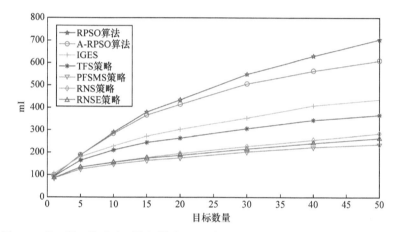

图 5-7 基于学习算法中群体规模为 50 时各对比策略搜索不同数量目标所需 mI

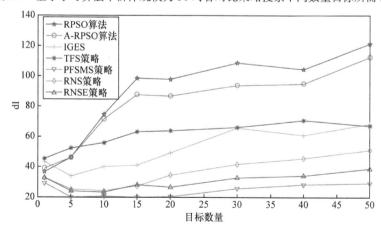

图 5-8 基于学习算法中群体规模为 50 时各对比策略搜索不同数量目标所需 dI

RNS 策略和 RNSE 策略的统计显著性实验结果如下。如表 5-5 和图 5-7 所示,在平均所需迭代次数 mI 上,RNS 策略和 RNSE 策略与目标策略 PFSMS 策略性能接近,而 RNSE 策略性能更优一些。此外，在不同的目标数量下，本节基于 1000 次运行的数据，分别对 RNS 策略和其他策略，以及 RNSE 策略和其他策略做了双边 Wilcoxon 秩和检验(置信度为 95%)。统计检验显示，在目标数量为 1 时，TFS 策略、RNS 策略与 RNSE 策略三者没有显著差异；在目标数量为 5 时，RNS 策略与 RNSE 策略两者没有显著差异。在其他情况下，RNS 策略显著优于除 PFSMS 策略与 RNSE 策略以外的其他策略，RNSE 策略则显著优于除 PFSMS 策略以外的其他策略。随着目标数量的增加，RNS 策略与 RNSE 策略的优势逐渐凸显，表现出优异的并行搜索能力。

如表 5-5 和图 5-7 所示，在只有 1 个目标时，所有搜索策略的性能类似。在单目标情况下，优秀的探索能力有助于找到目标的影响范围，而更优的开采能力则有助于更快地找到目标。由于目标的影响范围较大，在只有 1 个目标时，机器人群体容易进入该目标的影响范围，探索能力的优势并不明显，随着目标数量增加，群体的探索能力得以显现。这说明，在本章问题的设置下，群体的探索能力主要体现在对多个目标的并行搜索上，而非尽快找到某个目标的影响范围。相对于 RPSO 算法和 A-RPSO 算法，IGES 的扩散速率受其扩散机制所限，因此需要更长的时间才能进入单个目标的影响范围。在单目标时，TFS 策略、RNS 策略与 RNSE 策略的性能在统计上没有显著差异，TFS 策略出色的局部开采能力弥补了其全局探索能力的不足。从图 5-7、图 5-8 和表 5-5 中可以看出，RNS 策略与 RNSE 策略的性能尤其接近，这说明两者具有相似的局部开采能力，性能的差异主要体现在对多个目标的并行搜索上。

如图 5-7 所示，每条曲线的斜率表示每增加一个目标所需的额外的迭代次数，因此小的斜率意味着算法有更好的并行性。对每个策略(RPSO 算法、A-RPSO 算法、IGES、TFS 策略、PFSMS 策略、RNS 策略和 RNSE 策略)，曲线的斜率依次为 12.41、10.43、6.76、5.58、3.10、4.01 和 3.60，如图 5-9 所示。RNS 策略与 RNSE 策略具有和 PFSMS 策略相近的并行性，而 RNSE 策略稍优于 RNS 策略，考虑到 RNS 策略与 RNSE 策略具有相似的局部开采能力，因此进化阶段主要增强了策略的并行搜索能力。相对于 RPSO 算法，随着目标数量的增多，A-RPSO 算法的优势逐渐凸显。这说明，A-RPSO 算法具有更好的并行搜索能力。按照并行性由高到低，各搜索策略可排序为 PFSMS ≈ RNSE ≈ RNS > TFS > IGES > A-RPSO > RPSO。

在不同的目标数量下，各搜索策略的稳定性如图 5-8 所示。随着目标数量的增多，IGES、RNS 策略、RNSE 策略与 PFSMS 策略的曲线先降后升，这意味着目标的适当增多有助于减小问题的随机性。从曲线走势上可以看出，与其他策略相比，TFS 策略、RNSE 策略与 PFSMS 策略的稳定性对目标数量更不敏感。另外，随着目标数量增多，PRSO 算法和 A-RPSO 算法的稳定性显著变差，说明它们很不擅长多个目标的并行搜索。

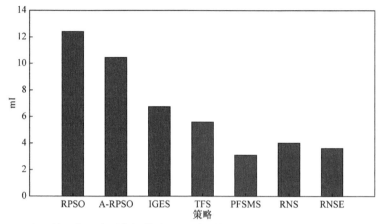

图 5-9 基于学习算法中群体规模为 50 时每增加一个目标各对比策略额外所需 mI

如实验结果所示,在不同的目标数量下,RNS 策略与 RNSE 策略在效率与稳定性方面都很接近目标策略 PFSMS 策略,经过进化阶段的 RNSE 策略表现更加出色。

4. 不同目标收集次数下的对比实验

如问题模型中所述,一个目标要处理完毕需要 10 步,单个机器人需要 10 次迭代,而 10 个机器人只需要一次迭代即可完成。目标的收集次数指的是一个机器人收集完一个目标所需要的迭代次数,如果收集次数为 50,则意味着一个目标需要一个机器人迭代 50 次才能处理完毕。在不同的目标收集次数下,本节可以研究不同策略中机器人群体的协作处理能力,这与群体的并行搜索能力是互补的。本节研究了不同目标收集次数下各对比策略的搜索效率。每个搜索策略依次在目标收集次数为 1、5、10、15、20、30、40、50 时进行实验,地图尺寸为 1000×1000,群体规模为 50,实验结果如表 5-6、图 5-10 和图 5-11 所示。

表 5-6 基于学习算法中在不同的目标收集次数下,群体规模为 50 时各对比策略搜索 10 个目标所需 mI 和 dI

目标收集次数	RPSO 算法		A-RPSO 算法		IGES		TFS 策略		PFSMS 策略		RNS 策略		RNSE 策略	
	mI	dI	mI	dI	mI	dI	mI	dI	mI	dI	mI	dI	mI	dI
1	276.9	75.2	263.3	66.7	211.2	36.5	198.6	54.8	137.2	18.8	145.8	22.6	142.2	20.5
5	286.7	77.4	275.4	70.5	221.3	37.6	207.3	58.7	142.8	19.3	153.0	24.4	149.4	24.0
10	289.4	75.5	283.1	71.0	230.6	39.3	210.3	53.8	147.9	20.6	158.2	24.5	155.1	23.9
15	296.3	74.9	286.6	69.2	235.7	40.5	215.5	59.4	153.1	22.2	163.6	24.2	161.0	23.9
20	298.1	74.3	294.7	72.8	244.8	42.1	219.8	55.8	157.1	22.0	168.3	25.8	164.2	22.8
30	305.8	76.9	302.7	70.8	256.3	44.7	227.5	55.4	165.8	23.2	176.8	27.3	174.0	24.7
40	313.6	77.2	311.7	70.9	265.2	45.0	232.6	55.5	173.9	24.9	185.4	30.3	181.7	25.5
50	320.6	77.3	319.8	73.7	276.0	47.5	242.6	65.4	178.9	23.7	191.7	29.1	189.5	27.0

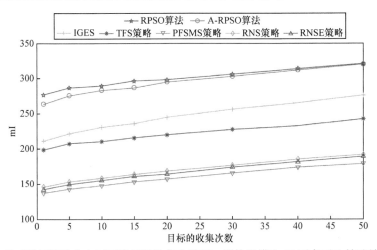

图 5-10　基于学习算法中在不同的目标收集次数下，群体规模为 50 时各对比策略搜索 10 个
目标所需 mI

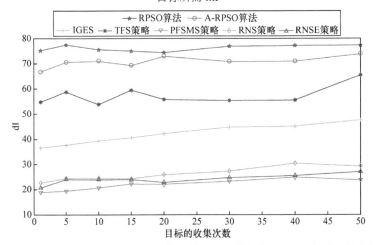

图 5-11　基于学习算法中在不同的目标收集次数下，群体规模为 50 时各对比策略搜索 10 个
目标所需 dI

如图 5-10 所示，随着目标收集次数的增加，不同搜索策略的 mI 大致呈线性
增长。在不同的目标收集次数下，各策略效率的相对排名没有变化，而 RPSO 算
法的性能逐渐接近 A-RPSO 算法，说明前者的协作处理能力更强一些。图中各条
曲线的斜率表示每增加一次收集次数相应的策略平均所需额外迭代次数，显示了
群体的协作处理能力，因此小的斜率意味着搜索策略具有更优的协作处理能力。
对于各个策略(RPSO 算法、A-RPSO 算法、IGES、TFS 策略、PFSMS 策略、RNS
策略和 RNSE 策略)，曲线的斜率依次为 0.89、1.15、1.32、0.90、0.85、0.94、0.97，
如图 5-12 所示，按照协作处理能力排名，各策略依次为 PFSMS > PRSO ≈ TFS >

RNS > RNSE > A-RPSO > IGES。与目标策略 PFSMS 相比，RNS 策略与 RNSE 策略的协同能力、收集能力稍弱，而且 RNSE 策略更弱一点，这说明第二阶段的进化稍微牺牲了群体的协作处理能力，以增强并行搜索能力。

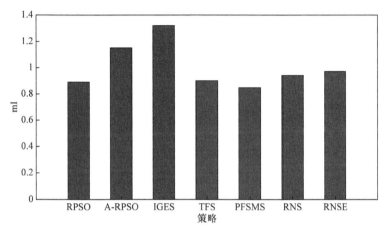

图 5-12　基于学习算法中每增加一次目标收集次数，群体规模为 50 时各对比策略搜索 10 个目标额外所需 mI

如图 5-11 所示，各策略的稳定性对目标收集次数的变化不太敏感。RNS 策略与 RNSE 策略的稳定性接近 PFSMS 策略，显著优于其他对比策略。本章侧重于策略的搜索效率，而非目标的协作处理能力，问题中的目标收集次数较少(10 次)，而且多个个体收集仅是线性加速，所以好的协作处理能力带来的性能提升并不显著。

如实验结果所示，在不同的目标收集次数下，RNS 策略与 RNSE 策略在效率与稳定性上都很接近目标策略 PFSMS 策略，经过进化阶段的 RNSE 策略表现更加出色。

5.1.5　本节小结

现有的群体机器人多目标搜索策略一般是基于行为的，即通过设计机器人的个体行为来实现群体的多目标搜索。本节提出了一个两阶段学习框架，通过学习目标策略进行策略设计,第一阶段利用深度神经网络学习机器人个体的行为数据，第二阶段基于评价指标对网络参数进行微调优化。实验结果显示，最终得到的 RNSE 策略在效率和稳定性上非常接近目标策略 PFSMS 策略，很好地平衡了探索与开采，兼顾了并行性与协作性，验证了该框架的有效性。本章中的策略对于网络结构的设计(层数、激活单元、初始化技术、正则化技术等)和对进化算法的设置(评价指标的稳定性、学习率设置)很有借鉴意义，方便了该框架的推广和迁移应用。本节进化算法只用来优化网络的最后一层，将来可研究用于进化整个网络。此外，本节中的网络输入特征的构建和选择有一定的人工痕迹，鉴于深度网络有较强的特征提取与表示能力，在未来的研究中可直接将原始数据作为网络的输入进行训练。除了多目标搜索问题外，该框架还可用于群体机器人的其他任务，如聚集、分散、物体搬运等。

5.2　基于强化学习的搜索策略设计

5.1 节介绍了基于深度学习和进化计算的多目标搜索策略设计，本节将介绍基于强化学习的搜索策略设计，面向的任务是躲避障碍物，可视为多目标搜索的一个子任务。当群体机器人的搜索环境变得复杂时(周围障碍物数量、机器人数量较多等)，基于经验的避障策略和行为设计很难根据环境的变化进行调节。机器学习中的强化学习通过环境交互来学习，利用环境中对不同行为的反馈评价来改变行为选择策略，以实现学习策略的不断优化。而机器人的躲避障碍物问题可以看成一个马尔可夫决策过程，因此其在避障策略的学习效果值得探究。本节将利用基于神经网络值函数逼近的梯度强化学习算法来训练群体机器人具有避障能力。

5.2.1　强化学习的基础理论

强化学习是一种以环境反馈为输入、适应环境的机器学习算法。强化学习，是指从环境状态到行为映射的学习，以使系统行为从环境中获得的累积奖赏值最大。该方法不同于监督学习技术通过正例、反例来告知采取何种行为，而是通过试错的方法发现最优行为策略[22]。

强化学习系统结构图如图 5-13 所示，状态的输入为 s_t，根据内部的决策系统输出相应的动作 a_t。环境在动作 a_t 下，从状态 s_t 改变到新的状态 s_{t+1}，同时得到环境给出的瞬时奖励 r_{t+1}。强化学习的目标是通过大量的动作和反馈来学习一个行为策略 $\pi:S \rightarrow A$，使获得的奖励累计最大。环境奖励的累计值如式(5-4)所示。

$$R_t = r_{t+1} + \gamma r_{t+2} + \gamma^2 r_{t+3} + \cdots = r_{t+1} + \gamma R_{t+1} \tag{5-4}$$

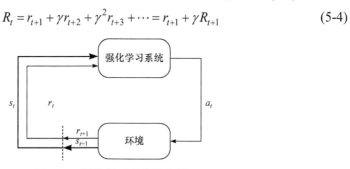

图 5-13　强化学习系统结构图

其中构造了一个返回函数 R_t，反映了在策略 π 指导下，从状态 s_t 之后所获得的累计奖励折扣和，γ 为折扣因子。强化学习不依赖系统所处的环境模型，只依赖每次试错过程中获得的瞬时奖励来选择行为策略执行。在选择行为策略过程中,需要考虑到环境的不确定性及目标的长远性,因此在行为策略和瞬时奖励之间构造值函数(式(5-5))和行为值函数(式(5-6)),用于策略选择。

$$V^{\pi}(s) = E^{\pi}\left[\sum_{t=0}^{\infty}\gamma^t r_t \mid s_0 = s\right] \tag{5-5}$$

$$Q^{\pi}(s,a) = E^{\pi}\left[\sum_{t=0}^{\infty}\gamma^t r_t \mid s_0 = s, a_0 = a\right] \tag{5-6}$$

强化学习的思想是:如果系统执行了某个动作,并从环境中获得了正奖励,那么系统以后在此状态下产生这个动作的概率会升高,反之系统在此状态下产生这个动作的概率会降低。这与生理学中的条件反射非常相似。

强化学习算法有很多种,常见的有时序差分学习算法[23]、Q 学习算法[24]、Sarsa 学习算法[25]等。其值函数迭代式分别如式(5-7)、式(5-8)和式(5-9)所示。

$$V(s_t) = V(s_t) + \alpha_t\left[r_t + \gamma V(s_{t+1}) - V(s_t)\right] \tag{5-7}$$

$$Q(s_t,a_t) = Q(s_t,a_t) + \alpha_t\left[r(s_t,a_t) + \gamma \max_{a_{t+1}}Q(s_{t+1},a_{t+1}) - Q(s_t,a_t)\right] \tag{5-8}$$

$$Q(s_t,a_t) = Q(s_t,a_t) + \alpha_t\left[r(s_t,a_t) + \gamma Q(s_{t+1},a_{t+1}) - Q(s_t,a_t)\right] \tag{5-9}$$

5.2.2　值函数逼近

在很多实际应用问题上,往往具有大规模或高维连续的状态空间,而表格型算法(如传统的 Q 学习算法等)在求解这类问题时面临计算量和存储量巨大的困难,难以克服维数灾难问题。为实现马尔可夫链学习预测问题中的泛化,基于值函数逼近的强化学习算法得到了学者的普遍研究和关注。按照值函数逼近器的类型,现有的值函数逼近可以分为线性值函数逼近和非线性值函数逼近两类。值函数逼近的强化学习结构如图 5-14 所示。

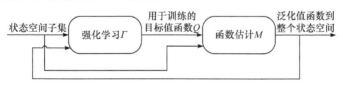

图 5-14　值函数逼近的强化学习结构

线性值函数逼近方法,如权值估计[26]、状态聚类[27,28]、函数插值[29]等,非线性函数逼近方法有人工神经网络等[30]。

5.2.3　基于神经网络值函数逼近的强化学习避障算法

本节将利用基于神经网络值函数逼近的强化学习(value-based reinforcement learning and neural network,VRLNN)算法来训练机器人进行避障机制的学习[31]。

强化学习算法避免了人工设计规则难的问题，通过在环境中在线学习来解决行为协调的问题。机器人强化学习框架如图5-15所示。

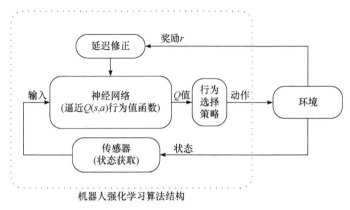

图 5-15　机器人强化学习框架

1. 状态表示 S

状态的设计应该能够准确地描述机器人在环境中所处的情况，即包含完成避障动作所需要的全部状态信息，且各个维度的变量应与避障直接相关。在 VRLNN 算法中，机器人的状态信息设置为距离传感器的读数、机器人与目标的距离及夹角，构成一个多维连续向量，作为神经网络值函数逼近器的输入。

机器人传感器探测区域如图5-16所示，将单个机器人的探测区域分为6个部分。表5-7为机器人强化学习状态编码，其中下标 O 表示在对应区域内距离机器人最近的障碍物距离，下标 R 表示在对应区域内距离机器人最近的相邻机器人距离。在模拟环境中，可以对障碍物或机器人逐一进行计算并对应到6个空间区域。θ_{iT} 表示机器人 i 的运动方向与目标所成的夹角，$\theta_{iT} \in [-180°,180°)$。

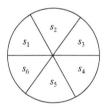

图 5-16　机器人传感器探测区域

表 5-7　机器人强化学习状态编码

状态维数	内容
1	s_{O1}
2	s_{O2}

续表

状态维数	内容
3	s_{O3}
4	s_{O4}
5	s_{O5}
6	s_{O6}
7	s_{R1}
8	s_{R2}
9	s_{R3}
10	s_{R4}
11	s_{R5}
12	s_{R6}
13	$d(P_i, P_T)$
14	θ_{iT}

以上构造了一个 14 维的连续向量作为机器人在空间中的状态表示。这种状态表示会使相近的状态在高维空间中邻近，即机器人在不同环境下在遇到相似的情境时计算出的状态距离较小(此处距离可理解为向量间的欧氏距离)，有利于训练过程泛化能力的提升。

2. 动作编码 A

设决策过程的行为集合为 A。表 5-8 为机器人强化学习动作输出编码，将机器人的动作离散成 2 个速度值和 7 个转角值的组合。机器人会根据状态信息和某种策略从这 14 个动作中选取一个来执行。

表 5-8　机器人强化学习动作输出编码

动作编码	速度	转角/(°)
a_1	0.1	−90
a_2	0.1	−60
a_3	0.1	−30
a_4	0.1	0
a_5	0.1	30
a_6	0.1	60

续表

动作编码	速度	转角/(°)
a_7	0.1	90
a_8	0.8	−90
a_9	0.8	−60
a_{10}	0.8	−30
a_{11}	0.8	0
a_{12}	0.8	30
a_{13}	0.8	60
a_{14}	0.8	90

3. 奖励设置 R

从环境中得到的奖励设置为：当发生碰撞、靠近目标、丧失集群时，机器人分别得到−1、+0.1、−0.1 的奖励。

4. 行为选择策略

行为选择策略的设计对函数逼近器权值学习的收敛性影响很大。行为选择策略不仅应满足策略迭代和行为探索与利用折中的条件，即以较大概率从动作集中选择具有最大行为值函数的元素，并能对值函数的估计和逼近器的权值变化有比较强的连续性。在经典的强化学习算法(如 Q 学习算法)中，通常采用的是贪心策略，即以概率 1 选择当前最优行为。这种策略在离散的状态空间中应用较多，但在本问题连续状态空间的限制下，贪心策略对值函数估计的变化不具有连续性，而这极有可能对训练过程的收敛造成影响。

一种可行的方法是选择 Boltzman 概率分布的行为选择策略[32]，如式(5-10)所示。

$$p(s,a_i) = \frac{e^{Q(s,a_i)/T}}{\sum_{a \in A} e^{Q(s,a)/T}} = \frac{1}{\sum_{a \in A} e^{\frac{Q(s,a)-Q(s,a_i)}{T}}} \tag{5-10}$$

其中，T 表示温度常数。

在迭代开始阶段，T 应设置为比较大的值，随着迭代次数的增加，T 应逐渐减小，当 $T=0$ 时，行为选择策略与贪心策略等价。这种行为选择策略保证了在训练初期以较大概率探索整个状态空间，后期逐渐收敛到最优策略。在实际的操作中，可以先根据式(5-10)逐个计算在当前状态 s 下选择动作 a 的概率，再根据轮盘赌的方法确定动作。

5. 行为值函数逼近器设计

VRLNN 算法中函数逼近器的设计采用三层前馈神经网络，神经网络行为值函数逼近器如图 5-17 所示。其中，函数逼近器的输入为状态向量 S，即输入单元的个数 n 与 S 的维数相同；而输出单元的个数 m 与动作集 A 的个数相同，相当于逼近 m 个行为值函数 $Q(s,a_i)$。

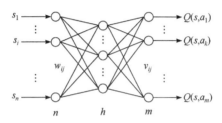

图 5-17　神经网络行为值函数逼近器

设隐含层权值为 w，n 为输入维数，h 为隐含层单元数，激活函数采用 sigmoid 函数，输出单元的激活函数选择线性加权函数，则行为值函数估计如式(5-11)所示。

$$Q\left(s,a_j\right)=\sum_{i=1}^{h}v_{ij}y_i \tag{5-11}$$

6. 强化学习算法

在求解具有连续状态空间的决策问题时，可以利用神经网络的函数逼近和泛化能力。强化学习算法的设计就是神经网络权值学习的过程，在强化学习中，由于没有监督学习的教师信号，如何计算值函数逼近误差的梯度是算法需要解决的难点问题。为了得到具有收敛性的梯度强化学习算法，VRLNN 算法采用如式(5-12)所示的 Bellman 残差性能指标[31]，它衡量了通过环境反馈得到的误差修正指标，如式(5-12)所示。

$$J=\frac{1}{2m}\sum_s\sum_a E\Big[r(s,a)+\gamma\sum_{a'}p(s',a')\hat{Q}(s',a')-\hat{Q}(s,a)\Big]^2 \tag{5-12}$$

其中，m 为动作集个数；p 为状态 s 在行为选择策略下选择动作 a 的概率；γ 为折扣因子。

对于误差性能指标 J，其等价形式可以表示为

$$J=\frac{1}{2m}\sum_s\sum_a E\Big[\sum_{a'}p(s',a')\delta(a')\Big]^2 \tag{5-13}$$

其中，δ 表示时域差值，相当于监督学习中的修正误差，如式(5-14)所示。

$$\delta(a') = r(s,a) + \gamma \hat{Q}(s',a') - \hat{Q}(s,a) \tag{5-14}$$

经过计算，可以得到 J 的一个上界函数，如式(5-15)所示。

$$J \leqslant \overline{J} = \frac{1}{2}\sum_s\sum_a E\left[\sum_{a'}\left(p(s,a')\delta(a')\right)^2\right] \tag{5-15}$$

则针对性能指标 $\overline{J}$，采用随机梯度下降法修正输出层权值，如式(5-16)所示。

$$\Delta v^i = -\alpha_t \frac{\partial \overline{J}_t}{\partial v^i} \tag{5-16}$$

综上，VRLNN 算法训练的伪代码如算法 5-1 所示。

算法 5-1　　VRLNN 算法训练的伪代码

初始化：
　　{环境参数
　　动作集 A
　　学习算法参数 α、γ
　　行为值函数逼近器参数：m、h、n、w_{ij}、v_{ij}
　　学习次数 Trials=0，时间 t=0}
确定当前状态 s_t
根据状态 s_t 由式(5-11)选择行为 a_t 并在模拟环境中执行
loop{模拟每一次迭代，直至 Trials 小于某设定值或修正误差 δ 小于某阈值}
　　t=t+1，Trials=Trials+1
　　获取下一时刻状态 s_{t+1}，并由式(5-10)确定奖励值 $r(s_t, a_t)$
　　根据状态 s_{t+1} 由式(5-11)选择行为 a_{t+1} 并在模拟环境中执行
　　根据式(5-17)对行为值函数逼近器的权值进行修正
end loop

7. 改进：引入协同机制的强化学习避障算法

本节将针对前面提出的 VRLNN 算法进行改进，提出基于神经网络和协同机制的强化学习(cooperative VRLNN，Co-VRLNN)算法。

群体智能的优势在于群体中的协同机制，个体可以通过简单的局部交流使整个群体实现复杂的群体行为。需要复杂个体完成的任务可以由很多简单个体组成的群体通过合作完成，相比之下，群体却具有更强的鲁棒性、灵活性以及更低的成本。之前的算法在设计过程中往往将保持集群作为一种目标，即设计更优的算法来维持集群，却没有很好地利用群体的优势来改善策略的学习。其实，VRLNN 算法的过程相当于群体共同学习一个行为值函数，这也可以看成一种间接的群体协作。

Co-VRLNN 算法将考虑群体的协同机制，更好地利用群体优势进行分布式学习。每个机器人都有独立的强化学习机制，在训练初期独立学习避障策略，一段时间后通过与其他学习策略比自己成熟的机器人进行适当交互来加快学习过程。该算法可以定义为交换学习策略[33]，在多智能体强化学习领域被提出。尽管多智能体(multi-agent)与群体机器人(swarm robotics)存在重要区别，但这种思想可以在群体机器人强化学习的过程中借鉴。

8. 策略成熟度

在各个机器人独立训练的过程中，由于机器人所处状态、位置不同，以及学习系统的随机性，一些机器人对某些状态的学习结果比较成熟，而其他机器人则对另外状态的学习结果比较成熟。策略成熟度的评价可以使机器人充分利用其他机器人的学习结果，学习其他机器人学习结果较好的策略，取其所长，避其所短。定义机器人 R_i 在训练过程中的策略成熟度 e_i 为受到正奖励信号之和，如式(5-17)所示。

$$e_i = \sum r_i^+(t) \tag{5-17}$$

受到正奖励的次数越多，说明策略越成熟。

9. 引入协同机制的学习算法

Co-VRLNN 算法在训练初期与 VRLNN 算法相同，在独立训练一定次数之后进行协同训练。协同训练与独立训练的区别在于：执行决策前会搜索邻域范围内策略成熟度高于自己的个体，并按照一定概率，根据策略成熟度较高的个体给出的建议行为在环境中更新，具体伪代码如算法 5-2 所示。

算法 5-2　Co-VRLNN 算法协同训练伪代码

loop{模拟每一次迭代，直至 Trials 小于某设定值或修正误差 δ 小于某阈值}

　　$t=t+1$，Trials=Trials+1

　　for all 个体 R_i do{更新每一个个体}

　　　　确定当前状态 s_t

　　　　在 M_i 中确定集合 $E_i\{e_j|e_j > e_i\}$

　　　　在 E_i 中以轮盘赌的方法确定一个参考机器人 R_j

　　　　R_i 根据 R_j 在状态 s_t 下给出的建议行为 a_t^* 在环境中执行

　　　　获取下一时刻状态 s_{t+1} 并由式(5-10)确定奖励值 $r(s_t, a_t)$

　　　　由式(5-17)对值函数逼近器的权值进行修正

　　　　由式(5-18)更新 e_i

```
    end for
end loop
```

10. 算法初步评价

图 5-18 为 Co-VRLNN 算法和 VRLNN 算法的累计奖励值随训练次数变化曲线。可以看到，当 Co-VRLNN 算法进入协同训练时，算法的收敛速度明显快于 VRLNN 算法。因此，将协同机制引入强化学习训练的过程确实可以加快算法的收敛。

图 5-19 展示了 Co-VRLNN 算法在模拟环境中的仿真结果。可以看出，Co-VRLNN

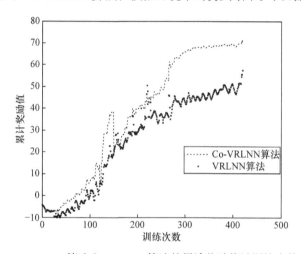

图 5-18　Co-VRLNN 算法和 VRLNN 算法的累计奖励值随训练次数变化曲线

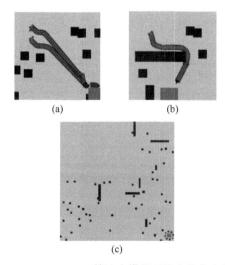

图 5-19　Co-VRLNN 算法在模拟环境中的仿真结果

算法无论是在穿越大型障碍物还是在避免碰撞方面都表现良好，证实了这种在环境中依靠动作奖励的在线学习机制的有效性。

5.2.4　实验结果与讨论

1. 对比算法

本节选取了两种对比算法，基于虚拟弹簧力的避障(spring force algorithm，SFA)和基于反应式行为规则的避障(rule-based algorithm，RBA)。

在 SFA 中，个体与邻近个体、障碍物和目标之间的所有交互都被看作虚拟力的作用。在 SFA 中，所有的力都被解释为弹簧的力，即个体与所有感知到的邻近个体、障碍物和目标之间都有一个虚拟弹簧，根据胡克定律计算个体受到的合力。

RBA 将机器人的总体行为定义为某几种不同子行为的组合，根据在环境中的不同情境选择不同的子行为(或子行为组合)来执行，最终实现避障机制和趋向目标移动。

2. 算法评价标准

在实验中，为了验证避障算法的性能，一共使用四种评价标准：存活数量、到达比率、连接度和 CPU 时间。

(1) 存活数量：算法结束时群体中的剩余个数。发生碰撞时才会有个体减少，因此存活数量用于衡量群体在目标追踪过程中的避障能力。该指标越低，算法的避障能力越差。

(2) 到达比率：成功到达目标的机器人个数除以存活机器人总数。到达比率体现是否有机器人丢失在环境中，该指标越低，说明算法的灵活性越差。

(3) 连接度：群体连接度的计算方式是将群体看作一幅无向图，每个个体是图中的一个点，两个点之间的连线表示这两个点是邻近个体(即距离小于已知半径，可以相互感知距离和广播目标位置)。无向图的连接度表示信息的传播程度，当连接度趋近于 1 时，可以视为群体保持聚集状态较好。

(4) CPU 时间：表示群体从出发到找到目标或群体停止运动的总时间，用于衡量避障算法的时间消耗。CPU 时间越短，算法的效率越高。

从四种评价标准的定义可以看出，当群体在环境中移动变得困难时(即障碍物的密度较大时)，存活数量和到达比率可能会下降，连接度和 CPU 时间会上升，每个个体需要更加小心地移动，以躲避障碍物。

3. 实验环境设置

实验环境设置包括运行环境的设定和目标追踪问题一些常量的设置。在所有实验中，除障碍物的位置随机生成外均使用相同的环境设置，以方便对比。

(1) 地图大小：模拟环境的大小，表示为 SizeX×SizeY。在实验中 SizeX 和 SizeY 的值都默认为 500。

(2) 群体大小：记为 pop，取值范围为 5～100，默认值为 16。

(3) 障碍物个数：小型障碍物的个数记为 m，大型障碍物的个数记为 n。m 的取值范围为 30～100，默认值为 50；n 的取值范围为 1～20，默认值为 8。

(4) 感知半径：包括感知个体和目标的半径 D_R 与感知障碍物的半径 D_O。通常 D_R 大于 D_O，即障碍物只有在距离机器人很近的情况下才可以被发现。在实验中，D_R 和 D_O 默认值分别为 10 和 3。作为对比，个体和小型障碍物的大小均为 1。

(5) 最大速度：v_{max}，用于定义个体允许的最大速度，在实验中默认值为 5。

4. 三种避障算法实验结果对比及分析

表 5-9 给出了默认环境下三种避障算法具体评价指标对比，图 5-20 给出了三种避障算法的评价指标随环境中障碍物个数增多的变化折线图。需要指出的是，每一组实验都是在 30 幅随机生成的地图上进行的，最终结果为 30 次实验的平均值，实验结果的分析如下。

表 5-9　默认环境下三种避障算法具体评价指标对比

算法	存活数量/个	到达比率/%	连接度	CPU 时间/ms
SFA	16	79.38	1.8	209.6723
RBA	12.6	100.00	1.1	133.264
Co-VRLNN	16	100.00	1.1	133.964

SFA 在机器人存活数量上的表现较好。在目标追踪的过程中基本没有机器人发生碰撞，这是由其引力机制决定的，即当机器人距离障碍物或其他个体较近时，虚拟弹簧力机制会对机器人产生斥力，这会很好地保证机器人的安全；随着环境变得复杂，SFA 在到达比率上的表现逐渐变差，这是由于环境中的大型障碍物变多，机器人产生受力平衡而局部振荡，陷入某个位置无法继续追踪；连接度也会随着环境中大型障碍物数量增多产生的局部振荡而显著上升；当机器人遇到的障碍物数量增多时，由于避障而花费的时间变长。

RBA 在到达比率上的表现较好，原因在于其对障碍物的良好反应。在障碍物出现时，群体会放弃追踪目标的任务而专注避障，这会使机器人能够尽快穿越障碍物而趋向目标行动；但当环境变得复杂时，较多的机器人聚集在障碍物边界，造成机器人之间的碰撞；连接度和 CPU 时间都会随着环境中障碍物数量的增多呈上升趋势。

Co-VRLNN 算法在群体的存活数量和到达比率方面都表现较好。这是由于在训练过程中,利用强化学习算法和根据性能指标设置的奖励函数针对环境中大量的动作-反馈进行学习,而经过训练得到的行为值函数逼近器能使机器人在相应状态下选择出得到正反馈的动作,从而保证趋向目标和避障;群体的连接度和 CPU 时间会随着环境中障碍物数量的增多呈上升趋势。

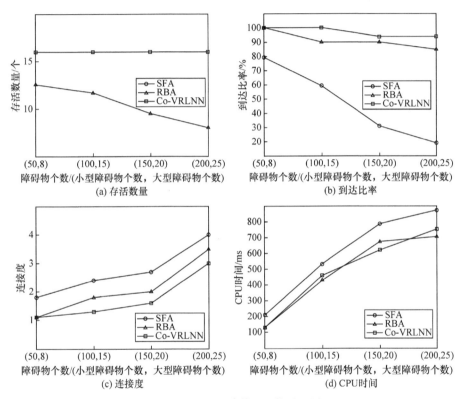

图 5-20　三种避障算法性能对比图

在机器人存活数量、到达比率和连接度方面,Co-VRLNN 算法的表现都明显优于其他两个算法;在 CPU 时间上,RBA 和 Co-VRLNN 算法都表现得较好。

SFA 和 RBA 都是可以看成对避障策略进行基于经验的人工设计,例如,设计某种虚拟的引力势场,或者设计一些行为规则来应对环境中的不同情境。但是当环境未知或限制条件复杂时,很难通过人工设计一些机制来完善避障策略,在不同环境之间的复用性也较差;而强化学习不依赖系统模型,可以通过在环境中的试错-反馈机制的训练采集来学习某种策略行为,因此表现出对环境更强的适应性。

5.2.5 本节小结

三种避障算法在复杂环境中都能够有效地避障和趋向目标移动，而引入协同机制的强化学习算法在保护机器人、避障、保持集群、运行时间四个评价指标上都展现出了良好的性能，在目标追踪问题中表现出良好的稳定性，在复杂环境中的避障表现优于其他两个算法。

5.3 本 章 小 结

本章融合了机器学习与搜索算法的精髓，开辟了解决复杂搜索问题的新路径。基于学习的搜索策略通过利用历史数据、模拟环境或实时反馈，实现了更优的智能决策。本章深入分析了各种学习机制如何赋能搜索策略，这些机制不仅提升了搜索的精度与效率，还增强了算法对新环境的适应能力和泛化性能。本章不仅展示了学习算法在搜索任务中的巨大潜力，也揭示了其作为未来智能搜索系统核心组件的重要性。这一领域的持续进步，将不断推动搜索技术的发展，为解决现实世界中的复杂问题提供强有力的工具。

参 考 文 献

[1] Hecker J P, Moses M E. Beyond pheromones: Evolving error-tolerant, flexible, and scalable ant-inspired robot swarms[J]. Swarm Intelligence, 2015, 9(1): 43-70.

[2] Gomes J, Urbano P, Christensen A L. Evolution of swarm robotics systems with novelty search[J]. Swarm Intell, 2013: 115-144.

[3] Duarte M, Costa V, Gomes J, et al. Evolution of collective behaviors for a real swarm of aquatic surface robots[J]. PLoS One, 2016, 11(3): e0151834.

[4] LeCun Y, Bengio Y, Hinton G. Deep learning[J]. Nature, 2015, 521(7553): 436-444..

[5] Foerster J N, Assael Y M, Freitas N D, et al. Learning to communicate with deep multi-agent reinforcement learning[C]. Proceedings of the 30th International Conference on Neural Information Processing Systems, Red Hook, 2016: 2145-2153.

[6] Foerster J, Nardelli N, Farquhar G, et al. Stabilising Experience Replay for Deep Multi-Agent Reinforcement Learning[J]. PMLR, 2017, 9(6): 1238-1250.

[7] Li Q, Du X, Huang Y, et al. Learning of coordination policies for robotic swarms[EB/OL]. https://doi.org/10.48550/arXiv.1709.06620[2023-12-6].

[8] Glorot X, Bordes A, Bengio Y. Deep sparse rectifier neural networks[C]. Proceedings of the Fourteenth International Conference on Artificial Intelligence and Statistics. JMLR Workshop and Conference Proceedings, Auckland, 2011: 315-323.

[9] Klambauer G, Unterthiner T, Mayr A, et al. Self-normalizing neural networks[C]. Proceedings of the 31st International Conference on Neural Information Processing Systems, New York, 2017: 972-981.

[10] Bengio Y, Lamblin P, Popovici D, et al. Greedy layer-wise training of deep networks[C]. Proceedings of the Twentieth Annual Conference on Neural Information Processing Systems, Vancouver, 2007: 153-160.

[11] Srivastava N, Hinton G, Krizhevsky A, et al. Dropout: A simple way to prevent neural networks from overfitting[J]. Journal of Machine Learning Research, 2014, 15(1):1929-1958.

[12] Li J Z, Zheng S Q, Tan Y, et al. The effect of information utilization: Introducing a novel guiding spark in the fireworks algorithm[J]. IEEE Transactions on Evolutionary Computation: A Publication of the IEEE Neural Networks Council, 2017, 21(1):153-166.

[13] Bengio Y. Learning deep architectures for AI[J]. Foundations & Trends in Machine Learning, 2009, 2(1):1-127.

[14] Erhan D, Bengio Y, Courville A, et al. Why does unsupervised pre-training help deep learning?[J]. Journal of Machine Learning Research, 2010, 11(3):625-660.

[15] Ioffe S, Szegedy C. Batch normalization: Accelerating deep network training by reducing internal covariate shift[C]. International Conference on Machine Learning, Lille, 2005: 448-456.

[16] Kingma D P, Ba J. Adam: A method for stochastic optimization[C]. Proceedings of the 3rd International Conference on Learning Representations, San Diego, 2014: 1-15.

[17] Tang K, Yao X, Suganthan P N, et al. Benchmark functions for the CEC'2008 special session and competition on large scale global optimization[J]. Nature Inspired Computation and Applications Laboratory, 2007, 24: 1-18.

[18] Liang J J, Qu B Y, Suganthan P N. Problem definitions and evaluation criteria for the CEC 2014 special session and competition on single objective real-parameter numerical optimization[R]. Singapore: Computational Intelligence Laboratory, 2013.

[19] Hansen N. The CMA evolution strategy: A tutorial[EB/OL]. https://doi.org/10.48550/arXiv.1604. 00772[2023-12-6].

[20] Huang G B, Zhu Q Y, Siew C K. Extreme learning machine: Theory and applications[J]. Neurocomputing, 2006, 70(1-3): 489-501.

[21] Chen Q, Liu B, Zhang Q, et al. Problem definitions and evaluation criteria for CEC 2015 special session on bound constrained single-objective computationally expensive numerical optimization[R]. Zhengzhou: Computational Intelligence Laboratory, 2014.

[22] Sutton R S, Barto A G. Reinforcement Learning: An Introduction[M]. Cambridge: MIT Press, 2018.

[23] Sutton R S. Learning to predict by the methods of temporal differences[J]. Machine Learning, 1988, 3(1): 9-44.

[24] Watkins C J C H. Learning from delayed rewards[D]. Cambridge: Cambridge University, 1989.

[25] Rummery G A, Niranjan M. On-line Q-learning using connectionist systems[R]. Cambridge: Cambridge University Engineering Department, 1994.

[26] Tsitsiklis J, van Roy B. Analysis of temporal-diffference learning with function approximation[J]. Advances in Neural Information Processing Systems, 1996, 9(1): 449-462.

[27] Singh S, Jaakkola T, Jordan M I. Reinforcement learning with soft state aggregation[J]. Advances in Neural Information Processing Systems, 1994, 7(1): 963-970.

[28] Moore A. The parti-game algorithm for variable resolution reinforcement learning in multidimensional state-spaces[J]. Advances in Neural Information Processing Systems, 1993, 6(1): 192-201.

[29] Davies S. Multidimensional triangulation and interpolation for reinforcement learning[C]. Proceedings of the 9th Conference on Neural Information Processing Systems, Denver, 1996: 1005-1011.

[30] Sutton R S. Generalization in reinforcement learning: Successful examples using sparse coarse coding[C]. Proceedings of the 8th Conference on Neural Information Processing Systems, Denver, 1995: 1038-1044.

[31] Baird L. Residual Algorithms: Reinforcement Learning with Function Approximation[C]. Proceedings of the 12th International Conference on Machine Learning, Tahoe city, 1995: 30-37.

[32] Kaelbling L P, Littman M L, Moore A W. Reinforcement learning: A survey[J]. Journal of Artificial Intelligence Research, 1996, 4: 237-285.

[33] Tan M. Multi-agent reinforcement learning: Independent vs. cooperative agents[C]. Proceedings of the Tenth International Conference on Machine Learning, Amsterdam, 1993: 330-337.

第6章 简单环境限制下的多目标搜索

本章将在之前提出的基本多目标搜索问题的基础上，在环境中引入一些简单的限制条件。这些限制条件在实际的搜索问题中十分常见，因此研究在这些限制条件约束下的群体机器人多目标搜索问题是十分必要的。本章中考虑的限制条件比较简单，主要针对环境中存在的一些物体，包括障碍物、干扰源和假目标等。本章首先针对这些限制条件单独提出应对策略，然后在这些限制条件的多种组合上验证部分搜索策略和本章提出的限制条件应对策略的效果和适应能力，更多复杂的环境限制条件将在第7章进行讨论。

本章提出的限制条件应对策略需要与搜索策略相结合才能发挥效果，即搜索策略在执行时遇到了环境中的限制条件，则执行相应的应对策略来应对这一限制条件，并且根据应对策略的反馈选择是否继续执行算法。在没有遇到环境中的限制条件时，群体按照搜索策略中的协同机制搜索目标。在具有多种限制条件的问题中，单一个体在一次迭代中可能会同时执行多种应对策略(同时需要躲避假目标和障碍物)和搜索策略，也可能只执行应对策略而不执行搜索策略(如离开假目标)。在本章中，针对不同限制条件提出的所有应对策略都与搜索策略相互独立，具有一定的适应能力，这样才能起到应对限制条件的作用。为了进行区分，在本章中应对限制条件的方法(应对策略)统称为策略，用于解决基本多目标搜索问题的方法(搜索策略)统称为算法。

6.1 在环境中引入简单限制条件

现实中的搜索问题往往需要在最短时间内或者最少能量消耗的情况下搜索出尽量多的目标，同时搜索的环境可能没有先验地图信息或者对于机器人个体的感知能力有干扰作用等。在群体机器人的研究中，需要研究引入环境限制条件情况下群体搜索目标的能力。

依据实际搜索问题的各种参数设定和实际应用问题中的常见情况，本章提出一系列的环境限制条件，这些限制条件分别针对三阶段搜索框架的某些阶段进行深入考察，有助于强化搜索方法在这些阶段中的表现。本章中考虑的主要环境限制条件列举如下，其中有些环境限制条件已经在基本的多目标搜索问题中有所考虑。

1) 未知地图

在大多数搜索问题中，并没有对于被搜索环境先验的地图信息，即没有地形、障碍物等先验知识，需要机器人群体在搜索中不断通过对环境进行感知获得，或者在交互过程中与其他机器人交换环境信息来完善地图情况。在某些特殊情况下，群体可能会携带具有错误信息的先验地图信息(如军事侦察、矿难救援等)；或者环境和适应度值信息处于动态变化之中(如搬运任务、挖掘任务等)，个体需要根据实际情况更新地图及搜索策略。

2) 时间限制

在实际应用问题(如灾后搜索救援、毒气泄漏源定位等)中，要求群体能够在一定的时间内找到尽量多的目标。因此，对于时间限制的研究具有十分重要的应用价值和实际意义。在时间受限的情况下，如何充分利用交互信息和群体的并行能力是提高搜索效率的关键。

3) 能量限制

在群体智能算法中，个体会通过随机运动跳出局部极值。但是在群体机器人系统中，大量无效的随机运动会带来不必要的能量消耗，也会降低系统的稳定性(如坐标系统的累积误差等)。因此，需要充分利用个体间的交互来提高性能，减少无意义的运动行为。在各种危险环境下，群体可能无法随时补充消耗的能量，因此如何提高能量利用率也是提高群体搜索能力和搜索效率的关键。

4) 目标感知限制

在实际应用问题中，由于搜索环境的限制和干扰等因素，个体对目标的感知可能会被限制在很小的区域内，甚至只有十分接近目标时才会获得提示信息。因此，在搜索过程中，个体会更多地处于广域搜索阶段而非细化搜索阶段。在这一因素的作用下，群体在广域搜索阶段，甚至是没有适应度值提示的情况下的搜索效率是关注的重点。

5) 局部极值

在实际搜索中，由于硬件问题和环境中存在的干扰，机器人可能会在错误的地方感知到目标信息。这一情况与群体智能问题中的局部极值类似。通过引入局部极值的处理机制，可以提高算法在复杂环境中的实际搜索效率。

6) 环境物体干扰

在搜索空间中，有时还会存在一些物体对群体的搜索产生干扰，如障碍物、疑似目标等。群体在搜索时应当尽量躲避这些物体干扰的影响，这样才能提高群体的搜索效率。有些物体可能会对群体的感知产生干扰，可能需要引入特别的机制来应对这些适应度值的变化。

7) 运动目标

在某些应用问题中，目标会处于运动状态，因此群体有时需要进行大量的搜索才能发现目标，导致效率下降。因此，在目标运动的情况下，如何能够在短时间内进行更大范围的搜索并找到更多的目标，如何优化搜索策略以筛选出目标更有可能出现的区域是提高算法效率的关键。

6.2　障碍物限制下的多目标搜索方法

6.2.1　问题描述

　　在本节中考虑一种环境限制：障碍物，机器人个体在搜索过程中需要躲避障碍物，否则将会与障碍物发生碰撞。发生碰撞之后，个体将会从群体中移除，而障碍物则继续存在。因此，在搜索中应当尽量避免与障碍物发生碰撞。

　　考虑到群体机器人的局部感知特性，在环境中障碍物只能在很近的距离内被个体感知到。障碍物的感知半径小于个体的感知范围，与个体的最大速度限制相同，因此个体只会感知到其在这一次迭代中可能会碰到的障碍物。所以，传统的路径规划等方法很难运用到群体机器人的避障策略中。在模拟演示中，障碍物是大小和位置随机的长方形(或者长方体)，障碍物限制下的多目标搜索问题在模拟平台上的截图如图 6-1 所示。其中，方块代表障碍物，障碍物的位置是随机生成的。为了清晰，这里障碍物都显示为 1×1 的小矩形，在实验中障碍物的尺寸最大可以达到 10×50。一般的搜索方法中没有针对障碍物的相应对策，因此本节将提出一个简单的避障策略，并在模拟中验证其性能。

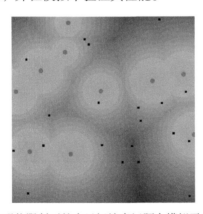

图 6-1　障碍物限制下的多目标搜索问题在模拟平台上的截图

6.2.2　应对策略

　　本节中的避障策略只考虑可能会与个体发生碰撞的障碍物，即根据个体计算后的速度更新公式进行判断，只躲避前进方向上的障碍物，在保证性能的同时，简化了个体的计算量。因此，在模拟中这一策略将在算法执行结束之后进行。

除了筛选可能会发生碰撞的个体之外,对于每一个可能会发生碰撞的障碍物,增加一个从障碍物出发垂直于计算好的分量,确保个体可以躲避障碍物。从实验结果可以看到,尽管策略比较简单,但是可以避免与单一障碍物发生碰撞,只会在比较密集的区域发生碰撞,性能是可以接受的。

6.2.3　实验结果与讨论

本节实验主要针对不同障碍物限制下的搜索效率和性能进行研究,因此环境中的目标数量和群体规模是固定的,均为 30。障碍物数量的取值范围为 0～500,三种算法(GES、IGES 和 RPSO 算法)的实验结果如图 6-2 所示。障碍物数量为 0 条件下的结果作为对比基准。

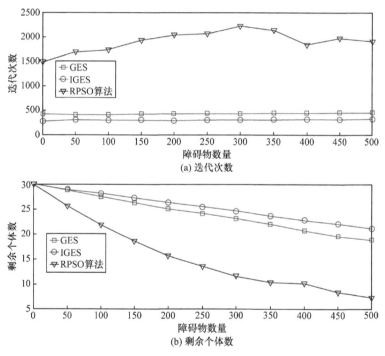

图 6-2　障碍物限制下的实验结果

个体可能会与障碍物发生碰撞,并被移出模拟平台,因此在本节实验中加入新的评价标准:剩余个体数,即表示模拟结束时群体中剩余的未发生碰撞的个体数量。显然,这一标准用于评价避障策略的性能,其取值越大越好。同时,障碍物对算法性能的影响可以通过迭代次数随障碍物数量的变化曲线进行分析。

从图 6-2 可以看出,IGES 在两种指标上的表现明显优于另外两种算法。对于算法在剩余个体数上的优势，一个解释是 IGES 和 GES 的迭代次数较少，从而发生碰撞的概率也更小。如果考虑平均每一次迭代减少的个体数量，则 IGES 依然相对于 GES 和 RPSO 算法保持微弱优势。这一结果说明，提出的避障算法在多种算法上都可以表现出一定的效果。

然而，在迭代次数上，障碍物对于三种算法的影响有所不同，这主要体现了不同算法对于障碍物环境的适应能力。在三种算法中，IGES 的曲线波动最小，而 RPSO 算法的曲线波动最大，随障碍物数量的增加而变化的幅度也最大。这表明，IGES 和 GES 相对于 RPSO 算法更加适应有障碍物的环境。

6.3　干扰源限制下的多目标搜索方法

6.3.1　问题描述

在本节中引入的环境限制为干扰源，与目标和障碍物不同，个体无法感知到干扰源，但是干扰源会减小其附近的适应度值，对个体搜索目标进行干扰。在实际应用问题中，干扰源是环境中一些具有干扰个体感知效果的物体的抽象，如强磁场等。在问题中，与目标相似，干扰源被抽象为一个点，并且对周围一定范围内的适应度值产生负面影响。适应度值是个体用于搜索目标的唯一线索，因此干扰源限制下的搜索问题会对机器人的搜索过程产生比较明显的干扰，这一干扰与感知误差的效果相似，但是分布方式不同，产生的影响也不完全一样。

干扰源类似于适应度值为负数的目标，每一个干扰源的位置和适应度值都是随机生成的，与目标类似，以干扰源为中心，在其周围形成多个圆环，最内层圆环对于适应度值的负面影响最为明显，外层圆环的影响逐渐减弱，直到变为 0 为止。多个干扰源的影响不会叠加，而是选取绝对值最大的一个。干扰源产生的适应度值会减小相应位置由目标产生的适应度值。在问题中，适应度值的取值一定为非负数(负数的适应度值取值没有意义)，因此当干扰源产生的影响大于目标产生的适应度值时，适应度值只会减小到 0。干扰源在没有目标的区域则完全不会产生效果。

干扰源限制下的多目标搜索问题在模拟平台上的截图如图 6-3 所示。其中，小圆圈代表干扰源，干扰源的位置及其干扰范围是随机生成的。尽管对于机器人个体干扰源是不可感知的，但是在演示中为了更好地展示，干扰源显示的方式与目标相同。从图 6-3 中可以看到，干扰源产生的效果是比较明显的，同时会引入更加复杂的适应度值环境，例如，在干扰源附近，可能会出现局部空白区域或者局部极值；或者在干扰源和目标的连线上出现不连续的适应度值空白区域。

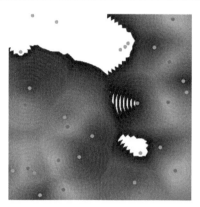

图 6-3 干扰源限制下的多目标搜索问题在模拟平台上的截图

个体无法感知到干扰源,因此无法针对干扰源提出解决策略。因此,在干扰源限制下,算法在没有任何修改的情况下对于复杂环境的适应能力是影响其搜索性能的主要因素,这种情况在实际的机器人应用中也非常常见。

6.3.2 实验结果与讨论

如图 6-3 所示,干扰源限制下的搜索问题会在环境中产生不连续的适应度值和局部极值,这些环境条件对群体搜索方法而言都是巨大的挑战,尤其是在不改变算法本身的情况下。干扰源限制下的算法迭代次数曲线如图 6-4 所示,包括不同群体规模、目标数量和干扰源数量。图例在全图的左上角,X 轴的坐标显示在每列的最下方,Y 轴的坐标显示在每行的最左侧。图片表示为一个三行四列的表

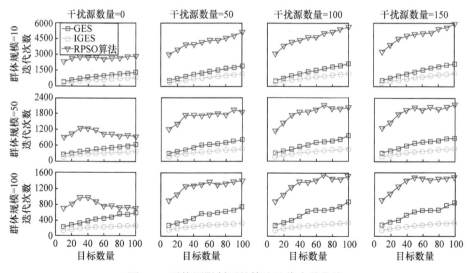

图 6-4 干扰源限制下的算法迭代次数曲线

格，其中每行表示不同的群体规模大小(0、50 和 100)，不同的列代表不同的干扰源数量(0、50、100、150)。在每个子图中，横坐标和纵坐标分别代表目标数量和收集所有目标所用的迭代次数。在图 6-4 中，群体规模大小的变化范围更大，因此干扰源数量为 0 的结果不仅可以进行对比，还可以用于分析算法在更大规模环境中的性能。

在图 6-4 中的第一列，即干扰源为 0 的情况下，可以更加明显地看到各算法性能随群体规模和目标数量变化的趋势。IGES 在不同子图中的形状保持一致，即在不同的问题规模上，算法的性能都保持比较稳定，不会随着某一个变量的变化而发生较大的跳变。同时，随着群体规模和目标数量的增加，IGES 的性能优势更加明显。这说明，IGES 的协同机制在任何规模的问题上都具有优异的性能，并且表现出了高适应性和稳定性。在图中，IGES 在收集 60～100 个目标时使用的迭代次数几乎相同，尤其是在群体规模大小为 100 的情况下。这说明，100 个机器人在 IGES 下可以用不到 250 代即可近似完美地遍历整个环境，迭代次数不随目标数量而发生显著变化。考虑到机器人的移动速度和感知范围有限，这一结果十分惊人。

同时，从图中可以明显看出，GES 的性能随着群体规模的提升有明显下降，这说明，GES 中的协同机制在群体规模较大时的协同效果不好。同时可以看到，RPSO 算法的性能在目标数量提升时反而有所提升，这主要是由于 RPSO 算法在适应度值分布比较广的环境中效果更好。

纵观整个图 6-4，可以看出引入干扰源对三种算法性能的影响。IGES 受到的影响最小，变化不大，不超过 10%；GES 受到的影响次之，在 30%左右；RPSO 算法受到的影响最大，超过 50%。这一结果可以很直观地表现各搜索方法的性能及其对于干扰源的适应能力。引入干扰源的环境更加复杂，需要个体之间进行更加有效的协同，避免个体陷入局部机制或者受到适应度值跳变的影响。图 6-4 中的结果表明，在有干扰源的环境中，启发自 GES 和 IGES 的表现要明显好于RPSO 算法，说明 GES 的适应性和协同性更强，更加适合于复杂环境下的群体机器人算法。尤其是 IGES，在大规模的问题中依然表现出了优秀的性能和稳定性。

值得注意的是，当干扰源数量变多时，算法所用的迭代次数反而有所下降。这一点似乎与传统的认知有所差别。关于这一结果的解释为，当干扰源数量比较多时，干扰源相对于环境的大小比较密集，相当于整个环境都受到了干扰源的影响，从而使得所有位置的适应度值都有不同程度的下降。虽然整个环境中的适应度值都有所下降，导致适应度值覆盖的范围减小，但是干扰源产生的局部机制和适应度值跳变也会相应大幅度减少，即干扰源造成的负面影响降低。因此，算法性能略有回升是可以理解的，但是与没有干扰源的结果仍然有很大差距，说明干扰源依然产生了效果。

6.4 假目标限制下的多目标搜索方法

在基本的多目标搜索问题中，机器人群体可以收集环境中的所有目标，然而在实际应用问题中，无论是由环境中的干扰还是由群体硬件造成的误差，机器人可能会在错误的位置发现疑似的假目标。在军事应用中，甚至可能会有精心布置的诱饵吸引机器人，避免真正的目标被发现。在这些情况下，机器人的感知能力有限，因此环境中存在的一些物体可能会产生与目标相似甚至相同的信号，从而使得机器人群体误认为这些物体也是目标。但是，机器人发现的这些目标显然是机器人不能处理和收集的，它的存在会干扰群体的搜索，因此机器人在搜索过程中应当尽量避开这些目标。

本节讨论假目标限制下的群体机器人搜索问题及其应对策略。一个简单的避免多次发现这些假目标的策略是对每一个发现的假目标在环境中进行标记，机器人可以感知到这些标记，从而远离这些目标。然而对于群体机器人，这一解决方案具有许多限制。首先，可以在环境中放置标记的能力在机器人硬件的设计上并不总是被允许的，而且机器人个体一般比较简单，也不一定能携带很多这样的标记。其次，并不是所有环境和物体都支持放置标记，有时机器人无法改变其所在的搜索环境。最后，当存在真目标距离这些标记较近时，远离这些标记反而会导致群体无法找到真目标。因此，本节将提出新的应对策略来解决这一问题。

6.4.1 问题描述

在假目标限制下的搜索问题中，记真目标和假目标的个数分别为 m 和 d。对于机器人，假目标和真目标的行为完全相同，即生成适应度值的方式完全相同。机器人完全无法通过适应度值分辨真假目标，直到机器人到达目标所在位置准备收集目标时，才能确定目标的真假。二者的唯一区别在于真目标是可以收集的，而假目标不能收集。因此，当机器人发现目标无法收集时，才可确认该目标为假目标。此时，机器人需要离开该假目标，继续搜索真目标，直到群体收集完所有的真目标。假目标限制下的多目标搜索问题在模拟平台上的截图如图 6-5 所示。其中，部分小圆圈为假目标。

除了不能被收集之外，假目标和真目标的唯一不同是假目标的平均适应度值略低，在某些时候，尽管周围存在假目标，但是真目标附近适应度值更高，因此个体有一定的可能会优先找到真目标。然而，在大部分情况下很难进行区分，甚至有些时候假目标可能会具有比真目标更高的适应度值。

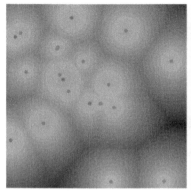 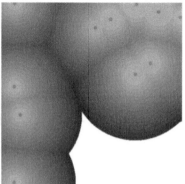

(a) 假目标限制下的搜索问题   (b) 只有一个真目标的搜索问题

图 6-5   假目标限制下的多目标搜索问题在模拟平台上的截图

对于假目标应对策略，群体的主要目标和挑战是要尽量减少访问假目标的次数。然而，真目标和假目标在环境中的分布是相同的，即都是随机、均匀分布的。如图 6-5 所示，真目标和假目标的位置可能十分接近，甚至可能会有真目标被假目标包围的情况。因此，问题的两个主要任务：收集真目标和躲避假目标之间是有冲突的，而应对策略需要在这两者之间取得一定的平衡。为了验证算法的性能，在本节的实验中还将考虑一种非常极端的情况：环境中有很多假目标，但是只有一个真目标，如图 6-5(b)所示。这一情况对群体而言是十分具有挑战性的。

尽管在实际问题中，真目标和假目标可能具有不同的分布，但是本节的问题更加具有一般性：在到达目标位置前，群体无法以任何方式区分真目标和假目标。作者认为，如果群体可以很快发现其他所有目标，但是很难收集到距离假目标非常近的真目标，那么该策略依然不适合解决假目标限制下的搜索问题。此外，在实际问题中，访问假目标对机器人而言可能具有副作用，例如，机器人个体会被困住一定时间或者消耗一定能量，在某些问题中甚至会直接停止功能。尽管本节的实验没有引入惩罚机制，但是假目标访问次数仍然是评价算法性能的一个重要指标。

6.4.2 应对策略

本节提出两种针对假目标的应对策略，两种应对策略的状态转移图如图 6-6 所示。两种应对策略的主要区别在于：合作策略利用群体之间的协同能力，而作为对比的独立策略不利用群体之间的协同能力。在合作策略中，机器人个体可以将其当前位置的假目标信息共享给邻近个体,这一过程不需要直接通信即可完成。在实验中可以看出，尽管合作策略引入的协调和交互机制非常简单，但是依然可以在一定程度上减少搜索迭代数,并且可以大幅度减少机器人访问假目标的次数。

在模拟中，每个个体在每一次迭代中会首先进入假目标应对策略，检查个体是否发现了假目标，或者在合作策略中个体的邻近个体是否发现了假目标。根据

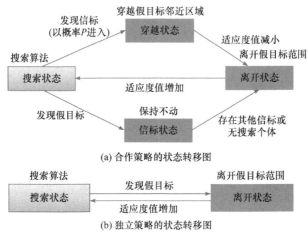

图 6-6　两种应对策略的状态转移图

环境中的感知结果，应对策略会选择执行策略(如离开当前的假目标)，还是继续执行搜索方法。一般而言，在执行应对策略后，个体不再执行搜索方法，但是会执行躲避障碍物的应对策略。

1. 合作策略

合作策略的状态转移图如图 6-6(a)所示，机器人的可能状态有四种：搜索状态、信标状态、离开状态和穿越状态，其中个体在搜索状态中执行搜索方法，在其他状态中执行假目标应对策略。

(1) 搜索状态。在模拟开始时，机器人个体处于搜索状态。

(2) 信标状态。在合作策略中，在个体发现假目标之后，会暂时停留在假目标的位置作为信标，并且将当前位置存在假目标这一信息发送给其邻域内的机器人个体。其他个体收到这一信息之后，会以一定的概率选择离开假目标附近区域，从而实现群体之间的协同。在群体中，这种交互不通过直接通信就可以完成，只需要在机器人个体上装备可以发光的小灯，信标个体将小灯点亮即可。这是因为个体已经可以识别邻近个体的相对位置，不需要额外传递位置信息。利用这一设计可以实现简单的交互机制，并且简化机器人的软硬件复杂程度。

进入信标状态的个体会在原地(即假目标所在位置)停留，向邻近个体传递信息。邻近的搜索个体收到这一信号之后，会以一定概率进入穿越状态。这一概率选择会在每一次迭代中进行，直到个体进入穿越状态为止。这一概率的引入主要在于增加个体在假目标周围的搜索时间。当周围的所有个体都不在搜索状态时，信标个体进入离开状态，远离假目标，即当不再有邻近个体需要接收信标个体的信号时，信标个体就不需要停留在原地，可以继续进行搜索。多个信标个体在相近位置上停留是不必要的，因此在这种情况下会只保留一个信标个体，其他信标个体直接进入离开状态。

(3) 离开状态。离开状态的主要目的是让个体远离假目标的影响范围。在策略中，进入离开状态的个体会随机选择一个远离假目标的方向，保持最大速度直线运动直到适应度值上升。一般而言，当个体离开假目标附近时，个体与假目标的距离逐渐增加，其感知到的适应度值会逐渐下降。当个体的适应度值增加时，说明个体已经进入新的真目标或假目标的适应度值范围。此时，个体可以返回搜索状态继续搜索目标。

个体可以从信标状态和穿越状态进入离开状态，针对这两种状态，在离开状态中进行方向选择的策略是不同的。如果个体来自信标状态，则个体所在位置即为假目标的位置。个体只需要随机选择任意方向离开即可。然而，如果个体来自穿越状态，情况会有所不同。考虑到真目标和假目标可能比较接近，因此个体在从搜索状态进入穿越状态之后，如果直接远离假目标，则无法对假目标附近的区域进行搜索，群体将很难发现在假目标附近存在的真目标。因此，个体在穿越状态中需要穿过假目标的区域，以期遇到真目标，然后进入离开状态远离假目标。在这一情况下，个体进入离开状态后不需要重新选择方向，只需要保持在穿越状态下的搜索方向即可。进入穿越状态的另一个好处是，个体可以避免在离开状态返回它来的方向，从而可以减少重复搜索。

(4) 穿越状态。如前所述，个体在穿越状态中会试图穿过假目标附近的区域寻找真目标，因此个体随机选择的方向需要有所限制，不能选择距离假目标过近或者过远的方向。在穿越状态中，个体会先接近假目标，其感知到的适应度值也会增加；然后在个体经过一段距离之后，开始远离假目标，此时适应度值也会如离开状态一样减小，个体即进入离开状态。

在穿越状态中，个体距离假目标的最远距离为个体的感知半径。记 θ 为个体在穿越状态的前进方向到个体与假目标连线的角度。考虑到在大部分情况下真目标的适应度值大于等于假目标的适应度值，因此在合作策略假定假目标周围有真目标，则会有明显的适应度值增加的情况发生。根据这一假设，α 应当满足的条件为

$$\theta \in \left[-\frac{\pi}{3}, -\frac{\pi}{6} \right] \cup \left[\frac{\pi}{6}, \frac{\pi}{3} \right] \tag{6-1}$$

2. 独立策略

相对于合作策略，独立策略更加简单，个体之间不进行任何交互。从图 6-6(b) 可以看出，独立策略中引入了两个状态：搜索状态和离开状态。由于个体不会共享各自发现的假目标信息，所有个体都需要到达假目标的位置才能确定目标的真

假,所以个体可以直接进入离开状态,不需要穿越状态和信标状态。在独立策略中的离开状态与合作策略中的完全相同,个体直接选择一个随机方向远离假目标。在本节的实验中,独立策略作为对比策略,可以用于比较引入简单协同的合作策略对于群体搜索性能的提升效果。

3. 关于假目标的历史信息

在基本的多目标搜索问题中,个体最多可以保留 10 次历史状态,用于协助算法和个体的搜索。但是,在本节的假目标躲避问题中,并没有引入相关的历史信息机制,个体不会记录其发现的任何假目标。历史信息可以很容易地加入到上述两种策略中。只要把历史信息看作信标,当个体与某个历史信息的距离小于一定阈值(如个体的感知距离)时,个体将会以一定的概率进入穿越状态,如此即可实现利用历史信息的功能。

但是,由于这两种策略与搜索目标没有直接关联,当真目标附近没有假目标时,两种策略对于群体的搜索没有影响。影响两种策略性能的因素在于,如何提高个体搜索假目标附近真目标的能力,而历史信息的引入反而会减弱这一能力。这是因为假目标的数量与历史信息的数量相差不大,因此个体会记录很多访问过的假目标,大幅度降低群体在这些假目标周围搜索真目标的能力。当然,如果在其他的问题设定下,真目标和假目标的分布不同,则可以考虑在策略中加入历史信息,避免重复访问假目标,以提高算法的搜索效率。

6.4.3 实验结果与讨论

本节实验测试这两种策略在三种算法(GES、IGES、RPSO 算法)上的各方面性能。本节首先分析合作策略中的参数概率 P;然后验证提出的两种策略在不同参数设置下能否顺利解决这一问题;最后在个体、目标和假目标规模较大的环境下测试两种策略的稳定性和适应性。本节算法和策略的组合命名为 GES-C 或 RPSO-N 等,前缀表示算法名称,后缀"C"表示合作策略,"N"表示独立策略。

本节所有实验环境与之前的基本多目标搜索问题相同。实验中的主要性能评价标准为迭代次数和假目标访问次数,后者在本章中简称为访问次数。迭代次数表示算法收集所有真目标所用的时间,用于评价应对策略对于算法性能的影响;访问次数表示个体访问假目标的频率,主要评价应对策略本身的效果。

1. 参数分析

独立策略中不存在参数,因此不需要进行参数优化和分析。合作策略只有一个参数:概率 P,表示个体在收到来自信标个体的信号时,从搜索状态进入穿越状态的概率。个体在每一次迭代中都会进行一次判定,直到最终进入穿越状态或者无法感知到信标个体为止。较小的 P 可以增加个体在假目标附近区域搜索真目标的时间，更容易找到真目标；但是也可能会在没有真目标的区域浪费时间，导致迭代次数增加，因此需要对其取值进行折中。

在进行参数优化时，50 个机器人组成的群体在具有 80 个假目标干扰的环境中收集 20 个真目标。参数 P 的取值范围为[0,1]，步长为 0.1。当 $P=0$ 时，合作策略会退化为独立策略，但是信标个体依然保持在假目标所在位置。因此可以预测，当 $P=0$ 时，独立策略的效果要好于合作策略。迭代次数和访问次数的实验结果如图 6-7 所示，作为对比，图中还包括独立策略的结果作为基准。图 6-7(a)中三条横线从上至下为方形、三角形、圆形折线对应的基准，图 6-7(b)中三条横线从上至下为三角形、方形、圆形折线对应的基准，折线与基准之间的间隔差异代表了两种策略的性能差异，不同算法之间的间隔表示策略对于算法的影响程度。

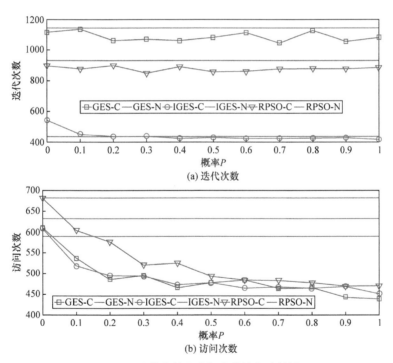

图 6-7　迭代次数和访问次数的实验结果

从图 6-7 中可以看出，两种策略在三种算法上表现出的性能变化趋势基本一致。除 $P=0$ 的情况外，合作策略基本优于独立策略，说明尽管其中的协同机制比较简单，但是具有比较明显的效果。即使在 P 比较小时，合作策略依然可以提升性能。可以看出，合作策略在不同算法上的优势不尽相同，这体现了算法搜索机制的差异及其适应应对策略的能力。

参数 P 对于迭代次数的影响不是十分明显，不同 P 的取值差别不大，总体上呈下降趋势，但是性能曲线受随机因素的影响较大，性能的最优点在 $P=0.8$ 附近。这说明，这一策略对于真目标的搜索性能不会造成很大的影响，当 P 较小时，信标个体会停留较长时间，影响了搜索效率，因此总体上有轻微的下降趋势。这一结果与之前的分析比较吻合。与之相反，参数 P 对于访问次数的影响是非常显著的，曲线的下降趋势非常明显。这一点从合作机制的公式中可以分析出来，较大的 P 确实可以起到避免访问假目标的作用，同时受随机性的影响不大，性能比较稳定。可以注意到，IGES 在访问次数上并不具备性能优势，这主要体现了不同算法在局部搜索能力上的区别。尽管存在穿越状态，但是 IGES 中的个体可以在有限的几次迭代内快速收敛到假目标，因此其访问次数比 GES 略多。

2. 性能验证实验

假目标限制下的性能验证实验结果如图 6-8 所示，性能验证实验的参数设置与参数优化实验的环境相同，假目标数量的变化范围为 0～200。其中 CPU 时间表示算法的总运行时间，包括执行策略和算法的总时间，但是不包括模拟中的其他计算时间。图中 0 个假目标的结果作为基准，表示算法的基本性能和随机因素对结果的影响，该结果不代表合作策略和独立策略的任何性能差异。

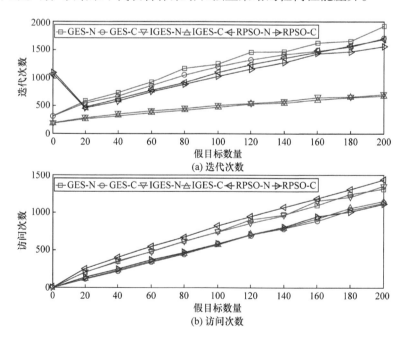

(a) 迭代次数

(b) 访问次数

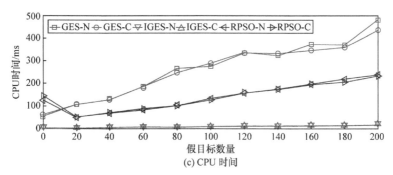

(c) CPU 时间

图 6-8　假目标限制下的性能验证实验结果

综合图 6-8 中三个算法的结果，合作策略的迭代结果相对于独立策略具有 5%～10%的优势。相对于几百次迭代的总迭代次数而言，算法的相对优势不大。这主要是因为合作策略要在离开假目标和搜索假目标附近的真目标之间取得平衡。如果在真目标和假目标分布不同的环境中，或者当问题的规模更大时，合作策略在迭代次数上的优势会更加明显。

与之相对地，合作策略在假目标访问次数上的优势是十分明显的，在 GES 上可以达到 15%～25%，IGES 上可以达到 15%～30%，RPSO 算法上可以达到 20%～30%。这说明，合作策略在躲避假目标方面效果显著，这一点对于实际应用中的很多问题非常重要，尤其是对于访问假目标会给群体和个体带来较大负面影响的应用问题。

在合作策略效果如此明显的情况下，CPU 时间与独立策略基本相同。这主要是由于策略只会在发现假目标时才会计算，并且合作策略足够简单，并没有带来较大的计算复杂度。这也验证了群体机器人的核心思想：简单的合作机制也可以带来较大的性能提升。本节中的限制条件组合在模拟平台上的截图如图 6-9 所示。

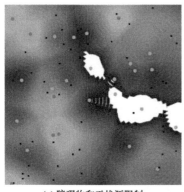
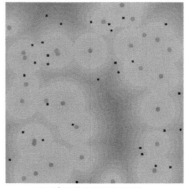

(a) 障碍物和干扰源限制　　　　　　　　(b) 障碍物和假目标限制

图 6-9　本节中的限制条件组合在模拟平台上的截图

6.5　多种环境限制下的多目标搜索方法

本节考虑在多目标搜索问题中引入前面限制条件的简单组合，只考虑两种组合：障碍物和干扰源、障碍物和假目标。更加复杂的组合限制条件下的多目标搜索问题见第 7 章。本节关注的重点是算法在多种环境限制下的适应能力，而不是算法在不同规模环境下的性能变化，因此本节中的实验主要在固定规模环境中进行，这样可以更加关注算法性能随环境中物体数量的变化趋势，而不是算法本身的性能变化曲线。

6.5.1　障碍物和干扰源限制下的多目标搜索方法

障碍物和干扰源限制下的多目标搜索问题相当于障碍物和干扰源限制的结合，两种环境限制条件都会干扰群体对于目标的搜索，但是干扰的方式有所不同。机器人个体只能在非常近的距离感知到邻近的障碍物，与障碍物发生碰撞的机器人会被移出模拟平台；干扰源无法被个体感知，但是会影响环境中适应度值的分布，为个体的搜索增加难度。在本节的实验中，主要考察两种评价指标：迭代次数和剩余个体数。

障碍物和干扰源限制下的实验结果如图 6-10 所示，实验环境的设置如下：目标数量和群体规模大小均为 30，干扰源数量为 100，障碍物数量的取值范围为 0～500。

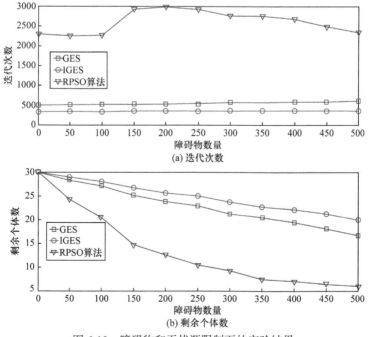

图 6-10　障碍物和干扰源限制下的实验结果

从图 6-10 中可以看出十分明显的算法性能差异，并且可以看出 IGES 在两种指标上表现更好，随着障碍物数量变化而产生的波动也更小。该结果与图 6-2 和图 6-4 中的结果十分相近。这一结果同时说明障碍物和干扰源两种环境限制之间基本独立，尤其是干扰源的引入对于障碍物相关指标变化趋势的影响不大。

从图 6-10 中可以看到，干扰源的引入导致三种算法各指标的绝对数值都有所下滑，但是 GES 和 IGES 的表现十分稳定，只有非常小的变化，而 RPSO 算法的波动较大。当障碍物数量较多时，IGES 和 GES 的性能优势越发明显，而 RPSO 算法的剩余个体数非常少，说明该算法很难适应该环境条件。

6.5.2 障碍物和假目标限制下的多目标搜索方法

障碍物和假目标限制下的搜索问题相当于障碍物和假目标限制的结合，两种限制条件都需要分别的策略进行应对。在模拟中，个体首先进入假目标应对策略，并根据其输出选择是否进入算法搜索阶段。最后无论是否执行搜索方法，都会进入障碍物应对策略。

本节的考察指标包括在障碍物和假目标环境中引入的评价标准，即迭代次数、存活个体数和访问次数。障碍物和假目标限制下的实验结果如图 6-11 所示，实验

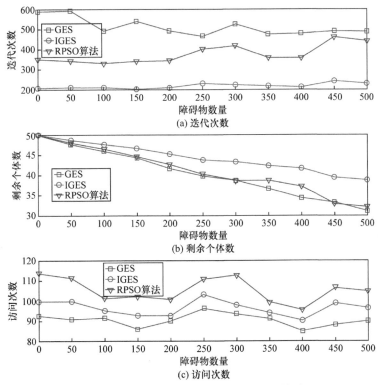

图 6-11 障碍物和假目标限制下的实验结果

环境的设置如下：目标数量和群体规模大小均为 30，假目标数量为 60，障碍物数量的取值范围为 0～500。

　　IGES 在迭代次数和剩余个体数上的优势十分明显，而 GES 在访问次数上略有胜出。同样，受到假目标的影响，GES 在性能上相对于 RPSO 算法优势不明显。但是受到障碍物的影响，假目标造成的性能下降有所减弱，因此 GES 在本节实验中仍然表现出优于 RPSO 算法的性能。

　　与 6.5.1 节类似，障碍物和假目标这两种环境限制对于互相指标的影响不大，三种算法的曲线变化趋势与单一限制条件下的曲线变化趋势基本保持一致。这说明，两种环境限制条件之间也不具备较大的关联性。虽然新限制条件的引入会不同程度地影响指标的绝对数值，但是随着障碍物数量的变化趋势保持不变。

6.6　本 章 小 结

　　本章在基本的多目标搜索问题中引入了三种环境限制条件：障碍物、干扰源和假目标，这些个体都会以不同的形式对群体在环境中的搜索造成负面影响。在实际搜索问题中，这些限制条件经常会存在于环境中，因此对于这些限制条件的研究具有重要的实际意义。为了降低这些限制条件带来的影响，本章针对障碍物和假目标提出了两种应对策略，并在三种算法上进行了实验，验证了三种算法和两种策略在大规模环境下的适应能力。在此基础上，本章还将搜索策略在这些环境限制条件的组合问题上进行了测试，验证所提出策略的泛化能力、适应能力和相互关联。

　　实验结果表明，本章提出的两种策略在不同的环境条件中都可以获得不错的效果，并且这些策略计算简单，泛化能力强，十分适合群体机器人系统。同时，在三种算法中，IGES 在不同的环境限制条件下表现出十分稳定的性能优势，说明 IGES 中的协同方法在不同环境规模、不同环境限制和不同应对策略的情况下都可以很好地完成搜索任务。IGES 在这些限制条件下表现出了良好的适应能力和可扩展性。同时 GES 在大部分环境条件下也都表现出优于 RPSO 算法的性能，证明算法中的协同机制也是十分有效的，并且具备良好的适应能力。

第 7 章　复杂环境限制下的多目标搜索

7.1　引入能量和感知限制的多目标搜索方法

目前，能源问题越来越引起人们的广泛关注，而在群体机器人领域，目前尚无太多关于群体能量利用效率的研究。因此，本节重点研究群体机器人在搜索过程中的能量消耗。首先，本章提出引入能量和感知限制的群体机器人多目标搜索(energy and perception constrained multi-objective search，EPCS)问题，相对于基本的多目标搜索[1-3]，群体的感知能力和通信能力更加受限。EPCS 问题具有两种模式：一般模式和能量限制模式。一般模式与第 5 章和第 6 章中的搜索问题类似，而在能量限制模式中，个体在算法进行中不断消耗能量，如果个体能量耗尽，则将停止功能。个体可以在目标处补充能量，因此算法需要提高搜索效率和能量利用效率。通过两种模式下的结果分析，可以更清楚地看到算法的能量利用效率。本章提出一个方向选择(direction selection，DS)算法用于解决 EPCS 问题。实验结果表明，DS 算法具有良好的能量利用效率和搜索性能。

7.1.1　问题描述

EPCS 问题基于基本的多目标搜索[1]，但是引入了个体和目标的资源限制。本节首先概述 EPCS 问题，然后介绍 EPCS 问题中引入的个体和目标关于资源的设定，最后介绍 EPCS 的能量限制模式。

EPCS 问题是在广阔的有障碍物环境中搜索随机分布的 m 个目标 $T_1, T_2, \cdots, T_m$。算法要求群体搜索到所有的目标，并收集目标中的资源，这些资源是对于实际问题中可收集物体的一种抽象，实际上可以是某种能量、矿物质甚至某种信息等。与基本的多目标搜索问题不同的是，每个目标均包含不等的资源，当个体发现目标时，可以在目标处以固定速度收集目标中的资源，群体中可能会出现多个个体在同一目标处收集资源的情况。

EPCS 问题的主要目的是强调能量利用效率，因此能量在问题中具有重要作用。群体的总能量消耗是评价算法性能的一个重要标准。个体需要在尽量少能量消耗的情况下收集到尽量多的目标中的资源。个体在搜索时越快发现目标，越能节省能量，从而提高算法效率。

与基本的多目标搜索问题类似，目标产生的适应度值是离散的，并且只有部分区域有适应度值覆盖。适应度值的取值范围为 $0 \sim \beta_F$，其中 β_F 为最大适应度值，在 EPCS 问题中为一个远小于基本多目标搜索问题中最大适应度值 20 的正整数。EPCS 问题在模拟平台上的截图如图 7-1 所示。图中，三角形表示机器人个体，矩形表示目标，目标的大小表示所含资源的数量。背景颜色表示适应度值的大小。与第 6 章不同的是，EPCS 问题中不同目标生成的每个适应度值的区域半径不同。EPCS 问题中还考虑了障碍物等环境限制。与第 6 章不同，个体在与障碍物发生碰撞后并不会被移出模拟平台，而是会额外消耗 β_P 的能量作为惩罚。因此，与障碍物发生较多碰撞也会影响算法的能量利用效率。在 EPCS 问题中，避障机制与第 6 章相同。

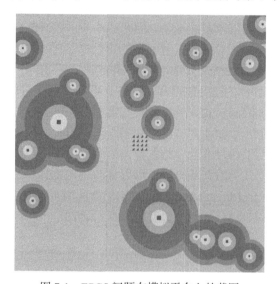

图 7-1　EPCS 问题在模拟平台上的截图

1. 个体

与基本的多目标搜索问题相同，群体中的 n 个个体 $R_1, R_2, \cdots, R_n$ 只能进行局部的感知和交互。在 EPCS 问题中目标的适应度值取值范围更小，个体也不需要任何直接通信即可进行当前位置适应度值的信息交互。因此，在 EPCS 问题中，个体同样只进行间接交互，而不需要进行任何直接通信，降低了机器人的硬件成本。此外，每个个体在每一次迭代中可以感知其当前位置的适应度值。但是不同的是，如果当前适应度值为 β_F，则在 EPCS 问题中认为个体与目标足够近，可以确定目标的位置，因此个体无须继续搜索，可以直接向目标的位置移动。同样，个体还可以存储历史状态。

定义 7-1 个体状态。个体状态是指个体的位置与该位置对应的适应度值的组合。这里的适应度值是指个体感知到的适应度值，不一定是实际环境的适应度值。每个个体可以通过感知的方式获得邻域内其他个体的状态信息。由于没有全局坐标系, 所以感知到的位置信息是相对位置。与基本的多目标搜索问题类似, 这一感知过程不需要个体间的直接通信。

在 EPCS 问题中新引入的特性是个体每次迭代的能量消耗。一般而言, 个体的能量消耗由两部分组成: 个体的运动和个体的计算消耗。其中, 前者一般与移动距离成正比, 在模拟计算中线性系数为 β_M。后者主要考虑机器人的计算代价, 每个个体运行的算法都相同, 因此可以认为计算产生的能量消耗和模拟的迭代次数成正比。为了简化计算, 每一次迭代的计算消耗为一个固定值 β_L。因此, 个体每一次迭代消耗的总能量为

$$\Delta \text{Energy}(t) = -\left(\beta_L + \beta_M \| V_i(t) \|\right) \tag{7-1}$$

其中, $V_i(t)$ 表示个体 R_i 在这一次迭代的运动向量; $\| V_i(t) \|$ 表示个体的移动距离。

在个体到达目标所在位置之后, 可以在每次迭代以固定的速度 β_C 收集资源。个体需要一定的时间才能收集完目标中的所有资源, 此时个体会停留在目标位置。在目标中的所有资源被全部收集完后, 目标会消失, 且不再产生适应度值, 而个体则继续搜索下一个目标。多个个体可以同时收集一个目标, 以加快速度, 提高效率。在 EPCS 问题中, 为了简化算法的设计, 假定个体可以存储的资源数量足够大。而在实际的搜索问题中, 可以通过增加资源回收点的方式处理个体存储量有限的问题, 资源收集满的个体可以返回回收点上交收集到的资源、补充消耗的能量, 然后返回继续搜索。

2. 目标

EPCS 问题中的目标是对实际问题中目标的抽象, 如觅食任务中的食物源或者探矿问题中的矿产资源点等, 这些目标都包含一些可以供个体收集的资源。在模拟演示中, 目标包含的资源数量是随机的, 但是为了方便算法比较, 在同一环境设置下, 所有目标的资源总量是固定的, 同样条件下算法可以收集到的资源相同, 从而可以很直观地比较算法的性能。

每个目标可以根据自身的资源产生适应度值, 个体在其周围环境中可以感知到这些适应度值。在 EPCS 问题中, 适应度值的产生方式略有不同。每个目标 T_i 的影响范围为圆形(或者球形), 影响半径 $D_{T_i}(t)$ 与目标当前包含的资源 $E_i(t)$ 成正比, 并且可能会随时间发生变化, 如式(7-2)所示。

$$D_{T_i}(t) = \beta_R E_i(t) \tag{7-2}$$

其中, β_R 是计算目标影响范围的常数系数。

从模拟演示中可以看到, 目标产生的适应度值会在资源被收集时迅速缩小。在目标的影响范围内, 适应度值的取值为 $1 \sim \beta_F$ 的正整数。适应度值为 0 表示个体当前不在任何一个目标的感知范围内; 适应度值大于 0 表示附近区域有目标存

在，适应度值越大距离目标越近。目标 T_i 在其附近的位置 P 产生的适应度值计算公式如式(7-3)所示。

$$F(P) = \beta_F \times \left[1 - \left(\frac{D(P, T_i)}{D_{T_i}(t)} \right)^k \right] \tag{7-3}$$

其中，$F(P)$ 表示 P 点的适应度值；$D(P, T_i)$ 表示 P 与目标 T_i 之间的距离；k 表示指数系数。

　　环境中适应度值的基础值为 0，即没有任何目标的影响。每个目标分别产生各自的适应度值影响范围及在这一范围内的适应度值。当不同目标的适应度值区域有所重合时，选择较高的值作为这一点的适应度值。另一种重合的情况是可能在某一点有多个目标产生的适应度值为最大值 β_F，但是个体只能感知到距离最近的目标，而非所有目标。这一机制使得多个个体同时在一个区域搜索时，可以分散到各个目标去收集资源。同时，即使只有一个个体在附近搜索，在收集完一个目标后，也可以很快进入到下一个目标的感知范围内继续搜索。

　　3. 能量限制模式

　　在 EPCS 问题中还考虑一种特殊模式：能量限制模式[4,5]。接下来的实验分别针对一般模式和能量限制模式进行。在这一特殊模式中，所有目标包含的资源均可以转换为个体的能量，可以动态补充个体在搜索时的能量消耗。个体在出发时具有固定的初始能量 β_E，随着搜索不断消耗能量，收集资源的过程就转换为补充个体能量，补充能量的速度与一般模式中收集资源的速度相同。这一模式的关键在于：当个体的搜索有所发现时，个体可以获得目标中能量的奖励；而当个体没有找到目标时，个体的能量会不断消耗。个体的搜索时间转换为能量消耗进行评价。当个体的能量耗尽时，个体将会停止功能，即如果个体不能在一定时间内找到目标，个体将被从模拟平台中移除。

　　在能量限制模式下，最终的评价标准为群体在算法结束时的总剩余能量。目标的总能量和个体的初始能量固定，因此算法在这一模式中要取得良好的性能需要尽量减少搜索时消耗的能量，才能最大化剩余能量，这就要求算法具备良好的大范围搜索能力和并行搜索能力。在模拟过程中，群体的能量不断波动，这是因为搜索会消耗能量(与一般模式相同)，而在收集目标中的资源时能量会增加。如果所有个体的能量都耗尽，还有目标没有收集完成，则该次模拟将被判定为失败，因为群体无法完成搜索任务。

7.1.2　方向选择算法

　　本节提出 DS 算法用于解决 EPCS 问题的一般模式和能量限制模式。DS 算法的核心思想是：为群体选择最优的搜索方向。基于三阶段搜索框架，DS 算法将个体搜索的三个阶段分为随机搜索、细化搜索和收集资源，分别对应三阶段搜索框架中的广域搜索、细化搜索和目标处理。DS 算法的流程图如图 7-2 所示。

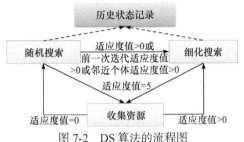

图 7-2　DS 算法的流程图

在不同阶段的群体目标有所差异，因此群体在不同的搜索阶段需要有不同的协同机制。不同的阶段是根据个体的当前状态确定的，因此群体中可以同时存在三种状态中的个体。同时，考虑到个体存储历史状态的能力有限，DS 算法中还提出了一系列存储历史状态的规则，以提高历史信息对算法的帮助。实验结果表明，DS 算法具有良好的能量利用效率。

随机搜索和细化搜索的主要区别在于，个体在随机搜索时无法利用已有的适应度值信息加快搜索进程，即个体当前迭代适应度值和前一次迭代适应度值为 0，同时邻近个体适应度值也为 0。如果这些适应度值中存在非 0 值，则个体进入细化搜索阶段。在任意时刻，如果个体的当前适应度值为 β_F，则个体进入收集资源阶段。在这一阶段，个体可以直接感知到目标并前往目标位置，然后在目标位置收集资源。同时，在资源收集阶段无须记录历史信息，因为收集结束后目标将会消失，目标附近点的适应度值也会发生变化，这些历史信息对于接下来的搜索没有任何帮助。

在随机搜索阶段和细化搜索阶段，个体可以通过共享当前的状态信息实现协同，从而加快搜索过程。在 DS 算法中，对于历史信息和邻域信息的处理方式相同。这是因为历史信息数量有限，所以可以保证其时效性。在此将这两部分信息统称为状态信息集合，具体的处理方式将在每个阶段进行详细介绍。

定义 7-2　状态信息集合。个体 R_i 在 t 时刻的所有邻近个体的状态和历史信息中的状态，统称为个体的状态信息集合 $M_i(t)$。在 $M_i(t)$ 中不包括个体的当前状态，这是因为在协同中个体当前状态的处理方法不同。

接下来将依次介绍群体在随机搜索阶段和细化搜索阶段的协同方式，以及 DS 算法的历史信息更新规则。在实验中可以看到，尽管 DS 算法是为了解决 EPCS 问题而提出的，但是依然可以适用于其他多目标搜索问题。

1. 随机搜索阶段

在随机搜索阶段，个体没有适应度值信息辅助。但是在个体的历史信息中，可能在前几次迭代存在适应度值不为 0 的状态，这说明个体可能刚进入随机搜索阶段。出现这一情况共有两种可能：①个体刚刚收集完目标，这些历史信息是在发现目标之前所经过的位置，目前已经失效；②邻近区域内有个体正在收集能量，导致适应度值区域减小，而个体在前几次迭代还处于有适应度值的区域内。在这种情况下，个体没有必要，也没有线索继续搜索这一目标，因此需要转向搜索下一目标。因此，无论个体处于哪一种情况，个体都可以忽略历史信息中适应度值不为 0 的状态。

定义 7-3 零状态信息集合。状态信息集合 $M_i(t)$ 中所有适应度值为 0 的状态的位置组成的集合，记为零状态信息集合 $M_i^0(t)$，如式(7-4)所示。

$$M_i^0(t) = \{P \mid (P, F) \in M_i(t) \wedge F = 0\} \tag{7-4}$$

其中，(P, F) 表示状态信息集合中的一个状态，P 为位置，F 为适应度值。由于这些点的适应度值都相同，所以在零状态信息集合中只需要这些点的位置信息即可。

在随机搜索阶段，没有任何适应度值信息作为指导，因此个体需要在环境中随机游走，以期可以发现目标的线索(即适应度值>0)。因此，为了提高效率，机器人应该始终避免对同一方向进行重复搜索，即个体应该避免前往已经搜索过的方向(历史信息)或者其他个体正在搜索的方向(邻域信息)。DS 算法将个体 R_i 周围 360°平均分为 4δ 个方向。根据实验结果，δ 的取值为 50，即个体需要从 200 个方向中选择一个方向进行搜索。每个在零状态信息集合中的点都会对应一个方向，并且在这一方向及邻近的其他方向上添加一个负的权值。当一个方向上存在多个点时，只有最近的点才会提供权值。在计算完所有点的权值之后，DS 算法根据所有方向的权值选择搜索方向，权值越大，被选择的可能性越大。如果一个方向附近的点越多，则该方向权值越小，也就越难被选择。因此，这种选择方式可以使个体避免选择已经被搜索过或正在搜索的方向。个体 R_i 的零状态信息集合中点 P 的权值计算示意图如图 7-3 所示。

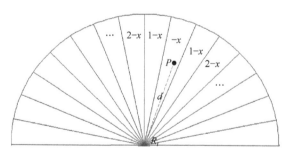

图 7-3 个体 R_i 的零状态信息集合中点 P 的权值计算示意图

对于 $M_i^0(t)$ 中在每一个方向上距离个体最近的状态信息点 P，权值的计算方法如图 7-3 所示。记点 P 所在方向为 w，在这一方向上产生的权值为$-x$，其中 x

是正数。x 的值与 P 和个体 R_i 之间的距离 d 有关，如式(7-5)所示。

$$x = \frac{D_R - d}{\mu} \tag{7-5}$$

其中，D_R 为个体感知半径；$\mu = 10$ 为一个预定义的参数，用来离散化距离 d。

由于 x 为正数，在 w_P 方向权值最小(绝对值最大)，在 w_P 邻近的其他方向的权值依次为 $-(x-1), -(x-2), \cdots, 0$。

在计算出所有方向的权值之后，可以基于这些方向的权值使用轮盘赌随机选择个体的搜索方向。在轮盘赌过程中，每个方向的初始权值为式(7-5)中引入的常数 μ，并且只考虑所有权值为正数的方向。这主要是因为权值为负数的方向过于拥挤，这些方向已经有其他个体进行了搜索。

对个体而言，方向选择机制不需要在每次迭代进行。这是因为个体周围空旷的方向一般较多，所以频繁选择方向会使个体不断变换方向，反而可能会在一定区域内徘徊。因此，在 DS 算法中，每 4 次迭代执行一次方向选择机制。同时，在选择方向之前，根据之前计算出的权值进行一次判定：只有当前搜索方向的权值小于某一阈值 θ 时，才会重新选择方向，否则，保留之前搜索方向继续前进。方向选择机制可以保证个体在一段时间内保持直线运动，直到进入其他个体的搜索区域或者遇到边界反弹为止。在随机搜索阶段，个体的运动速度设为个体所允许的最大速度，以提高搜索效率，并节省能量。个体在随机搜索阶段的模拟演示过程如图 7-4 所示。时间步 a 为初始状态，个体开始向外扩散。在时间步 $b \sim f$ 中不断搜索目标或者调整方向。圆圈中的个体由于邻近个体的位置，在时间步 c 和 d 连续按照箭头指示变换搜索方向。

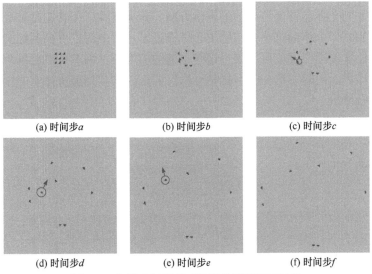

(a) 时间步 a　　　　　　(b) 时间步 b　　　　　　(c) 时间步 c

(d) 时间步 d　　　　　　(e) 时间步 e　　　　　　(f) 时间步 f

图 7-4　个体在随机搜索阶段的模拟演示过程

2. 细化搜索阶段

在细化搜索阶段，群体可以利用状态信息集合中的适应度值信息加快搜索过程。通过比较个体的当前适应度值和上一次迭代适应度值，可以将个体当前的搜索进展分为两种情况。

定义 7-4　搜索进步。在 DS 算法中，如果个体的当前适应度值大于等于上一次迭代适应度值，则认为个体的搜索过程在进步。

定义 7-5　搜索退步。在 DS 算法中，如果个体的当前适应度值小于上一次迭代适应度值，则认为个体的搜索过程在退步。

由于个体的最大移动速度有限，通常个体不会在相邻的两次迭代中跨越较大的区域。因此，个体在当前和上一次迭代适应度值的差别一般只有 0 或 1。适应度值差别超过 1 的情况一般出现在个体刚收集完一个目标，然后直接处于另一个目标的影响范围之内。此时，适应度值会发生跳变，并且之前的历史信息将不再有参考意义。因此，在历史信息存储规则中将会移除这些历史信息，并且假定个体在这一次迭代处于搜索进步状态。在 DS 算法中，不同状态下的协同机制有较大差别。

当个体的搜索进步时，DS 算法变得十分简单：只需保持个体当前的搜索方向即可。同时个体可以利用状态信息集合来加速自身的搜索过程。搜索退步状态的可能发生情况以及如何重新选择方向示意图如图 7-5 所示。图中 M 和 N 为个体在点 P 时可能会选择的两个新搜索方向。从图中可以看到，适应度值越大的位置更加接近目标。因此，可以从状态信息集合中选择所有适应度值最大的状态。如果这些状态的适应度值优于当前个体，则在个体的当前搜索方向中增加来自这些位置的吸引分量，从而使个体向适应度值更好的方向前进。如果没有适应度值优于当前位置，则个体需要保持当前的搜索方向。如果存在多个状态具有最大的适应度值，则相当于个体向这些状态的中心点靠近。从图中可以看到，相同适应度值点的平均位置的适应度值可能大于这些点的适应度值，因此可以比单个点起到更好的加速作用。同时，这一吸引机制可以保证在能够起到加快搜索的作用时，才会增加吸引分量。

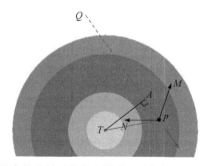

图 7-5　搜索退步状态的可能发生情况以及如何重新选择方向示意图

当个体的搜索退步时，需要重新调整个体的搜索方向。通常除了躲避环境中的障碍物之外，个体出现退步的情况如图 7-5 所示，其中 T 为目标所在位置。当个体 R_i 沿着 QP 方向前进到点 P 时，会出现适应度值退步的情况，如式(7-6)所示。

$$P_i(t) = P \wedge F_i(t) < F_i(t-1) \tag{7-6}$$

计算参数 α：此时，DS 算法计算出图 7-5 中的 M 和 N 两个候选方向，并选择其中一个作为个体新的搜索方向。M 和 N 关于直线 PQ 对称，即有 $\angle QPM = \angle QPN$，记这一角度为 α。为了简便起见，DS 算法中 α 的取值是固定的。为了加快搜索速度，新选择的搜索方向应当比当前的搜索方向更好，距离目标更近。因此，需要提前计算出 α 的最佳取值。DS 算法选择 $\angle QPT$ 的平均值作为 α 的最佳取值，这样个体在选择方向时，距离目标的平均角度最小。

从点 T 作 PQ 的垂线，与 PQ 交于点 A。不失一般性地，设 TA 的长度为 x，并且将 T 的感知范围大小归一化为 1，则有 $x \in (0.2, 1]$（$\beta_F = 5$ 时）。当 $x \le 0.2$ 时，PQ 将会经过适应度值为 β_F 的区域，可以直接获取目标位置，不会出现搜索退步的情况。假设 x 的取值服从均匀分布，则可以得到 x 的概率分布 $F(x)$ 和概率密度函数 $f(x)$ 分别如式(7-7)和式(7-8)所示。

$$F(x) = \frac{x-0.2}{1-0.2} = \frac{5x-1}{4} \tag{7-7}$$

$$f(x) = F'(x) = \frac{5}{4} \tag{7-8}$$

记 $\angle QPT$ 为 δ，则有关系如式(7-9)所示。

$$\sin\delta = \frac{x}{TP} = \frac{5}{a+1}x \tag{7-9}$$

其中，$x \in (0.2a, 0.2a + 0.2], a = 1, \cdots, 4$。

因此，可以计算 α 如式(7-10)所示。

$$\alpha = E[\delta] = \int_{-\infty}^{\infty} f(x)\delta dx = \frac{5}{4}\sum_{a=1}^{4}\int_{0.2a}^{0.2a+0.2} \arcsin\frac{5x}{a+1}dx \tag{7-10}$$

可通过近似得到 $\alpha \approx 1.03521$，换算为角度为 $59.3132°$，因此为了方便计算，在 DS 算法中 α 设置为 $60°$。

方向选择：在计算出 α 后，DS 算法在搜索退步时的方向选择策略计算如下。首先为 M 和 N 两个候选方向分别计算一个权值，初始权值均为 0。对于个体状态信息集合中的每一个状态，如果它的适应度值大于当前点，则权值为 1；如果小于当前点，则权值为-1；当适应度值相同时，权值为 0。如果该点的位置落在 PQ 靠近 M 的一侧，则将该权值加到 M 的权值上，否则加到 N 的权值上。如果在 M

一侧有个体优于当前点，则 M 的权值增加，其他情况下与此类似。最终个体选择权值较高的方向作为新的搜索方向。如果 M 和 N 的权值相同，则个体会随机选择一个搜索方向。从图 7-5 中可以看到，尽管在 M 方向存在比 P 适应度值更高的点，但是 M 并不是正确的搜索方向。因此，上述方法不能保证始终选择正确的搜索方向，需要增加一个反馈机制来修正选择的错误搜索方向。个体在选择新的搜索方向后的下几次迭代中会检测适应度值是否有所改进。个体一般以最大速度前进，因此只需要几次迭代就可以判断选择的搜索方向是否正确。如果个体的适应度值增加了，则说明搜索方向选择正确，个体应当保持当前搜索方向，否则说明搜索方向选择错误，需要重新选择另一个搜索方向(即向反方向旋转120°)。在这一情况下可能会浪费几次迭代的时间才能找到正确的搜索方向，这一代价是可以接受的，只要个体没有沿着错误的搜索方向前进太远或者离开有适应度值的区域。引入反馈机制可以保证个体逐渐接近目标，即 DS 算法搜索机制可以收敛。

3. 利用历史信息

个体只有有限的历史信息存储空间，每一次迭代都存储当前状态会导致大量的信息重复，对搜索方法的辅助和加速效果有限。因此，有必要提出历史信息的存储策略，以提高算法的搜索效率和存储空间的利用效率。

从前面的搜索方法中可以看出，即使没有历史信息，个体也可以在细化搜索阶段找到目标(虽然可能会多耗费一些时间)，在搜索退化时历史信息一般都在 PQ 所在直线上，对于权值选择没有任何帮助；而在随机搜索阶段，历史信息可以使个体避免重复进入已经搜索过的区域，历史信息在随机搜索阶段会发挥更重要的作用。因此，历史信息更新规则也主要针对随机搜索阶段进行制定。DS 算法中的四个历史信息存储规则如下。

规则 1：如果个体当前的适应度值为 β_F，则不需要存储当前的状态。此时，个体已经可以感知到目标位置，不再需要历史信息的帮助。而在收集目标之后这些位置适应度值也会发生改变，因此没有必要存储当前状态。

规则 2：如果当前适应度值与上一次迭代不同，则需要存储当前状态。当适应度值变化时，存储当前状态有助于个体追踪搜索过程，尤其是当个体的搜索状态发生变化时。

规则 3：如果历史信息中存在与当前位置适应度值相同的信息点，并且该点与当前位置的距离不超过 μ，则不存储当前状态。在存储历史信息时，应该忽略距离较近的点，因为这些点对于搜索提供的辅助信息基本相同。常量 μ 在随机搜索阶段用于计算状态点的权值，而距离不超过 μ 的点对于权值的贡献基本相同，因此可以忽略这些点以节省空间。如果适应度值相同，但不满足距离条件，则需要存储当前状态。

规则 4：历史信息是先进先出的队列。当历史信息已满，需要加入新的状态时，总是优先删除最早期的历史信息。

7.1.3 实验设置

本节介绍 EPCS 问题在实验中的环境设置、评价标准和对比算法。

1. 环境设置

环境变量包括环境和问题设定中的参数，通过这些参数的变化可以调节环境设置，并观察算法对于环境的适应能力。在所有实验中，不同算法使用相同的环境设置，以方便进行对比。环境变量包括群体规模、目标数量、地图大小、资源总量、障碍物数量和其他常量。

(1) 群体规模：在之前的章节中，群体规模记为 n，取值范围为 50~150，默认取值为 100。在很多研究中个体取值较小，通常小于 50，这主要是由于实体机器人的成本或者问题规模的设定。在较小的群体规模上，很难观察到群体级别的协同行为。因此，在本节实验中增大群体规模。在群体规模超过 150 之后，群体级别的行为比较清晰，因此考虑到算法的运行时间，本节不再展示更大群体规模的模拟演示结果。

(2) 目标数量：在之前的章节中，目标数量记为 m，取值范围为 40~100，默认取值为 60。

(3) 地图大小：在 EPCS 问题中，地图大小是固定的 1000×1000。

(4) 资源总量：在 EPCS 问题中，每个目标所包含的资源数量是随机生成的，但是所有目标的资源总量 $\sum E$ 是固定的，范围为 20000~40000，默认取值为 30000。同时，为了使目标的资源数量保持相对均匀，目标的最大资源数量和最小资源数量限定为 1000 和 200。在这一设定下，目标的感知区域大小对群体而言略有挑战性。

(5) 障碍物数量：取值范围为 100~1000，障碍物的形状为 1×1~10×20 的矩形。

(6) 其他常量：EPCS 问题中有一些常数，这些常数在所有实验中均保持不变。这些常数包括：最大适应度值范围 $\beta_F = 5$、个体与障碍物碰撞后的能量惩罚 $\beta_P = 1$、历史信息数量 $\beta_S = 10$、能量限制模式下的个体初始能量 $\beta_E = 200$、个体能量收集速度 $\beta_C = 10$、个体计算量能量消耗系数 $\beta_M = 0.1$、个体运动距离能量消耗系数 $\beta_L = 0.05$、目标感知半径系数 $\beta_R = 0.1$ 以及指数系数 $k = 1$。

2. 评价标准

在群体完成所有目标的资源收集之后，模拟结束，称为一次成功的搜索过程。过程中群体消耗的总能量(或者在能量限制模式下的剩余能量)用于衡量群体在搜索过程中的能量利用效率。

实验的停止条件为群体成功收集完所有目标中的资源，部分实验的停止条件是群体收集完一定百分比的目标。衡量 EPCS 问题的评价标准有三个：群体在搜索时消耗的能量或者在能量限制模式下的剩余能量、迭代次数和实验结束时还在活动的个体数(剩余个体数)。其中，最后一个指标只用于能量限制模式，将在实验部分进行详细介绍。能量是三个标准中最重要的评价标准。群体消耗的能量越少，说明算法的性能越好。迭代次数用于衡量算法的搜索速度，相当于算法在实际应用问题上的搜索时间。在计算能量消耗时，分别考虑了计算代价和移动距离，因此迭代次数还可以用来判断计算代价在群体总能量消耗中所占的比例。一般来说，迭代次数越小，消耗的能量也越少。

除了这三个评价标准之外，实验中还会用算法的 CPU 时间(运行时间)来衡量算法的性能。CPU 时间与迭代次数不同，是指算法在计算机上模拟计算所用时间，即衡量算法的实际计算代价和计算复杂度。在结果中，CPU 时间的结果为单次计算的平均时间，单位为 ms。

3. 对比算法

为了验证本节提出的 DS 算法，将 DS 算法和对比算法在实验中进行性能比较。与 DS 算法类似，对比基准包括随机搜索策略、细化搜索策略和历史信息策略。在实验中不仅比较 DS 算法与对比基准整体的效率，还比较各阶段的搜索效率。在实验中使用两种基准算法作为对比，除了 RPSO 算法[1]，还加入了新的基准算法无人驾驶飞行器(unmanned aerial vehicles，UAV)[2]算法。

(1) RPSO 算法。RPSO 算法适用于细化搜索阶段，为了与 DS 算法进行对比，还需要加入随机搜索基准算法。随机搜索基准算法十分简单，也是目前在很多论文中常用的基准算法之一：随机直线运动，即个体在进入随机搜索阶段时，随机选择一个方向，然后保持直线运动。个体在边界会反弹并继续保持直线搜索下去。

(2) UAV 算法。本节提出了一个与三阶段搜索框架类似的协同机制，但是其核心思想相反，希望个体保持聚集来提高搜索效率。在对比实验中，使用 UAV 算法的不同阶段来对比 DS 算法可以更加明显地分析不同协同机制对于搜索性能的影响。在随机搜索阶段，群体在随机搜索的同时试图在环境中散开。在细化搜索阶段，个体会每 5 次迭代进行一次更新，选择邻近个体中适应度值最好的个体的搜索方向。

(3) 历史信息基准算法。两种对比算法使用相同的历史信息基准算法。历史信息在随机搜索阶段中起到的作用最大，因为个体在细化搜索阶段，甚至可能不需要历史信息就可以完成搜索。由于两种对比算法在随机搜索阶段都不需要历史信息，为了便于与 DS 算法进行对比，在对比算法中使用存储每次迭代历史信息的方式，这也与 UAV 在历史信息上的处理方式一致。

(4) 对比算法组合。在实验中，不仅比较 DS 算法和两种对比算法的性能，还比较三种算法在不同阶段 9 种组合的搜索性能，从而更好地展现 DS 算法两个阶段协同机制的性能。这 9 种组合如表 7-1 所示，其中组合算法的简称为两个阶段所用算法的首字母用加号连接，不同搜索阶段的历史信息更新规则根据个体在当前阶段使用的算法而定。

表 7-1　所有对比算法的组合

组合算法简称	搜索阶段		历史信息更新规则	
	随机搜索	细化搜索	随机搜索	细化搜索
DS	DS	DS	DS	DS
D+R	DS	RPSO	DS	每次迭代存储
D+U	DS	UAV	DS	每次迭代存储
R+D	RPSO	DS	每次迭代存储	DS
RPSO	RPSO	RPSO	每次迭代存储	每次迭代存储
R+U	RPSO	UAV	每次迭代存储	每次迭代存储
U+D	UAV	DS	每次迭代存储	DS
U+R	UAV	RPSO	每次迭代存储	每次迭代存储
UAV	UAV	UAV	每次迭代存储	每次迭代存储

7.1.4　实验结果与讨论

本节比较 9 种算法在不同的环境设置、障碍物数量和能量限制模式下的搜索性能，最后是 DS 算法的参数分析。所有实验结果均是在随机生成的 20 幅地图中重复 25 次之后的结果，即 500 次运行的平均结果。为了保证对比的公平，不同算法在相同的环境设置下使用相同的 20 幅地图。

从式(7-1)可以看出，个体的能量消耗由两部分组成：个体运动和算法计算。个体的算法计算代价基本一致，因此实际的能量消耗因素是迭代次数和个体的总移动距离，后者一般与前者呈正相关。因此，可以得出一个推断：算法的迭代次数和总能量消耗之间呈正相关，较快的搜索速度通常会使得群体的总能量消耗较少。这一推断可以在本节的所有实验中得到验证。

1. 性能验证实验

9 种算法在默认环境设置下的实验结果如表 7-2 所示。表 7-2 中的算法已经在这一环境上进行了参数优化，组合算法使用的参数与原算法相同。表 7-2 中的比例表示模拟的停止条件，即收集目标的百分比达到阈值后即输出结果；能量表示群体消耗的总能量；代数表示搜索所用迭代次数；时间表示算法在模拟中的 CPU 时间。加深部分为有 DS 算法参与的组合算法，加粗部分表示该组实验中表现最佳的项。

表 7-2　性能验证实验结果

比例	性能	算法								
		DS	D+R	D+U	R+D	RPSO	R+U	U+D	U+R	UAV
0.6	能量	**11932**	15769	14137	12796	18139	22915	15283	20300	19948
	代数	**807**	1197	978	868	1362	1582	1101	1571	1439
0.7	能量	**13317**	17877	16517	14449	20652	28383	17365	23098	24267
	代数	**901**	1352	1143	980	1545	1962	1267	1802	1767
0.8	能量	**15026**	20361	19497	16453	23681	35551	19936	26593	30473
	代数	**1017**	1530	1348	1116	1761	2461	1474	2090	2243
0.9	能量	**17440**	23692	24450	19261	27791	47439	23823	31650	41974
	代数	**1179**	1764	1684	1306	2050	3289	1790	2509	3140
1	能量	**27340**	33990	57597	30206	38034	102973	39945	53045	137069
	代数	**1840**	2460	3916	2040	2756	7135	3119	4278	108977
	时间/ms	6447	11150	12273	**6380**	8329	16030	9629	13360	29292

从表 7-2 可以看到，DS 算法在算法性能上有绝对优势，在能量和代数两个评价标准上均优于其他算法。DS 算法的性能要明显优于 RPSO 算法和 UAV 算法，尤其是当停止比例增加时。可以看出，UAV 算法在停止比例较小时的性能远优于停止比例较大时，说明 UAV 算法在目标较少时很难找到剩余的目标。由于算法在不同比例停止条件下的性能趋势基本一致，为了便于对比，在后续的结果中只展示收集 90%目标之后的实验结果。

从表 7-2 中还可以看出，DS 算法在两个阶段上都具有明显的性能优势：有 DS 算法参与的组合算法的性能要优于原算法和其他组合算法，这说明 DS 算法在这两阶段中的协同机制都是有效的。同时，DS 算法的计算复杂度也很低，在所有算法中排名第二，仅以微弱劣势次于 R+D，即 DS 算法的随机搜索方法略慢于随机搜索的基准算法。考虑到 DS 算法的性能，DS 算法以如此低的计算复杂度可以达到如此优秀的效果是十分难得的。

2. 可扩展性实验

算法在不同环境下的性能对比以及在不同设置下的性能变化结果如图 7-6 所示。图中第一行和第二行(旋转前)分别表示算法的迭代次数和能量消耗的变化趋势；第一列至第三列依次表示算法性能在不同的目标数量、群体规模和资源总量条件下的变化曲线。考虑到迭代次数对于能量消耗的影响，第一行和第二行中结果的变化趋势比较相似。在表 7-2 中，两种指标都是越小越好，而 DS 算法的结果明显优于另外两种算法，表现出的趋势与表 7-2 基本一致，展现出了良好的适应能力。

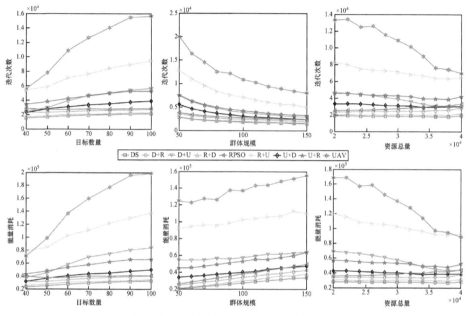

图 7-6　一般模式下的可扩展性实验结果

1) 不同的目标数量

在图 7-6 中的第一列资源总量保持不变，因此随着目标数量的增加，每个目标的平均适应度值覆盖范围相应减小，总覆盖范围也会有所下降，从而会增加群体搜索目标的难度。从结果可以看到，随着目标数量的增加，除了 RPSO 算法之外的算法的性能都略有下降，尤其是当目标数量比较多时。目标的分布是随机生成的，因此环境中的目标数量越多，越需要群体可以通过协同来提高搜索效率，尤其是在感知范围比较小的情况下，随机搜索阶段的性能变得更加重要。从之前的分析中可以看到，UAV 算法在环境中的感知范围较小时表现较差，因此在目标数量较多时性能下降更明显。而 RPSO 算法的性能反而有所提高，这主要在于 RPSO 算法的细化搜索效果较弱，因此当适应度值影响范围变小时，性能有所提高。

2) 不同的群体规模

随着群体规模的增大，群体的总能量消耗也会逐渐增加，迭代次数则开始下降。这主要是由于能量消耗计算的是群体的总消耗，群体个数增加带来的迭代次数减少不能补偿个体总数量增加的速度，所以在实际使用中，需要根据两者需求的平衡来选择参数。如果考虑每个个体消耗的能量，则这一数值与迭代次数的变化趋势比较一致。而从图 7-6 中第一行可以看到，当群体规模达到 100 左右时，DS 算法的迭代次数基本保持稳定。这说明，在当前的环境设置下，100 个个体已经足够完成搜索，更多的个体不会再带来性能的增强，只会增加额外的能量消耗。而对 UAV 算法而言，群体规模越大，可以同时覆盖的环境范围也越大，因此算法随着群体规模的增大效果提升比较明显，但是与 DS 算法和 RPSO 算法相比仍有较大差距。

3) 不同的资源总量

当资源总量提升时，群体需要稍多的时间来完成收集工作，因此迭代次数和能量消耗略有提升。然而，可以注意到 UAV 算法的变化趋势与其他算法完全不同。这主要是因为资源总量提升之后，适应度值的覆盖范围明显增大，群体需要的协同更少，对于 UAV 算法十分有利，所以其搜索效率反而会快速提升。另一个原因是图中的结果是收集 90%资源后的结果，如果是收集全部资源，则 UAV 算法的变化趋势与其他算法基本一致。

综上所述，无论是在随机搜索阶段还是细化搜索阶段，DS 算法在 EPCS 问题上都具有良好的性能。DS 算法相较于对比算法，可以在更短的时间内完成搜索，消耗的能量也更少，算法稳定性更强，而且计算代价更小。

3. 引入障碍物的实验结果

9 种算法在障碍物环境下的实验结果如图 7-7 所示。考虑到避障机制比较简单，因此主要的性能评价指标就是与障碍物发生碰撞的次数。

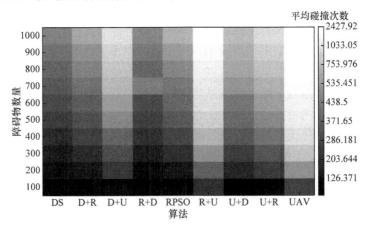

图 7-7　9 种算法在障碍物环境下的实验结果

从图 7-7 中可以看出，所有算法躲避障碍物的策略都是一样的，主要的差别体现在算法的迭代次数和适应能力上。而 DS 算法在这两点上的表现明显优于其他算法，并且相对于 RPSO 算法和 UAV 算法分别有 50%和 500%的性能优势，这一差距大于算法在迭代次数上的差距, 体现出 DS 算法良好的适应能力和鲁棒性。同时, UAV 算法表现较差的一个原因是算法中的个体距离比较近, 很难躲避障碍物。

4. 能量限制下的实验结果

在能量限制模式中, 需要引入一个新的评价标准: 剩余个体数, 即实验结束之后剩余能量的个体总数。该标准可以用于评价当前的群体规模是否在当前的环境中已经足够完成任务。群体规模过大或者过小, 都会导致剩余个体数远小于群体规模。当群体规模过大时, 环境中过于拥挤, 个体一次很难收集到很多能量, 不够支撑到下一次搜索; 当群体规模过小时, 群体之间的协同较难进行, 影响了群体搜索目标的效率, 从而使得个体能量难以得到补充。因此, 如果剩余个体数较少, 则说明当前的群体规模可能不适合所在环境。

由于能量限制模式的结果在不同环境参数下的变化趋势与一般模式基本一致, 图 7-8 中只展示默认环境下能量限制模式的算法结果。如图 7-8 所示, 剩余能量和剩余个体数越大, 性能越好, 迭代次数越小, 性能越好。可以看出, 9 种算法在三种评价标准上的性能与一般模式下基本一致, DS 算法在三种评价标准上的表现都具有明显的优势, 尤其是在剩余个体数上的优势非常明显, 说明 DS 算法具有良好的协同能力和并行特性。个体可以十分平衡的方式收集目标, 从而使得剩余个体数较多。算法中没有显式的目标分配机制, 说明 DS 算法的分布性和自组织能力明显优于其他算法。

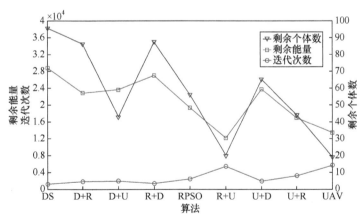

图 7-8　能量限制模式中的算法结果

5. DS 算法参数分析

从之前的实验结果可以看出, DS 算法的性能优势十分明显, 同时具有良好的适应能力。本节将分析 DS 算法的三个参数对于算法性能的影响。这三个参数都是在随机搜索阶段中引入的,分别是 δ、μ、θ。三个参数对于算法性能的影响分别如图 7-9 和图 7-10 所示。

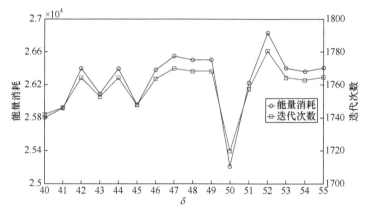

图 7-9 δ 对于 DS 算法迭代次数和能量消耗的影响

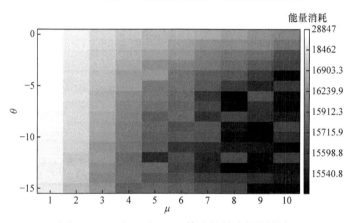

图 7-10 μ 和 θ 对于 DS 算法能量消耗的影响

δ 用于确定随机搜索阶段的候选方向数量。当 δ 较大时,个体的候选方向更多。δ 对于 DS 算法迭代次数和能量消耗的影响如图 7-9 所示。可以看出,能量消耗和迭代次数的变化趋势基本相同,当 $\delta=50$ 时算法的性能最优。这一取值与环境大小、个体感知半径和目标的影响范围有关。

在随机搜索阶段,μ 定义了计算状态信息集合权值时的步长大小,同时在历史信息更新策略中也用到了 μ。当计算权值时,距离不超过 μ 的两个点的权值相同。而较小的 μ 会使得状态对应的权值的绝对值增加,从而使得每个方向的总权值减小,因此会使得个体更有可能选择比较空旷的方向。

θ 是用于个体重新选择方向时的阈值,较小的 θ 会使得个体更倾向于沿着直线前进,即使前进方向上已经有个体在进行搜索。

μ 和 θ 对于 DS 算法能量消耗的影响如图 7-10 所示。由于迭代次数和能量消耗的变化趋势基本一致，所以图中只包括能量消耗的结果，图例在右侧显示。

从图 7-10 可以看出，当 $\mu \in [8,10]$ 时，算法的性能最优，在这一区间算法的性能差别不大。考虑到算法随机性，可以认为，当 $\mu < 8$ 时，算法性能随着 μ 的增加而提高，当 $\mu \in [8,10]$ 时，算法性能基本趋于稳定。而当 θ 取值较小时，算法的性能较好。从定义中可以看到，较大的 θ 意味着个体在随机搜索中需要频繁改变方向，从而影响了算法的效率。

当 μ 较大时，每个方向计算出的权值较大，相当于减小了 θ 的取值，从而使得个体更加倾向于保持当前方向，可以提高算法效率。所以 μ 和 θ 对于算法性能的影响趋势应当是相反的，即在 μ 较大而 θ 较小时算法性能较好，图中的结果也验证了这一结论。

7.1.5 本节小结

本节提出了 EPCS 问题。EPCS 问题的目标是群体机器人在复杂环境中尽量多地收集目标所包含的资源，同时减少自身的能量消耗。该问题特别关注群体对于能量的利用效率，分别在一般模式和能量限制模式下进行了算法的性能验证。在能量限制模式下，个体需要不断从目标处补充能量才能继续搜索，因此对于算法的搜索能力、适应性、自组织性等都有很高的要求。

本节提出了 DS 算法用于解决 EPCS 问题。该算法基于本书提出的三阶段搜索框架，其基本思想是：为每个个体选择最优的搜索方向，同时考虑到算法的并行能力，尽量将个体分散在环境中，以提高群体的搜索能力和能量利用效率。实验结果表明，该算法在各阶段均表现出明显的性能优势，同时具备良好的适应能力、可扩展性、鲁棒性和自组织性。算法的计算复杂度和能量消耗均小于对比算法，表现出了优秀的搜索能力。

7.2 复合环境中的多目标搜索方法

本节将第 6 章和本章中提到的所有限制条件组合起来，在复杂环境下检验本章提出的三种搜索方法和对比算法的适应能力。在本节的实验中，将展示各种限制条件的变化对算法性能的影响。在每一个限制条件的实验中，其他限制条件的取值均为默认值，一般为其取值范围的中间值。这一系列的实验结果可以表现算法在多种限制条件存在的环境下的适应能力和泛化能力，同时可以比较 GES[6,7]、IGES[8,9] 与 DS 算法的性能优劣[10,11]。

本节考虑的环境条件包括之前在基本多目标搜索问题和引入环境限制的多目

标搜索问题中的所有限制条件，这些限制条件分为三类：群体规模、环境物体数量和环境限制。本节实验中所有限制条件的默认值和变化范围如表 7-3 所示。本节实验观察其他变量保持在默认值时，某一变量变化算法性能的变化曲线。实验的评价标准包括迭代次数、剩余个体数、访问次数和移动距离，这些评价标准分别用于衡量算法的搜索效率、躲避障碍物和假目标的性能以及能量消耗。

表 7-3　本节实验中所有限制条件的默认值和变化范围

参数	群体规模	环境物体数量				环境限制	
		目标	障碍物	干扰源	假目标	最大适应度值	噪声
默认值	30	30	300	50	60	10	0%
最小值	10	1	0	0	0	5	0%
最大值	100	100	500	100	200	20	100%

7.2.1　群体规模

群体规模对算法性能的影响如图 7-11 所示。可以看出，四种算法的曲线形状基本一致，这说明四种算法对群体规模的适应能力比较类似。可以看到，DS 算法和 IGES 的性能要明显优于 GES 和 RPSO 算法，尤其是在迭代次数和移动距离方面。这说明，前两种算法的搜索能力和快速收敛能力更强。DS 算法和 IGES 的性能基本一致，没有太大差别，而 GES 的搜索性能要优于 RPSO 算法，且总移动距离最大。

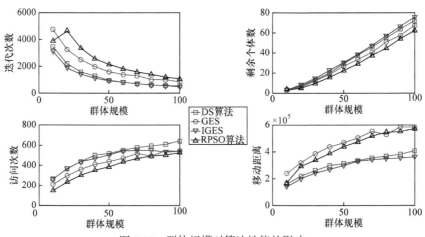

图 7-11　群体规模对算法性能的影响

从图 7-11 中还可以看到，DS 算法和 IGES 的访问次数要大于 GES 和 RPSO 算法，这主要是由于这两种算法的局部搜索能力更强，所以不需要借助概率 P 就可以搜索到假目标附近的真目标。而概率 P 反而会使得算法更容易搜索到假目标。

当然，访问次数不佳的另一个原因是躲避假目标机制中的概率 P 的取值对于四种算法都是一样的，取值较小。然而从实验中可以看到，对于局部收敛能力较差的算法，P 的取值应当略小，对于局部收敛能力更好的算法，P 的取值应当较大。因此，DS 算法和 IGES 的访问次数不如 GES 和 RPSO 算法，同理 GES 的访问次数也略逊于 RPSO 算法。

DS 算法和 IGES 的最大差别出现在个体数量较多时的访问次数上。这一差别与群体的核心理念有关。IGES 强调分组合作，每个个体会与邻近的其他个体组成局部群体来加强协同；DS 算法强调搜索的并行性，个体之间尽量避免重复搜索，相互之间保持距离。因此，当群体数量增加时，IGES 之间的协同能力发挥得更加充分，而 DS 算法的并行性更加突出，使得算法性能表现出众。然而在躲避假目标时，应对策略需要个体之间尽量多的协同才能发挥更好的效果，因此 DS 算法表现出一定的劣势。而其他三种算法的个体中没有拆散局部群体的机制，因此个体间协同更多，访问次数更少。

7.2.2 目标数量

目标数量对算法性能的影响如图 7-12 所示。可以看出，四种算法之间的性能差异与之前的实验基本一致。DS 算法和 IGES 在迭代次数和移动距离上展现出了明显的优势，而在访问次数上略有不足。DS 算法和 IGES 在搜索能力上的优势随着目标数量的增加而愈发明显，两种算法的迭代次数只有 GES 的 1/2、RPSO 算法的 1/3。这说明，DS 算法和 IGES 可以更好地发挥群体中的并行搜索能力，更快地搜索到更多目标。

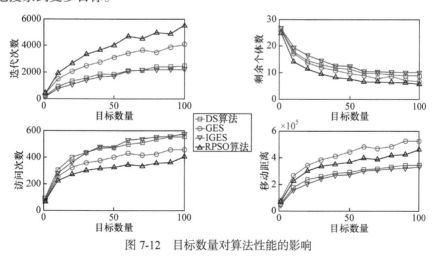

图 7-12 目标数量对算法性能的影响

同时可以看到，当目标数量较多时，IGES 相对于 DS 算法略有优势，尤其是在迭代次数上。这主要是由于 DS 算法在随机搜索阶段的优势在目标数量较多时不存在，其总体表现有所下降。而且当目标数量较多时，环境中的适应度值分布更加广泛，适应度值信息更加丰富。而 DS 算法的设计初衷是在适应度值信息有限(只有 5 级的适应度值)，并且分布区域较少的情况下尽量发挥群体的搜索能力。因此，DS 算法在相反的环境条件下表现略有下降是可以理解的。

7.2.3　障碍物数量

障碍物数量对算法性能的影响如图 7-13 所示。在四种算法中，RPSO 算法的性能曲线波动最大，说明其对环境中障碍物数量的适应能力较差。GES、IGES 和 DS 算法的波动较小，迭代次数基本不受到障碍物数量的影响。从图 7-13 可以看到，群体的移动距离和访问次数在障碍物数量较多的环境下有所减小，这主要与剩余个体数的减少有关。本节实验中的剩余个体数的表现较差，这主要是由个体移动速度上限大幅度增加导致的，个体不容易躲避环境中的障碍物，当然，也与避障算法过于简单有关。

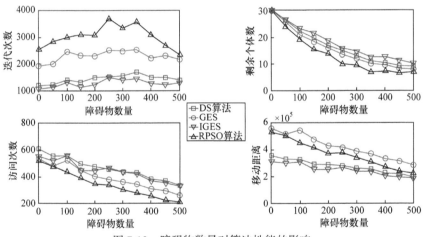

图 7-13　障碍物数量对算法性能的影响

对比 DS 算法和 IGES 可以发现，在障碍物环境下 IGES 的性能更优，两者之间的差距较之前的实验有所增大。这主要是由剩余个体数减少导致的。在 IGES 中，个体一般分组聚集同时搜索一个目标，因此在某个个体发生碰撞后，不会明显影响整个分组对于目标的搜索。然而在 DS 算法中，个体一般单独对目标进行搜索，算法利用并行搜索的优势来提高性能，但是发生碰撞之后并行性能的损失更为明显，因此性能略逊于 IGES。

7.2.4　干扰源数量

干扰源数量对算法性能的影响如图 7-14 所示。由图可知，算法的性能曲线基本稳定，变化趋势与之前相同。当干扰源数量较少时，DS 算法的表现不如 IGES，这主要是因为算法中的个体协同较少，所以受到干扰源影响较大。而当干扰源数量较多时，环境中的适应度值跳变反而有所减少，因此 DS 算法和 IGES 的性能几乎没有差别，与之前的实验保持一致。

同时可以注意到，在干扰源数量较多时，GES 相对于 RPSO 算法的性能优势有所增大。这说明，RPSO 算法的协同机制在应对局部极值和适应度值跳变时不如 GES 中的烟花爆炸机制。

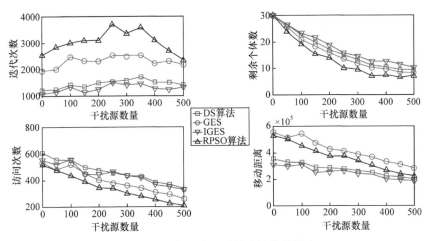

图 7-14　干扰源数量对算法性能的影响

7.2.5　假目标数量

假目标数量对算法性能的影响如图 7-15 所示。为了更加明显地表现假目标应对策略的性能，在本节的结果中还增加了使用非合作策略的结果作为对比。实验

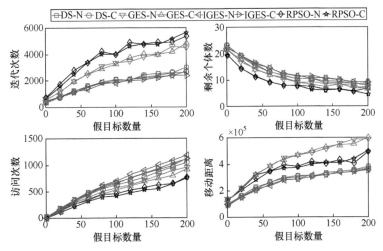

图 7-15　假目标数量对算法性能的影响

结果与第 6 章中的结果基本一致。当假目标数量较多时，访问次数具有比较明显的差别，而在迭代次数上也有略微优势。同时可以看到，假目标应对策略对于剩余个体数和移动距离的影响不大，这一点也很好理解，因为引入假目标不会对这两种指标产生明显影响。

四种算法对于假目标数量的适应能力基本相同，曲线的变化速率基本保持一致，说明假目标应对策略对于各算法性能的影响差别不大，这也与假目标应对策略与搜索方法相互独立有关。同时，DS 算法和 IGES 在假目标数量发生变化时，性能十分接近，说明两种算法对于假目标的适应能力十分相近。

7.2.6　目标适应度值上限

目标适应度值上限对算法性能的影响如图 7-16 所示。需要说明的是，当目标适应度值上限发生变化时，假目标适应度值的上限也会发生变化。与之前的实验不同，四种算法在目标适应度值上限发生变化时的曲线变化趋势不完全相同。随着目标适应度值上限的增加，适应度值的覆盖区域明显增大，群体可以在更多的位置感知到适应度值，理论上可以提高群体的搜索效率。

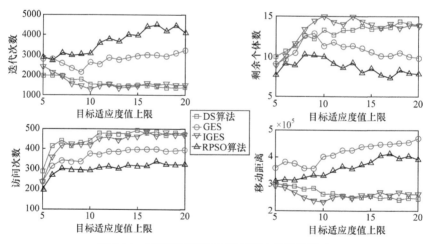

图 7-16　目标适应度值上限对算法性能的影响

从图 7-16 中可以看到，DS 算法和 IGES 的性能变化与预测的相当，但是 GES 和 RPSO 算法在目标适应度值上限增加时，性能反而有所下降。从曲线中可以看到，当目标适应度值上限在 10 以下时，GES 的变化与预测的基本保持一致，但是当目标适应度值上限更大时，性能开始下降；而 RPSO 算法的性能一直保持下降趋势。这说明，后两种算法的群体协同能力比较薄弱，群体的协同机制无法适应更多的目标适应度值等级，当适应度值信息较多时，反而不能快速收敛到目标区域。这也导致当目标适应度值上限较大时，GES 和 RPSO 算法与 DS 算法和

IGES 相比较性能劣势非常明显。

从曲线中还可以发现 DS 算法在目标适应度值上限小于 8 或者大于 15 时表现出优于 IGES 的性能，而在中间区域 IGES 的性能与 DS 算法基本一致或者略有优势。造成这一结果的原因在于：当目标适应度值上限等级过高或者过低时，群体之间的协同效果都不明显。这也是在之前的实验中 IGES 性能略优于 DS 算法的原因之一。当目标适应度值上限较小时，个体不需要太多协同就可以达到目标区域，因此并行性能更为重要；当目标适应度值上限较大时，外层适应值区域较大，群体的协同信息可能无法提高搜索效率。因此，在曲线中，IGES 的性能只有在目标适应度值上限取值 8~13 时才会优于 DS 算法。

7.2.7　环境噪声

环境噪声对算法性能的影响如图 7-17 所示。环境噪声的定义为环境的不稳定性给算法带来的随机影响，本节讨论不同的环境噪声比例对于算法性能的影响。

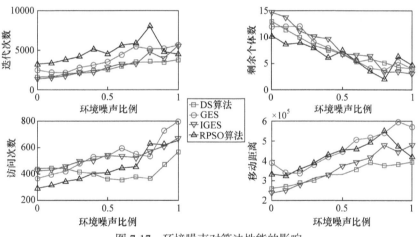

图 7-17　环境噪声对算法性能的影响

之前所述的问题都是在理想环境中进行的，即不考虑感知错误或者环境噪声。然而，在实际应用问题中，这些问题是不可避免的，尤其是在简单的低成本个体组成的群体中。在 MTT 问题的模拟中，个体在感知邻近的个体、障碍物或者目标距离时会产生一定的误差，以模拟实际应用问题中的环境噪声。环境噪声的计算方式如式(7-11)所示。

$$D' = D(1 + F_N \delta_r) \tag{7-11}$$

其中，D 是个体和感知目标之间的实际距离；D' 是模拟了环境噪声之后的距离，即个体在计算中实际使用的距离；F_N 是噪声系数，取值范围为[0,1]；δ_r 是一个均匀分布的随机变量，其分布为 $U[-1,1]$。

在模拟中，为了简化计算，感知到的距离可能会发生变化，但是感知到的方向不会发生变化。当 $F_N = 1$ 时，可能导致 $D' = 0$。这在实际情况中是不会出现的，在模拟中，这一情况下的 D' 取值为一个极小量 ϵ。

与其他环境条件不同，环境噪声主要考察四种算法对于环境的适应能力以及对于错误交互信息的应对能力。从图 7-17 中可以看到，当环境噪声不大时，四种算法的性能差别与之前基本相同。随着环境噪声比例的提高，可以看到 DS 算法的性能受到的影响最小，说明 DS 算法具有最好的稳定性，而 IGES 和 GES 的波动性相当，RPSO 算法的波动性最大。这一结果显示了四种算法在环境干扰条件下的稳定性。

同时，可以注意到，当环境噪声比例非常大时，RPSO 算法的性能有一个跳变性的提升。这主要是因为 RPSO 算法失败次数过多，成功的模拟都是在比较简单的环境中，反而平均性能更好，但是在复杂环境中无法完成任务，图中曲线的波动不能表示 RPSO 算法在环境噪声比例 0.9 以上时具有更优的性能。

7.2.8　算法的时间性能和成功次数

四种算法在默认条件下的 CPU 时间和算法成功次数比较分别如图 7-18 和图 7-19 所示。CPU 时间用于衡量算法的计算复杂程度，而成功次数用于表征算

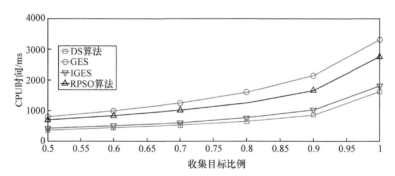

图 7-18　算法的 CPU 时间比较

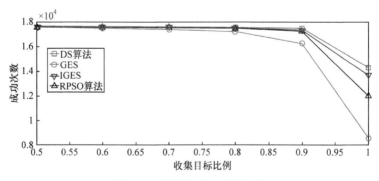

图 7-19　算法的成功次数比较

法的稳定性。在实验中，当所有个体发生碰撞或者没有在一定迭代次数内完成搜索时，认为模拟是失败的。这里的迭代次数上限取值较大(10000)，这是为了避免由于算法性能较差而导致错误判定的情况。从之前的实验结果中可以看到，算法的迭代次数远小于 10000。

图 7-19 中的结果表示收集目标比例不同时的结果。从图中可以看到，当收集目标比例小于 0.8 时，所有算法的成功次数基本一致，成功率接近 100%。而收集目标比例为 0.9 和 1 时，成功次数出现明显下降。这是由于当剩余目标个数更少时，搜索会变得更加困难。从曲线中可以看到，四种算法的成功率排名为 DS 算法、IGES、RPSO 算法和 GES。DS 算法的稳定性最好，而 GES 最差。

在 CPU 时间的性能上，四种算法的排名与成功次数相同。这里的 CPU 时间为总的搜索时间，与迭代次数有关。如果考虑每次迭代搜索时间，则四种算法的排名依然保持不变。这说明，DS 算法和 IGES 的计算十分简单。考虑到两种算法相对于另外两种算法的性能优势，这两种算法在计算代价上的优势十分突出。

7.3　开放环境中的多目标搜索方法

7.3.1　问题描述

从以往的研究来看，多目标搜索任务可以描述为：在封闭环境中有多个目标，多个智能机器人通过合作的方式寻找并处理目标，如 PFSMS[10,11]算法的实验环境。1000×1000 的正方形仿真模拟环境如图 7-20 所示。图中，目标均匀分布在环境中，圆心代表目标，周围的颜色代表适应度分布，图片中央点阵代表群体机器人。

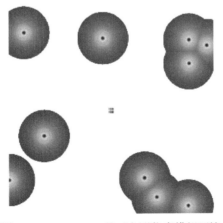

图 7-20　1000×1000 的正方形仿真模拟环境

在大部分搜索问题中，划定精确范围是一件困难的事情。与封闭环境相比，开放环境更能模拟真实的搜索环境；而划定大致范围进行搜索任务，对算法有着更高的要求。在多目标搜索任务中，由于机器人只能与附近的机器人进行通信与交互，这就要求群体的分布不能过于分散；同时，群体过小的分布范围会降低群体搜索的效率，无法发挥群体智能的优势。因此，机器人群体的分布是群体智能算法效果的主要影响因素之一。同时，在现实环境中存在着许多干扰项，会对个体的通信和搜索产生影响。本节内容选择在环境中添加假目标来对个体的搜索造成阻碍，增大群体的搜索难度。

7.3.2 实验设定及假设

本节实验环境没有边界，仅设置目标与假目标存在的位置。在每次迭代中，每个个体从环境和周围获取信息，计算速度并在环境中运动。每次迭代的时间跨度很小，使得个体对适应度的变化更加敏感。随机地图初始状态的局部视窗如图 7-21 所示。图中，深灰点代表目标，黑点代表假目标，浅灰点代表机器人个体。

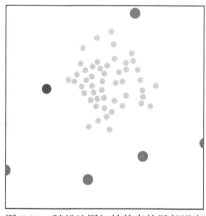

图 7-21　随机地图初始状态的局部视窗

1. 规模

环境中设置有 10 个目标，6 个假目标，群体规模为 50。初始状态下所有个体分布在中心(0,0)附近，所使用的实验环境为每个机器人提供一个局部视窗，但不提供整个环境的视窗。

2. 适应度值

本实验中适应度值用距离计算。由于考虑环境噪声、传感器精度等造成的误差，本节将适应度值离散化，适应度值=[距离×10]，[·]表示取整数部分。

3. 目标

目标静态，半径为 0.05，可观测到适应度值的距离为 1，总距离为 1～10，离目标越近，适应度值越小。每个目标处理都需要 100 次迭代，多个机器人个体可以叠加处理目标；目标在处理过程中保持不变，处理完后从地图上消失。当多个目标的可观测范围重叠时，取最小的距离表示该位置的适应度。

4. 假目标

假目标静态，半径为 0.05，可观测到适应度值的距离为 1，总距离为 1～10，离目标越近距离越小；只有当被处理时才可得知该目标为假目标，其他时候与目标没有区别；假目标在被发现后不会消失，仍会停留在原位置。

5. 机器人个体

机器人个体动态，半径为 0.03，通信距离为 1，最高速度值为 0.1，可处理目标的距离为 0.3。个体没有先验的环境信息，拥有有限的存储空间，可从环境和邻近个体获取信息。

6. 目标分布空间

实验环境没有边界，目标与假目标分布在 $[-n, n]$ 范围内(以初始位置为原点，x、y 轴取值均为 $[-n, n]$ 的矩形范围)。每次实验，使用随机生成器在设定范围内生成地图，10 次实验求平均值，作为算法的最终结果。

7. 状态速度与回归速度

状态速度是依据当前状态(扩散状态、搜索状态)计算得到的速度；回归速度是由扩散回归策略得到的速度，当机器人处于扩散回归状态时，该速度与状态速度共同构成机器人的最终速度。

7.3.3　自适应分布控制

本节从机器人自适应分布控制的角度出发来改善算法的搜索性能，并进一步应用于开放环境中。本节通过 A-RPSO[12]算法的搜索逻辑并添加防聚集机制，提出了适用于多目标搜索的动态自适应机器粒子群优化(dynamic adaptive robotic particle swarm optimization，DA-RPSO)算法；通过引入自适应扩散回归策略，在带有假目标的开放环境中，提出了具有高鲁棒性和适应性的扩散回归概率有限状态机搜索(diffusion PFSM based search，DPFSMS)算法。

A-RPSO 算法作为解决单搜索问题的算法，其机器人群体和机器人群组都有聚集趋势，在一段时间的搜索后会聚集在一起来搜索目标；在开放环境中，由于没有边界，PFSMS 算法的随机漫步策略很容易跳出目标分布范围，导致随着时间的增长，有效搜索的机器人变得越来越少。两种算法对应于分布范围的两种变化趋势，适合用于探索机器人群体的自适应分布控制。

1. 初始状态优化

随机地图初始状态的局部视窗如图 7-21 所示，机器人在初始位置聚集。由之前的研究可知，群体在聚集时的搜索效率明显较低，因此快速将群体分散是提高搜索效率的有效途径。

在初始状态下，为所有机器人个体设置初始速度。因此，在最初的迭代中所有机器人个体会以一定速度向外扩散。为了使机器人个体分布较为均匀，加快群体的扩散，初始状态将所有机器人按群体分为四个象限。每个机器人个体检查邻近的个体数量，选出邻近个体最少的象限，在该象限的随机方向以最高速度运动。

在开放环境中，当目标较为分散时，机器人个体会出现跳出目标分布范围的情况，如果不进行处理，那么这些个体基本上不可能返回到目标范围中。这就要求算法在搜索过程中对机器人的分布范围进行限制。因此，在空白区域的随机游走策略不适于开放环境下机器人的搜索。

虽然不能直接限制单个机器人的搜索范围，但可以从这一角度出发，通过限制单个机器人在空白区域的扩散行为来减缓或避免群体的扩散，从而避免许多个体直接脱离搜索范围的情况。在机器人探索与扩散过程中，状态的保持与转换的概率都与迭代次数有关。本节以时间为限制量的回归算法来解决开放环境的游走策略。

回归算法以时间为限制量，当机器人处于搜索/扩散状态的时间超过一定阈值时，进入回归状态。仅当机器人个体离开空白区域或者回归时间归 0 时，机器人个体解除回归状态。在回归过程中，机器人个体的速度更新方程为

$$v = w \times v_{back} + (1-w) \times v_p \tag{7-12}$$

其中，w 是回归项的权重，是[0.6, 0.9] 范围内的随机数；v_p 是由扩散状态或搜索状态得到的速度；v_{back} 是回归速度，即个体机器人朝向回归中心运动的速度分量。回归方程中的回归系数 w 决定了范围的扩散速度，回归系数越大，个体机器人的扩散速度越慢。在初始状态下，个体将起始位置作为回归中心，当某个机器人遇到目标时，将目标位置更新为回归中心。

初始时刻，探索时间从 0 开始计时。每次迭代，如果机器人没有进入或即将进入目标处理状态，则探索时间+1；当探索时间到达设定的回归阈值时，机器人进入回归状态；在回归状态下，个体的速度由式(7-12)计算得到；当个体保持回归状态的时间到达阈值或个体离开空白区域时，个体退出回归状态，探索时间置为0，回归时间置为0。

2. DPFSMS 模型

图 7-22 描述了基于自适应分布控制的 DPFSMS 算法流程，每次迭代中个体

机器人的速度计算过程如下。

(1) 首先检查机器人个体是否发现目标，如果发现目标，则进入目标处理状态，并重置搜索时间。

(2) 检查邻近个体是否发现目标，如果发现，则直接向目标移动。这一步使得整个群体在搜索过程中避免重复搜索的行为。

(3) 检查是否继续保持当前状态。R_1 是 [0, 1] 内的随机数，P_h 初始值为 $P_i =$ 0.9997，设 N 为保持当前状态的时间，则 $P_h = P_i^N$。当满足 $R_1 < P_h$ 时，个体继续保持上次迭代的状态。若保持扩散状态，则速度等于上次迭代的速度；若保持搜索状态，则利用三角形梯度[13]估计获取速度。

(4) 如果不继续保持上次迭代的状态，则令 $P_h = P_i$，利用其选择此次迭代的状态。R_2 是 [0, 1] 内的随机数。

$$P_d = \begin{cases} 0, & N_d \leqslant T_d \\ 1 - \dfrac{T_d}{N}, & N_d > T_d \end{cases} \tag{7-13}$$

其中，$T_d = 2.3$；N_d 为单个个体的邻居数量。

若选择扩散状态，则速度方向为邻近个体最少的方向；若选择搜索状态，则利用三角形梯度估计获取速度。

(5) 在确定当前次迭代的状态后，进入回归条件的判断。当搜索的时间到达阈值且适应度为 0 时，进入回归状态。由第(3)、(4)步获得的速度代入算法 7-1 (扩散回归策略)中获得最终速度。

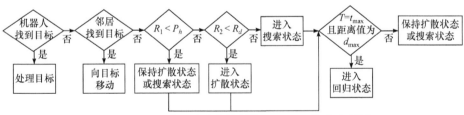

图 7-22　基于自适应分布控制的 DPFSMS 算法流程图

在本实验环境中，假设给出的范围为 $[-n, n]$，则个体搜索时间的阈值为 $n \times 30$。回归状态作为一种附加状态存在，个体最终表现出的算法行为是回归+搜索状态或者回归+扩散状态。

算法 7-1　扩散回归策略

Require：搜索时间 T_r；

　　　　　回归时间 T_b；

时间阈值 T_{max}；

搜索/扩散速度 v_p；

最大速度 v_{max}；

个体适应度值 R；

回归中心(x_0, y_0)；

个体位置(x_a, y_a)；

Ensure：个体最终速度 v；

1 ： **if** $T_r == t_{max}$ **then**

2 ：   **if** $R != 0$ **or** $T_b == t_{max}$ **then**

3 ： $T_r \leftarrow 0$，$T_b \leftarrow 0$

4 ： $T_b \leftarrow T_{b+1}$

5 ： $v_{back} \leftarrow (x_a, y_a) - (x_0, y_0)$

6 ：   **if** $|v_{back}| > v_{max}$ **then**

7 ： $v_{back} \leftarrow \dfrac{v_{back}}{|v_{back}|} \cdot v_{max}$

8 ： $w = \text{random}[0.6, 0.9]$

9 ： $v \leftarrow w \cdot v_{back} + (1-w) \cdot v_p$

10：**end if**

3. DA-RPSO 算法

本节将讨论组内自适应分布控制在 A-RPSO 算法中的应用。DA-RPSO 算法在环境中采用了上述初始状态的优化算法，同时本节修改 A-RPSO 算法以使得 A-RPSO 算法适用于多目标搜索环境。

1) 群体分组

为了将群体分组，本节采取的方法是在初始状态下按照初始速度的象限将全部个体分为四组，这种做法相当于将搜索空间分为四个象限，个体分为四组分别进行搜索。环境限制了个体的通信距离为 1，因此在初始状态的四组下，个体仍会采用动态分组的方式进行搜索。

2) 个体极值与群体极值

原 A-RPSO 算法选用的个体极值是历史状态中的最好位置，这在 PFSMS 算法中也有类似的用法，适用于当前环境下的多目标搜索，因此本节在计算个体极值时仍采用该算法。

根据 PSO 算法对群体极值的定义，群体极值应为全局状态下所有个体极值中的最优极值。在多目标搜索问题中，如果仍采用该定义，则随着时间的迭代，机器人的整体分布趋于集中。因此，本节中将全局极值改为群体极值，群体是指个体机器人及其通信范围内所有机器人构成的群组。同时，群体极值不再是所有机器人个体极值的最优极值，而是个体所处组内当前适应度值的极值。因此，群体极值不再具有记忆性，而以组为单位的群体极值也减少了个体聚集行为，提高了目标搜索效率。

3) 组内自适应分布控制——防聚集机制

由于群体极值的使用，如果不进行限制，机器人群体最终会聚集在一起进行搜索，这减小了机器人群体的搜索半径，降低了搜索效率。A-RPSO 算法添加了防聚集机制。

防聚集机制选择当前邻近个体最少的方向，以随机速度为防聚集分量。这使得在搜索过程中机器人群组保持一个相对稳定的搜索半径，防止了组内个体聚集的情况出现。

4) 速度更新方程

DA-RPSO 算法的更新方程为

$$
\begin{aligned}
v_i^{t+1} = w_i^t v_i^t + c_1 r_1 \left(\text{pBest}_i^t - x_i^t \right) \\
+ c_2 r_2 \left(\text{gBest}_i^t - x_i^t \right) + c_3 r_3 v_m + c_4 m_i^t
\end{aligned}
\tag{7-14}
$$

其中，pBest 是个体极值；gBest 是群体极值；v_m 是防聚集的速度分量；m_i^t 是随机方向的单位向量；c_1、c_2、c_3、c_4 是对应项的权重，本实验中前三者都为 2，c_4 取 1；r_1、r_2、r_3 是 [0, 1] 的随机数。

DA-RPSO 算法将作为后面采用的比较算法之一。

7.3.4　实验结果与讨论

1. 假目标问题

假目标和开放环境相同，都是对现实环境进行模拟的必要因素。针对假目标问题，本节利用机器人间的通信来提高处理效率，体现了合理的分布范围在处理任务中的价值。

根据时间和空间局部性原理，机器人个体在最近一段时间内遇到的假目标，在未来一段时间内更有可能会遇到。机器人个体利用假目标表保存最近遇到的 5 个假目标的位置；当假目标表已满时，再次遇到的假目标会优先覆盖最早遇到的假目标。

个体之间允许对假目标位置进行通信。单个机器人周围的个体所探索的范围有较大概率到达，因此单个机器人会根据周围个体传递来的假目标位置更新自己的假目标表。如果每个个体都向周围个体传递自己的假目标表，则通信成本较高，而且一些较早记录的假目标位置对邻近个体的价值较低，甚至可能会覆盖其原本存储的较高价值的假目标位置。因此，每个个体只会向邻近个体传递最近遇到的假目标位置。

2. 参数分析

为了测试算法在环境中的性能，本实验首先采用随机生成的、较为均匀的地图作为实验地图，对比算法在同一地图中的效果，并探索时间阈值 set_time 和权重 w 对算法性能的影响。在确定两者对实验的影响后，采用朴素贝叶斯优化、随机搜索等方式获取参数。之后选择每个指定范围的随机 40 幅地图，对比所有算法的性能。

GES 在之前研究中的表现是三种算法中最差的，在本节中对 GES 仅添加了假目标优化、初始状态优化两项基本优化，在新环境中将作为对比算法使用。

机器人搜索的半径为 1，因此在目标分布范围为[-1, 1]的环境中，机器人只处于目标搜索状态，在该环境中展示算法搜索的收敛速度；在[-1, 1]的基础上，逐步扩大目标的分布范围，增大空白区域，提高多目标的搜索难度，测试算法的性能。

为了观察三种算法以及改进算法在环境中的表现，首先选取[-1.5, 1.5]范围目标分布较为均匀的固定地图作为测试环境，该环境可以体现出较合理的空白区域，同时迭代次数也相对较少。在该环境中，本节设定 1000 次迭代作为上限，当迭代次数到达上限时，认为搜索失败。[-1.5, 1.5]范围分布的效果图如图 7-23 所示。图中横坐标表示实验次数，纵坐标表示迭代次数，不同的曲线代表不同的算法，

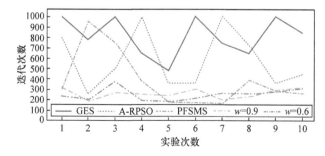

图 7-23 [-1.5, 1.5]范围分布的效果图

其中 $w=0.9$ 和 $w=0.6$ 分别是 DPFSMS 算法在固定 set_time = 35 情况下对应的权重。

从图中可以看出，PFSMS 算法和 DPFSMS 算法基本上不会出现搜索失败的情况，A-RPSO 算法偶尔会出现搜索失败的情况，GES 则会多次出现搜索失败的情况。同时，在权重 w 为 0.9 和 0.6 的情况下，DPFSMS 算法的效果变化不大。这说明，在 set_time 固定的情况下，w 对算法性能的影响很小。

为了探索 set_time 对算法性能的影响，实验选择[–3, 3]范围的固定地图作为测试环境，对比 PFSMS 算法以及 DPFSMS 算法的效果。在该环境中本节选择的迭代次数上限为 2000，当迭代次数达到上限时，视为搜索失败。[–3, 3]范围分布的效果图如图 7-24 所示。图中横坐标表示实验次数，纵坐标代表迭代次数，不同的曲线代表不同的算法，其中 $w=0$ 表示回归项系数一直为 0，代表 PFSMS 算法；set_time = 60 和 set_time = 100 分别是 DPFSMS 算法在固定 $w=0.9$ 的情况下对应的时间阈值。

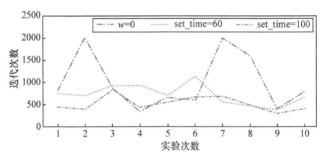

图 7-24　[–3, 3]范围分布的效果图

从图中可以看出，DPFSMS 算法搜索失败的概率要小于 PFSMS 算法。虽然在多次随机实验中 DPFSMS 算法也会出现搜索失败的情况，但是 DPFSMS 算法总体表现良好。并且，从图中可以看出，DPFSMS 算法在 set_time = 100 时的效果明显优于 set_time = 60。

3. 参数优化

针对参数优化，本实验以(set_time, w)为元组测试其对算法效果的影响。实验选择[–1.5, 1.5]和[–3, 3]范围的实验环境，使用随机搜索优化策略对二元组 (set_time, w)进行参数优化。使用随机搜索迭代 100 次得到二元组，在随机 10 幅地图中进行测试，每次测试 10 次取平均值。

算法随机搜索参数优化如表 7-4 所示。由表 7-4 可知，权重 w 的影响很小，而在[–1.5, 1.5]和[–3, 3]中，w 在[0.6, 0.9]波动，在[0.6, 0.8]的概率较大，与环境没有明显的关联性。在算法实现中，w 被设置为[0.6, 0.8]的随机数。

时间阈值 set_time 在一个相对稳定的区间内浮动，且该值与参数范围的关联性较强，对算法效果的影响较大，因而该变量是影响算法效果的关键因素。经过在 $[-n, n]$ (n = 1, 1.5, 2, 2.5, 3) 环境中进行测试，本节最终将 set_time 拟合为 $x \cdot n$ 的一维函数。利用贝叶斯参数优化，最终得到 set_time = $30n$，其中 n 为范围 $[-n, n]$ 中的边界值。

表 7-4　算法随机搜索参数优化

参数	[-1.5, 1.5]			[-3, 3]		
	时间阈值 set_time	权重 w	迭代次数	时间阈值 set_time	权重 w	迭代次数
	83	0.614	619.4	49	0.822	243.4
结果	91	0.631	616.0	54	0,672	250.7
	88	0.760	621.3	52	0.639	248.3

4. 结果分析

结果分析选择在每个参数范围中随机生成 40 幅地图，每幅地图中测试 10 次取平均值，最终将 40 幅地图所获数据取平均值。算法效果对比图如图 7-25 所示，横坐标代表地图范围为 $[-n, n]$ 中的 n 值，纵坐标代表平均迭代次数。

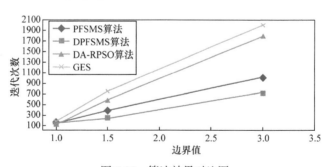

图 7-25　算法效果对比图

从图 7-25 中可以看出，随着范围的扩大，DPFSMS 算法的效果逐渐优于 PFSMS 算法。之前的工作结果显示 PFSMS 算法在所有情况下都显著优于 A-RPSO 算法，而图中显示在[-1, 1]范围内效果最好的算法是 DA-RPSO 算法。因此，针对 DA-RPSO 算法在开放环境中的优化有一定的效果，在目标分布范围较小时效果明显。

图 7-26 展示了算法在目标分布较为均匀的地图中的效果对比，需要单独考虑比较极端的情况。经过多次实验，DPFSMS 算法在目标集中分布在范围边缘时的

效果较差。这是由于相对于设定环境范围，DPFSMS 算法限制了智能体的扩散速度，导致其在该环境中与 PFSMS 算法处于两个极端：PFSMS 算法扩散过快，而 DPFSMS 算法扩散过慢。在该环境中本节选择的迭代次数上限为 2000，当迭代次数达到上限时，视为搜索失败。在目标分布在范围边缘的极端情况下，适当扩大搜索范围会提高 DPFSMS 算法的效果，因此在该算法中，set_time 取值为 30×3.2。从图 7-26 中可以看出，在极端地图下两种算法都出现了搜索失败的情况。在 10 次测试中，DPFSMS 算法出现 2 次搜索失败现象，而 PFSMS 算法出现 5 次搜索失败现象，从失败率的角度来看，DPFSMS 算法的表现仍优于 PFSMS 算法。

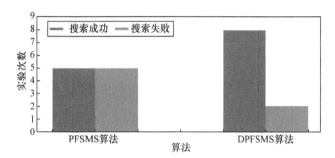

图 7-26　极端地图下 PFSMS 算法及 DPFSMS 算法效果对比图

7.4　本 章 小 结

本章首先提出了 EPCS 问题，并且提出了一个基于三阶段搜索框架的 DS 算法用于解决这一问题。在 EPCS 问题中，群体的目标是在复杂环境中尽量多地收集资源，同时减少自身的能量消耗。该问题中引入了多种相互关联的组合限制条件，对于算法的搜索能力、适应性、自组织性等都有较高要求。

与前两章中算法充分发挥个体间协同不同，本章用于解决 EPCS 问题的 DS 算法的核心思想是充分发挥群体的并行能力。该算法尽量将个体分散在环境中，以提高群体的搜索能力和能量利用效率。实验结果表明，该算法在各阶段均表现出明显的性能优势，同时具备良好的适应能力、可扩展性、鲁棒性和自组织性。算法的计算复杂度和能量消耗均小于对比算法，表现出了优异的搜索能力。

在第 5 章和第 6 章及本章中所有提出的搜索问题和搜索方法的基础上，本章对比了三种算法及一种对比算法在复合限制条件下多目标搜索问题上的性能表现。在这一系列实验中引入了大量的环境限制条件，并且检验了这些算法在这些限制条件下的适应能力。这些限制条件是在实际应用中经常出现的限制条件，因此对这些限制条件的研究和探索是十分必要的。实验结果表明，本节提出的 DS 算法和 IGES，尽管核心思想完全相反，但是在所有限制条件下都表现出了明显优于 GES 和 RPSO 算法的搜索性能。两种算法的计算复杂度更低、搜索速度更快、能量消耗更低，证明了简单的协同机制也可以激发出群体级别的复杂行为。这两种算法的鲁棒性和适应性强，十分适合群体机器人系统的搜索问题。

此外，本章基于组内自适应分布控制机制，对 PFSMS 算法和 A-RPSO 算法进行了优化。在 PFSMS 算法原有三种状态的基础上，添加回归状态作为附加状态，提出了 DPFSMS 算法。对 A-RPSO 算法的机器人分布和分组进行优化，提出了 DA-RPSO 算法。两种优化算法均相对原算法在实验中的表现得到了提升，验证了组内自适应分布控制机制的有效性。

对于开放环境中的算法探索，本章提供了一个研究方向，即选择以时间为限制的回归策略。由实验结果可知，DPFSMS 算法有效弥补了 PFSMS 算法在开放环境中的缺陷，自适应地控制了个体机器人在空白区域的扩散速度，减少了群体机器人搜索的损失。

参　考　文　献

[1] Kantor G, Singh S, Peterson R, et al. Distributed Search and Rescue with Robot and Sensor Teams[M]. Heidelberg: Springer, 2006.

[2] Khapalov A. Source localization and sensor placement in environmental monitoring[J]. International Journal of Applied Mathematics and Computer Science, 2010, 20(3): 445-458.

[3] Couceiro M S, Rocha R P, Ferreira N M F. A novel multi-robot exploration approach based on particle swarm optimization algorithms[C]. 2011 IEEE International Symposium on Safety, Security, and Rescue Robotics, Kyoto, 2011: 327-332.

[4] Amory A, Meyer B, Osterloh C, et al. Towards fault-tolerant and energy-efficient swarms of underwater robots[C]. 2013 IEEE International Symposium on Parallel & Distributed Processing, Workshops and Phd Forum, Cambridge, 2013: 1550-1553.

[5] Yang L, Zhu H, Kang K, et al. Distributed censoring with energy constraint in wireless sensor networks[C]. 2018 IEEE International Conference on Acoustics, Speech and Signal Processing, Calgary, 2018: 6428-6432.

[6] Varela G, Caamaño P, Orjales F, et al. Swarm intelligence based approach for real time UAV team coordination in search operations[C]. The 3rd World Congress on Nature and Biologically Inspired Computing, Salamanca, 2011: 365-370.

[7] Zheng Z Y, Tan Y. Group explosion strategy for searching multiple targets using swarm robotic[C]. 2013 IEEE Congress on Evolutionary Computation, Cancun, 2013: 821-828.

[8] Zheng Z Y, Li J, Tan Y. Improved group explosion strategy for searching multiple targets using swarm robotics[C]. 2014 IEEE International Conference on Systems, Man, and Cybernetics, San Diego, 2014: 246-251.

[9] Zheng Z, Li J, Tan Y. Avoiding decoys in multiple targets searching problems using swarm robotics[C]. 2014 IEEE Congress on Evolutionary Computation, Beijing, 2014: 784-791.

[10] Li J, Tan Y. A two-stage imitation learning framework for the multi-target search problem in swarm robotics[J]. Neurocomputing, 2019, 334: 249-264.

[11] Li J, Tan Y. The multi-target search problem with environmental restrictions in swarm robotics[C]. 2014 IEEE International Conference on Robotics and Biomimetics, Bali Island, 2014: 2685-2690.

[12] Dadgar M, Jafari S, Hamzeh A. A PSO-based multi-robot cooperation method for target searching in unknown environments[J]. Neurocomputing, 2016, 177: 62-74.

[13] Li J, Tan Y. Triangle formation based multiple targets search using a swarm of robots[C]. Advances in Swarm Intelligence: 7th International Conference, Bali Island, 2016: 544-552.

第 8 章　复杂任务中的群体机器人协同方法

8.1　多智能体系统

多智能体系统是由多个自主个体构成的系统，单个个体具有感知外部信息、自主运动、通信交流的能力。本章重点关注协同型多智能体系统，即个体之间可以通过协同控制、信息共享等手段形成一定的协作机制，进而完成更为复杂的任务，弥补单个个体工作能力的不足。协同型多智能体系统一般具有以下基本特性。

(1) 自主性：每个个体能独立地感知外界环境，并进行自主决策。

(2) 适应性：个体能够主动地采取行动，以适应外部环境的动态变化，而不是仅被动地接受外界的刺激，具有自我管理与调节的能力。

(3) 社会性：具有内部合作(与其他智能体)和外部合作(与人类或其他异构个体)的能力，不同个体可以根据各自任务的需要与其他个体进行交互和信息交换。

(4) 进化性：个体能够积累经验，并在此基础上学习新的知识，修改自己的行为。

协同型多智能体系统在现实社会中有着非常广泛的应用载体(图 8-1)，如团队合作、市场机制、游戏智能等，这些应用场景都可以很自然地使用协同型多智能体系统进行建模。而它也为一些复杂的系统级控制任务提供了一种分布式的问题求解思路：可以将一个复杂功能的系统拆解并划分成多个模块，每个模块可以看作一个智能体，各个智能体内部的运作相互独立，外部通过交互机制进行知识共

团队合作　　交通网络　　通信网络

游戏智能　　多智能体系统　　无人机

市场机制　　物联网　　物流

图 8-1　多智能体系统的应用载体

享和信息融合，即采用了分治思想对一个复杂的控制系统进行分层式解耦，极大地降低了问题求解的复杂度。因此，进行多智能体协同策略的研究对于解决诸多现实问题有重大意义。

8.2　强 化 学 习

强化学习(reinforcement learning，RL)[1]是一类机器学习算法，与监督学习(supervised learning，SL) 不同，强化学习的目标是学习一个最优策略，最大化长期奖励(长期价值)。本节首先介绍强化学习的一些基础理论和典型算法，再重点介绍深度强化学习算法和一些最新的研究进展。

8.2.1　问题描述

首先给出强化学习的一个数学描述，如图 8-2 所示，一个智能体不断与环境进行交互，在 t 时刻其状态为 $s_t(s_t \in \mathcal{S}$，$\mathcal{S}$ 表示状态空间)，并遵循策略 $\pi(a_t| s_t)$ 选择一个动作 a_t ($a_t \in \mathcal{A}$，$\mathcal{A}$ 表示动作空间)。根据环境的动力学转移模型 $P(s_{t+1}| s_t, a_t)$ 和奖励函数 $\mathcal{R}(s_t, a_t)$，智能体会分别得到新的状态 s_{t+1} 和一个标量的奖励值 r_t。在一个需要多步决策的问题中，这一过程将会不断迭代下去，直到智能体达到终止状态。由于要考虑策略的长期价值，定义每一时刻的回报值为带折扣因子 γ 的积累奖励值($\gamma \in (0,1]$)，即

$$r_t = \sum_{k=0}^{\infty} \gamma^k r_{t+k} \tag{8-1}$$

强化学习的目标就是要最大化这一长期价值的期望。

图 8-2　单智能体强化学习示意图

当一个强化学习问题满足马尔可夫性时(当给定当前状态时，其未来状态与过去状态条件独立)，可以用一个五元组 $(\mathcal{S}, \mathcal{A}, \mathcal{P}, \mathcal{R}, \gamma)$ 的马尔可夫决策过程(Markov decision process，MDP) 来定义这一问题。当系统的动力学模型已知时(转移函数和奖励函数已知)，通常使用动态规划(dynamic programming，DP)方法求解最优策

略；当动力学模型未知时，通常使用强化学习算法求解最优策略(也能解决模型已知的问题)。

8.2.2　值函数与贝尔曼方程

值函数是强化学习中的一个重要概念，表示对未来长期价值的一个预测，用来评估当前状态(或当前状态下的某个动作)的优劣程度。状态值函数 $V_\pi(s)$ 和状态动作值函数 $Q_\pi(s,a)$ 的定义分别为

$$V_\pi(s) = E\left[R_t \mid s_t = s\right] \tag{8-2}$$

$$Q_\pi(s,a) = E\left[R_t \mid s_t = s, a_t = a\right] \tag{8-3}$$

式(8-2)和式(8-3)分别表示在遵循策略 π 的情况下，状态 s 的期望长期价值和状态 s 下执行动作 a 的期望长期价值。状态值函数 $V_\pi(s)$ 和状态动作值函数 $Q_\pi(s,a)$ 都可以使用贝尔曼方程(Bellman equation)进行分解，即

$$V_\pi(s) = \sum_a \pi(a \mid s) \sum_{s',r} p(s',r \mid s,a)\left[r + \gamma V_\pi(s')\right] \tag{8-4}$$

$$Q_\pi(s,a) = \sum_{s',r} p(s',r \mid s,a)\left[r + \gamma \sum_{a'} \pi(a' \mid s') Q_\pi(s',a')\right] \tag{8-5}$$

则一个最优策略 π^* 是指能使状态值函数和状态动作值函数都达到最大值，且满足贝尔曼方程分解的策略。

$$\begin{aligned}
V_*(s) &= \max_\pi V_\pi(s) = \max_a Q_{\pi^*}(s,a) \\
&= \max_a \sum_{s',r} p(s',r \mid s,a)\left[r + \gamma V_*(s')\right]
\end{aligned} \tag{8-6}$$

$$\begin{aligned}
Q_{\pi^*}(s,a) &= \max_\pi Q_\pi(s,a) \\
&= \sum_{s',r} p(s',r \mid s,a)\left[r + \gamma \max_{a'} Q_{\pi^*}(s',a')\right]
\end{aligned} \tag{8-7}$$

其中，s'、a' 分别表示下一个状态和下一个状态选择的动作。

8.2.3　探索与利用的权衡

一个无任何先验知识的智能体完全依赖在环境中的试错来学习，在智能体对环境进行了充分探索后，算法应该收敛到使其长期价值最大的最优策略上。因此，在强化学习过程中，算法需要解决探索和利用的折中问题，即何时选择探索新的模式，何时选择相信已有知识。ϵ 贪婪策略是最常用的探索策略，智能体会以 ϵ 的概率随机选择一个动作(即探索新的模式)，以 $1-\epsilon$ 的概率选择贪心动作 $a = \underset{a \in \mathcal{A}}{\arg\max}\, Q(s,a)$ (即利用当前的值函数进行估计)。

此外，还有许多其他的高级探索方式，如乐观初始化(optimistic initialization，OI)法[2]、置信上界(upper confidence bounds，UCB)法[3,4]、伪计数(pseudocount exploration)法[5,6]、好奇心探索(curiosity-driven exploration)[7]、汤普森采样(Thompson sampling)[8]、信息增益(information gain)[9]、参数扰动法等[10]。

8.2.4　时序差分学习

时序差分(temporal difference，TD)法是强化学习的核心理论，是指通过迭代值函数评估的形式学习最优策略。TD 学习是一种免模型(model-free)算法，即不依赖环境转移模型和奖励函数的先验知识，完全通过经验学习。其核心是通过自举法逐渐增量式地更新值函数，即

$$\Delta V(s) = \alpha \big[r + \gamma V(s') - V(s) \big] \tag{8-8}$$

其中，α 表示权重参数；$r + \gamma V(s') - V(s)$ 称为 TD 误差。

TD 学习使用自举的形式构造值函数的误差，即使用单步奖励值(r)和下一时刻带折扣因子的状态值函数($\gamma V(s')$)之和表示对当前状态值函数的修正。自举法支持增量式更新，而且可以进行在线学习。

Q 学习是最典型的 TD 学习算法[11]，是一种离策略(off-policy)算法，即探索策略与评估策略不一致。

$$\Delta Q(s,a) = \alpha \Big[r + \gamma \max_{a'} Q(s',a') - Q(s,a) \Big] \tag{8-9}$$

Q 学习的探索策略为 ϵ 贪婪策略，其评估策略为纯贪婪策略(即 argmax 策略)。

SARSA 算法是另一种流行的 TD 学习算法[12]，与 Q 学习不同的是，它是一种在策略(on-policy)算法，即探索策略与评估策略一致，都使用 ϵ 贪婪策略：

$$\Delta Q(s,a) = \alpha \big[r + \gamma Q(s',a') - Q(s,a) \big] \tag{8-10}$$

相关研究证明[13]，当学习步长足够小时，TD 学习算法能够使值函数收敛到 V_* 或 Q_*，则可以从最优值函数中导出最优策略。

8.2.5　多步自举

8.2.4 节中提到的 TD 系列算法只使用了单步的奖励反馈值(式(8-8)～式(8-10))，也称为 TD(0)、$Q(0)$ 和 Sarsa(0)。在此基础上可基于蒙特卡罗法引入多步反馈值，则 TD 误差中的 $r + \gamma V(s')$ 需修正为

$$G_{t:t+n} \doteq r_t + \gamma r_{t+1} + \cdots + \gamma^{n-1} r_{t+n-1} + \gamma^n V(s_{t+n}) \tag{8-11}$$

多步反馈值的计算为 TD 学习提供了一种后向视角，即向后采样 n 步的奖励值，考虑未来价值对当前价值的影响。资格迹理论[14]的提出则为 TD 学习提供了一种前向视角，即考虑过去价值对当前价值的影响。TD(λ)算法首先重新定义了

值函数的更新目标为 n 步反馈的调和平均值，即

$$G_t^\lambda \doteq (1-\lambda) \sum_{n=1}^{\infty} \lambda^{n-1} G_{t:t+n} \tag{8-12}$$

在此基础上为每一个值函数的参数 w_t 维护一个资格迹变量，即

$$z_t \doteq \lambda z_{t-1} + \nabla_{w_t} V(s_t) \tag{8-13}$$

表示过去价值梯度对 w_t 更新的影响程度，其中 $\lambda \in [0,1]$ 为调节参数，λ 越大，影响越大。

8.2.6　策略优化

除了基于值预估的算法(如 TD 学习、Q 学习等)外，强化学习的另一类主流算法为基于策略优化的算法。值函数方法通常先学习一个价值评估函数，而基于策略优化的算法则直接学习最优策略 $\pi(a \mid s; \theta)$，并朝着奖励值提升的方向更新策略模型参数 θ (梯度提升)。与基于值预估的算法相比，基于策略优化的算法通常具有较好的收敛性，且在处理高维问题(尤其是连续控制问题)时更加直观和高效。由于这类算法能够直接对策略进行建模，所以可以引入随机策略给一些带有多样性结构的原生问题带来建模上的优势，例如，剪刀石头布的最优策略就是一个随机策略。此外，策略的随机性也能够缓解强化学习中探索程度的不足。

策略梯度(policy gradient, PG)算法是最基础的基于策略优化的强化学习算法[1]，其出发点是优化一个目标函数 $\mathbb{E}_{\pi_\theta}\left[\sum_t r(s_t, a_t)\right]$，即最大化执行策略 π_θ 带来的累计回报，则目标函数在参数 θ 上的梯度(以单步为例)为

$$\begin{aligned}
\nabla_\theta \mathbb{E}_{\pi_\theta}[r_t] &= \nabla_\theta \sum_a \pi_\theta(a \mid s) r_t \\
&= \sum_a \nabla_\theta \pi_\theta(a \mid s) r_t \\
&= \sum_a \pi_\theta(a \mid s) \frac{1}{\pi_\theta(a \mid s)} \nabla_\theta \pi_\theta(a \mid s) r_t \\
&= \sum_a \pi_\theta(a \mid s) \nabla_\theta \ln \pi_\theta(a \mid s) r_t \\
&= \mathbb{E}_{\pi_\theta}\left[\nabla_\theta \ln(a \mid s) r_t\right]
\end{aligned} \tag{8-14}$$

这一推导出来的形式允许算法直接在采样样本上计算梯度来优化期望奖励，将式(8-14)扩展为多步[15]，即

$$\Delta\theta = \sum_{t=1}^{T}\left[\nabla_\theta \ln \pi_\theta(a_t \mid s_t) \sum_{i=t}^{T} r_i\right], \quad \theta \leftarrow \theta + \alpha\Delta\theta \tag{8-15}$$

尽管式(8-14)是一个无偏估计，但原始的策略梯度形式存在方差较大的问题，会使训练不稳定。一种有效减小方差的方法是为单步的奖励减去一个基准函数值 $b(s_t)$，基准函数用来预测从状态 s_t 后执行策略 π_θ 的期望收益。此基准函数可以使用一个单独的模型来学习，也可以设置为值函数 $V(s_t)$，即 Actor-Critic 方法。Schulman 等[16]总结了策略梯度中多种削减方差的技术。

8.3　深度强化学习

随着深度学习在监督学习领域取得巨大成功，用深度神经网络端到端地拟合强化学习的策略模型，进而替代传统的"人工特征+线性模型拟合"的模式也成为必然的发展趋势，因此近年来深度强化学习逐渐受到研究者的关注。本节将首先介绍深度强化学习的历史发展和研究进展，然后详细介绍两种主流的深度强化学习算法，最后简要介绍已有的一些深度强化学习应用。

8.3.1　深度强化学习的历史发展

DeepMind 人工智能研究团队在 2013 年首次提出深度强化学习(deep reinforcement learning，DRL) 的概念[17]，并在 2015 年正式提出稳定版本的深度 Q 学习算法[18]，在 Atari 游戏平台上取得了超越人类玩家水平的表现。深度强化学习的基本思路是：用深度神经网络去拟合值函数，并引入一系列训练技巧来稳定值函数的训练。2016 年，DeepMind 人工智能研究团队开发的 AlphaGo 围棋程序[19]战胜了世界冠军李世石，引起了全世界范围的广泛关注，并在 2017 年进一步提出不需要人工特征和人类棋谱先验知识的 AlphaGoZero，它以 100∶0 的成绩战胜了初代 AlphaGo[20]，表现出极强的学习能力。

除了深度 Q 学习之外，也有许多其他新颖的算法被陆续提出。基于置信域的策略优化方法(TRPQ[21]、PPQ[22])对原始策略梯度算法中学习步长的计算进行了改进，使每一步的优化更置信，从而使训练过程更加稳定。A3C(asynchronous advantage Actor-Critic，异步优势 Actor-Critic)算法[23]提出了一种多线程的异步更新机制，能够更充分地利用计算资源，提升训练效率。深度确定性策略梯度(deep deterministic policy gradient，DDPG)算法[24]的提出使得基于值函数的强化学习算法也能应用于连续控制任务中。此外，Haarnoja 等[25]提出了基于最大熵的强化学习算法，将熵的评估引入策略学习，能够提高算法的探索能力并提高策略的抗干扰能力。Bellemare 等[26]提出分类深度 Q 学习(categorical deep Q learning)算法，将对值函数的期望进行建模改进为对值函数的分布进行建模，降低了训练的不稳定性。还有研究工作为了提高策略优化方法的样本利用率，考虑将离策略算法引入策略梯度，如 PGQ(policy gradient with Q learning)算法[27]、Qprop 算法[28]、融合经验回放的 Actor-Critic 算法[29]、差值策略梯度[30]等。Jaderberg 等[31]提出了使用无监督的辅助任务来加速深度强化学习算法。Andrychowicz 等[32]提出了事后领悟型经验回放(hindsight experience replay，HER)机制，以提高经验回放池的数据利用效率，并将其成功应用到机械臂的抓取问题中。深度强化学习算法也被应用于神经网络的结构搜索任务中[33,34]。

8.3.2 深度 Q 学习算法

深度 Q 网络(deep Q network, DQN)是第一个成功将深度神经网络和强化学习相结合的算法[18]，并奠定了深度强化学习这一研究领域的基础。DQN 使用卷积神经网络直接处理原始图像并进行端到端训练，在 49 个 Atari 游戏上优于已有的算法，并在部分游戏上超越了人类玩家水平。

尽管有一些早期工作尝试使用神经网络拟合强化学习中的值函数模型[35,36]，但研究者发现强化学习在训练非线性参数化模型(如神经网络)时会变得非常不稳定，甚至无法收敛，尤其是在结合离策略训练和使用自举法时。其原因有以下几方面：

(1) 序列化的交互轨迹数据具有强关联性，这与机器学习中要求的输入数据独立同分布性不一致；

(2) 尽管值函数的更新步长很小，但整个策略可能会剧烈变化，这会间接改变训练数据的分布情况；

(3) 通过自举法计算得到的更新目标 $r + \gamma \max\limits_{a'} Q(s', a')$ 也会随着值函数模型的训练而呈现波动状态，这不利于模型的收敛。

DQN 模型示意图如图 8-3 所示，使用深度神经网络表示动作值函数(即 Q 函数)，输出网络使用全连接层，且输出层神经元个数与动作维度保持一致，即每一维输出表示每一个动作对应的值函数。在训练方法上 DQN 做出了几点改进：首先是引入了经验回放(experience replay)机制，每一时刻的观测序列 (s_t, a_t, r_t, s_{t+1}) 会被存储到一个缓冲数据池中，在执行训练算法时会从这个缓冲数据池中随机采样一批数据，打破了数据之间的关联性，使得每一批数据分布尽量平滑且保持一致；然后是调整了更新目标值的计算，设置了一个单独的目标网络，该网络与值函数网络的结构完全一致，但只用来计算损失函数中的目标值，即

$$L_i(\theta_i) = \mathbb{E}_{(s,a,r,s') \sim \mathcal{D}} \left[r + \gamma \max_{a'} \hat{Q}(s', a'; \theta_i^-) - Q(s, a, \theta_i) \right]^2 \tag{8-16}$$

其中，θ_i 表示 DQN 在第 i 轮迭代的参数；θ_i^- 表示目标网络参数。

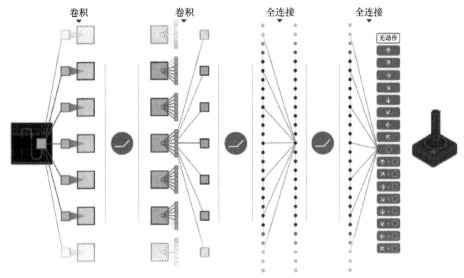

图 8-3　DQN 模型示意图

　　目标网络参数会周期性地与主网络参数进行同步，能在一定程度上降低原始输出与目标之间的关联性，提高训练的稳定性；除了设计经验回放和目标网络之外，DQN 还使用了奖赏塑形技术，将网络训练的损失函数 $r + \gamma \max_{a'} \hat{Q}(s', a'; \theta_i^-) - Q(s, a, \theta_i)$ 约束到 $[-1,1]$，使网络训练更稳定。

　　DQN 的提出使深度模型可以与强化学习结合在一起，突破了原有的基于表格的状态空间表示法。更重要的意义在于，DQN 提出了一种端到端强化学习的范式，可以通过 CNN 等深度学习模型对原始高维数据(如图像、文本等)进行自动降维和状态定义，特征学习与策略学习共同由 Q 学习的学习信号驱动训练。另外，深度模型的引入和强化学习本身需要探索的特性，使得深度强化学习必须依赖大量的训练数据，因此一个能够支持较低成本快速迭代的模拟器(可以是真实场景的仿真，也可以基于已有数据构造)也是深度强化学习算法能够成功应用的必要前提。

　　自 DQN 原始版本提出以来，许多研究者在此基础上进行了改进。

1) Double DQN[37]

　　DQN 在预估更新目标计算损失函数时，评估最优动作($\underset{a'}{\mathrm{argmax}}$)和选择最优 Q 值都使用的是目标网络，这可能会带来过估计的问题。因此，van Hasselt 等[37]提出了将这两部分的计算分离开来，使用主网络选择最优动作，使用目标网络计算 Q 值，即

$$y_t^{\text{D-DQN}} = r_{t+1} + \gamma Q\left(s_{t+1}, \underset{a'}{\mathrm{argmax}}\, Q(s_{t+1}, a'; \theta_t); \theta_t^-\right)$$

2) 优先队列回放[38]

　　在原始版本的 DQN 中，训练数据是从经验回放池中以随机采样的形式得到

的，Schaul 等[38]提出了使用优先队列存放过往经验数据，单条样本被采样到的概率由 TD 误差决定，并使用重要性采样技术来抵消改变采样概率引入的偏差。这样做的好处是让智能体更多关注当前 Q 网络学得还不够好的样本，以提高训练的效率。

3) Dueling 分解式网络结构[39]

受到优势函数思路的启发，Wang 等[39]提出了 Dueling 分解式网络结构，将动作值函数拆分为状态值函数 $V(s)$ 和优势函数 $A(s,a)$ 两部分(图 8-4)，再将两部分数据流在最后一层全连接层之前进行合并：

$$Q(s,a;\theta,\beta)=V(s;\theta,\beta)+\left(A(s,a;\theta,\varphi_1)-\frac{1}{|\mathcal{A}|}A(s,a';\theta,\varphi_1)\right)$$

其中，φ_1 和 φ_2 表示最后一层全连接网络参数。

对动作值函数进行解耦有助于场景样本轨迹中值函数的训练(即某些状态下动作之间的差异性不大)，以提高样本的利用效率。

4) 深度递归 Q 网络[40]

为了提高 DQN 模型对长时间特征的处理能力，Hausknecht 等[40]提出了深度递归 Q 网络(deep recurrent Q-network，DRQN)算法，利用循环神经网络结构的特点，把历史信息存储在隐含层状态中，传递给下一个状态，并在训练过程中引入了一些机制来提高稳定性。

5) Rainbow

将所有 DQN 的改进技术综合到一起(除前面几项外，还包括多步采样、值分布建模[26]、噪声探索[10]等技术)，获得了 DQN 算法的最佳表现。

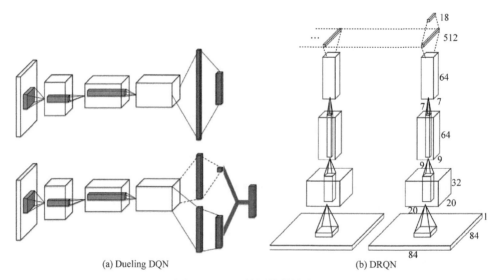

(a) Dueling DQN　　　　　　　　　　　　　(b) DRQN

图 8-4　DQN 的网络结构改进

8.3.3　深度确定性策略梯度算法

DQN 算法只能解决定义在离散动作空间上的问题，因为 DQN 对动作值函数的建模依赖网络输出层的神经元个数(对有限动作的穷举)。对于连续动作空间的问题，如果仍采用 DQN 算法的理论，则只能采用动作离散化的方式，且可能会丧失精度。

Silver 等[41]提出了针对连续动作空间的确定性策略梯度(deterministic policy gradient, DPG)强化学习算法。与以往使用随机分布 $\pi(a|s)$(如高斯分布)来建模的策略不同，DPG 使用确定性策略 $\mu(s)$(模型输出即为真实动作)，则动作值函数 Q 的贝尔曼方程变化(不在策略 π 这一维上计算期望)为

$$Q_\mu(s_t, a_t) = \mathbb{E}_{s_{t+1}}\left[r_t + \gamma Q_\mu\left(s_{t+1}, \mu(s_{t+1})\right)\right] \tag{8-17}$$

这使得动作值函数计算的不确定性只与外部环境相关，也意味着可以利用离策略的方式更新值函数，即使用历史经验回放数据构造目标函数来回归训练值函数模型。在保证确定性策略模型连续可微的条件下，可以通过最优值函数计算路径梯度的形式求得最优策略，即

$$\nabla_\theta J(\theta) = \mathbb{E}_{\tau \sim \mu_\theta(\tau)}\left[\nabla_\theta \mu_\theta(s)\nabla_a Q(s,a)\big|_{a=\mu_\theta(s)}\right] \tag{8-18}$$

Silver 等[41]证明了 DPG 算法的收敛性，以及其与 Actor-Critic 算法的等效性。

在 DPG 算法的基础上，Lillicrap 等[24]进一步提出了 DDPG 算法。在训练算法上 DDPG 算法与 DPG 算法保持一致，即采用 DPG 算法训练策略模型，TD 误差训练值函数模型，不同之处在于以下改进。

(1) 策略模型(即 Actor) 和值函数模型(即 Critic) 都使用深度神经网络进行建模，且在中间隐含层使用了批归一化技术[42]。

(2) 借鉴了 DQN 中为了稳定离策略训练而使用的技术，包括经验回放和目标网络，且在目标网络同步的形式上采取了渐进式的更新方式。

(3) 在确定性策略上施加噪声来提高算法的探索能力，使用带惯性的 Ornstein-Uhlenbeck 随机过程噪声[43]。

关于 DDPG 算法的后续改进，Hausknecht 等[44]基于 DDPG 算法实现了参数化动作空间(即离散-连续混合动作空间)的策略学习，在带边界的动作空间内修改了梯度计算的方法；Fujimoto 等[45]验证了 DDPG 算法在提升策略时存在高估值函数的现象，并受 Double-DQN 思路的启发提出了双延迟值函数版本的 DDPG(twin delayed DDPG, TD3)算法。TD3 算法同时学习两个 Q 函数并选择较低的 Q 值来构建更新目标，并采用了延迟策略更新及目标策略平滑的改进，使得算法的性能得到大大提升，超越了原始 DDPG 算法。

8.3.4　深度强化学习的应用

深度强化学习的应用也十分丰富。

在游戏方面，除了比较知名的 Atari 视频游戏[18]和围棋程序 AlphaGo 之外[19, 20]，深度强化学习在不完美信息博弈问题中(如大部分纸牌游戏[46])也取得了超越专业玩家的表现，一些研究者结合了博弈论中的反事实遗憾最小化和递归推理等思想研究了德州扑克中的游戏策略[47]。

在机器人控制方面，深度强化学习的提出使得复杂的控制模型可以在仿真环境中进行预训练，并在此基础上通过迁移学习迁移到真实场景，因此促进了模拟到现实(Sim-to-real)这一领域的发展[48]。在机器人操作[49, 50]、机械臂控制[51]、室内机器人导航[52]、避障[53, 54]以及自动驾驶[55, 56]等场景中都取得了不错的效果。

在自然语言处理领域，许多任务的奖励信号往往不可导，因此可以很自然地使用基于策略梯度的强化学习算法来优化一个自然语言处理模型。典型的应用包含句子生成[57-59]、机器翻译[60, 61]、对话系统[62, 63]等。但强化学习在自然语言处理中的应用仍面临一些挑战，如离散动作空间太过庞大(词表空间)、奖励函数的定义缺乏系统理论等(往往依赖人为给定)，这些问题可能会对策略的收敛产生影响，因此仍需要更深入地研究和探索。

在计算机视觉领域，强化学习是一项有效的工具，因为其交互试错的学习方式有助于感知模型的学习和调优。在图像感知任务中，强化学习可以通过仅关注图像中的显著部分来提高分类模型的效率。对于物体的定位和检测，深度强化学习模型可以采用细致的空间划分和滑动窗探索来提高检测效率[64]。Kong 等[65]提出了使用多智能体深度强化学习进行联合物体检测。Jie 等[66]提出了利用基于树结构的强化学习算法将图像中的物体检测问题建模成一个序列化决策问题，综合考虑当前的观测情况和之前的物体搜索路径，并使用 DQN 算法最大化图像中所有物体定位准确率的长期累计回报。其他的计算机视觉应用包括跟踪监测[67, 68]、场景理解[69, 70]、图像描述[71, 72]等。

在如金融行业、推荐系统、计算广告等一些允许大数据支撑的商业落地场景内，深度强化学习也为需要处理高维原始特征且可建模为序列决策的问题提供了可靠的技术支持，如投资组合优化[73, 74]、推荐商品候选集排序[75]、广告中的实时竞价[76]等。其他的一些实际应用包括医疗诊断[77, 78]、智能交通[79, 80]、智慧物流[81]等。

8.4　多智能体强化学习

将强化学习算法应用到多智能体系统中，即多智能体强化学习(multi-agent reinforcement leaning，MARL)算法[82]，其示意图如图 8-5 所示。现实世界中的很多问题都涉及多个参与者之间的交互，因此如何将单体强化学习的研究成果应用到多智能体系统一直受到研究者的关注。然而，多智能体系统涉及更多的参与者和决策单元，会衍生出一些独有的问题和挑战，简单地将单智能体强化学习技术直接应用到多智能体系统可能并不奏效。在本节中，首先介绍基于随机博弈建模的多智能体序列决策过程，并简述多智能体强化学习的一些挑战以及早期的相关工作，最后介绍最近几年发展起来的多智能体深度强化学习的研究进展。

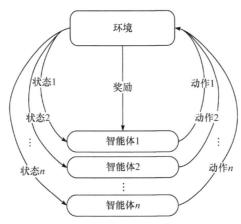

图 8-5　多智能体强化学习算法示意图

8.4.1　随机博弈建模

随机博弈[83]是博弈论中对多个参与者进行动态博弈的建模方法，由于其与马尔可夫决策过程具有统一性[84]，研究者普遍使用这一理论来建模多智能体序列决策问题，本节所有的研究问题也基于随机博弈的多智能体决策过程建模。一个随机博弈过程 G 由以下 8 元组构成 $\langle S,U,P,r,Z,O,N,\gamma \rangle$，其中智能体的规模为 N，$s \in S$ 表示环境中的真实状态。在每个时间步，所有智能体同时在环境中执行动作 $u \in U$，并由观测函数 $O(s,u):S \times U \to Z$ 来决定局部观测集合 $\{o_i\}$，系统获得的奖励由奖励函数决定 $r(s,u):S \times U \to \mathbb{R}$，状态转移函数描述了全局状态在执行了一组动作之后的变化 $P(s'|s,u):S \times U \times S \to [0,1]$，$\gamma$ 表示折扣因子。为了方便，将所有智能体的联合向量表示用粗体字母替代(如动作组合 u)，将下标 $-i$ 表示除去某一智能体的联合向量(如 $u=[u_i,u_{-i}]$)，智能体的目标为最大化其折扣奖励目标。

为了专注于多智能体强化学习协同策略的研究，本节在随机博弈建模的基础上设定如下理想化条件：

(1) 只关注协同型多智能体系统，即智能体不存在竞争关系。

(2) 所有智能体共享奖励结构，即整个智能体系统的全局奖励。

(3) 不显示地考虑智能体之间的通信结构，智能体之间可以无障碍地传递信息。

这一理想化模型的设定适度弱化了与协同策略无关的研究，但这并不影响协同型多智能体系统的实际应用。

8.4.2　多智能体强化学习的挑战

除了奖赏塑形、采样效率等这些单智能体强化学习原有的难题，多智能体强化学习也存在一些独有的挑战[82, 85]。

(1) 维数灾难(curse of dimensionality)问题。多智能体系统的状态空间和动作空间都会随着智能体数量的增加呈指数级爆炸，这会加大强化学习的探索难度，当使用参数化模型训练策略时，也会影响强化学习算法的收敛能力；此外，由于每个智能体的分布式感知机制，接收或感知其他个体的数目不定，这影响着状态空间表示的稳定性。

(2) 环境的非静态性(non-stationarity)。多智能体系统中的所有个体自主学习，每个智能体都面临一个动态环境问题，即局部最优策略可能会随着其他智能体策略的演化而呈现动态变化。同时，环境不稳定也违背了机器学习理论的基本假设，即数据独立同分布和外部环境稳定。如何引入其他手段来解决环境非静态性问题，保证多智能体强化学习的稳定性十分重要。

(3) 探索和利用(exploration & exploitation)的权衡。在多智能体强化学习中，单个智能体不仅需要探索环境的状态空间，还要探索其他个体的策略变化。如何有效降低探索难度并利用已有知识加速多智能体策略的收敛是多智能体强化学习中的一个难点。

(4) 信用分配(credit assignment)。当多智能体在环境中获得了奖励回报时，怎样将奖励信号合理地分配给每一个个体，即信用分配问题。

后面将重点解决这几项挑战，以增强多智能体强化学习算法的稳定性和通用性。

8.4.3　传统的多智能体强化学习算法

早期的多智能体强化学习研究常与博弈论理论联系在一起，并且分析的大多是低维状态空间问题，如囚徒困境[86]等表格问题。

Tan[87]最先在多智能体系统中提出了使用强化学习算法，并提出了独立 Q 学习(independent Q-learning，IQL)算法，其中每个智能体独立地学习动作值函数。然而对于多智能体系统，这种独立学习的机制通常是不稳定的，单个智能体的学习会随着其他智能体的策略变化而受到影响，造成环境的不稳定。因此，对于许多非静态场景的多智能体任务，独立 Q 学习算法往往难以收敛。Littman[88]使用了随机博弈框架来建模多智能体强化学习，并基于博弈论理论提出了最小最大 Q 学习(minimax-Q leaning)用于求解两个智能体的零和博弈问题，使每个智能体的最差情况最好，并证明了在所有状态空间均可访问到的条件下算法可以收敛。

进一步地，Littman[89]提出了团队 Q 学习算法，它假设最优组合动作是唯一的，所有智能体并行地学习各自的最优动作即可得到最优策略，并证明了它能收敛到纳什均衡状态。纳什 Q 学习算法[90]将最小最大的思想扩展到多人博弈场景，并使用二次规划方法求解纳什均衡点。但其求解二次规划的过程需要大量的计算，虽然能满足收敛性要求，但不能充分利用其他智能体的策略来调整自身的策略，得到的解未必是一个较好的解。Bowling 等[91]提出了一种取胜或快速学习(win-or-learn-fast，WoLF)的学习机制来调整学习率，当智能体表现较好时，使用较小的学习率(保守策略)；当智能体表现较差时，提高学习率(激进策略)，研究者证明了这一学习机制有助于应对多智能体强化学习中的不稳定性问题。其他方法可以参考综述文献[82]。

8.4.4　多智能体深度强化学习

深度强化学习的研究进展也为多智能体强化学习提供了新的思路，使用深度神经网络可以从高维原始数据中提取出有用的特征表示，因此可以通过使用深度模型近似最优策略或值函数的方法提高强化学习的表示能力和泛化能力。研究者也寄希望于深度模型的引入能缓解多智能体强化学习中的维数灾难、信用分配、训练稳定性差等问题，因此近年来多智能体深度强化学习逐渐受到了研究者的关注[92,93]。

一些学者将单智能体深度强化学习算法引入多智能体强化学习中，并对一些传统的多智能体学习范式进行了改进，例如，Foerster 等[94]将 IQL 算法拓展为深度 Q 值网络，并在训练过程中使用了重要性采样和指纹技术来修正旧交互数据的偏差，增强学习的稳定性。Omidshafiei 等[95]在这一工作的基础上对多智能体强化学习的经验性回放机制进行了改进，提出同步经验回放轨迹(concurrent experience replay trajectories，CERT)来提高样本利用的效率，同时结合了 DRQN 模型来缓解部分可观问题。

还有一些研究工作使用深度模型进行集中式的数据处理，寄希望于深度模型的隐含层对多个智能体之间的耦合关系进行深度建模，替代传统博弈论或二次规划等算法对多个智能体竞争/合作关系的处理模式(如纳什 Q 学习算法[90]、WoLF[91]学习体制等)。

Lowe 等[96]提出了多智能体版本的 DDPG(multi-agent DDPG，MADDPG)算法，是目前多智能体深度强化学习的基准算法之一。多智能体深度强化学习示意图如图 8-6 所示，MADDPG 算法将 Q 函数扩充为以所有智能体的观测状态和动作为输入，预测全局局面的长期价值，并使用 TD 学习训练。每一个智能体的策略为分布式的 Actor，通过 Q 函数在其动作上的偏导获得学习信号。与 DDPG 算法类似，MADDPG 算法需要为每一个智能体的 Critic 和 Actor 模型设置目标网络。

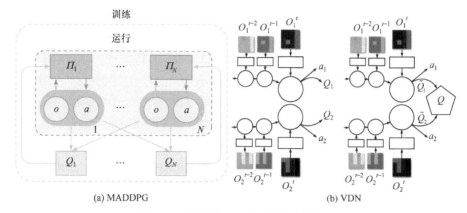

图 8-6　多智能体深度强化学习示意图

研究人员在 MADDPG 算法的基础上引入最小最大(minimax)机制来修正值函数的训练目标，提高策略的鲁棒性。其他类似的算法还包括反事实多智能体策略梯度(counterfactual multi-agent policy gradient，COMA)算法[97]、基于注意力机制的多智能体 Actor-Critic 算法[98]等。

尽管全局值函数包含了所有全局信息，但其复杂度(包括输入空间的复杂度和参数空间的复杂度)还是很高，在智能体规模较大的情况下，该模型可能难以训练。因此，还有一类多智能体深度强化学习算法尝试对值函数的复杂特征结构进行解耦，即全局值函数是由各个智能体的分布式值函数聚合而成的。这一做法既保证了各个智能体的分布式控制机制，又能通过聚合函数表示各个智能体复杂的交互关系，还自动地建模全局奖励到每个个体的信用分配。Rashid 等[99]首先提出了这一解耦的思路，并提出值分解网络(value decomposition network，VDN)(图 8-6)，用最简单的线性加和模式作为聚合函数。Rashid 等[99]提出了 QMIX 方法，将聚合函数改为表达能力更强的非线性神经网络，并使用超网络架构[100]来满足全局值函数在每个智能体局部值函数上的单调性，保证了每个智能体的最优策略与全局最优策略的方向一致；Son 等[101]在 VDN 和 QMIX 方法的基础上继续改进，提出 QTRAN 方法，将聚合拆解成两个过程：VDN 聚合成近似全局值函数和差值拟合，得到了超越 VDN 和 QMIX 方法的性能。

另一大类多智能体深度强化学习的研究方向是有关通信机制的学习。与传统的通信机制研究方法不同，多智能体深度强化学习使用参数化模型建模智能体之间的通信信道，并通过端到端自动学习通信策略。学习通信策略也相当于学习一个动作，每个智能体要学会根据当前状态发送什么消息给其他智能体。Foerster 等[102]最先提出基于深度强化学习的多智能体通信方法，使用可微分模块在智能体传递学习信号，进而使用反向传播算法训练通信策略；类似地，Sukhbaatar 等[103]提出了 CommNet 模型，通过广播信息及平均池化操作完成发布信息和接收消息；Peng 等[104]提出使用双向循环神经网络来实现多个智能体之间的信息传递，并且基于 Actor-Critic 算法实现了连续控制；Mao 等[105]提出了 ACCNet(Actor-coordinator Critic Net)，引入一个可学习的通信协调器模块进行信息的收集和再分配；Jiang 等[106]以及 Das 等[107]使用注意力机制来筛选通信信息。

还有一些工作尝试将多智能体深度强化学习和传统博弈论相结合。Heinrich 等[108]提出了基于深度强化学习的神经虚拟自对弈(neural fictitious self-play，NFSP)方法，在非完美博弈游戏(如德州扑克游戏)中能够近似得到纳什均衡解，而一般的强化学习算法在这一问题上难以收敛；Lanctot 等[109]验证了独立强化学习会严重地过拟合于环境中其他智能体的策略，并融合了博弈论中的最优响应理论，提出了策略空间响应数据库(policy-space response oracle，PSRO)，使用深度强化学习来训练混合策略场景下每个智能体的最优响应。多智能体深度强化学习也被用来研究某些社会学问题，例如，Leibo 等[110]使用多智能体深度强化学习研究社会困境问题，具体研究了三个场景(囚徒困境、目标收集、追捕猎物)，结果表明不同的奖励结构可能会衍生出不同的社会行为(竞争或合作)。Yang 等[111]在大规模的多智能体深度强化学习实验中发现了群体宏观规模的变化与人口动力学模型十分相似。

8.5　强化学习在游戏智能中的应用

机器博弈作为人工智能最具挑战性的研究方向，主要研究如何设计人工智能程序模拟人类进行游戏对抗。游戏智能作为检验机器智能的重要手段，一方面为游戏行业的发展提供了可靠的基础性技术，另一方面也为人工智能的创新研究提供了自由的练兵场。游戏环境可以无障碍地获取不含噪声的信息，而且能进行无限的模拟和试错，大大降低了实验验证的成本，能够为许多真实场景中的任务提供仿真环境和可行性验证。

从计算机的早期发展开始就出现了有关机器博弈和游戏智能的研究。早在 20 世纪 70 年代后期，卡内基梅隆大学的学者就在西洋双陆棋游戏中开发了人工智能程序 BKG 来寻找游戏的解决方案，BKG 程序已经具备很强的实力，可以从自身的错误中吸取经验不断学习，并且能够战胜一些具有不错水平的业余爱好者。1997 年，IBM 公司开发的超级国际象棋人工智能深蓝打败了世界第一棋手，标志着游戏智能的发展进入了一个新时代。然而这一时期游戏智能的发展还围绕着基于策略空间搜索的智能博弈决策方法，在有限的运行时间内对游戏树进行在线搜索，求得在长期价值下最佳路径所对应的最优策略(或近似最优策略)，由此决定行动。然而这依赖对动作空间的离散化，在相对复杂的游戏任务中可能会面临较大的计算量，并有可能损失精细程度。

2015 年以后，得益于深度学习的兴起，深度强化学习在游戏智能领域取得了重大突破，在 Atari 游戏[18]、第一人称射击(first persian shooter，FPS)游戏[112, 113]、棋类游戏[19, 46]、德州扑克[47]等游戏中都表现出和人类相当的水平，有的甚至超过了人类。由于深度神经网络强大的特征处理能力和泛化性，可以使用端到端学习的方式直接处理游戏中原始的高维输入数据，以同步进行特征学习和策略学习。而游戏平台还可以支持无限次的模拟交互，因此大多数深度强化学习的研究工作都是基于游戏智能的形式进行验证的。

近几年也有诸多研究机构利用游戏平台验证多智能体深度强化学习算法的相关研究。Tampuu 等[114]利用多智能体深度 Q 学习训练智能体学习乒乓球游戏任务；Leibo 等[110]研究了 Wolfpack 狩猎游戏、目标收集等游戏任务中协作和竞争的衍生机制；牛津大学的 Foerster 等[97]使用多智能体深度强化学习算法在星际游戏中的迷你对抗场景训练出了表现不错的集体攻击行为[99]。

多智能体深度强化学习领域的研究尚处于起步阶段，因此尚未有统一的测试基准平台用来对比不同算法之间的性能。本小节在此列举了一些常用的开源游戏测试平台。

(1) CMOTPs(cooperative multi-agent object transporation problems)：一个简单的两个智能体协同推箱子的场景。Palmer 等[115]拓展了该问题，并验证了 Lenient DQN 算法。

(2) MPE(multi-agent particle environment)：包含多个多智能体基础任务的实验平台(扩散、追捕、基础通信等)，支持自定义的问题设定。目前，大多数的多智能体深度强化学习基础算法使用该平台进行测试[96, 106, 116]。

(3) MAgent：多智能体对抗游戏场景[117]。该平台的特点是支持大规模群智能体的仿真和测试，支持的量级可达到数百到数百万。一些支持大规模的多智能体深度强化学习算法在该平台上测试[118-120]。

(4) Pommerman：炸弹人游戏[121]。该平台可以考验在稀疏、延迟奖励问题下多智能体强化学习的探索能力[122]。

(5) SMAC(StarCraft multi-agent challenge)：多智能体星际游戏挑战[123]。该平台是基于实时策略游戏——《星际争霸》中的微操场景改写的一套专门用于测试多智能体强化学习的框架。在该任务中，需要智能体之间进行高级的协同策略来完成对抗任务。许多离散动作的多智能体深度强化学习标准算法在此平台上提出[97,99]。

(6) Hanabi [124]：一种纸牌游戏，DeepMind 人工智能研究团队的研究人员基于这一游戏开发了 Hanabi 平台，可以考察多智能体学习和即时通信的相关研究。

(7) Neural MMO(massive multiplayer online)：大规模多智能体的虚拟世界游戏平台[125]，所有智能体处在一个类似角色扮演的世界，是一个可以进行资源收集和对战的完整游戏世界。

8.6　本　章　小　结

本章揭示了群体机器人在协同作业中的独特优势，也展现了这一领域在技术创新和实际应用中的巨大潜力。在复杂任务中，群体机器人的协同方法展现了极高的灵活性和鲁棒性。无论是执行大规模搜索与救援任务，还是在复杂地形中进行物资运输，群体机器人都能够通过协同作业，显著提高任务执行的效率和成功率。此外，本章还探讨了如何通过引入学习机制，如强化学习和深度学习，来进一步提升群体机器人的协同能力和适应性，使其能够在未知或动态变化的环境中自主调整策略，实现更优的协同效果。随着技术的不断进步和研究的深入，群体机器人在复杂任务中的协同方法将为未来的智能系统设计和应用开辟更加广阔的前景。

参 考 文 献

[1] Sutton R S, Barto A G. Reinforcement Learning: An Introduction[M]. New York: MIT Press, 2018.

[2] Even-Dar E, Mansour Y. Convergence of optimistic and incremental Q-learning[J]. Advances in Neural Information Processing Systems, 2001, 14: 1263-1270.

[3] Auer P. Using confidence bounds for exploitation-exploration trade-offs[J]. Journal of Machine Learning Research, 2002, 3(3): 397-422.

[4] Liu Y E, Mandel T, Brunskill E, et al. Trading off scientific knowledge and user learning with multi-armed bandits[C]. Educational Data Mining, Washington, D. C., 2014: 161-168.

[5] Bellemare M G, Srinivasan S, Ostrovski G, et al. Unifying count-based exploration and intrinsic motivation[C]. Proceedings of the 30th International Conference on Neural Information Processing Systems, Barcelona, 2016: 1479-1487.

[6] Ostrovski G, Bellemare M G, Oord A, et al. Count-based exploration with neural density models[C]. International Conference on Machine Learning, Sydney, 2017: 2721-2730.

[7] Pathak D, Agrawal P, Efros A A, et al. Curiosity-driven exploration by self-supervised prediction[C]. International Conference on Machine Learning, London, 2017: 2778-2787.

[8] Osband I, Blundell C, Pritzel A, et al. Deep exploration via bootstrapped DQN[J]. Proceedings of the 30th International Conference on Neural Information Processing Systems, Barcelona, 2016: 4033-4041.

[9] Houthooft R, Chen X, Duan Y, et al. Vime: Variational information maximizing exploration[J]. Proceedings of the 30th International Conference on Neural Information Processing Systems, Barcelona, 2016: 1117-1125.

[10] Fortunato M, Azar M G, Piot B, et al. Noisy networks for exploration[EB/OL]. https://doi.org/10.48550/arXiv.1706.10295[2024-7-17].

[11] Watkins C J C H, Dayan P. Q-learning[J]. Machine Learning, 1992, 8(3): 279-292.

[12] Rummery G A, Niranjan M. On-line Q-learning using connectionist systems[D]. Cambridge: University of Cambridge, 1994.

[13] Dayan P. The convergence of TD (λ) for general λ[J]. Machine Learning, 1992, 8(3): 341-362.

[14] Singh S P, Sutton R S. Reinforcement learning with replacing eligibility traces[J]. Machine Learning, 1996, 22(1): 123-158.

[15] Williams R J. Simple statistical gradient-following algorithms for connectionist reinforcement learning[J]. Machine Learning, 1992, 8(3): 229-256.

[16] Schulman J, Moritz P, Levine S, et al. High-dimensional continuous control using generalized advantage estimation[C]. International Conference on Learning Representations, Montreal, 2015: 1-14.

[17] Mnih V, Kavukcuoglu K, Silver D, et al. Playing atari with deep reinforcement learning[EB/OL]. https://doi.org/10.48550/arXiv.1312.5602[2024-8-18].

[18] Mnih V, Kavukcuoglu K, Silver D, et al. Human-level control through deep reinforcement learning[J]. Nature, 2015, 518(7540): 529-533.

[19] Silver D, Huang A, Maddison C J, et al. Mastering the game of Go with deep neural networks and tree search[J]. Nature, 2016, 529(7587): 484-489.

[20] Silver D, Schrittwieser J, Simonyan K, et al. Mastering the game of go without human knowledge[J]. Nature, 2017, 550(7676): 354-359.

[21] Schulman J, Levine S, Abbeel P, et al. Trust region policy optimization[C]. International Conference on Machine Learning, Liverpool, 2015: 1889-1897.

[22] Schulman J, Wolski F, Dhariwal P, et al. Proximal policy optimization algorithms[EB/OL]. https://doi.org/10.48550/arXiv.1707.06347[2024-2-18].

[23] Mnih V, Badia A P, Mirza M, et al. Asynchronous methods for deep reinforcement learning[C]. International Conference on Machine Learning, New York, 2016: 1928-1937.

[24] Lillicrap T P, Hunt J J, Pritzel A, et al. Continuous control with deep reinforcement learning [EB/OL]. https://doi.org/10.48550/arXiv.1509.02971[2024-8-11].

[25] Haarnoja T, Zhou A, Abbeel P, et al. Soft actor-critic: Off-policy maximum entropy deep reinforcement learning with a stochastic actor[C]. International Conference on Machine Learning, Paris, 2018: 1861-1870.

[26] Bellemare M G, Dabney W, Munos R. A distributional perspective on reinforcement learning[C]. International Conference on Machine Learning, Sydney, 2017: 449-458.

[27] O'Donoghue B, Munos R, Kavukcuoglu K, et al. Combining policy gradient and Q-learning[EB/OL]. https://doi.org/10.48550/arXiv.1611.01626[2024-3-23].

[28] Gu S, Lillicrap T, Ghahramani Z, et al. Q-prop: Sample-efficient policy gradient with an off-policy critic[EB/OL]. https://doi.org/10.48550/arXiv.1611.02247[2024-8-11].

[29] Wang Z, Bapst V, Heess N, et al. Sample efficient actor-critic with experience replay[EB/OL]. https://doi.org/10.48550/arXiv.1611.01224[2024-9-14].

[30] Gu S X, Lillicrap T, Turner R E, et al. Interpolated policy gradient: Merging on-policy and off-policy gradient estimation for deep reinforcement learning[C]. Proceedings of the 31st International Conference on Neural Information Processing Systems, Long Beach, 2017: 3849-

3858.

[31] Jaderberg M, Mnih V, Czarnecki W M, et al. Reinforcement learning with unsupervised auxiliary tasks[EB/OL]. https://doi.org/10.48550/arXiv.1611.05397[2024-11-14].

[32] Andrychowicz M, Wolski F, Ray A, et al. Hindsight experience replay[C]. Proceedings of the 31st International Conference on Neural Information Processing Systems, Long Beach, 2017: 5055-5065.

[33] Zoph B, Le Q V. Neural architecture search with reinforcement learning[EB/OL]. https://doi.org/10.48550/arXiv.1611.01578[2024-11-14].

[34] Pham H, Guan M, Zoph B, et al. Efficient neural architecture search via parameters sharing[C]. International Conference on Machine Learning, Paris, 2018: 4095-4104.

[35] Tesauro G. TD-Gammon, a self-teaching backgammon program, achieves master-level play[J]. Neural Computation, 1994, 6(2): 215-219.

[36] Riedmiller M. Neural fitted Q iteration-first experiences with a data efficient neural reinforcement learning method[C]. European Conference on Machine Learning, Berlin, 2005: 317-328.

[37] van Hasselt H, Guez A, Silver D. Deep reinforcement learning with double Q-learning[C]. Proceedings of the AAAI Conference on Artificial Intelligence, Phoenix, 2016: 2094-2100.

[38] Schaul T, Quan J, Antonoglou I, et al. Prioritized experience replay[EB/OL].https://doi.org/10.48550/arXiv.1511.05952[2024-11-14].

[39] Wang Z Y, Schaul T, Hessel M, et al. Dueling network architectures for deep reinforcement learning[C]. International Conference on Machine Learning, New York, 2016: 1995-2003.

[40] Hausknecht M, Stone P. Deep recurrent Q-learning for partially observable mdps[C]. 2015 AAAI Fall Symposium Series, Chicago, 2015: 29-37.

[41] Silver D, Lever G, Heess N, et al. Deterministic policy gradient algorithms[C]. International Conference on Machine Learning, Beijing, 2014: 387-395.

[42] Ioffe S, Szegedy C. Batch normalization: Accelerating deep network training by reducing internal covariate shift[C]. International Conference on Machine Learning, Lille, 2015: 448-456.

[43] Uhlenbeck G E, Ornstein L S. On the theory of the Brownian motion[J]. Physical Review, 1930, 36(5): 823.

[44] Hausknecht M, Stone P. Deep reinforcement learning in parameterized action space[EB/OL]. https://doi.org/10.48550/arXiv.1511.04143[2024-11-14].

[45] Fujimoto S, Hoof H, Meger D. Addressing function approximation error in actor-critic methods[C]. International Conference on Machine Learning, Paris, 2018: 1587-1596.

[46] Silver D, Hubert T, Schrittwieser J, et al. Mastering chess and shogi by self-play with a general reinforcement learning algorithm[EB/OL]. https://doi.org/10.48550/arXiv.1712.01815[2024-11-14].

[47] Moravčík M, Schmid M, Burch N, et al. Deepstack: Expert-level artificial intelligence in heads-up no-limit poker[J]. Science, 2017, 356(6337): 508-513.

[48] Rusu A A, Večerík M, Rothörl T, et al. Sim-to-real robot learning from pixels with progressive nets[C]. Conference on Robot Learning, New York, 2017: 262-270.

[49] Gu S X, Holly E, Lillicrap T, et al. Deep reinforcement learning for robotic manipulation with asynchronous off-policy updates[C]. 2017 IEEE International Conference on Robotics and

Automation, Singapore, 2017: 3389-3396.

[50] Andrychowicz O A I M, Baker B, Chociej M, et al. Learning dexterous in-hand manipulation[J]. The International Journal of Robotics Research, 2020, 39(1): 3-20.

[51] Sadeghi F, Toshev A, Jang E, et al. Sim2real view invariant visual servoing by recurrent control[C]. 2018 IEEE/CVF Conference on Computer Vision and Pattern Recognition, Salt Lake City, 2017:4691-4699.

[52] Zhu Y, Mottaghi R, Kolve E, et al. Target-driven visual navigation in indoor scenes using deep reinforcement learning[C]. 2017 IEEE International Conference on Robotics and Automation, Singapore, 2017: 3357-3364.

[53] Chen Y F, Liu M, Everett M, et al. Decentralized non-communicating multiagent collision avoidance with deep reinforcement learning[C]. 2017 IEEE International Conference on Robotics and Automation, Singapore, 2017: 285-292.

[54] Long P, Fan T, Liao X, et al. Towards optimally decentralized multi-robot collision avoidance via deep reinforcement learning[C]. 2018 IEEE International Conference on Robotics and Automation, Brisbane, 2018: 6252-6259.

[55] O'Kelly M, Sinha A, Namkoong H, et al. Scalable end-to-end autonomous vehicle testing via rare-event simulation[C]. Proceedings of the 32nd International Conference on Neural Information Processing Systems, Montreal, 2018: 9849-9860.

[56] Fridman L, Jenik B, Terwilliger J. Deeptraffic: Driving fast through dense traffic with deep reinforcement learning[EB/OL]. https://doi.org/10.48550/arXiv.1801.02805[2023-12-26].

[57] Ranzato M A, Chopra S, Auli M, et al. Sequence level training with recurrent neural networks[EB/OL]. https://doi.org/10.48550/arXiv.1511.06732[2024-7-14].

[58] Bahdanau D, Brakel P, Xu K, et al. An actor-critic algorithm for sequence prediction[EB/OL]. https://doi.org/10.48550/arXiv.1607.07086[2024-7-14].

[59] Yu L T, Zhang W N, Wang J, et al. Seqgan: Sequence generative adversarial nets with policy gradient[C]. Proceedings of the AAAI Conference on Artificial Intelligence, Los Angeles, 2017, 31(1): 982-991.

[60] He D, Xia Y, Qin T, et al. Dual learning for machine translation[C]. Proceedings of the 30th International Conference on Neural Information Processing Systems, Barcelona, 2016: 820-828.

[61] Xia Y, Tan X, Tian F, et al. Model-level dual learning[C]. International Conference on Machine Learning, Paris, 2018: 5383-5392.

[62] Dhingra B, Li L, Li X, et al. Towards end-to-end reinforcement learning of dialogue agents for information access[EB/OL]https://doi.org/10.48550/arXiv.1609.00777[2024-7-14].

[63] Li X, Chen Y N, Li L, et al. End-to-end task-completion neural dialogue systems[C]. International Joint Conference On Natural Language Processing, 2017:516-527.

[64] Mnih V, Heess N, Graves A. Recurrent models of visual attention[C]. Proceedings of the 27th International Conference on Neural Information Processing Systems, Montreal, 2014: 2204-2212.

[65] Kong X Y, Xin B, Wang Y Z, et al. Collaborative deep reinforcement learning for joint object search[C]. Proceedings of the IEEE Conference on Computer Vision and Pattern Recognition, Honolulu, 2017: 1695-1704.

[66] Jie Z Q, Liang X D, Feng J S, et al. Tree-structured reinforcement learning for sequential object localization[C]. Proceedings of the 30th International Conference on Neural Information Processing Systems, Barcelona, 2016: 127-135.

[67] Supancic J, Ramanan D. Tracking as online decision-making: Learning a policy from streaming videos with reinforcement learning[C]. Proceedings of the IEEE International Conference on Computer Vision, Venice, 2017: 322-331.

[68] Yun S, Choi J, Yoo Y, et al. Action-decision networks for visual tracking with deep reinforcement learning[C]. Proceedings of the IEEE Conference on Computer Vision and Pattern Recognition, Honolulu, 2017: 1349-1358.

[69] Wu J, Tenenbaum J B, Kohli P. Neural scene de-rendering[C]. Proceedings of the IEEE Conference on Computer Vision and Pattern Recognition, Honolulu, 2017: 7035-7043.

[70] Eslami S M A, Jimenez Rezende D, Besse F, et al. Neural scene representation and rendering[J]. Science, 2018, 360(6394): 1204-1210.

[71] Xu K, Ba J, Kiros R, et al. Show, attend and tell: Neural image caption generation with visual attention[C]. International Conference on Machine Learning, Lille, 2015: 2048-2057.

[72] Ren Z, Wang X Y, Zhang N, et al. Deep reinforcement learning-based image captioning with embedding reward[C]. Proceedings of the IEEE Conference on Computer Vision and Pattern Recognition, Honolulu, 2017: 1151-1159.

[73] Jiang Z Y, Liang J J. Cryptocurrency portfolio management with deep reinforcement learning[C]. 2017 Intelligent Systems Conference, London, 2017: 905-913.

[74] Yu P, Lee J S, Kulyatin I, et al. Model-based deep reinforcement learning for dynamic portfolio optimization[EB/OL]. https://doi.org/10.48550/arXiv.1901.08740[2024-7-14].

[75] Ie E, Jain V, Wang J, et al. Reinforcement learning for slate-based recommender systems: A tractable decomposition and practical methodology[EB/OL].https://doi.org/10.48550/arXiv.1905. 12767[2024-7-14]

[76] Wu D, Chen X, Yang X, et al. Budget constrained bidding by model-free reinforcement learning in display advertising[C]. Proceedings of the 27th ACM International Conference on Information and Knowledge Management, Torino, 2018: 1443-1451.

[77] Ling Y, Hasan S A, Datla V, et al. Diagnostic inferencing via improving clinical concept extraction with deep reinforcement learning: A preliminary study[C]. Machine Learning for Healthcare Conference, New York, 2017: 271-285.

[78] Liu Y, Gottesman O, Raghu A, et al. Representation balancing MDPs for off-policy policy evaluation[C]. Proceedings of the 32nd International Conference on Neural Information Processing Systems, Montreal, 2018: 2649-2658.

[79] Liang X Y, Du X S, Wang G L, et al. Deep reinforcement learning for traffic light control in vehicular networks[EB/OL]. https://doi.org/10.48550/arXiv.1803.11115[2024-7-14].

[80] Li L, Lv Y, Wang F Y. Traffic signal timing via deep reinforcement learning[J]. IEEE/CAA Journal of Automatica Sinica, 2016, 3(3): 247-254.

[81] Liu X Y, Ding Z, Borst S, et al. Deep reinforcement learning for intelligent transportation systems[C]. IEEE Transactions on Intelligent Transportation Systems,2022(23):11-32.

[82] Busoniu L, Babuska R, de Schutter B. A comprehensive survey of multiagent reinforcement learning[J]. IEEE Transactions on Systems, Man, and Cybernetics, Part C (Applications and Reviews), 2008, 38(2): 156-172.

[83] Shapley L S. Stochastic games[J]. Proceedings of the National Academy of Sciences, 1953, 39(10): 1095-1100.

[84] Neyman A, Sorin S. Stochastic Games and Applications[M]. Dordrecht: Springer Science & Business Media, 2003.

[85] Shoham Y, Powers R, Grenager T. If multi-agent learning is the answer, what is the question?[J]. Artificial Intelligence, 2007, 171(7): 365-377.

[86] Sandholm T W, Crites R H. Multiagent reinforcement learning in the iterated prisoner's dilemma[J]. Biosystems, 1996, 37(1-2): 147-166.

[87] Tan M. Multi-agent reinforcement learning: Independent vs. cooperative agents[C]. Proceedings of the Tenth International Conference on Machine Learning, Amsterdam, 1993: 330-337.

[88] Littman M L. Markov Games as a Framework for Multi-agent Reinforcement Learning[M]. International Conference on Machine Learning, 1994: 157-163.

[89] Littman M L. Value-function reinforcement learning in Markov games[J]. Cognitive Systems Research, 2001, 2(1): 55-66.

[90] Hu J, Wellman M P. Nash Q-learning for general-sum stochastic games[J]. Journal of Machine Learning Research, 2003, 4: 1039-1069.

[91] Bowling M, Veloso M. Multiagent learning using a variable learning rate[J]. Artificial Intelligence, 2002, 136(2): 215-250.

[92] Hernandez-Leal P, Kartal B, Taylor M E. A survey and critique of multiagent deep reinforcement learning[J]. Autonomous Agents and Multi-Agent Systems, 2019, 33(6): 750-797.

[93] Albrecht S V, Stone P. Autonomous agents modelling other agents: A comprehensive survey and open problems[J]. Artificial Intelligence, 2018, 258: 66-95.

[94] Foerster J, Nardelli N, Farquhar G, et al. Stabilising experience replay for deep multi-agent reinforcement learning[C]. Proceedings of the 34th International Conference on Machine Learning, Sydney, 2017: 1146-1155.

[95] Omidshafiei S, Pazis J, Amato C, et al. Deep decentralized multi-task multi-agent reinforcement learning under partial observability[C]. International Conference on Machine Learning, Sydney, 2017: 2681-2690.

[96] Lowe R, Wu Y I, Tamar A, et al. Multi-agent actor-critic for mixed cooperative-competitive environments[C]. Proceedings of the 31st International Conference on Neural Information Processing Systems, Long Beach, 2017: 6382-6393.

[97] Foerster J, Farquhar G, Afouras T, et al. Counterfactual multi-agent policy gradients[C]. Proceedings of the AAAI Conference on Artificial Intelligence, New York, 2018: 1193-1201.

[98] Iqbal S, Sha F. Actor-attention-critic for multi-agent reinforcement learning[C]. International Conference on Machine Learning, Vancouver, 2019: 2961-2970.

[99] Rashid T, Samvelyan M, de Witt C S, et al. QMIX: Monotonic value function factorisation for deep multi-agent reinforcement learning[C]. International Conference of Machine Learning,

2018: 4292-4301.

[100] Ha D, Dai A, Le Q V. Hypernetworks[EB/OL]. https://doi.org/10.48550/arXiv.1609.09106 [2024-8-4].

[101] Son K, Kim D, Kang W J, et al. QTRAN: Learning to factorize with transformation for cooperative multi-agent reinforcement learning[C]. International Conference on Machine Learning, Vancouver, 2019: 5887-5896.

[102] Foerster J, Assael I A, de Freitas N, et al. Learning to communicate with deep multi-agent reinforcement learning[C]. Proceedings of the 30th International Conference on Neural Information Processing Systems, Barcelona, 2016: 2145-2153.

[103] Sukhbaatar S, Fergus R. Learning multiagent communication with backpropagation[J]. Proceedings of the 30th International Conference on Neural Information Processing Systems, Barcelona, 2016: 2252-2260.

[104] Peng P, Wen Y, Yang Y, et al. Multiagent bidirectionally-coordinated nets: Emergence of human-level coordination in learning to play starcraft combat games[EB/OL]. https://doi.org/10.48550/arXiv.1703.10069[2024-8-16].

[105] Mao H, Gong Z, Ni Y, et al. ACCNet: Actor-coordinator-critic net for"Learning-tocommunicate" with deep multi-agent reinforcement learning[EB/OL].https://doi.org/10.48550/arXiv.1706.03235[2024-8-16].

[106] Jiang J C, Lu Z Q. Learning attentional communication for multi-agent cooperation[C]. Proceedings of the 32nd International Conference on Neural Information Processing Systems, Montreal, 2018: 7265-7275.

[107] Das A, Gervet T, Romoff J, et al. Tarmac: Targeted multi-agent communication[C]. International Conference on Machine Learning, Vancouver, 2019: 1538-1546.

[108] Heinrich J, Silver D. Deep reinforcement learning from self-play in imperfect-information games[EB/OL]. https://doi.org/10.48550/arXiv.1603.01121[2024-8-16].

[109] Lanctot M, Zambaldi V, Gruslys A, et al. A unified game-theoretic approach to multiagent reinforcement learning[C]. Proceedings of the 31st International Conference on Neural Information Processing Systems, Long Beach, 2017: 4193-4206.

[110] Leibo J Z, Zambaldi V, Lanctot M, et al. Multi-agent reinforcement learning in sequential social dilemmas[C]. Proceedings of the 16th Conference on Autonomous Agents and Multi-Agent Systems, Sao Paulo, 2017: 464-473.

[111] Yang Y D, Wen Y, Yu L T, et al. A study of AI population dynamics with million-agent reinforcement learning[C]. Proceedings of the International Joint Conference on Autonomous Agents and Multiagent Systems, Stockholm, 2018: 2133-2135.

[112] Lample G, Chaplot D S. Playing FPS games with deep reinforcement learning[C]. The 31st AAAI Conference on Artificial Intelligence, San Francisco, 2017: 2140-2146.

[113] Wu Y, Tian Y. Training agent for first-person shooter game with actor-critic curriculum learning[C].International Conference on Learning Representations, Online, 2022:1-10.

[114] Tampuu A, Matiisen T, Kodelja D, et al. Multiagent cooperation and competition with deep reinforcement learning[J]. PLoS One, 2017, 12(4): e0172395.

[115] Palmer G, Tuyls K, Bloembergen D, et al. Lenient Multi-Agent Deep Reinforcement Learning[C]. International Foundation for Autonomous Agents and Multiagent Systems, Stockholm, 2018: 443-451.

[116] Mordatch I, Abbeel P. Emergence of grounded compositional language in multi-agent populations[C]. Proceedings of the AAAI Conference on Artificial Intelligence, New York, 2018, 32(1): 167-175.

[117] Zheng L M, Yang J C, Cai H, et al. Magent: A many-agent reinforcement learning platform for artificial collective intelligence[C]. Proceedings of the AAAI Conference on Artificial Intelligence, New York, 2018, 32(1): 363-370.

[118] Yang Y, Luo R, Li M, et al. Mean field multi-agent reinforcement learning[C]. International Conference on Machine Learning, London, 2018: 5571-5580.

[119] Zhou M, Chen Y, Wen Y, et al. Factorized q-learning for large-scale multi-agent systems[C]. Proceedings of the First International Conference on Distributed Artificial Intelligence, Beijing, 2019: 1-7.

[120] Wang W, Yang T, Liu Y, et al. From few to more: Large-scale dynamic multiagent curriculum learning[C]. Proceedings of the AAAI Conference on Artificial Intelligence, Washington, 2020: 7293-7300.

[121] Resnick C, Eldridge W, Ha D, et al. Pommerman: A multi-agent playground[EB/OL].https://doi. org/10.48550/arXiv.1809.07124[2024-8-16].

[122] Gao C, Kartal B, Hernandez-Leal P, et al. On hard exploration for reinforcement learning: A case study in pommerman[C]. Proceedings of the AAAI Conference on Artificial Intelligence and Interactive Digital Entertainment, Ottawa, 2019: 24-30.

[123] Samvelyan M, Rashid T, Schroeder de Witt C, et al. The StarCraft Multi-Agent Challenge[C]. Proceedings of the 18th International Conference on Autonomous Agents and Multi-Agent Systems, Ottawa, 2019: 2186-2188.

[124] Bard N, Foerster J N, Chandar S, et al. The hanabi challenge: A new frontier for ai research[J]. Artificial Intelligence, 2020, 280: 103216.

[125] Suarez J, Du Y, Isola P, et al. Neural MMO: A massively multiagent game environment for training and evaluating intelligent agents[EB/OL]. https://doi.org/10.48550/arXiv.1903.00784 [2024-8-16].

第9章 基于学习策略的群体机器人协同方法

9.1 基于注意力机制的多智能体强化学习状态表示方法

实现全局协同仍然需要一定程度的集中式信息处理模式，因为协同决策是定义在全局层面上的。然而多智能体系统通常处在一个动态性极强的拓扑连接环境中，每个智能体在不同时刻的局部连接情况不同(新邻居智能体加入，旧邻居智能体退出)，而这也给使用机器学习模型为智能体构建特征表示带来了极大的不确定性。过去的研究工作[1-4]在处理多智能体学习中的表示问题时，往往通过固定团队成员数量，并简单地以状态并联的方式处理邻居智能体的特征信息，这是由于在机器学习模型中(如神经网络)输入空间的维度必须保持不变，但这种处理方式缺乏灵活性。

(1) 特征并联会导致输入维数线性增加，在规模更大的多智能体系统中模型复杂度较高。

(2) 特征并联不能自适应地应对智能体数量规模的变化。其他个体的加入或退出会使状态表示的维度发生改变，难以应用稳定的参数化模型进行学习。

(3) 特征并联方法要求输入顺序固定，但这违背了邻居集合的排列不变性(即不同的邻居智能体之间仅在几何空间上具有方位、距离的关系，但并无顺序上的约束)。

(4) 不同智能体在不同时刻的状态对整体协同的效用可能不同，统一化处理可能会延长模型的训练时间或降低模型的泛化性能。

除了特征并联方法之外，在多智能体学习领域还有一些其他方法用于处理状态表示问题，如将特征集合进行平均值/最大值池化、直方图计数等。但这些方法都存在不同程度的信息损失，并且依赖特定问题的具体设定。因此，本章着重解决以下问题：能否设计一个通用的学习状态表示方法，在动态环境中充分利用所有邻居的状态信息，并构造一个对排列和规模都不敏感的稳态状态表示。

本章提出一种用于多智能体状态表示学习的网络结构，即注意力关联编码器(attentive relation encoder，ARE)，利用注意力机制对特征集合进行高效聚合。ARE模型通过建模不同邻居智能体之间的重要性权重，自动选择并聚合有助于决策的关键信息，为策略构建一个统一且稳定的状态表示。在此基础上，使用深度强化学习对策略进行同步训练。ARE 模型更加紧凑的表示结构使得强化学习策略对多智能体系统的变化更具有鲁棒性，同时显著减小了多智能体协同策略的搜索空间。

9.1.1　多智能体强化学习中的特征聚合方法

当智能体之间以某种通信机制互相传递信息时，需要一种高效的信息聚合方法将所有邻居传递的信息利用起来。本小节首先对多智能体强化学习中常用的特征聚合方法进行概述。

1) 特征并联

特征并联(feature concatenation，FC)是多智能体强化学习中最简单也是应用最多的方案，每个智能体将从其他智能体获取到的信息补充到自己的状态表示中，并在此基础上学习如何决策。许多经典的多智能体强化学习算法[1-8]均使用这种特征并联策略，例如，MADDPG[1]、COMA[3]等算法通过并联其他智能体的信息(状态和动作)来构造 Critic 模型。但正如前面提到的，特征并联会使模型的输入维度线性增加，而且不满足排列不变性，难以拓展到动态变化的多智能体系统中。

2) 平均嵌入

平均嵌入(mean embedding，ME)是一种解决维度变化问题的有效方案，通过将特征集合在每一维上进行平均池化可以得到一个维度稳定不变的状态表示，且不受特征排列顺序的影响。CommNet 方法[5]通过在所有邻居发来的信息上进行平均池化来学习通信机制，Yang 等[6]提出将平均场理论(mean field theory)引入多智能体强化学习中，对某个智能体而言，其他所有智能体对其产生的影响可以用一个均值表示来替代；尽管平均嵌入方法在可扩展性、维度不变性上具有良好的性能，但均值操作作为一种各向同性的计算方法会造成信息损失，智能体可能无法对其周围的环境情况做出精确评估，从而影响了协同决策的学习。

3) 基于注意力机制的特征聚合方法

注意力机制是广泛用于自然语言处理/计算机视觉等应用中的一种机器学习算法，它能让机器学习模型自动对重要信息进行重点关注。近期也有一些研究工作将注意力机制用于多智能体建模中，其中与本章提出的方法比较类似的是交互网络模型——顶点注意力交互网络(vertex attention interaction network，VAIN)，VAIN[9]以核函数的形式建模智能体之间的交互关系。然而在 VAIN 中，核函数的聚合形式只是一种独立交互形式，无法建模更复杂的交互关系，而且 VAIN 的提出用于解决预测类的问题，其在策略学习类任务中的表现还有待探索。

9.1.2 图视角下的多智能体状态表示学习

图结构是现实世界很多问题中都存在的数据结构，如社交网络、电商网络、交通网络、生物信息学中的蛋白质网络等。但与图像数据、文本数据存在规则结构的不同(图像的网格化结构、文本的序列化结构)，图结构的数据往往更加复杂，允许任意节点之间存在连接关系。而传统的深度网络模型，如卷积神经网络、循环神经网络无法直接处理图结构的数据，因此近年来图神经网络等一些图机器学习算法逐渐受到学者的关注和研究。

多智能体的拓扑关系存在潜在的图网络结构，因此本节拟从图视角来看多智能体的状态表示问题。每个智能体相当于节点，而邻居之间的连接为边，每个中心智能体构成一个时变的动态子图。受图卷积、图注意力机制等的启发，结合多智能体深度强化学习算法训练特征聚合模块，学习每个智能体节点的聚合特征表示。

智能体特征表示学习的推理流程如图 9-1 所示。所有智能体均处在时变的关系网络 $\mathcal{G}_t = (A, E_t)$ 中，其中 E_t 表示在 t 时刻所有邻居连接关系的集合。在以智能体 i 为中心的视图中，表示其邻域特征集为 $\mathcal{N}_i = \left\{o_j\right\}_{j \in \mathcal{G}^i}$，其中 $\mathcal{G}^i$ 表示以智能体 i 为中心节点的子图。因此，多智能体状态表示问题可以描述为：如何设计一个函数 f，将邻居特征集合映射到一个确定维度的聚合特征上，即 $y : y_i = f(\mathcal{N}_i, \theta)$，其中 $i \in 1, 2, \cdots, N$，θ 为参数化模型，再将聚合特征输入到共享的解码器生成控制策略。

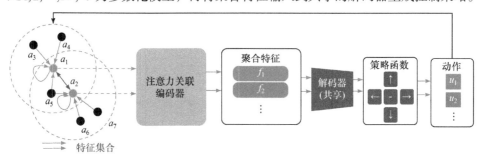

图 9-1 智能体特征表示学习的推理流程

9.1.3 注意力关联编码器

本节提出一种基于神经网络的特征聚合模块，即注意力关联编码器，用于聚合可变规模的相邻智能体的信息。ARE 模块的基本思想是学习整个邻域集中每个邻居的注意力得分。该注意力得分可以视为一种信用分配，能够自动选择并聚合有助于决策的关键信息。例如，一组机器人朝着各自不同的目标移动，某一个机器人可能不会在意距离很近、但不会阻碍其移动方向的机器人，而对于可能出现在其行进路线上的机器人则需要分配更多的注意力。

图 9-2 展示了 ARE 模型的详细结构及执行流程，ARE 模型由三个编码器组成：E^f、E^c、E^a，分别表示特征编码(feature embedding)模块、通信编码(communication embedding)模块和注意力编码(attention embedding)模块。如图 9-2 左边所示，ARE 首先将所有原始特征(包括自身特征以及邻居特征)输入到两个共享的编码器模块 E^f 和 E^c。其中，E^f 可以看作智能体内部表示特征编码器，用于编码有价值信息的自身特征；而 E^c 可以看作外部交互编码器，为交互式建模保留关键信息。这样首先得到了两个特征流 e_i^f 和 e_i^c 为

$$e_i^f = E^f(o_i) \tag{9-1}$$

$$e_i^c = E^c(o_i) \tag{9-2}$$

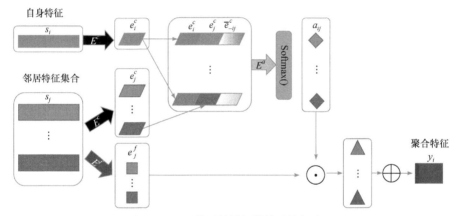

图 9-2   ARE 模型的详细结构及执行流程

接下来，ARE 使用特征流 e^c 逐个计算每一组邻居特征的注意力得分。E^a 编码器模块以自身特征 e_i^c、邻居特征 e_j^c 以及所有其他邻居特征的平均值为输入，输出每一个邻居上的注意力向量，即

$$e_{ij}^a = E^a\left(e_i^c, e_j^c, \overline{e}_{-ij}^c\right) \tag{9-3}$$

$$\overline{e}_{-ij}^c = \frac{\sum\limits_{k \in G_i - \{i,j\}} e_k^c}{\|G_i - \{i,j\}\|} \tag{9-4}$$

需要注意的是，在评估成对邻居之间的交互关系时，E^a 编码器又添加了另一个平均嵌入 $\overline{e}_{-ij}^c$ 作为输入，用来模拟其他邻居对这一对邻居之间交互关系的影响。E^a 模块输出一组描述注意力得分的向量 $\left\{e_{ij}^a\right\}_{j \in G_i}$。这一流程与传统注意力机制中

的 query-key 系统类似，即

$$e_{ij} \propto \phi\left(e_i^{\mathrm{T}} W_k^{\mathrm{T}} W_q e_j\right) \tag{9-5}$$

每一个信号发出者会广播一个键值(经过 W_k 转换)，接收者会广播一个查询值(经过 W_q 转换)，两者的乘积表示两种信号的相关性。然而与 query-key 系统不同的是，ARE 是利用神经网络进行相关性计算的，神经网络的高维隐含层可以建模两种特征之间更丰富的相关关系，从而提高聚合问题中状态表示的丰富性。

接下来，ARE 使用 Softmax 操作对激活向量在邻居特征集合上进行归一化，并计算出一组注意力得分 $a_i = \left\{a_{ij}\right\}_{j\in G_i}$，则对于智能体 i，其第 j 个邻居特征的注意力得分为

$$a_{ij} = \frac{\exp(e_{ij}{}^a)}{\displaystyle\sum_{k\in G_i} \exp(e_{ik}{}^a)} \tag{9-6}$$

随后，ARE 将计算出的注意力得分乘以 e_j^f 中对应的自身特征，生成一组新的加权值。通过在邻居特征集合上求和来汇集这些加权特征，产生固定大小的聚合特征，最后输出到控制策略的共享解码器中，如图 9-2 右侧所示。此过程可以通过式(9-7)和式(9-8)来描述。

$$y_i = \sum_j a_{ij} e_j^f \tag{9-7}$$

$$\pi_i = \mathrm{decoder}\left(y_i\right) \tag{9-8}$$

在式(9-3)中，注意力得分以标量值形式表示。为了模拟复杂的交互行为，可以将 e_{ij}^a 设计为多维向量的形式，则式(9-7)变为

$$y_i = \sum_j \left(a_{ij} \cdot W_a\right) \odot e_j^f \tag{9-9}$$

即首先乘以一个矩阵 W_a 来统一维度，然后计算与 e_j^f 的 Hadamard 乘积。

1. 设计机理

首先对 ARE 的设计思路进行宏观描述：尽管原始的特征聚合问题定义在有限维的特征空间中，但智能体在原始空间中的交互关系很难进行精确建模和推理，导致如平均嵌入、特征并联、线性规划等常用的聚合操作存在建模上的难度或者信息精度上的损失。而 ARE 使用神经网络将原始特征空间非线性映射到一个更高维度的空间，将低维不可聚合操作转变为高维可聚合操作，进而可以使用求和/平均池化等方法。此外，ARE 还引入了注意力机制，通过自动选择邻居集合中有用的潜在特征来改善聚合过程的效用。

此外，ARE 模型在多智能体表示学习问题中具有很强的灵活性，相比于以往的状态表示学习算法具有以下优点。

1) 排列不变性

ARE 模型输出的聚合特征表示具有排列不变性。

定理 9-1 排列不变性。ARE 模型输出的聚合过程(式(9-1)～式(9-7))可以抽象为以下数学形式，即

$$[y_1,\cdots,y_k,\cdots,y_N] = f(o_1,\cdots,o_k,\cdots,o_N,\theta) \tag{9-10}$$

$$f(o_1,\cdots,o_k,\cdots,o_N,\theta) = f(o_{\Phi(1)},\cdots,o_{\Phi(k)},\cdots,o_{\Phi(N)},\theta) \tag{9-11}$$

其证明过程如下。

y_k 的计算可以由以下公式推导，即

$$y_k = \sum_{i=1}^{N}\left(e_i^f \times a_{ki}\right) = \sum_{i=1}^{N}\left[e_i^f \times \frac{\exp\left(e_{ki}^a\right)}{\sum_{j=1}^{N}\exp\left(e_{kj}^a\right)}\right]$$

$$= \sum_{i=1}^{N}\left[e_i^f \times \frac{\exp\left(\theta\left(e_k^c,e_i^c\right)\right)}{\sum_{j=1}^{N}\exp\left(\theta\left(e_k^c,e_j^c\right)\right)}\right] = \frac{\sum_{i=1}^{N}\left[e_i^f \times \exp\left(\theta\left(e_k^c,e_i^c\right)\right)\right]}{\sum_{j=1}^{N}\exp\left(\theta\left(e_k^c,e_j^c\right)\right)} \tag{9-12}$$

在式(9-12)中，分子和分母都因为求和计算而与排列顺序无关，因此 y_k 以及所有聚合向量 y 都与邻居状态集合 $\{o_1,o_2,\cdots,o_k,\cdots,o_N\}$ 排列无关，即具有排列不变性。

2) 规模不变性

尽管每个个体的邻居集合大小(即子图规模)并不固定，但是输出的状态表示在维度上是确定的(因为使用了池化，即式(9-7))，这一机制保证了 ARE 模型在动态拓扑的多智能体系统环境中具有很强的可扩展性。

3) 效用区分能力

ARE 模型能够区分不同邻居的效用。将本地特征和邻居特征一起输入 ARE 模型中的注意力生成模块，ARE 模型有能力建模出哪些邻居的信息对当前的决策更关键。

4) 计算效率更高

在处理邻居特征集合的过程中，所有操作均可以并行化，而且所有模型均共享，因此 ARE 模型具有很高的计算效率。

2. 训练方法

ARE 模型使用端到端强化学习算法进行训练，并选用深度 Q 学习算法作为

基础算法。在训练时，在经验回收池中对样本随机采样来减小由序列数据之间的关联带来的数据非独立同分布的影响，并且使用单独的目标模型计算下一个状态的估计值进行更新，即

$$\phi \leftarrow \phi + \mathrm{lr} \sum_i \nabla_\phi Q_\phi (o_i, a_i) \big[Y_i - Q_\phi (o_i, a_i) \big] \tag{9-13}$$

$$Y_i = r(o_i, a_i) + \gamma Q_{\phi'} \left(o_i', \underset{a'}{\mathrm{argmax}} \, Q_\phi \left(o_i', a_i' \right) \right) \tag{9-14}$$

其中，lr 表示学习率；Q_ϕ 表示 Q 函数的参数化模型，用来估计状态-动作值函数。

在 ARE 模型的框架中，Q 模型对应控制策略中的解码器部分，接收上游编码器模块产生的聚合特征 Y_i (式(9-9))，输出所有动作上的 Q 值。出于表述上的清晰性和简便性，这里 Q 模型仍然以观测 o_i 为输入。式(9-14)是一种 Double Q 学习的形式，使用不同网络(ϕ 和 ϕ')来评估 Q 值和选择动作，用于解决原始深度 Q 学习中存在的过估计问题。每隔 C 轮的训练迭代，两个网络会进行参数同步。对于探索方法，使用 ϵ 贪婪策略，即以 $1-\epsilon$ 的概率执行最优策略，以 ϵ 的概率执行随机策略。在训练过程中，使用优先队列回放技术。

然而直接将深度 Q 学习算法应用到多智能体学习中会存在不稳定性的问题，这是因为随着智能体的学习与策略进化，从经验回放池中采样得到的数据将不再能准确反映当前的环境动态信息。因此，ARE 模型在训练过程中使用重要性采样技术来解决不稳定性的问题，并将每一步策略执行后计算出的动作分布数据也加入经验回放池中，则式(9-13)可以修改为

$$\phi \leftarrow \phi + \mathrm{lr} \sum_i \frac{\pi_{-a_i}^{t_r} \left(u_{-a_i} \mid s \right)}{\pi_{-a_i}^{t_i} \left(u_{-a_i} \mid s \right)} \nabla_\phi Q_\phi (o_i, a_i) \big[Y_i - Q_\phi (o_i, a_i) \big] \tag{9-15}$$

其中，t_r 和 t_i 分别表示加入经验回放池的时间和训练中被采样到的时间。

重要性权值可以由 $\pi_{-a}^t \left(u_{-a} \mid s \right) = \prod_{j \in -a} \pi_j \left(u_j \mid o \right)$ 计算，用来修正策略在不断更新过程中引起对旧数据的有偏估计。ARE 模型参数 ϕ 的更新同样依照式(9-15)进行，因为 Q 模型的梯度信息可以直接回传到 ARE 模型中(模型的各个部分均可微分)，可以进行端到端的训练。

3. 具体实现

本节给出完整的基于注意力关联编码器的多智能体状态表示学习算法的执行流程。编码器 E^f、E^c、E^a 均由全连接网络实现，解码器网络(即 Q 模型)采用了 Dueling 分解式结构；神经网络中所有的隐含层均使用指数线性单元激活单元。

在 DQN 算法执行过程中，为了降低存储邻居节点带来的空间复杂度，算法直接将整个多智能体系统的邻接矩阵 $I_t \in \mathbb{R}^{N \times N}$ 的稀疏表示存入经验回放池中：

$$I_t = \begin{bmatrix} 1 & \alpha_{12} & \alpha_{13} & \cdots & \alpha_{1N} \\ \alpha_{21} & 1 & \alpha_{23} & \cdots & \alpha_{2N} \\ \vdots & \vdots & \vdots & & \vdots \\ \alpha_{N1} & \alpha_{N2} & \alpha_{N3} & \cdots & 1 \end{bmatrix} \tag{9-16}$$

其中，α_{ij} 为二值变量(0/1)，表示 t 时刻智能体 i 与 j 是否为邻居。

此外，将每一次 ARE 模型的执行作为单轮聚合操作，在此基础上实现了多跳机制，即通过执行多轮 ARE 聚合操作扩大中心智能体的感受野，提升建模高阶邻居交互的能力，从而得到一个信息量更丰富的状态表示。

4. 复杂度分析

ARE 模型中所有模块的计算(除注意力权重外)都是在成对邻居智能体之间进行的，且模型参数共享，因此可以进行高度并行化。在 ARE 模型的特征聚合过程中，进行一次前向计算的总时间复杂度可以表示为 $O\big(N \cdot (t_1 + t_2) + |E| \cdot t_3\big)$，其中 N 表示智能体数量，$|E|$ 表示连接度数量(即邻居对个数)，t_1、t_2、t_3 分别表示各个编码模块的计算时间(对应式(9-1)、式(9-2)、式(9-3))。但由于不同邻居对之间可以进行并行化计算，且编码器模块的计算相互独立，所以时间复杂度可以简化为 $O\Big(\max(t_1, t_2) + \max_i (|E_i| \cdot t_3)\Big)$。如果使用 K 轮多跳聚合，则参数规模和计算时间要扩大 K 倍，但由于 ARE 使用了稀疏矩阵(式(9-16))来保存智能体之间的连接关系(即邻接矩阵)，所以存储的复杂度可以降低为线性复杂度(正比于连接度)。

9.1.4 实验结果与讨论

1. 实验环境

为了验证本章提出方法的有效性，本节对两个多智能体动态协同任务(接球任务和目标覆盖任务)进行实验，如图 9-3 所示。两项任务都需要多个智能体在动态环境中频繁交互来实现各自目标。

1) 多智能体接球任务

定义如下环境设定。

(1) 状态：每一个智能体的观测状态为上方 5×5 网格区域，以及周围 5 个单元之内(以自己为中心)是否有邻居个体的独热(one-hot)编码向量。对于处在边界位置的智能体，使用–1 来补齐剩余位置。

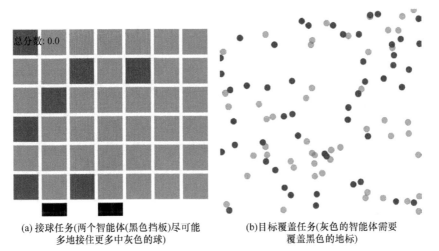

(a) 接球任务(两个智能体(黑色挡板)尽可能　　　(b)目标覆盖任务(灰色的智能体需要
多地接住更多中灰色的球)　　　　　　　　　覆盖黑色的地标)

图 9-3　多智能体表示学习测试任务

(2) 动作：三个离散动作，即{向左移动，向右移动，静止}。

(3) 奖励：当一个球被成功接住时，将会得到奖励值 1；否则为−1。在此基础上，为了实现邻居智能体之间高效的协同效果，对奖励函数进行了一些修正，即

$$r_i = n_i^{SC} + \lambda_1 \times \frac{n_i^{NC}}{\|G_G\|} - \lambda_2 \times \frac{n_i^{ND}}{\|G_i\|} \tag{9-17}$$

其中，n_i^{SC} 表示智能体 i 自己接到的球；n_i^{NC} 和 n_i^{ND} 分别表示邻居智能体接到的球和在其观测范围内没有接到的球；在奖励的设计中分别加入了 λ_1 和 λ_2 两项因子，其权重设为 $\lambda_1 = \lambda_2 = 0.2$，为了最大化这一定义的奖励，每个智能体都需要尽可能接到附近的球，并且保持其邻居也有球可接。

2) 多智能体目标覆盖任务

与离散状态空间的接球任务不同，多智能体目标覆盖任务是定义在连续状态空间中的多智能体协同任务。如图 9-3 (b)所示，N 个灰色的智能体需要覆盖 N 个黑色的地标。每个智能体需要在覆盖地标的同时躲避其他智能体的行进路线，同时躲避其他智能体的行进路线，避免相撞，使整个系统的覆盖率更高，定义如下环境设定。

(1) 状态：感知范围内不同区域的邻近智能体和地标的距离信息(对不同区域进行离散化划分)。

(2) 动作：五个离散动作，即{向上移动，向下移动，向左移动，向右移动，静止}。

(3) 奖励：与其指定地标距离的倒数，如果发生了碰撞，则会附加一个较大的负值奖励，即

$$r_i = \frac{1}{\min\left(\left\|p_i - \text{pos}_{t_i}\right\|^2, \epsilon\right)} - c_i \times p_{\text{neg}} \tag{9-18}$$

其中，pos_{t_i} 表示坐标，t_i 表示第 i 个地标；ϵ 表示满足覆盖的最小距离(同时为了保证数值安全)；c_i 表示二元变量，表示是否发生碰撞；p_{neg} 表示惩罚值，在实验中设置为-2。

同时，为了鼓励避障能力的学习，在强化学习训练的优先队列采样中，算法为处在拥挤场景的数据附加了一个小的采样权重，鼓励这类样本被更多地采样(因为大部分样本均为平凡的非拥挤场景)。

2. 对比算法及超参数设计

本章考虑三种对比算法来验证本章提出方法，其都满足分布式学习机制。

(1) 独立编码(Plain)。一种最简单的处理方法是每个智能体只使用自身的特征，而不考虑其他邻居智能体，即独立学习机制，如独立 Q 学习[8]。这一表示方法可以写作 $y_i = \theta(x_i)$，其优势在于特征表示简洁、轻便，但不考虑其他智能体的状态可能会无法产生协同效应。

(2) 平均嵌入。平均嵌入机制通过对所有邻居特征进行平均池化得到合成的表示向量。尽管平均嵌入方法具有排列不变性，但平均计算可能会忽略多个智能体特征之间的差异，并造成一定的信息损失，尤其是在一些复杂的协同场景中，智能体必须显式地建模每个邻居对它的影响。

(3) VAIN。VAIN 是一种基于注意力机制的编码架构，用于多智能体系统的预测性建模。VAIN 使用神经网络学习每个智能体的通信向量和注意力向量。对于每对邻居关系，注意力权重是由独立核函数计算得到的。但独立编码的核函数形式可能无法对复杂的交互关系进行建模，而在很多多智能体任务中，智能体会首先查看其邻居的状态，然后决定重要性权重的分配。此外，VAIN 只在预测问题下进行实验，这一方法可能在多智能体策略学习中面临更大挑战。

所有对比算法中的策略网络结构与 ARE 保持一致(即多智能体 DQN 算法)。设置折扣因子为 $\gamma = 0.99$，网络使用 L2 正则 $\lambda = 5\text{e}^{-4}$、梯度截断技术和 Adam 优化器。对于 ARE 编码模块，在两组任务中分别使用[64,32]和[64,64]个隐含层单元。除特殊声明外，实验部分所有的统计结果均由 20 次独立随机的实验统计得出。

3. 训练结果

1) 多智能体接球任务

本节首先在 8 个智能体的接球任务中($N = 8$)进行了测试，每一回合训练经历了 100 个时间步长。500 回合训练的学习曲线如图 9-4(a)所示，其中横轴表示训练回合数，纵轴表示平均奖励值。

从图中可以发现，所有对邻居特征进行显式建模的方法都比独立编码表示能获得更高的团队奖励。这表明在此任务中，邻居建模是获得高效协同的关键。从收敛速度上来看，由于原始表示的状态空间更小，所以它能获得更快的收敛速度。但在仿真过程中注意到，独立编码的智能体通常在同一位置重叠，这表明它只学会了趋向其最近的目标。

基于注意力机制的特征聚合方法(VAIN 和 ARE)都比平均嵌入(ME)方法更好。这证实了在频繁交互环境中，对不同的邻居赋予不同的重要性对于协同效果至关重要。此外，由于产生注意力权重的方式不同，ARE 明显优于 VAIN。VAIN 通过独立核函数 $e^{|a_i-a_j|^2}$ 来建模两个智能体之间的交互关系，而 ARE 使用表示能力更强的神经网络编码器 $E^a\left(a_i, a_j, \bar{a}_{-ij}\right)$，其高维隐含层特征可以同时综合两个智能体的全部信息来建模复杂的交互关系。

为了验证收敛模型的稳定性，这里也对最终训练出的模型进行了箱线图验证，如图 9-5(a)所示。ARE 的稳定性优于其他对比算法。

2) 多智能体目标覆盖任务

接下来在 50 个智能体的目标覆盖任务($N=50$)上进行了测试。本节还添加了多跳机制的变种一同进行比较，其学习曲线如图 9-4(b)所示(图中 1-hop 表示一跳连接，2-hop 表示两跳连接)，对最终的奖励值结果进行了 0~1 归一化表示。从图中不难发现，ARE 模型同样明显优于其他三个基准算法。在仿真结果中观察到，尽管独立编码的智能体覆盖了大多数地标，但智能体之间会发生多次碰撞冲突。这是由于独立编码没有其他智能体的状态输入，所以只有在趋向地标时才能获得正向奖励。

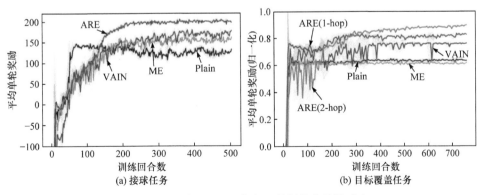

图 9-4 不同算法在两个任务上的训练收敛性对比

平均嵌入的表现比独立编码更差(尽管加入了多跳机制)，这主要是因为平均池化计算是各向同性的，并且可能会丢失有助于合作决策的重要信息，智能体并不了解每个邻居的速度场，仅学会保持静止以避免发生紧急碰撞。因此，本节认为平均嵌入更适合求解对称性任务，即各个智能体之间的相互作用可以进行加和式的积累，如多机器人系统中的模式形成以及群体系统中的追逃问题和聚集问题。

ARE 仍然稳定优于 VAIN。图 9-5(b)展示了最终训练模型的箱线图验证，与接球游戏中的结果一致，ARE 仍然具有最优的性能表现。

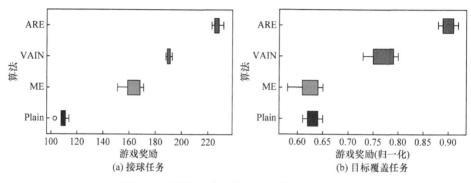

图 9-5　不同算法在两个任务上的稳定性对比

4. 注意力分配可视化分析

本节尝试进一步分析模型学习到的注意力分配机制是如何影响实际策略的执行的。图 9-6(a)中展示了一个由 3 个智能体组成的接球游戏场景(代号分别为智能体 1、2、3)，每个智能体的观测范围为 3×3 区域。以该场景训练一个 ARE 模型，并在每个时间步绘制了智能体 2 和智能体 1 的注意力权重变化曲线，如图 9-6(b)所示。

首先注意到智能体可能不会过多地关注自身的特征。例如，在 $T=1$ 时刻，智能体 2 在检查了其两个邻居的特征后意识到其唯一可接到的球其实是与智能体 1 共享视野的，而智能体 3 要处理的目标过多，因此它选择对其两个邻居智能体分配更多的注意力，并选择向右移动。

此外，对于一对互为邻居的智能体，其注意力权重的分配可能并不是对称的。例如，在 $T=2$ 时刻，智能体 1 在其视野范围内没有目标，所以将更多注意力放在智能体 2 的特征上；而对于智能体 2，其忙于处理右侧下降的目标，并在后面的时间步几乎放弃了对智能体 1 信息的关注。

5. 可扩展性实验

本节验证 ARE 和其他基准算法的可扩展性，验证形式是直接使用两个任务

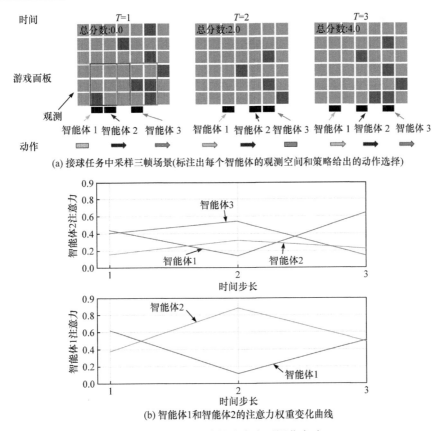

(a) 接球任务中采样三帧场景(标注出每个智能体的观测空间和策略给出的动作选择)

(b) 智能体1和智能体2的注意力权重变化曲线

图 9-6　ARE 生成的注意力可视化实验

中训练好的模型(接球任务 $N=8$，目标覆盖任务 $N=20$)在更密集规模的智能体场景中进行测试。对于接球任务，分别在[8, 12, 16, 20, 24]不同组智能体规模的场景中进行测试；对于目标覆盖任务，分别在[50, 60, 70, 80, 90, 100]不同组智能体规模的场景中进行测试。图 9-7 为可扩展实验对比。

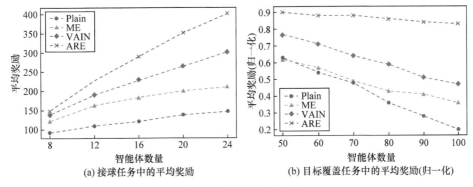

(a) 接球任务中的平均奖励　　　　　　(b) 目标覆盖任务中的平均奖励(归一化)

图 9-7　可扩展实验对比

可以看到，对于接球任务，新智能体的加入会显著提升游戏奖励，而 ARE 获得了最高的奖励增长率。尽管环境中存在大量智能体，但它们通过相互协作调整站位来收集更多目标，产生了高效的集体协同行为；对于目标覆盖任务，尽管密集场景可能会导致更多的碰撞冲突，但 ARE 最大限度地保持了性能，而其他对比算法则有所下降。这一性质具有很强的实用意义：可以在小规模的场景中训练多智能体的分布式策略，并直接推广到大规模的多智能体系统(如群体系统)中执行，可能在未来的实际应用中具有很大的潜力。

9.1.5　ARE 的优缺点

1. 优点

ARE 最主要的优点是简单性和灵活性，并满足规模不变性、排列不变性、效用区分能力和较高的计算效率。聚集邻居信息等效于扩充智能体的观测空间，或计算某种充分统计量，但 ARE 提供了一种基于注意力机制的神经网络聚合架构用于学习紧凑的状态表示，且该架构能够有效区分不同邻居之间的效用。ARE 可以使用任何强化学习算法进行训练，并且可以方便地与其他网络结构集成，也可以扩展到可变的动态智能体交互环境中。

2. 缺点

ARE 基于的假设是所有智能体均进行独立学习与分布式决策，且各个智能体在任务中为同构个体(可以相互替代)，不同智能体对整体目标的贡献是可加的。因此，可以预见的是，该方法在应用到非对称结构的异构多智能体问题中时性能可能会下降，因为多个智能体之间可能存在更复杂的耦合效应。此外，ARE 假设所有邻居状态都是完全可观测的，所以其不能应用于意图识别或对手建模等问题，因为该结构缺乏对其他智能体目标的推断能力。在大规模智能体的场景中，如何有效地对其他智能体进行意图建模和推断仍然是一个巨大的挑战。

9.1.6　本节小结

本节提出了一种 ARE 用于多智能体中的状态表示学习。ARE 是一种基于神经网络的编码器结构，可以通过注意力机制高效且有选择地聚合邻居信息，并且通过强化学习进行端到端的训练。与以往的基准算法不同，它具有排列不变性、规模不变性、效用区分能力和计算效率高等特点，并且在频繁交互的动态多智能体环境中具有很强的灵活性。ARE 在多个测试任务中表现出良好的性能，并且展示出很强的可扩展性。

9.2　基于协同隐空间的多智能体强化学习探索方法

强化学习依赖不断地试错和探索，然而相比于单智能体强化学习，多智能体强化学习的探索更加困难。其主要原因有以下三点。

(1) 随着智能体数量的增多，探索空间会变大，如果使用参数化模型来表示和训练策略，训练的难度会显著提升。

(2) 对于多智能体协同策略，可能有多个局部最优，贪婪地收敛到某一个局部最优策略可能会导致整体协同策略的鲁棒性变差。

(3) 多智能体协同任务的奖赏可能很稀疏，因为某一个智能体的正确动作需要其他智能体的配合才能体现出来。

多智能体强化学习中通用的探索策略仍然是沿用单体强化学习的方式，即使用启发式方法在动作空间直接施加一些噪声扰动或限制动作分布的熵值来鼓励对未知区域的探索，实现更丰富的探索模式。然而原始的多智能体联合动作空间可能维度过高，会带来严重的维数灾难问题。此处，举例进行说明。

图 9-8(a)展示了一个由多个智能体参与的转盘游戏，为了达到快速转动的目标，所有智能体需要顺时针(或逆时针)的作用力。在游戏中每个智能体都会选择操控力的方向，并通过贡献合力来共同控制中心原盘的转动情况。游戏的目标是使中心原盘尽可能地加快转速，则最优的协同策略应该是所有智能体同时以顺时针(或逆时针)方向牵引中心原盘。而对于多智能体强化学习算法，想要发现这两种协同模式，需要不断地评估所有智能体的随机组合动作，这一探索空间将会随着智能体数量的上升呈指数型提升,使得强化学习算法很难发现高效的协同模式。

为了解决以上提出的问题，本章提出一种新的针对多智能体强化学习的探索方法，用来挖掘高效的协同模式。

9.2.1　强化学习中的探索

本节首先介绍一些强化学习(尤其是深度强化学习)中已有的探索方法(除噪声探索之外)，并探讨这些方法迁移到多智能体强化学习中可能存在的问题。

一些学者提出使用进化算法来提高探索过程的多样性。通过对策略的参数化模型进行编码及随机种群初始化，再进行选择、交叉、变异等操作来提高参数空间的多样性。尽管进化算法有能力做到全局探索，但在评估时需要耗费巨大的计算资源，并且随着状态空间的增大，探索效率下降。

此外，简单地将一些单体强化学习探索方法迁移到多体强化学习中也会遇到一些困难，如基于好奇心机制探索、虚拟计数、多值函数采样、参数扰动等，这些方法通常需要额外的辅助模型计算，在扩展到多智能体学习中不可避免地要增加模型计算的复杂度。此外，还有学者提出在任务原有的奖励上再施加一个辅助奖励，并引入一些先验知识和人工规则来辅助探索(如对于达成协同状态的动作给予较高的奖励)。但对于一个复杂的未知协同任务，如何设计子目标奖励机制同样十分困难。

9.2.2　基于低维协同隐空间的多智能体探索

1. 协同模式的观察

针对以上提出的多智能体探索难的问题，本章提出一种应用于多智能体强化学习的探索方法。首先观察到许多多智能体协同任务往往存在以下三点特性。

(1) 低维结构：协同模式并不定义在原始的动作空间上，它存在低维流型，即存在协同隐空间到动作空间的映射关系。

(2) 共享结构：协同效果的涌现往往基于所有智能体的共同知识，即形成某种默契，在环境中遇到特殊情况时会做出一致性判断，进而做出协同决策。

(3) 多态结构：多智能体的协同模式往往不是唯一的，即合作策略可能呈现出某种多样性。

本节通过举例具体描述这三点特性，图 9-8(b)展示了两辆汽车对向行驶的例子，如果两辆车想要避免碰撞，一种较好的协同驾车方案是两辆车均向左或向右转弯。这一过程包含了低维结构(0/1 二元变量决策)、共享结构(两个智能体要共享这一协同决策方案)、多态结构(两种策略均能达到有效协同)。

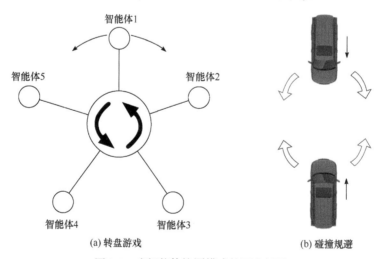

(a) 转盘游戏　　　　　　　　　　　(b) 碰撞规避

图 9-8　多智能体协同模式的两个例子

2. 隐空间探索

受 ARE 协同模式观察的启发，本节提出一种基于隐空间探索的思路。其核心思路为探索空间的转移，即构造一个相对低维的隐空间(远低于联合状态空间和联合动作空间)用于编码多智能体的协同模式，并将原始联合动作空间动作组合上的探索转变为低维协同隐空间协同模式上的探索，如图 9-9 所示。这一方法通过深度神经网络来建模联合状态空间到低维隐空间以及低维隐空间到各个智能体本地动作空间的映射关系，同时使隐空间结构在所有智能体之间共享，并保持一定的随机性来支持多态的协同模式。

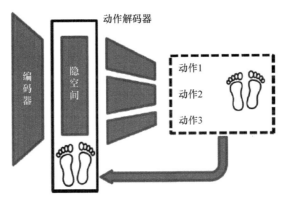

图 9-9　探索空间转移

基于以上分析，本节提出一种基于隐空间探索的多智能体强化学习算法(feudal latent-space exploration，FLE)。FLE 通过引入一个深度编码器将原始的联合状态空间映射到一个低维的高斯隐空间中，以学习多智能体协同的低维多态表示，每个智能体再从这个低维隐空间采样一个共享的样本输入到本地策略解码器中，作为协同信息补充到每个智能体的状态表示，最后通过多智能体强化学习进行端到端训练。相比于原始的在联合状态空间以噪声的形式实现探索，FLE 强调将探索空间转移到低维隐空间中，并由隐空间的随机性(高斯隐空间)来驱动探索，同时所有智能体共享这一探索结构。

这一隐空间的构造使得强化学习在更高层次的表示上进行探索，可能会降低探索到有效协同模式的难度，因为多智能体协同模式存在低维结构。

隐空间探索结构的概率图模型如图 9-10 所示，其中编码器和解码器均由神经网络模型表示，接下来会详细介绍各部分的模型设计。

3. 指令编码器

如图 9-10 的左半部分，FLE 首先引入了一个全局视角的指令编码器 $q_\phi(z|s)$，它以全局状态 s 为输入，并产生一个隐变量 $z_g \in \mathbb{R}^n$，其中 n 表示隐空间的维度，且 n 远小于联合动作空间 $\mathcal{A}_1 \times \cdots \times \mathcal{A}_N$。对于多智能体系统，全局状态 s 可以表示为所有智能体局部观测的并联集合 $s = (o_1, \cdots, o_N)$，也可以附加有关全局状态的其

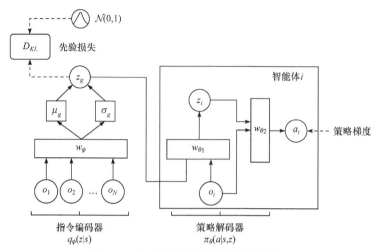

图 9-10　隐空间探索结构的概率图模型

他元信息。由于指令编码器具有全局视角，所以它有能力提供给每个智能体策略与协同相关的信息，每个智能体会基于这一共享信息构建自己的局部策略，从而实现全局协同。

　　FLE 将隐空间设计为具有对角协方差矩阵的多变量高斯分布(multi-variate Gaussian distribution with diagonal covariance)，即 $q_\phi(z| s) \sim \mathcal{N}\left(\mu_g, \sigma_g^2\right)$，编码器的输出为高斯分布的均值 μ_g 和方差 σ_g^2。

$$\begin{cases} \mu_g(s) = w_\mu \phi(s) + b_\mu \\ \ln \sigma_g(s)^2 = w_\sigma \phi(s) + b_\sigma \end{cases} \tag{9-19}$$

　　这一设计主要考虑以下两点：

　　(1) FLE 可以通过隐空间采样的方式得到随机隐变量表示，能够以状态输入的形式驱动每个智能体策略的探索。

　　(2) 多智能体协同任务往往有多种等效的协同模式(如图 9-8 中的例子)，隐变量 z 的随机性有助于保持随机策略的多样性，从而使多智能体系统有能力学习到多种协同策略。

　　在训练过程中，FLE 采用重参数化技术来学习隐变量分布 $q_\phi(z| s)$，并通过从标准分布采样 $\epsilon \sim \mathcal{N}(0, I)$ 来计算出 z_g，从而获得网络的输出。

$$z_g = \mu_g(s) + \sigma_g(s) \odot \epsilon \tag{9-20}$$

其中，ϵ 为服从标准分布的随机变量。

4. 策略解码器

　　如图 9-10 右侧所示，每个智能体的动作由策略解码器产生。解码器首先从编码器采样到一个共享的隐变量 z_g，然后通过 π_{θ_1} 产生一个局部隐变量 z_i，最后与观测变量 o_i 并联，通过 π_{θ_2} 产生动作：

$$\pi_\theta^i\left(a_i\mid o_i, z_g\right) = \pi_{\theta_2}\left(a_i\mid o_i, \pi_{\theta_1}\left(o_i, z_g\right)\right) \tag{9-21}$$

其中，z_g 的随机性承担了策略探索的任务，而非传统的在动作空间上施加噪声的形式。

5. 训练

由于 FLE 的框架不需要任何其他先验知识(如任务的状态转移方程等)，所以可以兼容其他多智能体强化学习算法。在本章 FLE 的探索框架下，将 MADDPG 算法作为基础优化算法，并将 MADDPG 算法中的探索模块(动作空间噪声)替代为隐空间探索的形式。本节接下来将逐步推导引入了 FLE 模块给训练过程带来的变化。

FLE-MADDPG 算法仍然遵循离策略训练算法来训练中心化 Critic 模型。对于每一个智能体 i，隐变量 z_g 的引入并不影响 Critic 模型对全局局面的评估，因为 Critic 模型已经包含所有产生 z_g 的必要信息。因此，直接利用离策略的时序差分(off-policy temporal difference)算法来更新 MADDPG 算法中的 Q 函数：

$$\begin{cases} \mathcal{L}\left(Q_i^\pi\right) = \mathbb{E}_{d\sim\mathcal{D}}\left[\left(Q_i^\pi\left(s, a_1, \cdots, a_N\right) - y\right)^2\right] \\ y = r_i + \gamma Q_i^{\pi'}\left(s', a_1', \cdots, a_N'\right)\Big|_{a_j' = \pi_j'(o_j', z')} \\ z' \sim q_\phi'\left(z\mid s'\right) \end{cases} \tag{9-22}$$

其中，$d = (s, a_i, s', r_i)$ 是从经验回放池 $\mathcal{D}$ 中采样得到的样本；π_j'、q_ϕ' 是目标网络延迟策略(其参数集分别为 θ_j'、ϕ')。

对于每一个策略解码器的训练，仍然按照 MADDPG 算法中对策略模型部分(即 Actor 模型)的更新方式。然而对于 FLE-MADDPG 算法，Actor 模型的输入不仅是观测变量 o_i，还需要将每一组采样样本上的隐变量 z_g 考虑在内。

$$\nabla_{\theta_i} J\left(\theta_i\right) = \mathbb{E}_{d\sim\mathcal{D}}\begin{bmatrix} \nabla_{\theta_i}\pi_{\theta_i}\left(o_i, z_g\right)\nabla_{a_i}Q_i^\pi\left(s, a_1, \cdots, a_N\right) \\ a_i = \pi_{\theta_i}\left(o_i\right) \\ z_g = q_\phi(s) \end{bmatrix} \tag{9-23}$$

对于指令编码器的训练，其梯度信号来自端到端的奖励信号。因此，需要计算并累计策略梯度算法(即每一个 Q 函数)在隐变量 z_g 上的梯度，进而通过计算路径梯度的方式来更新编码器模型的参数。同时，在实验过程中发现对随机变量 z_g 引入一个正则项可以改善模型的训练效果，采用单位标准高斯分布作为先验 $p(z)$，通过 KL(Kullback-Leibler)散度作为 Actor 损失的附加项来约束随机隐变量的优化，即

$$\nabla_\phi J(\phi) = \frac{1}{N}\sum_i \mathbb{E}_{d\sim D}\left[\begin{array}{c}\nabla_\phi q_\phi(z_g\,|\,s)\nabla_{z_g}\pi_{\theta_i}(o_i,z_g)\nabla_{a_i}Q_i^\pi(s,a_1,\cdots,a_N)\\ a_i = \pi_{\theta_i}(o_i)\\ z_g = q_\phi(s)\end{array}\right] \tag{9-24}$$
$$-\beta\nabla_\phi D_{\mathrm{KL}}\big(q_\phi(z_g\,|\,s)\|p(z)\big)$$

为了表达式的清晰，这里省略了时间 t 的表示。在更新指令编码器模型时，FLE 算法积累了所有智能体策略在 z_g 上的梯度，并以期望的形式更新编码器模型的参数 ϕ。

6. 设计机理

本节对 FLE 的设计和其他相关领域的关系进行讨论。

1) 中心式训练/分布式执行

中心式训练/分布式执行(centralized training and decentralized execution，CTDE)是一种已经被多智能体深度强化学习社区广泛采用的通用算法框架，因为这一框架允许算法在训练时获取全局状态及其他智能体的动作信息，并指导每一个智能体局部策略的学习。

但 FLE 算法可能并不完全满足分布式执行这一设定，因为指令编码器需要全局信息才能产生低维隐变量。为了保持分布式执行的灵活性，可以设计智能体之间的通信机制及同步初始化每个智能体的随机数生成器。每个智能体可以通过分布式通信获取一致的全局状态，而且相同的随机数种子可以保证每一时刻智能体采样到的隐变量是相同的，从而满足隐变量空间的共享结构。

2) 分层强化学习

FLE 模型也可看作一种特殊的分层强化学习(hierarchical reinforcement learning，HRL)结构，其中指令编码器为上层智能体，通过全局观测给出宏观指令，扮演管理者的角色；每个智能体的策略相当于下层智能体，接收上层智能体的指令并执行细微的动作，扮演执行者的角色。然而在本章讨论的多智能体协同任务中，上层智能体的指令实际上代表的是全局协同的相关信息，且各个下层智能体在环境中存在交互关系。近年来，也有一些相关文献将分层强化学习的思想引入多智能体强化学习中。

3) 变分自编码器

从模型结构上来看，本章提出的 FLE 模型与变分自编码器(variational auto-encoder, VAE)存在一定的相似之处。FLE 模型的设计同样遵循编码器-解码器 (encoder-decoder)的模型结构。然而 FLE 模型的训练信号来自强化学习中的策略梯度,而非 VAE 中的重建损失,因此隐空间的训练并不鼓励其能够重建出环境的全局状态,而是利用在环境中得到的奖励提取出有关多智能体协同的重要信息。在解码的过程中,每个智能体不必知道全局信息,而是根据这一压缩的全局隐变量来完成多智能体协同策略的执行。

9.2.3 实验结果与讨论

在实验部分,本节尝试围绕以下几个问题来证明 FLE 的效果。

(1) 提出的隐空间探索方法对比原始的基准探索方法是否有效果上的提升?

(2) 隐空间是否编码出关键信息用于多智能体协同?

(3) 引入隐空间是否提升了探索效率?

1. 实验环境

本章使用多智能体深度强化学习开源实验环境平台作为实验框架来验证方法的效果,从中选择两种连续控制任务:Waterworld 和 Multi-Walker。本节首先简要介绍这两类任务的设定。

Waterworld 如图 9-11(a)所示,Waterworld 是一个多智能体连续控制任务,每一个智能体(黑色圆圈)需要通过相互配合来抓取目标(浅灰圆圈),同时还要尽量躲避毒药(灰色圆圈),每一个目标必须由所有智能体同时覆盖才能拿到,因此需要所有智能体的协同运动(即移动到同一个目标点上)。实验中设定每个智能体能够感知一定范围内的距离和速度(包括目标、其他智能体、毒药),当拾取到一个目标时,奖励为 10,当触碰到毒药时,奖励为–1。

Multi-Walker 如图 9-11(b)所示,Multi-Walker 是一个更加困难的连续控制任务,它是由一个双足机器人控制任务拓展而来的。其中,所有智能体除了要掌握

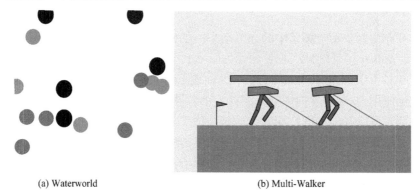

(a) Waterworld   (b) Multi-Walker

图 9-11 两种协同任务测试环境

移动技巧外，还需要共同搬运一条长棍。智能体之间需要一种高效的协同行走策略，在地势凹凸不平的情况下能够正常行走，同时步伐一致来保证长棍平衡不掉落到地面上。此处，设定每向前行走一个单位可以得到奖励值 1，长棍掉落地面得到奖励值–100。

2. 对比算法和超参数设置

为了使实验结果更具说服力，本章中所有的对比算法都将 DDPG 算法作为基础强化学习算法。

(1) MADDPG 算法：原始的 MADDPG 算法。

(2) PS-DDPG(parament sharing DDPG)算法：基于参数共享的 DDPG，即所有智能体共享一个相同的策略模型，并将每个智能体各自的编号作为特征进行区分。

本节所有对比实验中均使用了 Adam 优化算法，其中 Critic 的学习率设为 0.001，Actor 的学习率设为 0.0001；强化学习中的折扣因子 $\gamma = 0.01$。

$$\begin{cases} \theta^{Q} \leftarrow \tau\theta^{Q} + (1-\tau)\theta^{Q'} \\ \theta^{\mu} \leftarrow \tau\theta^{\mu} + (1-\tau)\theta^{\mu'} \end{cases} \tag{9-25}$$

在 DDPG 算法中，目标网络的跟踪参数为 $\tau = 0.01$；所有神经网络模型的隐含层使用 ReLU 激活函数，Actor 网络使用两个隐含层(节点数为 512/128)，输出层使用 tanh 激活函数，Critic 网络使用三个隐含层(节点数为 1024/512/256)；使用标准高斯方法初始化网络参数；经验回放池存储样本的空间为 9×10^{5}，批采样的大小为 1000。

对于 MADDPG 算法和 PS-DDPG 算法，使用 Ornstein-Uhlenbeck 噪声过程作为探索方法(该过程的参数 $\theta = 0.15, \sigma = 0.2$)；对于 FLE-MADDPG 算法，指令编码器的隐含层结构与 Critic 网络保持一致，输出空间(即低维隐空间)设置为 15；使用奖励标准化技术来加快训练过程。

3. 训练结果

本节介绍两个实验场景中的训练结果。在 5 个智能体 Waterworld 和 2 个智能体 Multi-Walker 场景的训练收敛曲线如图 9-12 所示。

图 9-12 中横轴表示训练回合数，纵轴表示每一轮更新后模型的平均表现。每一组数据使用 50 次独立的评估来统计，并绘制出了误差条(阴影部分)来表示模型的稳定性。可以看出，FLE 探索方法显著优于其他对比算法。

针对仿真结果，注意到基于 FLE 的探索方法能帮助多智能体更高效地进行协同探索。例如，在 Waterworld 任务中，发现所有智能体能够快速掌握同步移动这一高效的协同策略，而对于其他方法，智能体经常表现出不稳定的振荡行为，并且出现相互之间拉拽的现象；在 Multi-Walker 任务的仿真演示结果中，也观察到

FLE 智能体能够在掌握行走技巧的同时保持行走节奏一致并保持长棍的稳定，而在相同的奖励机制下，MADDPG 算法则很难使游戏中的智能体保持平衡，甚至跌倒在地面。PS-DDPG 算法的表现最差，因为它不显示建模其他智能体的策略，而随着其他智能体策略的演化表现出在训练上的不稳定性。

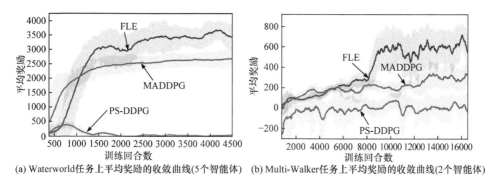

(a) Waterworld任务上平均奖励的收敛曲线(5个智能体)　(b) Multi-Walker任务上平均奖励的收敛曲线(2个智能体)

图 9-12　FLE 在两个任务上的训练收敛性对比

4. 可扩展性验证

接下来本小节通过添加任务中智能体的数量来验证 FLE 探索方法的可拓展性。在 Waterworld 任务和 Multi-Walker 任务中分别使用 2/5/8/10 和 2/3/4/5 四组不同的智能体规模，并对不同算法进行训练，实验结果如图 9-13 所示。

可以发现，随着智能体数量的增多，FLE 对比其他算法的性能损失更小，表现出更强的可扩展性。需要强调的是，FLE 在不同规模的实验中始终保持隐空间大小不变，这证实了当问题空间变大时，多智能体协同模式确实存在低维结构，所以能够进行更高效的学习。

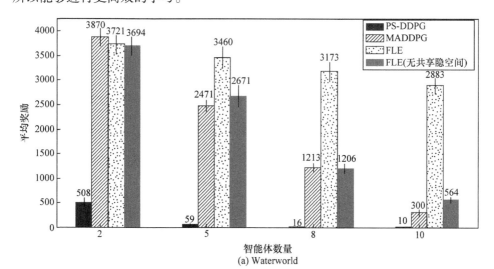

(a) Waterworld

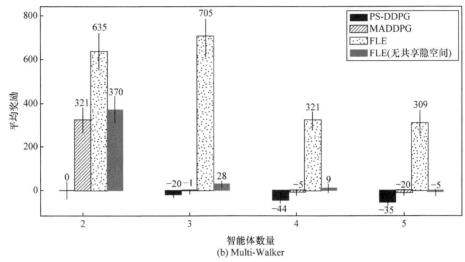

图 9-13　FLE 的可拓展性验证结果

从图 9-12 和图 9-13 中不难发现，FLE 相比于其他对比算法具有更高的方差。FLE 的高方差主要来自以下两个方面。

(1) 在协同任务中有许多等效的协同策略(图 9-8)，由于隐变量的随机性，不同的协同策略最终可能导致不同的结果，而 FLE 并没有显式地建模长期价值，所以出现波动是合理的。

(2) 环境存在一定的随机性，不同的环境使用了不同的初始化随机种子，所以在指标上存在一些差异。而 FLE 评估指标的下界也高于其他对比算法的上界，这表明 FLE 在掌握协同策略的同时兼顾了协同策略的多样性，表现出丰富的协同模式。

9.2.4　本节小结

本节探讨了一种全新的多智能体强化学习探索方法，从协同模式存在低维、共享、多态的结构出发，设计了 FLE。FLE 通过引入一个全局的指令编码器来学习多智能体系统的低维多模态协同结构，每个智能体从隐空间共享相同的采样样本，并学习如何进行协同。为了验证方法的有效性，本节对两个明确需要协同的多智能体连续控制任务进行了验证，并展示了相比于 MADDPG 算法中朴素的独立探索方法的改进。此外，本节还进行了深入的实验，证明了隐空间探索方法具有更好的扩展性和协同策略的多样性。

9.3　基于多智能体强化学习的多分支集成策略网络

优化 MARL 算法面临许多挑战。首先，随着智能体数量的增多，联合行动空间的大小呈指数级扩展。其次，学习过程不稳定且非马尔可夫决策过程，因为智能体不仅与环境交互，而且与策略不断变化的其他智能体交互。此外，在完全合作的情况下，信用分配也是挑战之一。这些挑战使得在多智能体系统中单独训练智能体非常困难。近年来，CTDE 的结构因为缓解了上述限制问题而引起了更多的关注。在 CTDE 中，每个智能体只能根据局部观察选择其动作条件。为了协调所有智能体，在集中训练期间，通常需要一个由所有智能体共享的集中 Q 值函数。集中 Q 值函数在每个智能体的全局奖励和个体 Q 值函数之间建立连接。然而，由于维数灾难问题，直接学习一个集中的值函数不仅是连接单值函数，所以通常是不切实际的。许多算法倾向于提出一些结构假设，例如，VDN 假设集中值是来自所有智能体的单个值的总和，QMIX 假设集中函数是单值函数的单调函数。QTRAN[10]进一步将这些限制放宽到更一般的假设，即从集中值派生的最佳联合动作等同于从智能体的单个 Q 值函数中选择的最佳动作。

　　CTDE 结构下的算法通常基于 Q 学习。尽管 Q 学习在单智能体环境任务中取得了巨大成功，在单智能体环境任务中，环境具有密集的奖励，采取随机的行动序列很容易就能找到奖励，然而，当奖励稀少且难以找到时，往往会任务失败。探索性差是 Q 学习的固有缺陷，这是因为它遵循贝尔曼最优方程迭代值函数。ϵ 贪婪策略是鼓励 Q 学习探索广泛使用的技术之一。生成随机动作，而不是通过衰减概率使 Q 值最优的动作 ϵ 贪婪策略在实践中只能提供随机探索。然而，随机探索很少能够搜索不同智能体协同的动作，因此在多智能体系统中的作用受到了限制。

　　为了解决这个问题，本节提出一种全新的基于多智能体强化学习的多分支集成策略网络(multi-branch ensembled actor network，MEAN)。MEAN 通过在单个 Q 值函数中引入多分支系综，将最终的单个值作为分布的样本，从而改进了指向性探索。伪分布包含了从过去训练集过渡数据中学习到的信息，同时该结构确保了集合 Q 值是原始个体 Q 值的无偏估计。知识蒸馏进一步帮助每个分支从集成的个体 Q 值中学习信息。

　　此处，使用 VDN、QMIX 和 QTRAN 来对比 MEAN 的效果，它们是《星际争霸Ⅱ》微管理任务中最具代表性的基于 Q 学习的 CTDE 算法。实验表明，与原始算法相比，MEAN 获得了显著改进，并有助于在非常早期的训练中探索获胜状态。消融实验也展现了知识提取和探索损失是如何改善指向性探索的。

　　本节首先介绍多智能体强化学习和多分支集成的一些背景知识。然后描述基于多智能体强化学习的多分支集成策略网络。最后在《星际争霸》多智能体挑战中对本章所提出算法进行评估。

9.3.1 基于多智能体强化学习的多分支集成策略网络概述

1. 多分支集成知识蒸馏

现有的知识提取方法很多。典型的蒸馏过程是从一个具有高容量参数或体系结构的较大网络作为教师网络开始，然后训练一个较小的学生网络，目标是预测教师网络的输出或一些高级特征表示。网络知识蒸馏是通过从更大的教师网络中提取知识，从而改进学生网络。与使用训练数据标签的目标函数的传统监督学习相比，教师网络预测提供了额外的监督。

2. 集中函数的假设约束

多智能体系统中所有智能体的联合行动空间随着智能体数量的增加呈指数级增长，所以在某些场景中为所有智能体训练单值函数是不切实际的，这意味着利用单值函数对每个智能体进行局部观察是可行的方法之一。同时，为了协调智能体行为，需要为所有智能体训练一个集中函数。而为了学习一个稳定且可训练的集中函数，需要为集中函数加入一个假设约束。一个可行的假设约束为

$$\operatorname*{argmax}_{a} Q_{\text{tot}}\left(o,a\right) = \begin{pmatrix} \operatorname*{argmax}_{a^1} Q^1\left(o^1,a^1\right) \\ \vdots \\ \operatorname*{argmax}_{a^N} Q^N\left(o^N,a^N\right) \end{pmatrix} \tag{9-26}$$

式(9-26)在单值函数和集中函数之间建立了结构的约束联系。因此，该假设约束可视为信用分配的一种形式。然而，在训练阶段直接使用式(9-26)是不切实际的，因为它缺少公式化的因子分解来计算。以下非负线性假设是式(9-26)的一个充分条件，即

$$Q_{\text{tot}}\left(o,a\right) = \sum_{i=1}^{N} \alpha^i Q^i\left(o^i,a^i\right), \quad \alpha^i \geqslant 0 \tag{9-27}$$

其中，Q_{tot} 表示集中 Q 值函数；Q^i 表示智能体 i 的单个 Q 值函数。

VDN 只需将 $i \in \{1,2,\cdots,N\}$ 中的所有组合系数 α^i 设置为 1，这就是一个非常强的约束。QMIX 通过 $\dfrac{\partial Q_{\text{tot}}}{\partial Q^i} \geqslant 0, i \in \{1,2,\cdots,N\}$，将约束放宽为一般的可加性因子分解。因此，VDN 可以看作 QMIX 算法的一个特例。QTRAN 进一步放宽了约束，并在由假设约束的充分必要条件构成的更大的假设空间中进行探索。为此，QTRAN 必须在整个关节动作空间中优化联合值函数，从而使 QTRAN 面临计算挑战和灵活性问题。因此，QTRAN 的实际适用范围有限。

3. 多分支集成网络

图 9-14 描述了 MEAN 框架。左图是总体架构，包括管理者的单个价值功能网络和分配信用的集中函数网络。右侧模块是 MEAN，包括 m 个分支。每个分支都是一个基本的 DRQN，由一个全连接层和一个门控循环单元层组成，然后是一个具有动作数维度的全连接层。为了便于描述，此处以原版 VDN 为后端 Mixer 的示例。将 MEAN 应用于其他 Q 值 Mixer 的算法很简单，如 QMIX 和 QTRAN。为此，假设 VDN 也有一个 Mixer 网络，它简单地将所有单独的 Q 值相加得到 Q_{tot}。

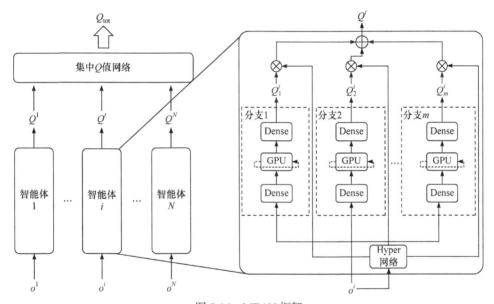

图 9-14 MEAN 框架

在执行阶段，在时间步骤 t 处，智能体 i 观察值 o_t^i 作为输入，每个带有参数 θ_j 的分支根据这些输入计算单值函数 $Q_j^i\left(o_t^i, a^i; \theta_j\right)$。Hyper 网络产生权重系数 $g\left(o_t^i\right)$。因此，使用通过 Hyper 网络将 m 个分支的输出集成到算法执行过程中的单值函数中。

$$Q^i\left(o_t^i, a^i; \theta\right) = \sum_{j=0}^{m} g_j \cdot Q_j^i\left(o_t^i, a^i; \theta_j\right) \tag{9-28}$$

在训练阶段，集中 Q 值满足 $Q_{\text{tot}}(o, a, s; \theta) = \sum_{i=1}^{N} Q^i\left(o^i, a^i\right)$。原算法通过 TD 损失函数来训练网络，即

$$\mathcal{L}_e(\theta) = \sum_{i=1}^{b} \left[y_{\text{tot}}^i - Q_{\text{tot}}(o, a, s; \theta) \right]^2 \tag{9-29}$$

其中，b 表示每次训练迭代的采样大小；$y_{\text{tot}} = r + \gamma \max_{a'} Q_{\text{tot}} \left(o', a', s'; \theta^- \right)$ 表示目标网络的参数。

算法通过 $\mathcal{L}_b(\theta) = \sum_{i=1}^{b} \sum_{j=1}^{m} \left[y_{\text{tot}}^i - Q_{\text{tot}}^j(o,a,s;\theta) \right]^2$ 来加强训练每个分支，因此最终的 TD 损失函数可以表示为 $\mathcal{L}_{\text{TD}} = \mathcal{L}_e + \mathcal{L}_b$。

1) 知识蒸馏

除了 TD 损失函数之外，还可以通过将教师网络的知识提取回单分支来增强每个分支。为了量化分支和集成教师网络之间的距离，计算 L_2 距离为

$$\mathcal{L}_{kd} = \sum_{i=1}^{N} \sum_{j=1}^{m} \| Q_j^i - Q^i \|_2^2 \tag{9-30}$$

2) 指向性探索

大量工作应用 ϵ 贪婪策略动作选择器来实现 Q 学习中的探索。ϵ 贪婪策略的基本思想是为具有衰减概率的智能体选择随机操作。然而，ϵ 贪婪策略探索是一种随机策略，提供了无定向的探索。尽管 Q 学习中的动作选择不需要 softmax 概率，但是 softmax 函数是单调递增的，表示 $\text{argmax}_a Q(o,a) = \text{argmax}_a \sigma \left(Q(o,a) \right)$，在后面的讨论中，算法可以考虑行动选择概率正比于 Q 值。

与基于策略梯度的方法不同，此处不能用概率来采样。然而，在多分支系统结构中，最终概率由每个分支的概率组成。因此，在多分支集合设置中，概率不再是确定性的。同时，每个分支都是在相同的目标函数下训练的，因此每个分支的概率可以看作分布中的一个样本。考虑到一个 m 分支智能体具有两个动作，假设分支 i 从一个平均值 μ 和方差 σ^2 的正态分布中采样，则最终概率 $P = \sum_{i=1}^{m} g_i P_i$ 的总平均值和方差为

$$\begin{cases} E[P] = E\left[\sum_{i=1}^{m} g_i P_i \right] = \mu \sum_{i=1}^{m} g_i = \mu \\ D[P] = D\left[\sum_{i=1}^{m} g_i P_i \right] = \sigma^2 \cdot \sum_{i=1}^{m} \sum_{j=1}^{m} g_i g_j = \sigma^2 \end{cases} \tag{9-31}$$

为了鼓励探索，需要更大的方差。为了满足这一要求，此处可以用 Squared Frobenius 范数惩罚每个分支输出的归一化余弦相似性。假设 H^i 是智能体 i 的分支输出的规范化矩阵，探索损失鼓励分支之间的正交性。

$$\mathcal{L}_e = \sum_{i=1}^{N} \| H^{i^{\text{T}}} H^i \|_F^2 \tag{9-32}$$

其中，$\|\cdot\|_F^2$ 表示 Squared Frobenius 范数。

然而，使用式(9-32)鼓励探索将损害 Q 值的训练过程，因为 Squared Frobenius 范数将导致加权 Q 值的平均值收敛到 0。此处，建议修正探索损失定义为

$$\mathcal{L}_e = \sum_{i=1}^{N} \left(H^i - \bar{H}^i \right)^{\mathrm{T}} \left(H^i - \bar{H}^i \right)_F^2 \tag{9-33}$$

算法对这两种探索损失进行了测试，后面将详细讨论。

在此，算法将训练的总损失函数描述为最大限度地减少以下损失，即

$$L = \mathcal{L}_{\mathrm{TD}} + \alpha \mathcal{L}_{kd} + \beta \mathcal{L}_e \tag{9-34}$$

其中，α、β 是控制损失项交互的超参数。

9.3.2　实验结果与讨论

1. 实验设定

本节将介绍算法的实验设定。算法在 SMAC(星际争霸二微操环境)中进行测试。在此环境中，每个智能体控制一个单独的单元，有一个内置的多层次人工智能策略，通过启发式算法控制敌方单位。在实验中，内置人工智能的难度级别设置为 7 级，这意味着非常困难。最终目标是通过消灭所有对手单位来击败敌方。有效的单位微观管理应该对敌方造成最大的伤害，同时最大限度地减少己方受到的伤害。在这样的 POMDP 环境中学习有效的合作策略是一项具有挑战性的任务，因此 SMAC 成为评估 MARL 算法的一个广泛使用的基准。

2. 训练设置

在算法中，用于比较算法和单分支网络的智能体 Q 网络的体系结构是 DRQN，它包含嵌入层、门控循环单元层和具有动作维度输出的全连接层。编码层和门控循环单元层的隐藏状态维数为 64。单体 Q 网络将智能体的本地观察和最后选择的操作作为输入。在实验中，所有智能体的单体 Q 网络共享参数。为了产生不同的策略，算法将智能体数的独热向量连接到原始输入。算法混合网络的结构与其原始结构相同，所有隐藏状态的维度也是 64。将 γ 设置为 0.99，经验回放池大小设置为 5000 个回合。在每个训练阶段，从经验回放池中抽取 32 个回合。经 200 步训练后，使用的所有目标网络都会更新。算法使用 ϵ 贪婪策略操作选择器，其中 ϵ 初始值为 1，在最初的 50000 步中衰减到 0.05，以鼓励在早期进行探索，并保持 0.05，以确保整个培训过程中的随机性最小。算法每 50 个训练回合后在 ϵ 设置为 0 的 20 个测试环境中评估所有算法。考虑到性能和训练速度的平衡，算法对 MEAN 的智能体使用 4 个分支。

3. 实验结果

通过改变智能体网络，算法可以很容易地应用于 VDN、QMIX 和 QTRAN 等现有算法中。为了评估算法与基准算法相比的改进，此处在几个《星际争霸 II》微操地图上进行了测试，包括 3m、8m、2s3z、3s5z、1c3s5z、3s_vs_3z，其中包含同构智能体场景和异构智能体场景，m、s、z 和 c 表示不同类型的智能体，分别是 Marine、Stalker、Zealot 和 Colossus。在地图 3m 中，双方都有 3 名 Marine，在地图 8m 中，双方都有 8 名 Marine。地图 2s3z、3s5z 和 1c3s5z 是异构对称的，在这些场景的两侧分别有 2 个 Stalker、3 个 Zealot，3 个 Stalker、5 个 Zealot 和 1 个 Colossus、3 个 Stalker、5 个 Zealot。地图 3s_vs_3z 是不对称的，己方有 3 名 Stalker，而敌方有 3 名 Zealot。

本节主要使用测试环境的获胜百分比作为评估指标，并在结果图中包含中值性能和 25%～75%的百分位数，以避免异常值的影响。VDN、QMIX、QTRAN 和对应的 MEAN 算法在六种不同场景下的测试成功率中值如图 9-15 所示。修改后的算法和原始算法分别以相同颜色的实线和虚线显示。25%～75%的百分位数以阴影绘制，所有图共享(a)中的相同图例。

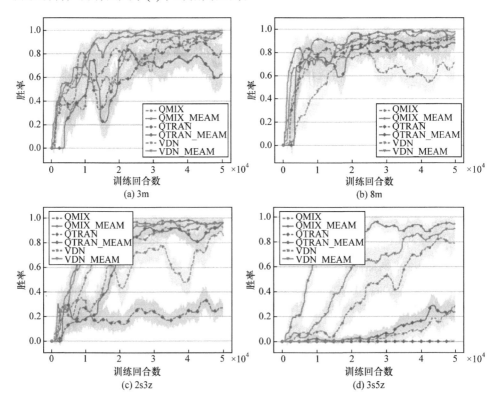

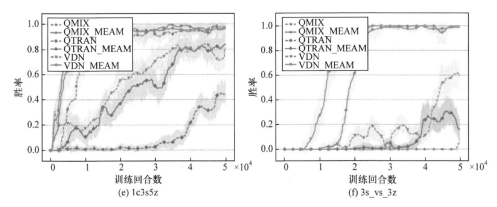

图 9-15 VDN、QMIX、QTRAN 和对应的 MEAN 算法在六种不同场景下的测试成功率中值

总体而言，实验结果表明，MEAN 结构改善了地图 2s3z、3s5z、1c3s5z、3s_vs_3z 中的所有比较算法。在 3m 和 8m 等同构和对称场景中，MEAN 提高了 VDN 和 QMIX 的性能。尽管 VDN 和 QMIX 在 3m 中均获得了 95%以上的平均获胜率，但 MEAN 的应用仍然提高了这两种算法的性能。在 8m 中，MEAN 帮助 VDN 几乎在所有测试轮次中取得胜利。然而，在这两个地图上，MEAN 并不能提高 QTRAN 的性能。这是因为小群体规模的对称场景会带来更多的不确定性，所以随机探索足以搜索获胜状态。同时，QTRAN 也受到训练过程不稳定的影响。MEAN 的指向性探索策略加剧了不稳定性的影响，这种不稳定性超过了指向性探索策略的效益。但在更具挑战性的异构对称场景中，如 2s3z、3s5z、1c3s5z，MEAN 显著提高了 QTRAN 的性能，使 VDN 和 QMIX 的平均获胜率均超过 90%。而在 3s_vs_3z 中，只有使用 MEAN 的 VDN 和 QMIX 才能学习到有效的成功策略。MEAN 与 SMIX(λ)算法[11]比较如图 9-16 所示，具有 MEAN 的算法比原始算法更早开始赢得战斗，特别是在地图 3s5z、1c3s5z 和 3s_vs_3z 中，随机搜索已经无法提供有效的探索。

此外，还将 MEAN 与 SMIX(λ)[11]进行比较。SMIX(λ)通过优化中心化值函数，缓解了多智能体系统的稀疏体验和不稳定性，这也对其他 CTDE 算法有所帮助，因为它替代了集中函数的估计函数。在本节中，MEAN 算法在地图 3s5z 和 3s_vs_3z 上的表现与 VDN 和 QMIX 进行了比较。实验结果表明，具有 MEAN 的算法表现最佳。MEAN 有助于算法在早期的训练过程中探索获胜策略。在四种算法的比较中，所有 QMIX 算法都在 3s5z 中学习到有效的策略，只有原始 QMIX 在 3s_vs_3z 中失败。在这两种情况下，QMIX_MEAN 和 SMIX_MEAN_QMIX 的学习曲线之间存在显著差异，这表明 MEAN 体系结构对于简单的集中函数的改善程度大于复杂的中心化值函数。

4. 消融实验

这里通过消融实验研究了知识蒸馏损失和不同探索损失的影响，以 VDN 为后端示例，以便在 3s5z 中进行比较，因为此图既满足困难性要求，同时也是异构的。

1) 参数量

尽管在测试中仅使用了一个分支，但对隐含层大小为 256 的原始 VDN 进行了测试，旨在说明简单地增加参数量无法在困难任务中执行充分的探索。同时，将每个分支中训练的参数数量缩小到每层 16 个隐含层单元，并在标记为 vdn_MEAN_16 的测试中使用了所有 4 个分支。实验结果如图 9-17(a)所示，在 3s5z 中，具有 MEAN

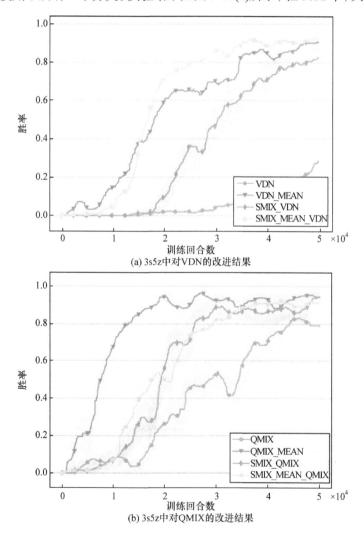

(a) 3s5z中对VDN的改进结果

(b) 3s5z中对QMIX的改进结果

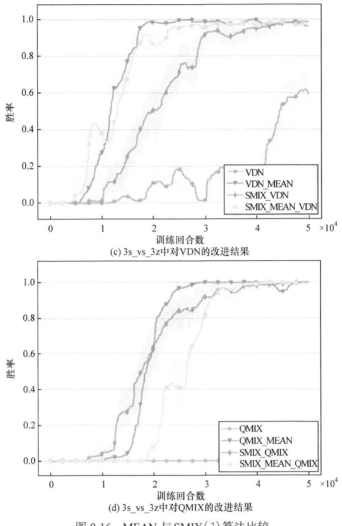

(c) 3s_vs_3z中对VDN的改进结果

(d) 3s_vs_3z中对QMIX的改进结果

图 9-16　MEAN 与 SMIX(λ) 算法比较

的两个 VDN 都优于原始 VDN，这表明 MEAN 带来的改进并不依赖训练期间的大量参数。在接下来的讨论中，将进一步探讨知识蒸馏损失和探索损失对结果的影响。

2) 知识蒸馏损失函数

为了研究知识蒸馏损失函数对结果的影响，本节比较了有知识蒸馏损失和没有知识蒸馏损失的 MEAN。如图 9-17(b)所示，无知识蒸馏损失的 MEAN 的学习曲线更平稳，这意味着单值函数的学习速度比有知识蒸馏损失的要慢。实验结果符合知识蒸馏的预期效益。

3) 探索损失函数

为了研究探索损失函数的影响，本节对不同的探索损失函数进行比较，分别

为 $\mathcal{L}_e = \sum_{i=1}^{N} \|H^{i^{\mathrm{T}}} H^i\|_F^2$ 和 $\mathcal{L}_e = \sum_{i=1}^{N} \|(H^i - \bar{H}^i)^{\mathrm{T}}(H^i - \bar{H}^i)\|_F^2$。由图 9-17(c)显示，使用

$\mathcal{L}_e = \sum_{i=1}^{N} \|(H^i - \bar{H}^i)^{\mathrm{T}}(H^i - \bar{H}^i)\|_F^2$ 的 MEAN 可以实现更稳定的训练过程和更高的性

能。结果验证了上述讨论，同时表明了探索损失和定向探索的必要性。

9.3.3 本节小结

本节提出了多分支集成策略网络，旨在解决多智能体系统中的指向性探索问题。除了提供的随机探索外，还引入了一个新的范数函数来鼓励指向性探索。研

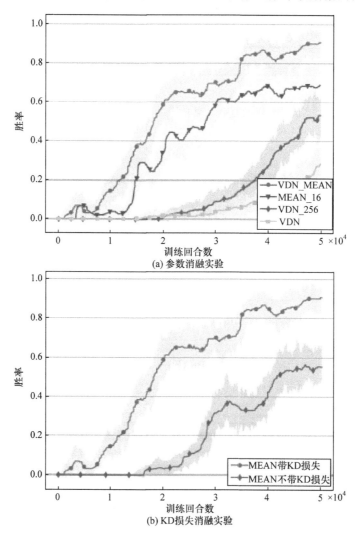

(a) 参数消融实验

(b) KD损失消融实验

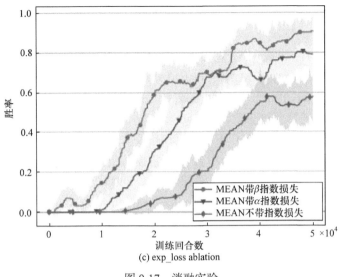

图 9-17　消融实验

究表明, MEAN 架构在早期探索了获胜状态, 并显著提高了各种与 DRQN 智能体进行比较的算法的性能。改进后的算法在《星际争霸 II》微操任务的各种场景中实现了最先进的性能。

9.4　基于互引导 Actor-Critic 的多智能体高效动作探索

在过去的几十年中, 多智能体强化学习得到了广泛的研究和发展, 它在解决许多现实世界的问题中发挥了重要作用, 如交通控制、游戏策略、蜂群机器人协调和股票市场等。因此, 多智能体成为实现人工通用智能(artificial general intelligence, AGI)的关键点之一。由于实时通信条件和可扩展性的限制, 即联合行动的维度随着智能体的增加而呈指数级增长, 智能体的执行往往被限制在分布式状态。因此, CTDE 的范式得到了更多的关注, 以缓解上述限制问题。

在 CTDE 中, 每个智能体只能根据当地的观察结果来选择自己的行动。针对 CTDE 范式的各种任务, 人们发明了多种多智能体强化学习算法。为了实现更普遍的范式, Lowe 等[1]提出了一种称为 MADDPG 的考虑其他智能体行动策略的 Actor-Critic 算法。Sunehag 等[2]首先将价值分解引入 MARL 中, 提出了价值分解网络, 其中, 集中 Q 值是所有智能体单个 Q 值的总和。价值分解方法利用集中 Q 值函数来聚合所有智能体在训练期间共享的单个 Q 值, 以分解每个智能体单个 Q 值函数训练的全局奖励。

SMAC 是一个专注于分散的微观操作场景的基准。尽管 COMA 在 SMAC 上的表现优于手工编码的启发式方法, 但价值分解方法在 SMAC 基准上显示出迄今无可比拟的优势，超过了 Actor-Critic 算法。然而，由于维数灾难问题，在没有任何先验约束的情况下学习一个集中函数是不切实际的，于是许多方法倾向于提出一些结构性假设。这些先验约束可以分为两类，即个体-全局-最大值 (individual-global-max，IGM) 约束和价值分解约束。虽然这些先验约束对缓解维数灾难问题有帮助，但它们可能会导致不良的探索和收敛到次优策略。为了解决这些问题，人们进行了许多尝试。Mahajan 等[12]提出了 MAVEN 方法，通过引入分级控制的潜在空间，混合了基于价值和政策的方法。MAVEN 的智能体不仅以本地观察为条件，而且以一个由分层策略控制的共享潜变量为条件。因此，MAVEN 能够学习各种模式的联合探索行为。Su 等[13]将价值分解扩展到与 A2C 兼容的 Actor-Critic 算法，即 VDAC(value deconposition Actor-Critic)算法。然而，MAVEN 和 VDAC 仍然依赖单调性约束，这使它们无法对有效策略进行全面探索。Rashid 等[14]提出了 WQMIX(weighted QMIX)来提高 QMIX 的混合器网络的准确性。WQMIX 从 Double Q 学习中吸取教训，采用了另一个混合器网络，然而，利用另一个混合器网络需要更多的训练时间，导致 WQMIX 在没有足够训练步骤的情况下不能超越 QMIX。同时，作为价值分解方法的基本假设，大多数价值分解方法都采用了 IGM 约束。与价值分解约束一样，IGM 约束在某些情况下也可能导致不良的探索效果。

为了解决价值分解方法的缺点，本节提出一种基于互引导的方法，即 MugAC (mutual-guided Actor-Critic)算法。MugAC 算法包含单个 Actor 和一个集中的 Critic 网络。但与传统的 Actor-Critic 框架不同的是，Actor 网络是用交叉熵损失来训练的，该损失与 Critic 网络从联合动作池中采样的最大 Q 值联合行动相匹配,而联合动作池是通过对 Actor 输出的行动分布进行采样获得的。各 Actor 将本地观察作为输入，并产生每个行动的隐含层表示和执行各个动作的概率。Critic 利用采样的联合行动和相应的隐含层表示以及全局状态信息，来计算联合行动组合的集中 Q 值。由于 MugAC 算法的结构特点，个体 Q 值是不需要的(其定义在价值分解方法中往往是模糊的)。同时，MugAC 算法的 Critic 网络直接拟合联合行动的 Q 值，克服了价值分解方法中对非最佳个体行动的低估问题。在 SMAC 基准上的实验表明，MugAC 算法在各种情况下，特别是在极难情况下达到了最先进的性能。

9.4.1 个体-全局-最大值约束

价值分解方法致力于将集中的 Q 值分解为单个智能体的 Q 值(Q^i)。为此，这些方法的一个重要概念是 IGM 约束，即联合行动最大化集中的 Q 值由相应产生最大个体 Q 值的动作组成。式(9-35)描述了 IGM 约束，即

$$\arg\max_{a} Q_{\text{tot}}(s,a) = \begin{bmatrix} \arg\max_{a^{1}} Q^{1}(\tau^{1},a^{1}) \\ \vdots \\ \arg\max_{a^{n}} Q^{n}(\tau^{n},a^{n}) \end{bmatrix} \tag{9-35}$$

然而，式(9-35)不适合直接用于训练。价值分解方法必须进行一个满足 IGM 约束的可训练假设。VDN 假设集中 Q 值是所有智能体的 Q 值之和，$Q_{\text{tot}}(s,a) = \sum_{i=1}^{n} Q^{i}(\tau^{i},a^{i})$。QMIX 利用一个具有非负权重的混合器网络来组合各个 Q 值。非负性保证了 $\dfrac{\partial Q_{\text{tot}}(s,a)}{\partial Q_{i}(\tau,a^{i})} \geqslant 0$，这在满足 IGM 约束的同时放松了 VDN 假设的限制。基于 QMIX 的方法，如 WQMIX、MAVEN 和 VDAC，也遵循这一约束。QTRAN 通过使用个体 Q 值和整体 Q 值之间的线性约束，进一步放松了这些限制。然而，QTRAN 的计算复杂度随着智能体数量的增加而呈指数级增长，这使得 QTRAN 在复杂场景中表现不佳。

9.4.2　个体-全局-最大值约束的不可分解性问题

本节将讨论价值分解方法最重要的约束条件(即 IGM 约束)。式(9-35)意味着最优联合行动由每个智能体的最优行动组成，该行动与其他智能体的行动无关。直观地说，此处提出了一个简单的 2 个智能体的 2 个动作的不可分解任务，如表 9-1 所示，其中 Q 值取决于智能体行动之间的关系，除了对称性外，该任务就像囚徒困境一样。为了获得最大的 Q 值，智能体需要同步其行动。与囚徒困境不同的是，智能体不能通过探索来学习唯一的单一动作策略。

表 9-1　一个简单的不可分解任务

Q_{tot}	A	B
A	10	1
B	1	10

在不失一般性的情况下，给出了一个不可分解任务的充分条件。

定义 9-1　IGM 约束不可分解性。

对于任何智能体 i，给定观察值 o^{i} 和其他智能体的动作 a^{-i}，在一个包含 n 个智能体，每个智能体具有 $|A|$ 个动作的任务中，集中式 Q_{tot} 函数给出了联合动作的 Q 值。智能体 i 的最优动作集可以被定义为 $C^{i}(o^{i},a^{-i}) = \left\{ a_{j}^{i} \mid \forall k \neq j, Q_{\text{tot}}\left(o^{i},\left(a_{j}^{i},a^{-i}\right)\right) \geqslant \right.$

$Q_{\text{tot}}\left(o^i,\left(a^i_{-j},a^{-i}\right)\right), j\in\left\{1,\cdots,|A|\right\}$。如果 $\exists a^{-i}\neq a'^{-i}$，满足 $\mathcal{C}^i\left(o^i,a^{-i}\right)\bigcap\mathcal{C}^i\left(o^i,a'^{-i}\right)=$ $\varnothing$，则该任务 IGM 约束不可分解。

证明　假设一个任务 IGM 约束可分解，根据 IGM 约束有 $\forall a^{-i},\underset{a^i}{\arg\max}Q^i\left(\tau^i,a^i\right)\in$ $\mathcal{C}^i\left(o^i,a^{-i}\right)$，因此 $\forall a^{-i}\neq a'^{-i}$，有 $\mathcal{C}^i\left(o^i,a^{-i}\right)\bigcap\mathcal{C}^i\left(o^i,a'^{-i}\right)\neq\varnothing$。因此，如果 $\exists a^{-i}\neq a'^{-i}$，则满足 $\mathcal{C}^i\left(o^i,a^{-i}\right)\bigcap\mathcal{C}^i\left(o^i,a'^{-i}\right)=\varnothing$ 是 IGM 约束不可分解的一个充分条件。

在该定义下，本节进一步讨论在 IGM 约束不可分解任务中，值分解方法无法收敛到最优策略的问题。

引理 9-1　对于任何 IGM 约束不可分解任务，值分解方法将无法收敛到最优策略。

证明　假设值分解方法的 Q 值函数已经收敛到任务的真实 Q 值，考虑智能体 i，给定观察值 o^i 和其他智能体的动作 a^{-i}。根据 IGM 约束不可分解任务的定义，进一步假设在时间步 t，存在 $a_t^{-i}\neq a_t'^{-i}$，满足 $\mathcal{C}^i\left(o_t^i,a_t^{-i}\right)\bigcap\mathcal{C}^i\left(o_t^i,a_t'^{-i}\right)=\varnothing$。由于 Q 值函数已经收敛到任务的真实 Q 值，所以对于任意的 $a_t\in\mathcal{C}^i\left(o_t^i,a_t^{-i}\right)$ 及 $a_t'\in$ $\mathcal{C}^i\left(o_t^i,a_t'^{-i}\right)$ 都有 $Q\left(o_t^i,a_t\right)=Q\left(o_t^i,a_t'\right)$。因此，无法选出满足最大化 Q_{tot} 的个体动作，值分解方法将会收敛到次优解。

为了解决 IGM 约束不可分解性问题，本节提出了一种新的训练范式。在一个不可分解的任务中为每个智能体单独拟合一个 Q 值是导致次优收敛的主要原因。然而，直接以最佳联合动作为目标学习行动策略是克服不可分解性的一种理论上可行的方法。为了实现协作探索，算法引入了一种新的采用联合动作池的训练方法，即引导式训练。联合动作的候选集是由智能体个体动作概率产生的。具有较高 Q 值的联合动作的比例将随着迭代的进行而增加。同时，引导式训练在选择目标联合动作时还考虑了分布距离，以处理有多个最大 Q 值时的稳健性问题。

此处讨论引导式训练如何缓解 IGM 约束的不可分解性。为简单起见，只考虑完全 IGM 约束不可分解的任务，即同时存在多个纳什均衡时，其中每个智能体的每个动作都不超过一个纳什均衡。

定理 9-2　对于一个具有 k 个纳什均衡点的 n 个智能体系统，每个智能体具有 m 个动作的任务，其中 $k\leqslant m$。给定一个足够大小的联合动作池，假定引导式训练的初始状态为均匀分布动作。引导式训练能够在有限步内收敛到一个纳什均衡点。

证明　由于联合动作池具有足够大小，所以所有的纳什均衡点都将被探索到。记 $a^*=\left(a_1^*,a_2^*,\cdots,a_n^*\right)$ 表示第一次迭代中选中作为目标的纳什均衡点。由于选择动作的标准，该动作将会在剩余的轮次中均被选择作为目标。p_{il} 为智能体 i 在第 l

轮中选择 a_i^* 的概率，由于在训练开始前各个动作被选择的概率是相等的，所以有 $p_l = p_{1l} = p_{2l} = \cdots = p_{nl}$。假设引导式学习使用交叉熵损失进行训练，则有

$$p_{l+1} = \frac{p_l + \dfrac{\text{lr}}{p_l}}{1 + \dfrac{\text{lr}}{p_l}}，\text{其中 lr 为学习率。因此，有}$$

$$
\begin{aligned}
p_L^n &= p_{L-1}^n \left(\frac{p_{L-1}^2 + \text{lr}}{p_{L-1}^2 + \text{lr}p_{L-1}} \right)^n \\
&= p_{L-2}^n \left(\frac{p_{L-1}^2 + \text{lr}}{p_{L-1}^2 + \text{lr}p_{L-1}} \right)^n \left(\frac{p_{L-2}^2 + \text{lr}}{p_{L-2}^2 + \text{lr}p_{L-2}} \right)^n \\
&= p_1^n \prod_{l=1}^{L-1} \left(\frac{p_i^2 + \text{lr}}{p_i^2 + \text{lr}p_i} \right) \\
&= \frac{1}{m} \prod_{l=1}^{n} \left[1 + \frac{\text{lr}(1 - p_i)}{p_i(p_i + \text{lr})} \right]^n
\end{aligned}
\tag{9-36}
$$

记 $\omega = \min \left(\dfrac{\text{lr}(1 - p_1)}{p_1(p_1 + \text{lr})}, \dfrac{\text{lr}(1 - \delta)}{\delta(\delta + \text{lr})} \right)$，对于任意满足 $\dfrac{1}{m} \leqslant \delta < 1$ 的 δ，有

$$
\begin{aligned}
&p_L^n > \frac{1}{m}^n (1 + \omega)^{nL} \geqslant \delta \\
&\Rightarrow (1 + \omega)^L \geqslant \delta^{\frac{1}{n}} m \\
&\Rightarrow L \geqslant \frac{\ln \delta^{\frac{1}{n}} m}{\ln(1 + \omega)} > 0
\end{aligned}
\tag{9-37}
$$

引导式训练将会在 L 步内收敛到首次探索到的纳什均衡点。

9.4.3　基于互引导的多智能体行动者-评论家算法

本节提出了 MugAC 算法，通过去除 IGM 约束假设来改善价值分解方法的不良探索和次优性问题。MugAC 由根据个体的观测结果来决定动作的 Actor 网络和由所有 Actor 共享的 Critic 网络组成。图 9-18 说明了 MugAC 的整体架构。

1. Actor 网络

Actor 网络包含一个两层结构。第一层将环境给出的个体观测和个体动作序列作为输入，将其编码为一个 d_{latent} 维的隐含层向量 z^a，第二层将该向量解码，并

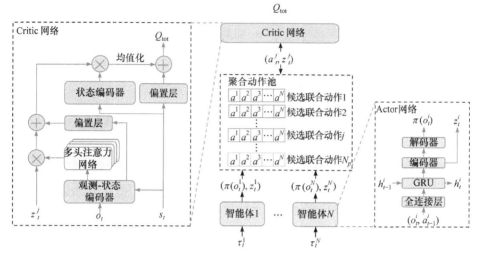

图 9-18　MugAC 的整体架构

通过一个 softmax 层输出动作概率。

2. Critic 网络

Critic 网络用来产生对应联合动作 $a = (a^1, \cdots, a^n)$ 的中心化 Q 值 Q_{tot}。Critic 网络将个体动作对应的隐含层向量 z^a 和全局观测信息作为输入。为了在各个智能体之间共享信息，Critic 网络被设计为如下结构。首先，算法将个体观测信息和全局观测信息拼接后输入一个多头注意力网络来计算第一层各智能体的权重；然后，第二层的权重由一个后接非线性层的全连接网络产生，该网络只将全局观测信息作为输入。各层的偏置量由一个两层全连接网络通过个体和全局的观测给出。最后，算法在 d_{latent} 维的隐含层向量中使用均值化操作得到中心化 Q 值 Q_{tot}。

3. 互引导训练

MugAC 相比传统 Actor-Critic 算法的最大不同在于 Actor 网络的训练方式。由于 MugAC 不存在个体 Q 值或个体回报值，传统的 Actor-Critic 目标函数无法用于训练 MugAC。如前所示，引导式训练是一种可行的训练方法，可以缓解 IGM 约束不可分解问题。同时，训练过程中不涉及个体 Q 值，只涉及联合动作。受此启发，本节提出了一种新的训练方法，即互引导训练。在每个训练阶段，MugAC 根据 Actor 网络给出的行动概率，生成一个联合动作池。Actor 网络从联合动作池中学习目标联合动作 a^*，该联合动作池是由 Critic 给出的相应中心化 Q 值和目标动作与 Actor 网络生成的分布之间的 KL 散度选择的。MugAC 将目标动作和 Actor 网络输出之间的交叉熵损失作为目标损失函数。

$$\mathcal{L}_{\text{actor}} = -\sum_{i=1}^{n} a_i^* \ln\left(\pi_{\theta_a}\left(a_i \mid o\right)\right) \tag{9-38}$$

其中，$a^* = \underset{a}{\text{argmax}}\left(Q_{\text{tot}}\left(s,a\right) - \alpha \times \text{KL}\left(a, \pi_{\theta_a}\left(a \mid o\right)\right)\right)$，$\alpha$ 控制了 KL 散度的影响程度。

Critic 网络仅在训练时的环境交互中使用，在测试环境中不参与环境交互。Critic 网络通过最小化 TD 误差进行训练，即

$$\mathcal{L}_{\text{critic}} = \sum_{i=1}^{n}\left[\left(y_i - Q_{\text{tot}}\left(s, z^a; \theta_c\right)\right)^2\right] \tag{9-39}$$

其中，$y_i = r + \gamma Q_{\text{tot}}\left(s', z^{\underset{a'}{\text{argmax}}Q_{\text{tot}}\left(s', z^{a'}; \theta_c\right)}; \theta^-\right)$。

最终目标函数为

$$L = \mathcal{L}_{\text{actor}} + \mathcal{L}_{\text{critic}} - \beta \cdot \text{entropy} \tag{9-40}$$

其中，entropy 鼓励了个体动作探索；β 控制其影响程度。

9.4.4　实验结果与讨论

1. 协同移动游戏

为了评估值分解方法的性能，本节引入一个简单的协同移动游戏。该游戏包含一个由 m 个状态组成的圆，智能体需要协调其行动，以顺时针或逆时针方向移动，采取相同行动时顺时针方向移动，采取不同行动时逆时针方向移动。这个游戏的目标是在智能体移动到 s_0 时做出不同的行动，从 s_0 移动到 s_m，这将获得最高奖励。图 9-19 左侧显示了一个 3 状态的协同移动游戏，有 2 步的限制。智能体将被设置为随机初始状态。每个动作都会获得 1 分，而到达目标的正确动作会获得 3 分。

图 9-19 右侧绘制了 MugAC 和 QMIX 表现的中位值。经过 5000 步的训练，QMIX 未能学习到最优策略，而且鲁棒性很差，而 MugAC 则以近似单调的回报

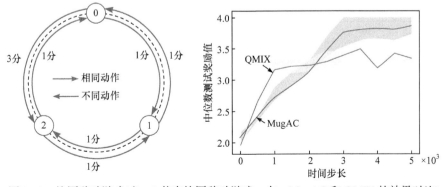

图 9-19　协同移动游戏(左：3 状态协同移动游戏，右：MugAC 和 QMIX 的效果对比)

率实现了高鲁棒性的表现。低效的单独探索导致了模糊的学习目标,而 MugAC 使用的联合行动探索可以学习到一个最优策略。

2. SMAC

本节使用 SMAC 作为基准,对 MugAC 在《星际争霸 II》的微观管理任务中进行了评估,这是评估 MARL 算法广泛采用的基准之一。SMAC 集中于分布式的微观操作场景,游戏的每个单元都由单个强化学习智能体控制。智能体需要与盟友单位合作,击败所有由游戏中手工编码的 AI 控制的敌方。当任何一个团队没有活着的单位或达到预定的时间步长限制时,一个回合终止。SMAC 根据算法的性能,将场景大致分为简单、困难和极难。为了评估 MugAC 的探索能力,此处重点关注 MugAC 在极难场景中的表现,如 6h_vs_8z 和 3s5z_vs_3s6z。本实验保持训练和评估的时间表与 SMAC 的设置相同。注意力网络和 Critic 网络的隐含层单元大小为 64。在执行和训练中使用的联合动作池的大小分别设置为 100 和 20。使用不同的随机种子对每个场景进行 6 次独立测试。在 NVIDIA GTX TITAN X 显卡上的极难场景中,每次运行平均需要 6 个小时。

3. 实验分析

本节首先总结 MugAC 在简单场景下的中位胜率。简单场景表现对比如表 9-2 所示,MugAC 与流行的算法(如 QMIX 和 VDN)相比具有竞争力。与 COMA 不同,MugAC 在异构和非对称场景下都表现出一致的高性能。COMA 有一个固有的缺点,即样本学习效率低下,而且基线不稳定。对于基于行为体批判的方法 VDAC,尽管其引入了离策略训练来提高样本效率,但也显示出不稳定的性能,特别是当情况变得复杂时。然而,MugAC 通过引入新的行为体训练方法克服了样本效率低下的问题,其中 Actor 网络向选定的联合动作学习,而不是通过策略梯度训练。

表 9-2 简单场景表现对比

地图	MugAC	VDAC	MAVEN	QMIX	VDN	COMA	QTRAN
2s_vs_1sc	**100**	100	100	100	100	97	100
2s3z	**97**	92	**97**	97	97	34	83
3s5z	**95**	80	75	94	84	0	13
1c3s5z	96	76	67	94	84	23	67

注:加粗表示对应地图上的最优表现。

此外,对 MugAC、WQMIX、MAVEN、VDAC、QMIX 和 COMA 在地图 6h_vs_8z 和 3s5z_vs_3s6z 两个极难场景下进行了比较,所有这些场景都是不对称的。在地图 6h_vs_8z 上,己方只由一个单位类型组成,而 3s5z_vs_3s6z 是异质的。这些场景中的主要挑战也是不同的，6h_vs_8z 要求单位学习集中火力的策略，而迂回战术是 3s5z_vs_3s6z 场景典型而有效的战术之一。

图 9-20 显示了这些方法在极难场景中的中位数表现，25%～75%的百分位数由阴影部分体现。

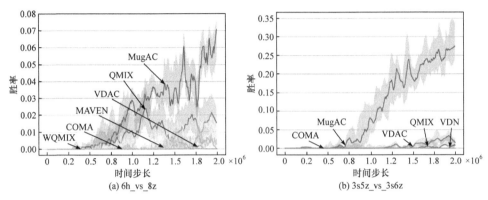

(a) 6h_vs_8z　　　　　　　(b) 3s5z_vs_3s6z

图 9-20　极难任务表现对比

6h_vs_8z 要求智能体集中火力对付更强大的敌方。所有其他算法在这幅地图上都表现得很差。然而，MugAC 协调智能体，通过对集中联合动作的策略进行学习，在 200 万个时间步长内获得了 7%的胜利率。WQMIX 在 200 万个时间步长内也探索到了可获胜状态。然而，由于利用了双混合器网络，WQMIX 的数据效率相对较低，在 200 万个时间步长的限制下表现不佳。MugAC 在 3s5z_vs_3s6z 上也学会了一个很好的迂回策略，并以很大的优势超过了其他算法，算法赢得了大约 28%的对局，而所有其他算法都低于 4%。在整个极难场景中，MugAC 显示了巨大的探索能力，在很少的时间步长中探索了智能体之间的不同策略。

值得注意的是，由于存在策略的样本效率问题，COMA 在三个地图上都失败了。MugAC 通过对 Actor 网络进行互引导训练，实现了离策略的学习，使 Actor 朝着由集中式 Q 函数选择的联合动作靠近。同时，MugAC 不依赖 IGM 约束，这使得 MugAC 在困难的情况下能够进行有效探索。然而，MugAC 显示出较值分解的随机策略方法更高的方差。

4. 消融实验

本节在 MMM2 和 3s5z_vs_3s6z 这两幅地图上研究了隐含层大小、训练期间的采样以及 Actor 网络训练目标选择的影响。在地图 MMM2 上，智能体需要学习吸收敌方的火力并撤退。图 9-21 显示了测试奖励的中位数。

图 9-21(a)和(d)分别显示了隐含层大小对 MMM2 和 3s5z_vs_3s6z 的影响，其中 MugAC 的隐含层大小设置为 16。没有隐含层大小的 MugAC，其行动分布来

自隐含层大小设置为 1 的个体 Q 值，这种设定在这两种情况下都失败了。具有 4 维隐含层大小的 MugAC 在两种地图上都探索出了有效的策略，但仍然不如默认的 MugAC，且方差较大。

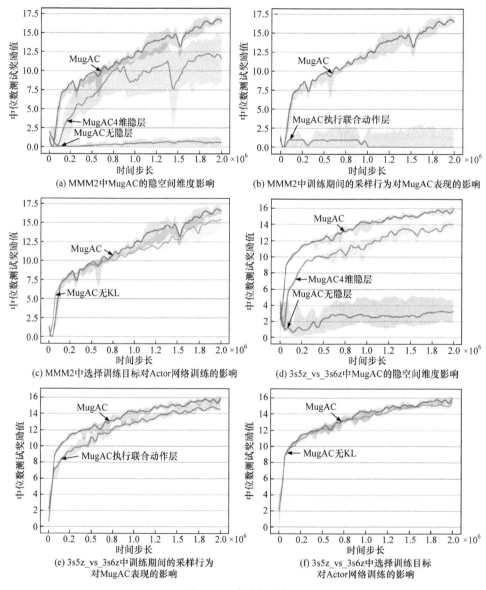

(a) MMM2中MugAC的隐空间维度影响

(b) MMM2中训练期间的采样行为对MugAC表现的影响

(c) MMM2中选择训练目标对Actor网络训练的影响

(d) 3s5z_vs_3s6z中MugAC的隐空间维度影响

(e) 3s5z_vs_3s6z中训练期间的采样行为
对MugAC表现的影响

(f) 3s5z_vs_3s6z中选择训练目标
对Actor网络训练的影响

图 9-21　消融实验表现

图 9-21(b)和(e)说明了在训练过程中执行联合动作池的影响。从直观上看，集中式 Critic 网络选择的联合动作较从 Actor 网络采样的联合动作更有协作性。这

一特点有利于 Critic 网络的训练，并通过选择更好的联合动作作为目标间接加强了 Actor 网络的训练。然而，不同场景对这一特征的敏感性是不同的。如图 9-21(b) 所示，没有联合动作池的 MugAC 在地图 MMM2 上失败了，因为 MMM2 需要 Medivac 来为盟友吸收伤害，这意味着在训练中需要更好地进行协作探索。而在地图 3s5z_vs_3s6z 上，由于有效的迂回战术可以进行局部探索发现，没有联合动作池的 MugAC 依然可以取得良好的性能。

此外，实验还研究了 Actor 的训练问题。与在训练 Critic 时选择实现最大 Q 值的联合动作不同，联合动作与策略分布之间的距离也被考虑在内。图 9-21(c) 表明，对实现最大 Q 值的联合动作的学习最终可能会产生高方差，因为训练目标对 Q 值很敏感，尽管差异很细微。当 Q 值的差异太大，无法用分布距离来修正时，这两种方法可以达到相当的性能，这一点在图 9-21(f) 中也可以显示出来。此处，还提供了联合动作目标和 Actor 网络在前 50 万时间步长中给出的行动分布的归一化 KL 距离热度图，如图 9-22 所示。图 9-22 显示，一般来说，KL 散度随着训练过程的进行而减小，这表明，在算法中 Actor 从 Critic 那里学习到了协同行为。然而，在需要更多的协同来获得有效策略的场景中，如 MMM2 和 3s5z_vs_3s6z，将需要更长的时间来探索。

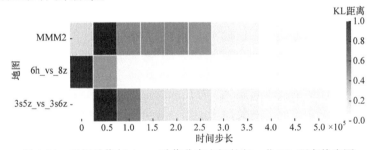

图 9-22　目标动作与 Actor 动作分布之间的归一化 KL 距离热度图

9.4.5　本节小结

本节首先讨论了 IGM 约束不可分解性以及价值分解方法如何在 IGM 约束不可分解任务中收敛到次优策略。此外，本节还介绍了一种新的互引导训练范式，单个智能体向采样的联合动作学习。基于这一训练范式，本节提出了一种新的方法，称为基于互引导的多智能体 Actor-Critic 算法，它克服了基于行动者批判的方法的样本效率低下和价值分解方法的次优探索问题。在 SMAC 基准上的实验表明，在各种情况下，特别是在极难情况下 MugAC 达到了最先进的性能。

9.5　双信道多智能体通信方法

MARL 算法是一种研究多个智能体在一个共享环境中学习与交互的算法。在通信方面，MARL 算法涉及智能体之间的信息传递与协作，以实现共同的目标。随着对多智能体系统的兴趣与研究不断增加，通信方法在 MARL 算法中的重要性也逐渐凸显出来。

传统的 MARL 通信方法主要包括直接通信、间接通信、合作与竞争。其中，直接通信是指智能体之间通过共享信息直接进行通信。这种方法简单直接，但可能导致信息泄露或者过度通信的问题。间接通信是指智能体之间通过环境间接交换信息，这种方法减少了直接通信可能出现的问题，但受到环境的限制。合作与竞争是指智能体通过合作或竞争的方式进行通信，其中合作可以是共同达成目标，而竞争则可能涉及信息隐藏或者干扰。

目前，随着深度学习在强化学习领域的广泛应用，一些基于深度学习的通信方法也开始受到关注。例如，在深度神经网络中引入注意力机制，使得智能体可以在信息传递时对不同的输入进行不同程度的关注，从而实现更加灵活的通信，或将通信过程建模为神经网络中的一部分，通过学习有效的通信策略来优化多智能体系统的性能。这种方法通常需要考虑到信息传递的效率与准确性。此外，还有一些研究利用博弈论与信息论的理论方法来研究多智能体通信问题。例如，使用博弈论将智能体之间的通信过程建模为博弈，分析不同策略下的收益与效用，从而找到最优的通信策略；还可以利用信息论的理论方法来分析智能体之间的信息交互，包括信息传输速率、信道容量等指标，从而优化通信过程。

9.5.1　双信道多智能体通信方法概述

随着多智能体通信技术与强化学习技术的发展，基于强化学习的多智能体通信方法逐渐受到更多研究者的关注。最近一些研究开始尝试将强化学习算法应用于多智能体通信的优化中。例如，使用自适应通信策略使智能体通过强化学习算法来学习自适应的通信策略，根据环境的变化调整通信行为，或者使用集中式训练分布式执行方法。在训练过程中，利用集中式方法对通信策略进行优化；而在执行阶段，采用分布式方法实现通信，从而平衡了训练复杂度与执行效率。

在现代通信系统中，双信道通信具有广泛的应用，但传统的通信方法在面对复杂的通信环境和动态的信道条件时可能表现不佳。因此，引入多智能体强化学习算法来优化双信道通信系统的性能具有重要意义。本章的动机在于探索并介绍如何利用多智能体强化学习算法来改善双信道通信的效率和可靠性。

具体而言，本节提出的双信道多智能体通信方法由两部分组成，分别是个体信道和小组信道[15]。其中，个体信道可以理解为常见的全连接神经网络(fully connected neural network，FCNN)，将个体部分记为 FC-I。每个智能体的输入为自身的观测 o，通过一个编码器将其编码为隐变量 h，然后将隐变量输入 FC-I 中得到下一层的个体通信隐变量。其具体公式为

$$h_i^{l+1} = f_{\text{FC-I}}^l\left(h_i^l\right)$$

本章使用了一种常见的残差结构进行信息的补充与重输入。通过类似的多次连接，可以得到更多层的隐变量 h，即

$$h_i^{l+2} = f_{\text{FC-I}}^{l+1}\left(h_i^l, f_{\text{FC-I}}^l\left(h_i^l\right)\right)$$

接下来便是双信道交互的重点，本章将个体信道中每一层得到的隐变量进行聚合，得到了隐变量矩阵 H 为

$$H^l = \text{concatenate}\left(h_i^l\right), \quad i = 1, 2, \cdots, N$$

然后，在隐变量矩阵 H 中，进行了隐变量池化，也就是说，通过池化的方式进行特征的缩减与聚合，使得个体信道中的隐变量被聚合到一起成为之后小组信道中所利用的小组特征，即

$$\tilde{h}^l = \{\max_i h_{id}^l \mid d = 1, 2, \cdots, D\}$$

在小组信道中，经过池化的小组特征同样也会经过类似的残差操作进行信息的补充与重输入，进行小组特征的捕获，即

$$\tilde{h}_i^l = f_{\text{FC-G}}^l\left(\tilde{h}_i^{l-1}, \text{pooling}\left(H^l\right)\right)$$

由此可以看出，本章提出的双信道通信模型是由个体信道的特征进行聚合和重建，并进一步输入到小组信道中，而小组信道通过多次学习便能得到小组特征。特别地，两个信道可以视作相互独立学习，因为在这个过程中设置了两个信道之间的梯度截断，这可以保证两个信道之间的学习互不影响。最后本章使用一个解码器将得到的两个信道的特征进行聚合与解码，得到对应的 Q 值并进行之后的 Q 学习。

$$q_i = \text{Decoder}\left(h_i^L + z\right)$$

9.5.2　实验结果与讨论

本节在交通拥塞多智能体环境中对提出的双信道多智能体通信方法进行了评测。交通拥塞多智能体环境是在交通系统中存在大量车辆智能体，它们相互作用并共同影响交通流量和拥堵情况的环境。在这个环境中，智能体可以是具有自主行动能力的个体，它们根据环境信息和个体目标做出决策，并通过相互通信或者物理交互来实现交通流的调节和控制。具体而言，该多智能体环境分为简单(图 9-23)、中等(图 9-24)、困难(图 9-25)三个难度的交通拥塞场景，智能体需要在交叉路口做出正确的决策，以避免车辆碰撞。

本节将提出的双信道多智能体通信方法与多种经典的多智能体通信方法进行了对比，对比的基线有 IQL、通信网络(CommNet)、图卷积通信网络(graph convolutional reinforcement learning，DGN)，特别地，本章提出的双信道多智能体通信方法名为

DC2Net。实验结果如图 9-23～图 9-25 所示，其中横坐标表示训练集数，纵坐标表示交通拥塞环境中的胜率。表 9-3 描述了在该三个场景中的具体胜率。

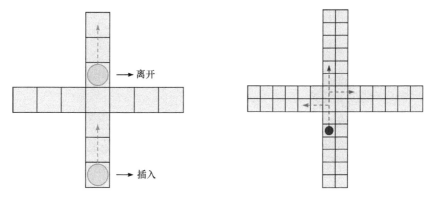

图 9-23　简单交通拥塞　　　　　　　　图 9-24　中等交通拥塞

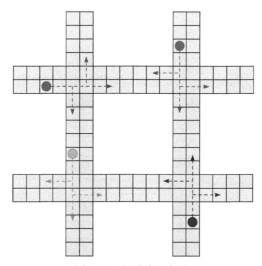

图 9-25　困难交通拥塞

表 9-3　三个场景的总体结果

模型	简单交通拥塞/%	中等交通拥塞/%	困难交通拥塞/%
IQL	99.02	97.02	89.88
CommNet	99.22	92.86	85.43
DGN	99.14	97.22	90.45
DC2Net	99.42	97.39	97.14

从实验结果中可以看出，本章提出的双信道多智能体通信方法在三种难度的

交通拥塞环境下均取得了优异的表现，其表现远超过其他三种基线方法。此外，实验还研究了多小组信道的训练问题。与训练单信道选择实现最大 Q 值不同，多小组信道的目标需要捕获更多的通信状态，以达到更好的通信效果。为此对多小组信道进行了降维可视化，如图 9-26 所示。图 9-26 表明，在使用了多小组信道时，多个小组信道可以捕获多个不同的通信状态，这对通信学习有巨大帮助，上述实验结果也证明了这一点。

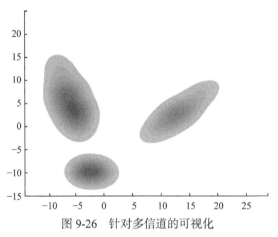

图 9-26　针对多信道的可视化

接着，本章对提出的双信道多智能体通信方法在通信代价方面的节约进行了研究。本章将其他两种基线通信方法与提出的方法在一个具有有限通信条件的环境中进行了实验。有限通信条件下的实验结果如图 9-27 所示。其中，图例中带有 "-B" 字样的为有限通信条件下的实验结果，而没有该字样的为全量通信条件下的实验结果。

可以看出，在有限通信条件下，DGN 和 CommNet 的通信效果均有所下降，其中 CommNet 的通信效果下降明显，且非常不稳定。而在有限通信条件下，本节提出的方法只有少量的性能下降，且其最终结果也与全量通信条件下的结果相差不大。

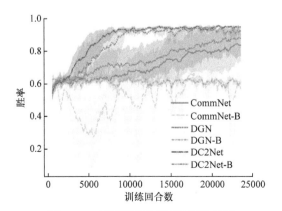

图 9-27　有限通信条件下的实验结果

9.5.3　本节小结

本节介绍了一种双信道通信模型，在该模型中，个体与小组两个信道同时进行了特征学习，实验结果表明该通信模型的有效性。此外，该方案大大减少了通信代价，在通信资源有限的条件下，该方案相较于其他多智能体通信方法有着更好的通信表现，这体现了该方法在通信资源方面的限制较小，可应用范围更为广泛、更有潜力。

9.6　基于有向图结构的通信代价约减方法

在大规模分布式系统中，通信成本通常是影响系统性能的关键因素之一。有效地减少通信成本对于提高系统的效率和可扩展性至关重要。本节将介绍一种基于有向图结构的通信代价约减方法，该方法通过对系统中的通信模式进行分析和优化，实现了通信成本的有效降低。

9.6.1　简介

在当今日益发展的大规模分布式系统中，通信成本一直是影响系统性能和可扩展性的关键因素之一。随着系统规模的不断扩大和数据量的增加，传统的通信优化方法已经难以满足系统的需求。因此，寻找一种能够有效降低通信成本的方法成为当务之急。传统的通信优化方法往往只考虑了局部的通信模式和数据流动，缺乏对系统整体结构的全局优化。然而，大规模分布式系统往往具有复杂的拓扑结构和多样化的通信模式，局部优化往往无法充分发挥作用。因此，需要一种能够全局优化通信代价的方法，以应对系统复杂性和通信量的增加。

基于该现状，本节提出基于有向图结构的通信代价约减方法。这种方法通过对系统整体的拓扑结构和通信模式进行深入分析和优化，实现了对通信成本的全局优化，从而提高了通信的效率和性能。与传统的基于局部优化的方法相比，基于有向图结构的通信代价约减方法具有更高的适用性和实用性，能够更好地满足大规模分布式系统的通信优化需求。

此外，大规模分布式系统通常涉及多个地理位置分布的节点和数据中心，网络拓扑结构复杂，通信成本高。因此，有效减少通信成本不仅能够提高系统性能，还能够降低系统运行的总成本，提升系统的可维护性和可扩展性。基于有向图结构的通信代价约减方法的提出和应用，将为大规模分布式系统的设计和实现带来新的机遇和挑战，推动分布式系统领域的研究和发展迈上新的台阶。

9.6.2　模型

有向图是图论中的一种基本概念，由一组顶点和一组有向边组成，边是有方向的，连接了图中的顶点对。有向图在许多领域有着广泛的应用，如计算机科学、网络工程、运筹学等。有向图结构包括顶点与边，其中有向图中的顶点是图的基本组成单元，通常表示实体或者事件。顶点之间通过有向边连接；有向图中的边是有方向的，从一个顶点指向另一个顶点。每条边都有一个起点和一个终点，表示从起点到终点的方向性关系。

有向图有着广泛的应用场景，例如，网络流量分析使用有向图表示网络中的数据流动情况，通过分析有向图的拓扑结构和边的流量信息，可以了解网络中数据的传输路径和通信状况。在社交网络分析和知识图谱构建中，有向图常用于表示实体之间的关系和连接，如用户之间的关注关系、网页之间的超链接关系等。在作业调度和任务分配等问题中，有向图可以用来表示任务之间的依赖关系和执行顺序，帮助优化任务执行的顺序和资源利用率。在网络路由和路径规划算法中，有向图常用于表示路由器之间的连接关系和数据包的传输路径，帮助选择最佳的路由和路径。

本章利用多智能体之间天然存在的交互关系，将智能体之间的通信行为建模为一个有向图，并将整个通信过程基于有向图使用三个阶段进行表示(图 9-28)，分别是通信拓扑构建阶段、信息发送阶段、信息接收阶段。

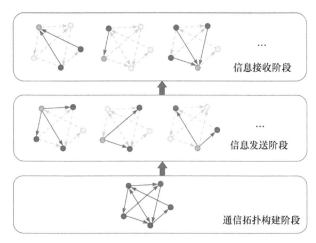

图 9-28　基于有向图的三阶段通信

首先是通信拓扑构建模块。在该模块中对通信矩阵的构建进行了低秩近似，利用两个低秩矩阵之积表示学习到的通信矩阵，其公式为

$$p\left(m_{\text{comm}}^{ij} \mid h_i, h_j\right) := \sum_{k=1}^{K} f_{\phi_1^k}\left(s_i \mid h_i\right) f_{\phi_2^k}\left(r_j \mid h_j\right)$$

为了避免采样过程中的梯度不能反向传播的问题，本节使用 Gumble-Softmax 方法进行重参数化，保证了通信矩阵的良好学习。

然后是信息发送模块。为了实现个性化通信，一种理想状态是智能体发送给不同智能体的信息都是各不相同的，保证了信息发送的多样性。具体地，在发送的信息后加上目标智能体的标识符也即 $\mathrm{ID}(j)$，并用一个全连接神经网络建模拼接后的信息。最终的通信发送矩阵为

$$m_s^{ij} = f_s\left(\mathrm{concatenate}\left(h_t^i, \mathrm{ID}(j)\right)\right), \quad M_s = \left[m_s^{ij}\right]_{n \times n}$$

最后是信息接收模块。为了实现个性化信息接收，一种理想状态是智能体接收的不同智能体发来的信息都要进行不同的处理，参照前述信息发送方式，一种直觉是用标识符拼接的方式建模新信息，但是神经网络对这些信息的学习同样面临二次复杂度的现实。

$$m_r^{ij} = f_r\left(\mathrm{concatenate}\left(m_s'^{ij}, \mathrm{ID}_j\right)\right), \quad M_r = \left[m_r^{ij}\right]_{n \times n}$$

为了避免二次复杂度的出现，本章使用了一种简单的仿射变换，将信息接收模块的神经网络的激活函数去掉，便可以使用仿射变换将原计算变为下述求和形式：

$$\sum_j g_r\left(\mathrm{concatenate}\left(m_s'^{ij}, \mathrm{ID}_j\right)\right) = g_r\left(\sum_j \mathrm{concatenate}\left(m_s'^{ij}, \mathrm{ID}_j\right)\right)$$

在进行了仿射变换后，该方案避免了二次计算复杂度，可以通过简单的线性计算进行学习。

9.6.3　实验结果与讨论

本节在位置占领环境、捕食者-猎物环境、谷歌足球环境三个经典的多智能体环境中对提出的多智能体个性化通信约减方法进行了评测。其中，位置占领环境(图 9-29)是一种模拟多个智能体在空间中占据不同位置的环境，每个智能体可以选择占据一个指定位置，而其他智能体避免同时占据同一个位置，这个环境通常用于研究多智能体系统中的资源分配、协作和竞争等问题。捕食者-猎物环境(图 9-30)是一种模拟捕食者和猎物之间相互作用和进化关系的环境，在这个环境中，捕食者智能体追逐并捕捉猎物智能体，而猎物智能体则试图逃脱或者防御捕食者智能体的攻击。谷歌足球环境(图 9-31)是由谷歌开发的一个模拟足球比赛的环境，旨在研究和促进机器人足球领域的发展，在这个环境中，多个智能体(机器人)组成不同的队伍，通过协作和竞争来实现进球和防守。

本节将提出的多智能体个性化通信约减方法与多种经典的多智能体通信方法进行对比，对比的基线有多智能体图学习通信(multi-agent graph inpormation communication，MAGIC)、定向多智能体通信(targeted multi-agent communication，TarMAC)、通信网络(communication network，CommNet)、DGN，特别地，本节

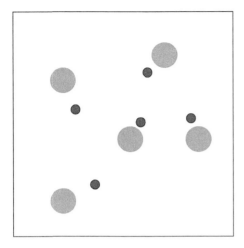

图 9-29　位置占领环境

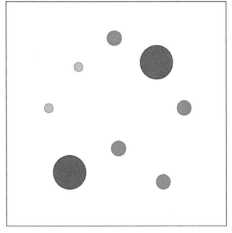

图 9-30　捕食者-猎物环境

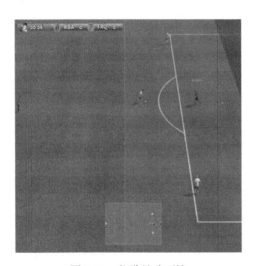

图 9-31　谷歌足球环境

提出的双信道多智能体通信方法称为 PMAC[16]。在位置占领环境、捕食者-猎物环境、谷歌足球环境的实验结果分别如图 9-32～图 9-34 所示，其中横坐标表示训练回合数，纵坐标表示不同环境中的胜率。

从实验结果中可以看出，在不同环境中，多智能体个性化通信缩减方法都取得了最好的效果。其中，在位置占领环境中，实验结果显示采用该方法后，智能体可以取得更优的效果，系统效率得到了明显提升。与传统的通信策略相比，采用多智能体个性化通信缩减方法的系统在同样的时间内学习速率更快，并且在资源分配和协作方面表现得更为高效。

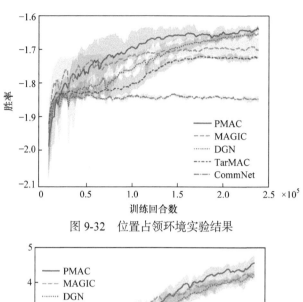

图 9-32　位置占领环境实验结果

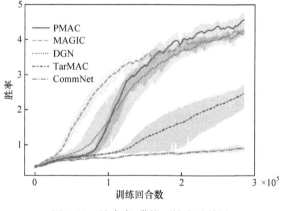

图 9-33　捕食者-猎物环境实验结果

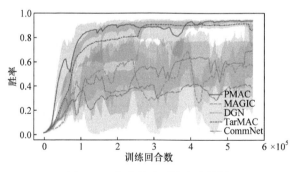

图 9-34　谷歌足球环境实验结果

在捕食者-猎物环境中，通过模拟捕食者和猎物之间的博弈过程，对多智能体个性化通信缩减方法进行了验证。实验结果显示，采用多智能体个性化通信缩减方法后，捕食者的捕食效率得到了显著提升，虽然前期的学习稍缓慢，但最终得到了最高的奖励,这是因为智能体根据个性化的通信策略更加灵活地选择了与其周围智能体的通信,避免了不必要的信息交换,从而提高了系统的整体效率和适应性。

在谷歌足球环境中的实验结果表明,采用多智能体个性化通信缩减方法后,球队内部的智能体学习十分稳定,球队的配合和协作能力有了显著提升。而其他对比方法则陷入了局部最优或者学习过程十分不稳定。这也是因为智能体根据个性化的通信策略能够更好地与队友协作,制定更加有效的战术策略,并在最后获得了最高奖励。

综合以上实验结果可以看出,多智能体个性化通信缩减方法在位置占领环境、捕食者-猎物环境和谷歌足球环境中表现出色。该方法能够有效减少智能体之间的通信量,提高系统的效率和性能,具有较好的通用性和实用性。这为未来其在多智能体系统中的应用提供了重要的启示和参考。

9.6.4　本节小结

传统的通信优化方法往往只考虑了局部的通信模式和数据流动,缺乏对系统整体结构的全局优化。而大规模分布式系统往往具有复杂的拓扑结构和多样化的通信模式,因此需要一种能够全局优化通信代价的方法。基于有向图结构的通信代价约减方法正是针对这一需求而提出的。本方法通过对系统整体的拓扑结构和通信模式进行分析和优化,实现了对通信代价的全局优化,从而提高了通信的效率和性能。此外,本方法不依赖特定的通信模式和拓扑结构,可以适用于各种类型的大规模分布式系统,并且具有较强的灵活性和通用性。最后,本方法的实现相对简单,可以通过对有向图的分析和优化来实现,易于在实际系统中进行应用和部署。

9.7　基于预测性贡献度量的多智能体系统信用分配方法

信用分配作为关键问题之一,决定了每个代理在 CTDE 中的贡献。其重要性体现在两个方面:一方面,每一步只给出一个共享奖励,因此很难衡量单个智能体的贡献;另一方面,糟糕的探索可能会损害整体性能,这可能会导致惰性智能体问题。一种流行的信用分配是值分解方法。值分解基于 IGM 约束的假设,这意味着最大化的集中 Q 值由相应地产生最大个体智能体 Q 值的动作组成。QMIX 作为最具代表性的值分解方法,在包括 SMAC 在内的一系列 CTDE 任务中取得了显著效果。在 IGM 约束假设之后,QMIX 中使用单调集中式 Q 值混合器来聚合单个 Q 值。COMA 通过集中的批评网络分配信用。COMA 利用反事实基线来衡量实际 Q 值与每个智能体的 Q 值期望之间的差异。本质上,COMA 解决了惰性智能体问题,反事实基线确保智能体探索是有益的。每个智能体的贡献测量是由其集中的 Critic 网络隐式地通过信息聚合来实现的。

　　然而，由于缺乏可区分的信号，很难用没有集中混合网络的方法来分配奖励。同时，策略梯度方法没有可聚合的 Q 值，全局状态的估计不能指导智能体策略的训练，而全局状态的估计与个体状态的相关性不满足 IGM 约束假设。在本节中，引入一种称为预测性贡献度量的显式信用分配，引入一个预测问题用于衡量智能体对全局状态的贡献程度。本节证明了给定一个最优预测器，预测误差与智能体和全局状态变换之间的相关性成反比。

9.7.1　多智能体近端策略优化算法

　　多智能体近端策略优化(multiagent proximal policy optimization, MAPPO)算法[17]给出了 PPO 算法在多智能体系统的一个扩展，MAPPO 算法为每个智能体训练了一个策略网络 π_θ 和状态价值函数网络 $V_\phi(s)$。全局观测信息 s 和 $V_\phi(s)$ 仅在训练中使用，不违反 CTDE 结构。

　　MAPPO 算法的结构本质上将一个多智能体任务视为多个单智能体任务。智能体之间的交互行为由单独的价值函数网络建模。但是，奖励是由所有智能体共享的，这可能会导致惰性代理问题。尽管 MAPPO 算法在多个多智能体任务上实现了高性能，但缺乏信用分配限制了该算法性能的进一步改进。

　　基于 Q 学习的 MARL 算法的值分解已经有很多成功的尝试，如 VDN、QMIX、QPLEX 等。值分解的一般结构是使用混合网络将单个 Q 值组合为单个集中式 Q 值。但是，非显式分解不适用于 MAPPO 算法，因为价值函数不估计每个智能体的动作值，状态值的组合不利于个体策略网络的训练。因此，MAPPO 算法的信用分配需要对每个代理的性能进行显式分解。

　　在 CTDE 结构下的多智能体任务中，奖励由所有智能体共享，这意味着信用分配没有现成的值。

9.7.2　预测性贡献度量

　　本节介绍一个信用分配的预测任务。给定智能体 i 的观察和动作，将训练单个预测器来预测下一个全局状态。预测目标是下一个全局状态 s' 的 k 维表示，标记为 $T(s')$。令 $g(o_i, a_i)$ 表示智能体 i 对状态转移个体的影响，如个体造成或承受的伤害，$h(s \to s', a_i), i = 1, 2, 3, \cdots, n$ 表示状态 s 和智能体除了 $g(o_i, a_i)$ 的协同行为对状态转换的影响，如合作攻击。因此，在这个分解中，$g(o_i, a_i)$ 是彼此独立的。预测目标可以表示为

$$T(s') = h(s \to s', a) + \sum_{i=1}^{n} g(o_i, a_i) \tag{9-41}$$

其中，$a = (a_1, a_2, \cdots, a_n)$ 是所有智能体的联合动作。

由于智能体的影响是独立的，最佳预测器应该给出环境和未知智能体的影响的期望以及智能体的精确效果，可以表示为

$$\hat{T}^*(s'|\,o_i,a_i) = E\big[h(s \to s',a)\big] + g(o_i,a_i) \\ + E\bigg[\sum_{j \neq i} g(o_j,a_j)\bigg]$$

(9-42)

因此，一个智能体 i 最优预测的平方误差可以表示为

$$e_i^* = \bigg\{h(s \to s',a) - E\big[h(s \to s',a)\big] + \sum_{j \neq i} g(o_j,a_j) - E\big[g(o_j,a_j)\big]\bigg\}^2$$

(9-43)

定理 9-3　给定一个最优预测器，e_i^* 与全局状态转移和智能体 i 之间的相关性成反比。

证明　记 $S = h(s \to s',a) - E\big[h(s \to s',a)\big]$，且 $X_i = g(o_i,a_i) - E\big[g(o_i,a_i)\big]$，则最优预测误差可以被重写为

$$e_i^* = \bigg(S + \sum_{j \neq i} X_j\bigg)^2$$

(9-44)

根据定义可知，S 和 X_i 的期望都是 0，且因为算法使用的是同一个预测器，所以对于任意的 $i \neq j$，满足 $D[X_i] = D[X_j]$。所以，误差的期望满足

$$E\big[e_i^*\big] = E\bigg[\bigg(S + \sum_{j \neq i} X_j\bigg)^2\bigg] \\ = E\bigg[\bigg(S + \sum_{j \neq i} X_j\bigg)^2\bigg] + E^2\bigg[S + \sum_{j \neq i} X_j\bigg] \\ = D\bigg[S + \sum_{j \neq i} X_j\bigg]$$

(9-45)

由于 $g(o_i,a_i)$ 之间相互独立，所以有 $\mathrm{Cov}(X_i,X_j) = 0$。式(9-45)可进一步转化为

$$E\big[e_i^*\big] = D\bigg[S + \sum_{j \neq i} X_j\bigg] \\ = D[S] + \sum_{j \neq i} D\big[X_j\big] + 2\sum_{j \neq i} C\mathrm{ov}(S,X_j)$$

(9-46)

对于任意的 $i,j \in \{1,2,\cdots,n\}, i \neq j$，有

$$\begin{aligned}
E\left[e_i^*\right] - E\left[e_j^*\right] &= D[X_j] + 2\mathrm{Cov}\left(S, X_j\right) - D[X_i] - 2\mathrm{Cov}\left(S, X_i\right) \\
&= 2\left(\mathrm{Cov}\left(S, X_j\right) - \mathrm{Cov}\left(S, X_i\right)\right) \\
&= 2\left(\mathrm{Cov}\left(h(s \to s', a), g\left(o_j, a_j\right)\right)\right. \\
&\quad \left. - \mathrm{Cov}\left(h(s \to s', a), g\left(o_i, a_i\right)\right)\right)
\end{aligned} \tag{9-47}$$

因此，e_i^* 与全局状态转移和智能体 i 之间的相关性成反比。

9.7.3　PC-MAPPO 算法

9.7.2 节证明了个体和全局状态转移之间的相关性与预测误差成反比。本节提出了基于预测性贡献(predictive contribution，PC)度量的 MAPPO 算法的变体(称为 PC-MAPPO 算法)。与 MAPPO 算法相比，PC-MAPPO 算法维护了两个额外的网络：混淆器和预测器，这两个网络都只在训练期间使用。

1. 混淆器

在时间步 t，混淆器 f_o 将下一个全局状态 s_{t+1} 作为输入，并将 s_{t+1} 的 k 维表示形式输出为 $f_o(s_{t+1})$。f_o 包含一个全连接层，后跟一个 tanh 非线性激活函数。由于定理 3 对目标表示没有限制，所以 f_o 不需要优化。在实践中，随机初始化 f_o 并在整个训练过程中保持不变。

2. 预测器

带有参数 θ_p 的预测器 f_p 将个体观测 O_t^i 与智能体 i 在时间步 t 的动作 a_t^i 连接作为输入，并输出预测 $f_p\left(o_t^i, a_t^i\right)$。预测器的主要结构是一个 4 层的全连接层，其中一个层正则化作为数据预处理层。预测器使用均方误差进行训练：

$$L^P\left(\theta_p\right) = \frac{1}{n} \sum_{i=1}^{n} \left(f_o\left(s_{t+1}\right) - f_p\left(o_t^i, a_t^i\right)\right)^2 \tag{9-48}$$

3. 重分配替代奖励

基于定理 3，全局奖励 r 可以根据式(9-49)被重分配至每个智能体，即

$$\hat{r}^i = n \times r \times \frac{\mathrm{e}^{-\left(f_o(s_{t+1}) - f_p\left(o_t^i, a_t^i\right)\right)^2}}{\sum\limits_{j=1}^{n} \mathrm{e}^{-\left(f_o(s_{t+1}) - f_p\left(o_t^i, a_t^i\right)\right)^2}} \tag{9-49}$$

其中，n 表示智能体的数量。

然而，式(9-49)并不直接适用于训练过程。其原因有二：首先，预测器在训练的早期阶段没有获得有效的性能来满足或近似定理 3 的假设。因此，算法在实践中设置了一个热身阶段(warm up，WU)。在热身阶段，奖励仍然由所有代理共享，这与 MAPPO 算法相同，奖励分配将在热身阶段结束时应用。其次，预测误差的期望值随着训练过程而降低，不稳定的预测误差不利于训练。因此，必须使用退火温度参数对预测误差进行归一化，以控制预测误差对替代奖励的影响。在实践中，采用以下操作进行归一化：

$$\hat{e}_t^i = \frac{e_t^i}{\left(\dfrac{1}{n}\displaystyle\sum_{j=1}^{n} e_t^j\right)\left(\dfrac{1}{nT}\displaystyle\sum_{t=1}^{T}\sum_{j=1}^{n} e_t^j\right)} \tag{9-50}$$

其中，$e_t^j = \left(f_o\left(s_{t+1}\right) - f_p\left(o_t^i, a_t^i\right)\right)^2$。

在实践中考虑 $e_t^j > 1$，这种归一化比期望归一化具有更好的方差。同时，预测误差的期望值随着训练次数的增加而降低，将平均预测误差作为退火温度参数，则式(9-49)可以重写为

$$\hat{r}^i = n \times r \times \frac{e^{-\hat{e}_t^i}}{\displaystyle\sum_{j=1}^{n} e^{-\hat{e}_t^i}} \tag{9-51}$$

9.7.4　实验结果与讨论

为了证明 PC-MAPPO 算法的有效性，本节在星际争霸多智能体挑战赛中使用最先进的基线评估 PC-MAPPO 算法，即 MAPPO 算法、QMIX 和 WQMIX。

1. 训练设定

由于 PC-MAPPO 算法和 MAPPO 算法不是基于值分解的方法，所以在每个智能体的训练期间都使用了扩展观察。根据 MAPPO 算法的建议，全局特征修剪(feature-pruned agent-specific global state，FP)优于连接全局状态特征和智能体特定特征(agent-specific global state，AS)。然而，特征修剪智能体特定全局状态的实现需要修改环境。考虑到与基于值分解的方法比较的公平性和易于扩展到其他无法修改的任务，本节在 PC-MAPPO 算法和 MAPPO 算法中采用 AS 作为扩展观察。为了稳定价值函数的价值训练，算法利用运行平均值归一化来进行广义优势估计和优势计算。至于其他训练超参数，在主要实验中，每个训练轮次设置为 1，价值损失系数 $c_1 = 1$ 和熵系数 $c_2 = 0.01$。每种方法在全长场景的每个回合之后进行训练，并在每 200 个回合之后评估 32 回合。在每次训练运行单个回合时，采用平滑

滑动缓冲区，以减小 MAPPO 算法和 PC-MAPPO 算法的方差。每个网络的隐含层大小设置为 64。最大整体推出时间步长为 1×10^7。

2. 实验结果

本节在几个 SMAC 极难地图上评估了算法，如 6h_vs_8z、3s5z_vs_3s6z、MMM2 和 corridor，因为这些地图检查了有助于区分算法优势和劣势的不同能力，所以这些地图的最佳策略彼此不同。图 9-35 展示了算法与最先进的基线相比的中值性能。

在这些地图中，PC-MAPPO 算法在 6h_vs_8z、3s5z_vs_3s6z 和 corridor 上均优于其他最先进的基线。在地图 6h_vs_8z 上，具有预训练预测器(pre-training predictor, PP)的 PC-MAPPO 算法习得了一种高性能策略，并实现了与 WQMIX 相似的 60%胜率。然而 WQMIX 在训练的中期表现出明显大于 PC-MAPPO 算法的方差。PC-MAPPO 算法实现了与 MAPPO 算法类似的性能，而 QMIX 在此地图中失败。在其他 3 幅地图上，WQMIX 的性能都比 QMIX 差。在地图 3s5z_vs_3s6z 上，具有预训练预测器的 PC-MAPPO 算法以较大的优势优于其他所有算法。预训练预测器和热身 PC-MAPPO 算法均以 80%左右的胜率结束，并且比所有基线方法更快地学习可获胜策略。但是，MMM2 暴露了 PC-MAPPO 算法的一个弱点，即如果盟友包含某种角色，该角色在与其他盟友不同的维度上为团队做出贡献，预测贡献测量需要高精度和低方差数据来进行良好的信用分配。MMM2 由 1 个

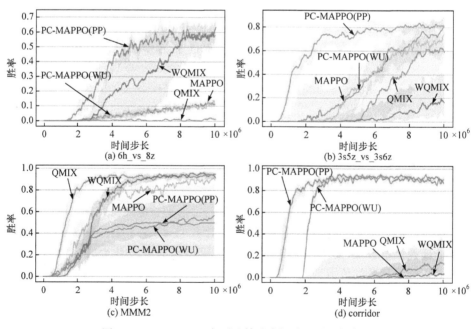

图 9-35　PC-MAPPO 与对比算法在极难地图上的表现

Medivac、2 个 Marauders 和 7 个 Marines 组成，Medivac 的工作是治疗盟友，而 Marauders 和 Marines 的作用则应该是对敌方造成伤害。在主要实验中，所有方法都设置为在每一回合之后进行训练，以实现公平竞争。一方面，如果在 PC-MAPPO 算法的训练中使用平滑滑动缓冲区，数据方差小，但准确率低；另一方面，如果不采用平滑滑动缓冲区，数据准确率高，但方差大。因此，PC-MAPPO 算法在主要实验中表现不佳，但在每 8 回合后进行训练的数据效率实验中表现出色。在 corridor 上，算法显示出比所有其他算法更高的性能。预测贡献测量完美地分配信用以实现获胜策略。

3. 数据效率实验

数据效率实验表现如图 9-36 所示，具有热身阶段(warm up，WU)的 PC-MAPPO 算法在 3s5z_vs_3s6z 和 corridor 上优于所有其他基线，并在 6h_vs_8z 和 MMM2 上获得了相当于 MAPPO 算法的表现。借助预训练预测器，PC-MAPPO 算法在所有地图上都取得了更优的性能。一般来说，在相同的训练步骤中，PC-MAPPO 算法和 MAPPO 算法相比 QMIX 和 WQMIX 实现了更高的效率，同时保证每种算法的实验具有相似的运行时间。在 6h_vs_8z 上，尽管 PC-MAPPO 算法的性能与 MAPPO 算法相似，但预训练预测器有助于算法更早获得有效的策略。在 3s5z_vs_3s6z 上，PC-MAPPO (WU)算法和 PC-MAPPO (PP)算法实现了相当的最终性能，然而预训练预测器帮助 PC-MAPPO 算法在很早的阶段学习高性能策

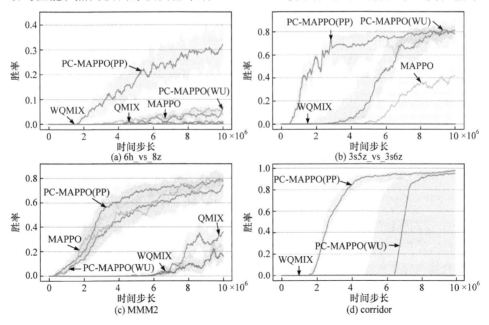

图 9-36　数据效率实验表现

略。MAPPO 算法、QMIX 和 WQMIX 在 corridor 上的所有运行均以失败告终，然而 PC-MAPPO(WU)算法在某些运行中在训练后期逃避了次优策略。预训练预测器使训练更加高效和稳定，使得算法在所有运行的早期阶段找到了最优策略。在 MMM2 上，预测贡献测量受益于单个训练步骤的并行设置，与每回合之后的训练相比，提供了更高的准确性和更低的方差数据。

并行训练结果表明，与值分解方法不同，MAPPO 算法表现出更高的效率，而预测贡献测量有助于 MAPPO 算法处理需要更多协作的场景并实现了最优策略。

4. 消融实验

本节研究了混淆器、预训练预测器和热身比例的影响。

1) 混淆器

混淆器在算法中扮演了两个主要角色。首先，混淆器将离散的全局状态信息投影为连续的高维表示。其次，它由一个随机初始化的神经网络组成，投影使每个维度与所有代理相关联，否则将违反定理 3 的假设。图 9-37 显示了在 MMM2 上使用和未使用混淆器的 PC-MAPPO 算法中值回报的比较。本节评估了混淆器在这幅地图上的效果，因为 MMM2 中的盟友包括 1 个 Medivac、2 个 Marauders 和 7 个 Marines。Medivac 需要治愈受伤的 Marauders 和 Marines，这使得 Medivac 对状态转换的影响与其他盟友完全不同。使用混淆器的 PC-MAPPO 算法比未使用混淆器的 PC-MAPPO 算法表现出更优和更稳定的性能。

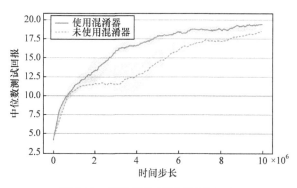

图 9-37　消融实验-混淆器(MMM2)

2) 预训练预测器

在实验中，预训练预测器帮助 PC-MAPPO 算法的性能大大优于其他算法。本节研究预训练预测器需要多少步才能在实验中实现性能。本节测试了 1 万、2 万、5 万和 1000 万步预训练，并绘制了如图 9-38 所示的训练曲线。由于此处仍然在训练期间调整预测器，所以四次运行都会收敛到具有等效效果的策略。500 万步的方差问题是由预测器训练的不稳定性造成的。

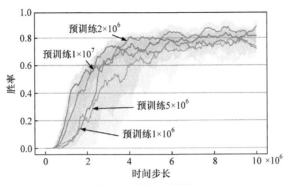

图 9-38 消融实验-预训练预测器(3s5z_vs_3s6z)

3) 热身比例

通过测试所有时间步长的 10%、15% 和 20% 作为热身阶段。图 9-39 给出了这 3 种设置的训练曲线。其中，10% 的热身比例比其他两个比例表现更好。尽管 15% 的热身比例在某些轮次中取得了最好的结果，但它也有很大的方差。20% 的热身比例使得具有替代奖励的训练步骤太少而无法获得更高的回报。

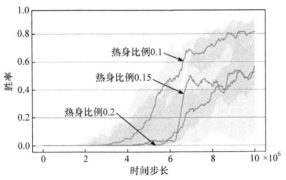

图 9-39 消融实验-热身比例(3s5z_vs_3s6z)

9.7.5 本节小结

本节为基于策略梯度的 MARL 算法提出了一种新颖的信用分配工具。本节证明了全局状态信息的预测误差能够衡量不同代理的贡献。基于预测贡献测量，本节引入了 PC-MAPPO 算法，它通过显式信用分配采用代理奖励。在 SMAC 极难地图上的实验表明，该算法优于最先进的基线，如 MAPPO 算法、QMIX 和 WQMIX。同时，使用预训练预测器，算法在所有地图上都获得了更好的性能。

9.8　本　章　小　结

本章深入分析了学习策略如何使群体机器人能够在复杂环境中自适应地调整

协同策略。本章以强化学习为算法核心，通过设计多种不同的学习机制，使群体机器人能够不断优化其决策过程，提高协同作业的效率和成功率。这些学习策略不仅使机器人能够学习到最优的个体行为策略，还能够促进群体层面的协同决策，实现更加高效的任务分配、资源调度和冲突解决。本章揭示了学习策略在群体机器人协同作业中的巨大潜力，同时也展示了这一领域在技术创新和实际应用中的广阔前景，未来基于学习策略的群体机器人协同方法将在多智能体系统的设计和应用中发挥越来越重要的作用。

参 考 文 献

[1] Lowe R, Wu Y I, Tamar A, et al. Multi-agent actor-critic for mixed cooperative-competitive environments[C]. Proceedings of the 31st International Conference on Neural Information Processing Systems, Long Beach, 2017: 6382-6393.

[2] Sunehag P, Lever G, Gruslys A, et al. Value-decomposition networks for cooperative multi-agent learning[EB/OL]. https://doi.org/10.48550/arXiv.1706.05296[2024-10-23].

[3] Foerster J, Farquhar G, Afouras T, et al. Counterfactual multi-agent policy gradients[C]. Proceedings of the AAAI Conference on Artificial Intelligence, Sydney, 2018, 32(1).

[4] Rashid T, Samvelyan M, de Witt C S, et al. Monotonic value function factorisation for deep multi-agent reinforcement learning[J]. The Journal of Machine Learning Research, 2020, 21(1): 7234-7284.

[5] Sukhbaatar S, Fergus R. Learning multiagent communication with backpropagation[C]. Proceedings of the 30th International Conference on Neural Information Processing Systems, Barcelona, 2016: 2252-2260.

[6] Yang Y, Luo R, Li M, et al. Mean field multi-agent reinforcement learning[C]. International Conference on Machine Learning, Stockholm, 2018: 5571-5580.

[7] Iqbal S, Sha F. Actor-attention-critic for multi-agent reinforcement learning[C]. International Conference on Machine Learning, Vancouver, 2019: 2961-2970.

[8] Tan M. Multi-agent reinforcement learning: Independent vs. cooperative agents[C]. Proceedings of the 10th International Conference on Machine Learning, Amsterdam, 1993: 330-337.

[9] Hoshen Y. Vain: Attentional multi-agent predictive modeling[J]. Advances in neural information processing systems, 2017, 1(3): 30.

[10] Son K, Kim D, Kang W J, et al. QTRAN: Learning to factorize with transformation for cooperative multi-agent reinforcement learning[C]. International Conference on Machine Learning, Van conver, 2019: 5887-5896.

[11] Yao X, Wen C, Wang Y, et al. SMIX (λ): Enhancing centralized value functions for cooperative multi-agent reinforcement learning[J]. IEEE Transactions on Neural Networks and Learning Systems, 2023(34):52-63.

[12] Mahajan A, Rashid T, Samvelyan M, et al. Maven: Multi-agent variational exploration[J]. Advances in Neural Information Processing Systems, 2019, 32: 7611-7622.

[13] Su J, Adams S, Beling P A. Value-decomposition multi-agent actor-critics[J]. Proceedings of the AAAI Conference on Artificial Intelligence, 2021, 35(13): 11352-11360.

[14] Rashid T, Farquhar G, Peng B, et al. Weighted QMIX: Expanding monotonic value function factorisation for deep multi-agent reinforcement learning[J]. Advances in Neural Information Processing Systems, 2020, 33: 10199-10210.

[15] Meng X R, Tan Y. Learning group-level information integration in multi-agent communication[C]. Proceedings of the 2023 International Conference on Autonomous Agents and Multiagent Systems, London, 2023: 2601-2603.

[16] Meng X R, Tan Y. PMAC: Personalized multi-agent communication[J]. Proceedings of the AAAI Conference on Artificial Intelligence, 2024, 38(16): 17505-17513.

[17] Yu C, Velu A, Vinitsky E, et al. The surprising effectiveness of PPO in cooperative, multi-agent games[EB/OL]. https://doi.org/10.48550/arXiv.2103.01955[2024-10-23].

第 10 章 群体机器人模拟平台

10.1 模 拟 平 台

本书的所有问题和算法都在计算机上进行实验和模拟，其硬件条件包括 Intel i5 2300 CPU、4G 内存、GeForce 430M 独立显卡等，配套软件包括 Vistual Studio 2010 和 MATLAB 等编程平台，以及 DirectX 等运行环境。

在本书的所有群体机器人多目标搜索实验中，已经利用 XNA Framework[1]运行环境搭建了一个群体机器人的模拟实验平台，在该平台上可以实现对于机器人群体和环境信息的三维模拟。模拟平台支持自定义群体机器人算法、问题和环境限制条件，并且提供了可视化接口，可以直观地显示群体机器人当前的运行状态，以及相关统计信息，如运行时间、总移动距离等。

平台使用 Visual Studio 2010 集成环境进行编译，可以实现三维显示效果、屏幕截图和多线程并行计算等功能，对于算法的设计和调试具有很大帮助。关于 XNA Framework 的资源可以很方便地在网络上获取。

为了提高模拟平台的复用性，可以将整个程序分为三部分：核心算法模块、三维演示模块和并行测试模块。其中，核心算法模块包括所有问题和算法的具体实现；三维演示模块包括在图形用户界面上对算法进行设置、显示和运行控制等；并行测试模块用于对算法进行大规模测试，支持并行运行不同参数变化范围下的多组实验。

10.1.1 核心算法模块

模拟平台的核心部分是核心算法模块，共分为 6 个模块：环境、问题、算法、个体、运行状态和传感器。核心算法模块中的 6 个模块可以分为三类：问题无关模块、问题相关模块和算法相关模块，这三类从上到下分别是一对多的映射。问题无关模块表示该模块针对所有问题通用，即模拟环境中增加新的问题时不需要更新这些模块；问题相关模块用于定义问题所需的模拟部分，当模拟平台中加入新的搜索问题时，需要实现的模块；最后一个是算法相关模块，一个问题可能会对应多种算法用于解决该问题，因此每一个算法需要实现一次，同一问题的多个算法具有统一的接口，并且与问题相关的模块进行交互，获取全局常量信息等。模拟平台核心算法模块设计图如图 10-1 所示。

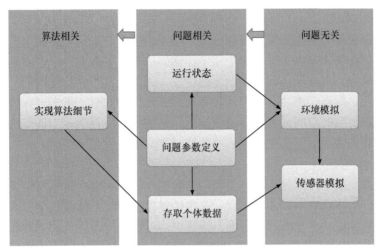

图 10-1　模拟平台核心算法模块设计图

为了便于并行测试，模拟演示程序将运算模块和存储模块分离。在这 6 个模块中，问题模块和算法模块不存储除了自身参数之外的任何数据。环境模块表示一次模拟演示，存储所有需要的环境物体、个体和其他运行状态信息。算法模块中的数据对应于每个个体，因此存储在个体模块中。运行状态模块表示当前问题的运行状态，包括各种测试指标，如迭代次数、移动距离等，用于模拟演示和并行测试时的结果输出。因此，在并行测试时，只需要根据相同参数初始化一次问题和算法模块即可，所有数据都保存在环境模块中，并行的所有实验都需要初始化一个环境模块。与此同时，环境模块在不同的演示中也可以复用，提高了程序的性能。

这六个功能模块的详细说明如下所示。

1) 环境模块

环境模块主要用于模拟和存储群体机器人的运行环境，包括地图、障碍物、目标等信息，同时负责计算每个个体的邻域感知信息，如邻近个体、附近的障碍物和假目标位置等。环境噪声的计算直接作用于个体和环境物体之间的距离上，因此其也是在环境模块中进行的。同时，环境模块还负责处理碰撞信息等环境交互，因此环境模块是与问题无关的，可以在多个问题中实现复用。

2) 问题模块

问题模块用于定义问题的基本参数，如个体感知范围、目标数量等。问题模块还负责问题相关部分内容的计算，包括群体和环境的初始状态定义、随机生成障碍物和目标分布、计算个体适应度值以及如何收集目标等。问题模块的计算负责与问题相关和与算法无关的内容，如目标收集、个体能量消耗等。因此，同一个问题可以实现多个算法，同一算法也可以应用到多个问题上。

3) 算法模块

算法模块即为算法实现的核心模块，用于模拟每一次迭代中每个个体的实际行为控制。在算法模块中，根据个体中存储的数据，每次对一个个体进行更新。在算法模块中，不存储任何关于个体的信息，因此所有个体均使用同一个算法模块进行更新，提高了模块的复用性和算法的并行性。同时，考虑到算法模块在计算中可能需要临时空间或者记录历史信息，这些内容也存储在个体模块中。这样在并行计算群体的更新公式时，算法的临时空间不会发生冲突。

4) 个体模块

个体模块用于存储每个机器人个体的数据，即其主要由传感器组成。根据问题的不同，个体具有不同的传感器，这些传感器存储在个体模块中，因此个体模块是问题相关模块。在模拟平台中，个体模块仅负责对个体当前感知和状态数据的存储(更新由环境模块和问题模块负责)，而不进行群体协同上的控制。传感器的更新由环境模块和问题模块进行。例如，在计算适应度值时，环境模块负责计算个体和所有目标之间的距离，而问题模块负责根据这些距离计算出个体的最终适应度值。这主要是由于在不同问题中，适应度值的计算方法可能不同。

5) 运行状态模块

运行状态模块存储在环境模块中，包括所有问题相关的模拟演示状态信息，如迭代次数、移动距离、收集的目标数量、发生的碰撞次数等。这些信息是由问题模块进行更新的，最终用于界面显示或者实验测试的结果输出。因此，障碍物或者目标的位置信息不需要在运行状态类中进行记录，因为在实验结果中不需要记录这些内容。由于算法的评价指标与问题相关，所以运行状态模块是问题相关模块。

6) 传感器模块

每个传感器模拟一种机器人个体感知环境或邻域能力。传感器模块对环境模块计算出的数据进行封装，确保算法在访问个体的传感器模块时只能访问当前个体可以获取的邻域信息，确保算法的可扩展性和局部性，保证算法在将来移植到机器人实体中不会出现问题。

10.1.2　三维演示模块

在算法的设计和调试阶段，需要在可视化的界面中查看算法的运行情况。三维演示模块就是提供这一解决方案的模块。本书基于 XNA Framwork 实现了界面的控件库，并且在这一控件库的基础上实现了该模块。该模块包括两个界面：参数设置和模拟演示。在参数设置中，可以手动调节环境、问题和算法三个模块中的参数(其他模块没有参数)，方便对问题和算法进行参数调节和观察优劣势；在模拟演示中，显示算法的实际运行状况，并且可以调节运行速度、缩放和旋转等。

三维演示模块截图如图 10-2 所示。

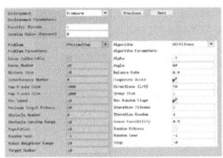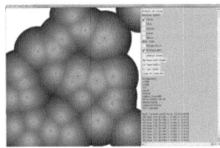

　　　　(a) 参数设置界面　　　　　　　　　　　　　(b) 模拟运行界面

图 10-2　三维演示模块截图

在参数设置界面中，可以详细设置各个模块的参数。这些参数有些是在设计阶段引入的，但是根据调试的结果，可以选择比较合适的取值，最后在实际的实验中保持固定值，作为算法的常量而非变量。

模拟运行界面用于显示问题和算法的模拟状态，包括运行状态模块中的信息和环境物体的位置、产生的适应度值效果等。由于涉及问题模块和运行状态模块，所以模拟运行界面是与问题相关的。同时，模拟运行界面通过自定义的控件库与 XNA Framework 之间进行沟通。在显示的每一帧中，首先调用算法核心模块更新群体信息，然后将更新后的群体状态在屏幕上显示，包括个体和环境物体的位置以及当前的运行状态等。

10.1.3　并行测试模块

在并行测试阶段，主要用于并行实验验证提出的算法在不同的环境和算法参数上的实验性能。在该阶段，不需要进行三维演示，只需要根据给出的参数变化范围和参数的组合方式运行所有实验，并且将相同参数的结果聚集起来输出。并行测试模块截图如图 10-3 所示。在该模块中，为了方便测试，可以动态调节并行的线程数量，还支持多种参数的组合方式。同时，在程序中只需要输出运行状态即可，因此不需要额外增加代码量即可实现并行算法测试，提高了复用性和便利性。

在并行测试模块中，测试模块会自动记录运行状态模块中的所有数据，并且自动计算相同参数在所有随机生成地图上结果的平均值。因此，当新增加了一个问题或者算法时，在测试模块不需要进行额外的代码编写即可设置所需参数，并对算法进行测试，大幅度提高了代码的复用性和实验效率。

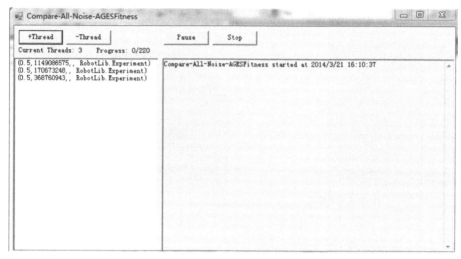

图 10-3　并行测试模块截图

10.2　机器人邻域的快速计算

10.2.1　问题背景

在群体机器人系统中，个体可以在一定范围内检测邻近的个体，并与之交换自身的位置、状态以及环境信息，这是一切群体协同的基础。在模拟演示程序中，机器人邻域的计算是十分重要的，本书提出了一种索引 K-D 树来解决该问题[2]。在实体机器人中，个体可以通过传感器和通信等方式实现这一过程[3,4]。然而在模拟演示中，这一切都需要模拟程序根据机器人间的距离进行计算。

1. 在模拟演示程序中机器人邻域计算

在模拟演示程序中，机器人的感知范围是固定的，而且一般是正方形或者圆形(在三维情况下，则是正方体或者球体)。机器人在每一次迭代都需要计算感知范围内的所有个体，即个体的邻域。此外，模拟程序还需要计算机器人附近的环境物体，如障碍物等；或者根据个体和目标之间的距离计算该个体的适应度值。这些环境物体可能在很多方面有所差异，如是运动的还是静止的(追踪的目标)、在运行中可能消失(被收集的目标)、尺寸以及感知范围的差异(如障碍物和目标)，甚至其感知范围是可变的(EPCS 问题中的目标)等。

在模拟演示中，这一系列问题的核心是计算个体与其他个体以及环境物体之间的距离，并且找出所有在其感知范围内的个体和物体。因此，机器人的邻域计算问题可以转化为一系列的范围搜索问题[5-7]。每一个范围搜索问题定义如下。

存在一个常量 D，两个集合 R 和 Q，对 $\forall P_i \in R$，需要计算 N 和 O 两个邻接矩阵，其定义如式(10-1)和式(10-2)所示。

$$N_{ij} = \begin{cases} \|P_i - P_j\|, & \|P_i - P_j\| \leqslant D \\ \infty, & \|P_i - P_j\| > D \end{cases}, \forall P_i, P_j \in R \tag{10-1}$$

$$O_{ij} = \begin{cases} \|P_i - Q_j\|, & P_i \in Q_j \\ \infty, & P_i \notin Q_j \end{cases}, \forall P_i \in R, \forall Q_j \in Q \tag{10-2}$$

其中，D 是机器人感知半径；R 是一个包含一系列点的集合(即机器人的位置集合)；Q 是一系列搜索范围的集合(环境物体及其影响范围)；N 是所有个体的邻接矩阵；O 是个体和所有物体的邻接矩阵；$\|P_i - Q_j\|$ 是个体 i 和物体 j 之间的实际距离；$P_i \in Q_j$ 表示个体 i 在物体 j 的影响范围之内。

需要注意的是，集合 R 和 Q 中的个体位置和物体的影响范围可能会随着模拟的进行而发生变化，两种集合中的元素也可能会在模拟中动态地添加或者删除。

这两个矩阵的计算都可以转化为一系列的范围搜索问题[8,9]。一个最简单的实现方法就是计算所有距离，即个体与个体的距离和个体与物体的距离，然后根据感知半径或者影响范围进行筛选。显然，这一方法的计算复杂度是 $O(n(n+o))$，其中，n 为群体大小，o 为所有物体的数量。显然，当问题规模较小时，这一方法的性能是可以接受的。然而对于群体机器人的演示系统，大规模的环境设置是必需的，因此这一方法并不适用。

2. K-D 树

Bentley[10]于 1975 年提出的 K-D 树是一个在 k 维空间上进行空间划分的索引数据结构。K-D 树是一个扩展的二叉树，每个非叶节点表示在一个特定维度对空间进行超平面划分，划分维度与节点的高度有关。在这一维较小的点全部存储在非叶节点的左子树，这一维较大的点存储在右子树。

K-D 树作为通用的索引结构在很多应用问题中都有广泛的运用，如范围搜索[5,6]或者最近邻搜索[9-11]、计算高维信息熵[12]或者在射线追踪中进行定位[13-15]等。目前，关于 K-D 树的研究和应用主要集中在快速遍历和高速构建等比较泛化的问题上，对于其在特定问题上的运用，则研究得比较少。

10.2.2　索引 K-D 树

从群体机器人的问题定义中可以看出，群体机器人的邻域计算有很多可以充分利用的条件，如个体与个体之间的邻域(式(10-1)中的 N)是对称的、个体在每一次迭代的移动距离是受限的等。充分发挥这一特性可以大幅度减少计算邻域所需要时间，而传统的一般都是通用算法，因此本节将在传统通用算法的基础上进行修改，提出一个充分利用群体机器人特性的快速计算邻域的方法，并将其在演示程序中进行测试。机器人邻域计算中的范围搜索可以分成式(10-1)和式(10-2)对应的两部分：以个体或者环境物体为范围中心的搜索。由于不同环境物体的影响范围各不相同，针对环境物体不能统一地发掘其内在关联，索引构建会比较复杂，对算法提升效率不高。因此，在本节算法中，将针对机器人个体构建 K-D 树，并且对其进行一些优化以充分发挥邻接矩阵中的内在特性，提高在机器人邻域计算上的性能。对于式(10-2)中的计算，按照传统的 K-D 树范围搜索方法进行。

1. 索引 K-D 树的特性

观察式(10-1)可以发现，一定有 $N_{ij}=N_{ji}$，即机器人间的邻接矩阵 N 是对称的。这表明在邻域计算时，在计算完一个节点的所有邻域(即在 K-D 树上进行一次范围搜索)之后，这一个体和其他所有个体的邻域关系即可完全确定。因此，为了提高搜索效率，在后续节点的范围搜索中，不需要再搜索这一节点，即这一节点可以移出当前的 K-D 树。然而，在传统的 K-D 树中，删除节点需要 $O(\ln n)$ 的时间，其中 n 为树的大小。而且，在模拟的下一次迭代中，需要再次计算这一节点的邻域，因此还要把这一节点重新插入 K-D 树中，这又要耗费 $O(\ln n)$ 的时间。对于整个 K-D 树，程序在每一次迭代需要执行 $n-1$ 次删除和插入操作。因此，在传统的 K-D 树中，这一策略反而会比执行 n 次范围搜索更慢，与这一策略增加效率的初衷完全相反。

鉴于此，本节提出一个可以充分发挥这一策略效果的索引 K-D 树来进行邻域计算。树中每一个节点的值表示一个机器人的位置，并且被分配一个唯一的索引，取值范围为 $[0, n-1]$。需要注意的是，这个索引是分配给树中节点的，与机器人个体无关。在每一次迭代中，由于个体的位置进行了更新，所以每个节点的值也需要更新，但是节点的索引保持不变。在程序中，所有节点存储在一个数组中，节点对应的数组下标就是节点的索引。由于节点的索引是固定的，所以根据个体的当前索引就可以直接计算出其父节点和子节点的索引。

在索引 K-D 树中，为了简化删除操作，在删除节点时不执行任何操作，只是在搜索时忽略被删除的节点。因此，在搜索时删除(忽略)节点的顺序和方式是十分重要的，需要保证在剩余节点中搜索的效率与传统 K-D 树一致。而且一个节点是否被删除，应当根据其索引可以直接进行判定，所耗费的时间应当不超过 $O(1)$。同时，为了保证结果的准确性，在删除(忽略)一个节点之前，它的所有子节点必须是已经被删除(忽略)的，即保证其子节点已经被搜索过，使得结果中不会遗漏某个机器人。因此，本节提出一个建立索引的构建原则。按照这一原则，即可满足上述所说的这些条件，在提高搜索效率的同时保证正确性，具体的构建方法将在 10.2.3 节中进行介绍。

索引 K-D 树的构建原则：对 $\forall i \in [0, n-1)$，节点 $0, \cdots, i$ 应当是连接的，这些节点组成的子树也是一个合法的 K-D 树，并且子树的高度不能超过 $\ln(i)+1$(即传统 K-D 树的高度+1)。

按照这一原则，只要按照索引的倒序搜索和删除树中的节点，即可同时保证效率和正确性。在搜索节点 i 时，可以忽略所有索引大于等于 i 的节点，而剩余节点构成的子树依然是一个合法的 K-D 树，因此可以利用 K-D 树的范围搜索方法进行快速搜索。原则中关于子树高度的限制是为了保证子树的平衡性和搜索效率，因为 K-D 树的搜索效率与子树高度有关。

2. 索引结构

传统 K-D 树和索引 K-D 树之间的对比如图 10-4 所示，图 10-4(a)是传统 K-D 树，图 10-4(b)是索引 K-D 树。可以看出，与传统 K-D 树不同，索引 K-D 树的节点并不是左右平衡的，而是尽量填满左子树。这主要是由于 K-D 树的搜索效率与树的高度相关，所以应当尽量减小剩余子树的平均高度。左对齐的子树在删除节点之后，子树高度的下降速度更快。

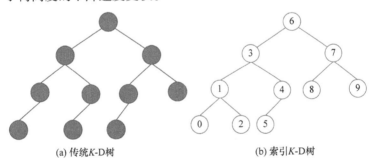

(a) 传统 K-D 树　　　　　　　　　(b) 索引 K-D 树

图 10-4　传统 K-D 树和索引 K-D 树之间的对比

由于索引 K-D 树中的节点索引只与树的结构有关，与节点中的数据无关，所以索引 K-D 树的节点索引可以在模拟开始前根据群体大小直接生成。在模拟中，群体大小一般不发生变化，因此索引只需要构建一次。在索引构建前，需要生成 K-D 树的结构。如前所述，索引 K-D 树是左对齐的，因此构建的索引 K-D 树在最后一层的所有节点是左对齐的，而其他层都是填满的。在生成树的结构之后，算法开始给每个节点进行编号，生成索引的规则如下。

索引规则 1：任意节点及其所有子节点的索引是连续的。当算法在每一次迭代中更新 K-D 树时,经常需要根据机器人个体位置向量在某一维上值的大小将所有个体分成两部分,并且分别更新这两个子树。在算法实现中,所有节点都存储在数组中,而计算机读取连续数组的速度要快于分散的单个节点,因此连续的数组可以保证更好的执行效率以及代码可读性。

索引规则 2:节点 i 右子树的所有节点的索引都大于 i 以及 i 的左子树。较大的索引表示节点会优先被搜索,然后更早地移出 K-D 树。树是左对齐的,因此右子树的规模通常小于左子树的规模,较大的索引可以使右子树更早地被移出,从而更快地减小树的高度。

索引规则 3:如果节点 i 是其所在层最左侧的节点,则其索引大于它所有左子树的索引,反之亦然。

对于左子树与父节点的关系,存在两种可能性。如果节点 i 是它所在层最左侧的节点(图 10-4 的节点 0、1、3 和 6),则节点 i 的索引要大于它的所有左子树,保证节点 i 会更早地移出索引 K-D 树。这是因为当只剩下节点 i 和它的所有子树时(节点 i 的右子树一定先被删除),如果删除节点 i,则可以使得剩余的 K-D 树的高度减 1,可以加快搜索的效率,所以节点的索引要大于左子树。而当节点不是最左侧节点时,在删除左子树之前删除这一节点会导致剩余节点不连续,与索引规则 1 矛盾,所以此时父节点的索引要小于左子树(如节点 4 和 7)。

10.2.3 利用索引 K-D 树进行邻域计算

在模拟演示开始前,首先根据上述三条规则初始化索引 K-D 树的结构,然后在每一次迭代中进行树的更新和搜索。树结构的初始化可以在个体的初始位置确定之后进行,这样可以在一次初始化中同时完成索引的构建和个体位置的划分,一次性完成对树中所有节点的初始化工作。索引 K-D 树的更新和范围搜索方法与传统 K-D 树基本相同,只是在个体删除时有所区别。

传统 K-D 树的更新操作和树的构建过程十分相似,根据所有个体的位置不断在每个节点对某一维度进行均匀拆分。拆分的分割点作为该节点的值,较小的部分进入节点的左子树,较大的部分进入节点的右子树。完整的更新和构建操作一样,计算复杂度均为 $O(n\ln n)$,其中 n 为树的大小。然而,在索引 K-D 树中,不需要进行如此完全的更新操作。这是因为个体的移动速度有限,而且通常小于个体的感知范围。因此,个体之间的位置关系不会经常发生大的变化。在索引 K-D 树中,假定在相邻两次迭代中,大部分节点中的值在树中的位置保持不变。因此,在更新时不进行重新分割,而是首先尝试利用上一次迭代的分割点进行分割。在大部分情况下,都可以满足 K-D 树的条件,因此可以简化程序的代码和计算复杂度。在最好的情况下,这一操作的复杂度是 $O(n)$。虽然平均的复杂度也是 $O(\ln n)$,但是大部分情况下,算法的计算复杂度接近 $O(n)$,并且保证计算时间不长于传统

K-D 树。

　　在索引 K-D 树更新之后，可以通过范围搜索计算所有个体的邻接矩阵。如前所述，整个矩阵的计算是不断重复删除节点和范围搜索的过程。矩阵的计算从最后一个节点 $n-1$ 开始，逐渐减 1 直到 0。对于节点 i，只需要在节点 0～$i-1$ 构成的子树上搜索该节点的邻域。按照索引 K-D 树的构建规则，这一子树是标准的 K-D 树，因此可以直接使用 K-D 树的范围搜索方法。邻接矩阵 N 是对称的，因此在计算出所有 N_{ij} 之后，有 $N_{ji} = N_{ij}$，其中 j 小于 i。根据实际情况的不同，可能需要将 N_{ii} 赋值为 0 或 ∞。在 N 中所有与节点 i 相关的值都已经计算完成之后，算法将继续计算节点 $i-1$ 的邻域，在后续的计算中节点 i 将被忽略。从图 10-4(b) 中可以看到，剩余的子树逐渐向整棵子树的左下角缩小，直到只剩下节点 0。

　　如果环境中有障碍物或者目标等环境物体，则可以使用范围搜索的方法在整个索引 K-D 树上进行搜索，搜索方法与传统 K-D 树相同。利用索引 K-D 树计算个体及环境物体邻接矩阵的伪代码如算法 10-1 所示。

算法 10-1　利用索引 K-D 树计算个体及环境物体邻接矩阵的伪代码

更新树中的节点，优先尝试使用上一次迭代的分割节点分割左右子树
for $i = n-1$ to 0 do {计算个体之间的邻接矩阵}
　　以节点 i 中个体的位置为中心生成搜索范围 R
　　在索引为 $[0, i-1]$ 的子树上使用 R 进行范围搜索
　　生成个体 i 的邻域，以及邻接矩阵中对称的单元
end for
for all 环境物体 o do{计算个体和物体的邻接矩阵}
　　以物体 o 为中心生成搜索范围 R
　　在完整的索引 K-D 树上使用 R 进行范围搜索
　　为与 o 相关的邻接矩阵单元进行赋值
end for
返回生成的邻接矩阵

　　对于每个个体和环境物体的范围搜索相互独立，而且算法的结果与计算顺序无关，只要保证计算节点 i 时忽略所有索引大于 i 的节点即可。因此，算法在搜索时可以进行并行计算，这一点十分适合于问题规模较大的情况。同时，对于算法的更新操作，算法假定树中的节点变化不大，并且算法在构造时是分治的，因此算法更新和构造过程也可以进行并行化。整个算法具备优秀的并行能力，对于群体机器人模拟演示中的大规模计算十分有用。

10.2.4　实验结果与讨论

本节将在两方面验证提出的索引 K-D 树在模拟程序中的性能效果：首先比较索引 K-D 树和其他算法在不同群体规模下的性能曲线，然后在具有环境物体的情况下对比不同算法的性能。本节中所有的实验都是在本书提出的模拟平台上进行的。在测试中，个体的行为十分简单：在环境中随机直线游走。个体会在边界处反弹，并且每一次迭代会有 5% 的概率随机改变前进方向，其他时间则保持最大速度的直线移动不变。在第一组实验中，环境中没有任何物体；在第二组实验中，增加一些障碍物，但是不考虑个体与障碍物之间的碰撞，只计算邻域。考虑到算法性能和计算时间比较稳定，因此所有实验重复 10 次，每次实验执行 1 万次迭代。实验结果中的计算时间是唯一的性能评价标准，表示算法在计算所有 1 万次个体邻域所耗费的总时间，不包括算法的初始化和计算个体运动等其他时间消耗。

1. 不同群体规模下的时间对比

第一组实验对比在不同群体规模下索引 K-D 树、传统 K-D 树与直接计算距离三种方法的时间效率，实验结果如图 10-5 所示。直接计算方法表示直接计算所有个体之间的距离(可以利用对称性)，从而得出邻接矩阵；传统 K-D 树使用传统的范围搜索为每个个体搜索邻域，但是每次搜索都是在完整的树上进行的，这是因为删除节点的方法在传统 K-D 树上性能较差。计算时间包括总计 10 万次迭代计算的总时间消耗(10 次实验，每次进行 1 万次迭代)，数值越小越好。

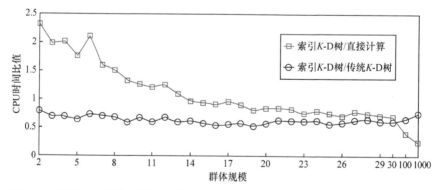

图 10-5　索引 K-D 树和两种对比算法在不同群体规模下的 CPU 时间比值(越小越好)

可以看到，随着群体规模的增大，三种算法的计算时间增加速度有所差异。索引 K-D 树的时间增加速度远小于直接计算方法，这主要是计算复杂度 $O(n\ln n)$ 和 $O(n^2)$ 的区别。可以看出，当群体规模大于 13 时，索引 K-D 树的性能开始优于直接计算方法。随着群体规模的逐渐增大，当群体规模达到 20 以上时，索引 K-D 树开始展现出 20%～30%的性能优势。同时，这一优势随着群体规模的增大而快速增长，当群体规模达到 100 和 1000 时，这一优势分别达到 60%和 75%。考虑到群体机器人的实验中，群体规模基本不会小于 10，因此可以认为索引 K-D 树比直接计算方法的计算时间更短，更加适用于群体机器人模拟平台。

从计算复杂度上看，索引 K-D 树和传统 K-D 树具有相同的时间复杂度，图中的结果也反映了这一情况，两者之间的性能差异基本稳定在 40%左右，说明索引 K-D 树的改进具有十分明显的效果。而当群体规模非常大，如达到 100 或者 1000 时，索引 K-D 树的性能优势略有下降，主要原因在于当群体规模增大时，子树更新时间的增长更快，使得索引 K-D 树的优势略微下降，但依然可以达到 25%的明显优势。如果单独比较传统 K-D 树和直接计算方法，可以看出，虽然从计算复杂度上具有优势，但是当群体规模达到 30 时，K-D 树仍然较慢。因此，对于数量较少的模拟演示，传统 K-D 树的性能稍显不足，这也是本书提出索引 K-D 树的初衷。

综上所述，索引 K-D 树相较于传统 K-D 树和直接计算方法具有非常明显的性能优势，也更加适合于群体机器人的模拟平台。当群体规模增大时，算法的性能优势十分可观，可以大幅度减少模拟平台的运行时间。同时，算法还具有一定的并行能力，适合大规模的模拟演示计算。

2. 不同环境物体数量下的时间对比

在实际的群体机器人模拟演示中，还会存在一些环境物体，如目标、障碍物等，这些物体的数量变化较大，从几个到几百个不等。因此，在计算邻域时，也需要考虑个体和环境物体之间的邻接矩阵。本节比较了三种算法在不同环境物体数量下的性能。为了便于比较，本节实验中的环境物体均为障碍物，数量变化范围为 10～50。从 10.2 节的结果可知，索引 K-D 树总是快于传统 K-D 树，并且两者在计算环境物体邻域时算法一致，因此本节的实验结果只比较索引 K-D 树和直接计算方法。两种算法计算时间的比值随群体规模和环境物体数量变化的结果如图 10-6 所示。

从图中可以看到，两种算法的性能随群体规模变化的趋势与没有障碍物时的结果基本一致。而随着环境物体数量的增加，计算时间比值快速减小，说明索引 K-D 树的性能优势愈发明显。当群体规模达到 8 左右时，索引 K-D 树的计算时间优于直接计算方法，相较于没有环境物体时进步许多。随着群体规模的增大，这一优势甚至可以达到 50%以上，即索引 K-D 树只需要直接计算方法 50%的时间即可完成邻域计算。实验结果表明，本节提出的索引 K-D 树十分有效，尤其是在具有较多环境物体的模拟环境下，这一点十分适合群体机器人算法模拟。尤其是在多目标搜索方法的环境中可能会存在大量机器人个体，以及数量较多的环境物体，索引 K-D 树可以大幅度节省模拟实验所需时间。

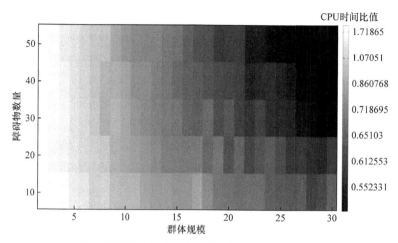

图 10-6　索引 K-D 树和直接计算方法在有环境物体情况下的 CPU 时间比值(越小越好)

10.3　本　章　小　结

　　本章介绍了本书设计和实现的群体机器人模拟平台，该平台可以提供三维可视化、并行运算等功能，具有易扩展、方便算法调试和大规模测试等特性，适合于群体机器人算法的调试和测试。

　　在模拟平台中，每一次迭代需要计算个体的邻域。模拟平台中使用了本书提出的索引 K-D 树，该算法较现有算法性能提升了 30%～40%。该算法在大规模数据上计算优势更加明显，具有良好的并行性，十分适合群体机器人模拟平台的需要。

参 考 文 献

[1] Petzold C. Microsoft XNA Framework Edition: Programming for Windows Phone 7[M]. Redmond: Microsoft Press, 2010.

[2] Zheng Z, Tan Y. An indexed K-D tree for neighborhood generation in swarm robotics simulation[C]. International Conference in Swarm Intelligence, Berlin, 2013: 53-62.

[3] Schwager M, McLurkin J, Rus D. Distributed coverage control with sensory feedback for networked robots[C]. Robotics: Science and Systems, San Francisco, 2006: 49-56.

[4] Winfield A F T. Distributed sensing and data collection via broken ad hoc wireless connected networks of mobile robots[J]. Distributed Autonomous Robotic Systems 4, 2000, 3(5): 273-282.

[5] Bentley J L, Friedman J H. Data structures for range searching[J]. ACM Computing Surveys (CSUR), 1979, 11(4): 397-409.

[6] Chanzy P, Devroye L, Zamora-Cura C. Analysis of range search for random K-D trees[J]. Acta Informatica, 2001, 37: 355-383.

[7] Agarwal P K, Erickson J. Geometric range searching and its relatives[J]. Contemporary Mathematics, 1999, 223: 1-56.

[8] Otair M. Approximate k-nearest neighbour based spatial clustering using K-D tree[EB/OL]. https://doi.org/10.48550/arXiv.1303.1951[2024-10-23].

[9] Ram P, Sinha K. Revisiting kd-tree for nearest neighbor search[C]. Proceedings of the 25th ACM SIGKDD International Conference on Knowledge Discovery & Data Mining, Anchorage, 2019: 1378-1388.

[10] Bentley J L. Multidimensional binary search trees used for associative searching[J]. Communications of the ACM, 1975, 18(9): 509-517.

[11] Arroyuelo D, Claude F, Dorrigiv R, et al. Untangled monotonic chains and adaptive range search[J]. Theoretical Computer Science, 2011, 412(32): 4200-4211.

[12] Pan Y H, Lin W Y, Wang Y H, et al. Computing multiscale entropy with orthogonal range search[J]. Journal of Marine Science and Technology, 2011, 19(1): 13-20.

[13] Zhou K, Hou Q, Wang R, et al. Real-time kd-tree construction on graphics hardware[J]. ACM Transactions on Graphics (TOG), 2008, 27(5): 1-11.

[14] Wald I, Havran V. On building fast kd-trees for ray tracing, and on doing that in O (N log N)[C]. In 2006 IEEE Symposium on Interactive Ray Tracing, Salt Lake City, 2006: 61-69.

[15] Hapala M, Havran V. Review: Kd-tree traversal algorithms for ray tracing[J]. Computer Graphics Forum, 2011, 30(1): 199-213.

第 11 章　总结与展望

群体机器人是人工智能领域的研究热点，涉及计算机科学、机器人技术、控制工程、人工智能等多个学科的交叉。

群体机器人的未来研究方向可以从问题设置、策略设计、和实际应用三个方面进行拓展研究。

在问题设置上，本书中的搜索空间、障碍物、干扰源和假目标等环境限制相对简单，而未来的研究需要面对更加复杂的环境限制。其中，一个很重要的方向是强干扰环境下的多目标搜索问题。在这种情况下，目标的适应度信息分布可能会受到极大影响，从而影响搜索策略的性能。因此，如何应对干扰是必须解决的问题。目前的搜索策略通常依赖对局部梯度的估计，而强干扰环境下这些策略的性能可能会受到严重影响。因此，未来的研究需要探索新的策略来解决这些问题。一种可能的方法是利用深度强化学习或其他机器学习技术来开发更智能的搜索策略，这些策略可以自适应干扰和环境变化。另外，在复杂的、含有结构性障碍物的环境(如城市高楼、办公室环境等)中，对搜索问题的研究也很有意义。这些环境中可能存在各种障碍物和限制条件，使得机器人的搜索任务更加具有挑战性。未来的研究可以探索如何在这些复杂的环境中设计更加高效和智能的搜索策略，并将这些策略应用到实际的机器人系统中。未来的研究需要面对更加复杂的环境限制，并探索新的策略来应对这些挑战。这些研究可以涉及深度强化学习、机器学习、人工智能等多个领域的知识。通过这些研究，可以使机器人在更加复杂的环境中实现更加智能化和高效的搜索任务。

在策略设计上，现有的搜索策略多是基于规则的，通过人工设计个体行为来实现群体行为，这需要研究者对任务特征有较深的理解。未来的研究可以探索更多基于学习的策略，借鉴一些比较成熟的工具和理论，如深度强化学习、多智能体学习等，以期能够应对更加复杂多变的任务场景，同时减少人工干预。通过基于学习的策略设计，可以使机器人自主学习如何在不同的环境下协同工作，并可以适应不断变化的任务需求。此外，在策略的数学建模和分析的研究上，未来的研究需要更加深入地探讨群体机器人算法的理论基础。虽然现有的研究已经提出了许多搜索策略，但对于搜索策略的数学建模和理论分析还有很大的发展空间。数学模型可以验证策略的收敛能力和搜索性能，以及引入的自然界中的群体协同机制对于群体机器人系统产生的贡献。对策略模型的研究可以深入发掘群体机器人系统的潜在能力，提高机器人协同工作的效率和可靠性。未来的研究需要回答以下几个问题：如何抽象借鉴自然界的协同模型，使之可以充分发挥群体策略的各种特性；如何预测群体机器人系统在给定模型下在群体和个体层级上的行为表现；如何设计群体机器人模型使之可以根据群体的期望行为设计个体之间的协同机制；如何设计模型验证群体在大规模情况下的性能稳定性和适应能力。未来的研究需要更加注重基于学习的策略设计，以期实现更加智能化和高效的群体机器人系统。同时，需要更深入地探讨群体机器人算法的理论基础，提高群体机器人系统的效率和可靠性，以更好地适应不断变化的任务需求。

在实际应用方面，未来将关注低成本且简单的机器人实体，在更具体的任务场景中实现本书中提出的各种搜索策略的实际性能。目前，工作大多是在模拟环境中进行的，而未经实际机器人和环境验证。在条件允许的情况下，将会对所提出的算法进行实体机器人上的验证，以测试策略的性能是否符合模拟实验的结果。最终期望可以找到以下问题的答案：如何在低成本的简单个体上设计实现可扩展、可预测的群体层级智能行为？如何在功能受限的个体上实现广泛适用的群体机器人系统，以满足各种实际问题和策略的应用需求？如何在大规模、大范围的应用问题上保证群体机器人系统的协同、扩展和适应能力？通过实体机器人对相关策略进行有效性验证，一般具体任务会涉及一些实际问题，如噪声、通信和速度控制等，对这些问题的有效处理不仅有利于策略的实用化，还有助于设计更合理的任务仿真模型，这对于后续研究具有重要意义。

本书的另一个重要研究内容关注群体机器人的重要分支——多智能体系统。从多智能体系统的角度来看，其未来的研究方向可以从以下几个方面进行拓展。

(1) 系统可扩展性和性能优化：在多智能体系统中，随着系统规模的增大，系统的可扩展性和性能变得越来越重要。未来的研究可以探索如何实现高效的算法和数据结构，以优化多智能体系统的计算性能和通信效率，并使其能够在大规模环境中运行。

(2) 多智能体系统的协同决策：多智能体系统中，个体之间的协同决策是至关重要的。未来的研究可以探索如何设计更加智能和高效的协同决策机制，以提高多智能体系统的整体性能和适应性。

(3) 多智能体系统的动态适应性：多智能体系统中，个体之间的相互作用和环境的动态变化会对系统的表现产生重要的影响。未来的研究可以探索如何实现动态适应性，使多智能体系统能够在不同的环境和任务下自适应地调整策略和行为。

(4) 多智能体系统的安全和隐私保护：在多智能体系统中，由于涉及多个智能体之间的信息共享和协作，安全和隐私保护问题显得尤为重要。未来的研究可以探索如何设计更加安全和可靠的多智能体系统，以保护个体和整个系统的安全和隐私。

(5) 多智能体系统的跨学科研究：多智能体系统的研究涉及计算机科学、控制科学、社会学、心理学等多个学科领域。未来的研究可以探索如何促进跨学科研究，以深入理解多智能体系统的本质和发展趋势，为实现更加智能和高效的多智能体系统提供理论和方法支持。